U0376275

普通高等教育土建学科专业“十二五”规划教材
全国高职高专教育土建类专业教学指导委员会规划推荐教材

建筑工程计量与计价

(第四版)

(土建类专业适用)

本教材编审委员会组织编写
王武齐 主编
王春宁 左 涛 主审

中国建筑工业出版社

图书在版编目（CIP）数据

建筑工程计量与计价/王武齐主编. —4版. —北京：中国建筑工业出版社，2015.9（2024.11重印）
住房城乡建设部土建类学科专业“十三五”规划教材. 全国住房和城乡建设职业教育教学指导委员会规划推荐教材（土建类专业适用）
ISBN 978-7-112-18357-9

Ⅰ. ①建… Ⅱ. ①王… Ⅲ. ①建筑工程-计量-高等职业教育-教材②建筑造价-高等职业教育-教材 Ⅳ. ①TU723.3

中国版本图书馆CIP数据核字（2015）第183975号

本书根据住房和城市建设部2013年颁发的建设工程工程量清单计价规范编写。内容包括：概述、建筑工程定额、人工、材料、机械台班单价、建筑工程费用组成、建筑工程工程量计算、建筑工程费用计算。重点介绍建筑工程工程量计算及费用计算的基本方法，并有实例。每章后附有习题。

本书为高等职业技术学院建筑工程类专业教材，也可作为从事工程造价工作的专业人员参考。

为更好地支持本课程的教学，我们向使用本书的教师免费提供教学课件，有需要者请与出版社联系，邮箱：jckj@cabp.com.cn，电话：01058337285，建工书院网址 http://edu.cabplink.com。

* * *

责任编辑：朱首明 刘平平
责任校对：张 颖 陈晶晶

住房城乡建设部土建类学科专业“十三五”规划教材
全国住房和城乡建设职业教育教学指导委员会规划推荐教材
建筑工程计量与计价（第四版）
（土建类专业适用）
本教材编审委员会组织编写
王武齐 主编
王春宁 左 涛 主审
*
中国建筑工业出版社出版、发行（北京西郊百万庄）
各地新华书店、建筑书店经销
霸州市顺浩图文科技发展有限公司制版
建工社（河北）印刷有限公司印刷
*
开本：787×1092毫米 1/16 印张：18 字数：405千字
2015年10月第四版 2024年11月第四十四次印刷
定价：**38.00**元（赠教师课件）
ISBN 978-7-112-18357-9
（27607）

修订版教材编审委员会名单

本教材编审委员会名单

修订版序言

本套教材第一版是2003年由原土建学科高职教学指导委员会根据“研究、咨询、指导、服务”的工作宗旨，本着为高职土建施工类专业教学提供优质资源、规范办学行为、提高人才培养质量的原则，在对建筑工程技术专业人才培养方案进行深入研究、论证的基础上，组织全国骨干高职高专院校的优秀编者按照系列开发建设的思路编写的，首批编写了《建筑识图与构造》、《建筑材料》、《建筑力学》、《建筑结构》、《地基与基础》、《建筑施工技术》、《高层建筑施工》、《建筑施工组织》、《建筑工程计量与计价》、《建筑工程测量》、《工程项目招投标与合同管理》等11门主干课程教材。本套教材自2004年面世以来，被全国有关高职高专院校广泛选用，得到了普遍赞誉，在专业建设、课程改革和日常教学中发挥了重要的作用，并于2006年全部被评为国家及建设部“十一五”规划教材。在此期间，按照构建理论和实践两个课程体系，根据人才培养需求不断拓展系列教材涵盖面的工作思路，又编写完成了《建筑工程识图实训》、《建筑施工技术管理实训》、《建筑施工组织与造价管理实训》、《建筑工程质量与安全管理实训》、《建筑工程资料管理实训》、《建筑工程技术资料管理》、《建筑法规概论》、《建筑CAD》、《建筑工程英语》、《建筑工程质量与安全管理》、《现代木结构工程施工与管理》、《混凝土与砌体结构》等12门课程教材，使本套教材的总量达到23部，进一步完善了教材体系，拓宽了适用领域，突出了适应性和与岗位对接的紧密程度，为各院校根据不同的课程体系选用教材提供了丰厚的教学资源，在2011年2月又全部被评为住房和城乡建设部“十二五”规划教材。

本次修订是在2006年第一次修订之后组织的第二次系统性的完善建设工作，主要目的是为了适应专业建设发展的需要，适应课程改革对教材提出的新要求，及时吸取新标准、新技术、新材料和新的管理模式，更好地为提高学校的人才培养质量服务。为了确保本次修订工作的顺利完成，土建施工类专业分指导委员会会同中国建筑工业出版社于2011年9月在西安市召开了专门的工作会议，就本次教材修订工作进行了深入的研究、论证、协商和部署。本次修订工作是在认真组织前期论证、广泛征集使用院校意见、紧密结合岗位需求、及时跟进专业和课程改革进程的基础上实施的。在整体修订方案的框架内，各位主编均提出了明确和细致的修订方案、切实可行的工作思路和进度计划，为确保修订质量提供了思想和技术方面的保障。

今后，要继续坚持“保持先进、动态发展、强调服务、不断完善”的教材建设思路，不片面追求在教材版次上的整齐划一，根据实际情况及时对具备修订条件的教材进行修订和完善，以保证本套教材的生命和活力，同时还要在行动导向课程教材的开发建设方面积极探索，在专业专门化方向及拓展课程教材编写方面有所作为，使本套教材在适应领域方面不断扩展，在适应课程模式方面不断更新，在课程体系中继续上下延伸，不断为提高高职土建施工类专业人才培养质量做出贡献。

全国高职高专教育土建类专业教学指导委员会
土建施工类专业分指导委员会
2012 年 5 月

序 • 言　PREFACE

高等学校土建学科教学指导委员会高等职业教育专业委员会（以下简称土建学科高等职业教育专业委员会）是受教育部委托并接受其指导，由建设部聘任和管理的专家机构。其主要工作任务是，研究如何适应建设事业发展的需要设置高等职业教育专业，明确建设类高等职业教育人才的培养标准和规格，构建理论与实践紧密结合的教学内容体系，构筑“校企合作、产学结合”的人才培养模式，为我国建设事业的健康发展提供智力支持。在建设部人事教育司的领导下，2002年，土建学科高等职业教育专业委员会的工作取得了多项成果，编制了土建学科高等职业教育指导性专业目录；在“建筑工程技术”、“工程造价”“建筑装饰技术”、“建筑电气技术”等重点专业的专业定位、人才培养方案、教学内容体系、主干课程内容等方面取得了共识；制定了建设类高等职业教育专业教材编审原则；启动了建设类高等职业教育人才培养模式的研究工作。

近年来，在我国建设类高等职业教育事业迅猛发展的同时，土建学科高等职业教育的教学改革工作亦在不断深化之中，对教育定位、教育规格的认识逐步提高；对高等职业教育与普通本科教育、传统专科教育和中等专业教育在类型、层次上的区别逐步明晰；对必须背靠行业、背靠企业，走校企合作之路，逐步加深了认识。但由于各地区的发展不尽平衡，既有理论又能实践的“双师型”教师队伍尚在建设之中等原因，高等职业教育的教材建设对于保证教育标准与规格，规范教育行为与过程，突出高等职业教育特色等都有着非常重要的现实意义。

“建筑工程技术”专业（原“工业与民用建筑”专业）是建设行业对高等职业教育人才需求量最大的专业，也是目前建设类高职院校中在校生人数最多的专业。改革开放以来，面对建筑市场的逐步建立和规范，面对建筑产品生产过程科技含量的迅速提高，在建设部人事教育司和中国建设教育协会的领导下，对该专业进行了持续多年的改革。改革的重点集中在实现三个转变，变“工程设计型”为“工程施工型”，变“粗坯型”为“成品型”，变“知识型”为“岗位职业能力型”。在反复论证人才培养方案的基础上，中国建设教育协会组织全国各有关院校编写了高等职业教育“建筑施工”专业系列教材，于2000年12月由中国建筑工业出版社出版发行，受到全国同行的普遍好评，其中《建筑构造》、《建筑结构》和《建筑施工技术》被教育部评为普通高等教育“十五”国家级规划教材。土建学科高等职业教育专业委员会成立之后，根据当前建设类高职院校对“建筑工程技术”专业教材的迫切需要；根据新材料、新技术、新规范急需进入教学内容的现实需求，积极组织全国建设类高职院和建筑施工企业的专家，在对该专业课程内容体系充分研讨论证之后，在原高等职业教育“建筑施工专业”系列教材的基础上，组织编写了《建筑识图与构造》、《建筑力学》、《建筑结构》（第二版）、《地基与基础》、《建筑材料》、《建筑施工技术》（第二版）、《建筑施工组织》、《建筑工程计量与计价》、《建筑工程测量》、《高层建筑施工》、《工程项目招投标与合同管理》等11门主干课程教材。

教学改革是一个不断深化的过程，教材建设是一个不断推陈出新的过程，希望这套教材能对进一步开展建设类高等职业教育的教学改革发挥积极的推进作用。

土建学科高等职业教育专业委员会

2003年7月

修订版前言

PREFACE

为适应建设工程计价的实际需要，2013 年住房和城乡建设部在《建设工程工程量清单计价规范》（GB 50500—2008）的基础上修订并颁发了《建设工程工程量清单计价规范》（GB 50500—2013）、《房屋建筑与装饰工程工程量计算规范》（GB 50854—2013）等，本教材根据新颁发的标准规范在第三版的基础上进行了修订。

本教材的内容和体系符合教学和实际工作的需要，未作改动；取消第七章，并对第四章、第五章、第六章按照新规范进行了较大的修改；其他各章仅作局部修改。

本教材由王武齐（四川建筑职业技术学院副教授）进行修订。由左涛（四川省造价管理总站高级工程师）和王春宁（黑龙江建筑职业技术学院高级工程师）主审。

本书在修订过程中，得到了全国高职高专教育土建类专业教学指导委员会、中国建筑工业出版社的大力支持，在此一并表示感谢。

PREFACE

前◉言

为适应我国市场经济深化改革的需要，满足我国加入WTO、融入世界大市场的要求，我国造价管理实行了“国家宏观控制，由市场竞争形成价格”的宏观管理政策。本书是根据高等学校土建学科教学指导委员会高等职业教育专业委员会制定的建筑工程技术专业的教育标准、培养方案及该门课程教学基本要求，并按照中华人民共和国建设部新颁发的《建设工程工程量清单计价规范》编写的。

本书有以下主要特点：

1. 内容及体系全新。为适应现在建设工程招投标及工程造价管理改革的需要，本书是建立在建设部新颁发的建设工程工程量清单计价规范的基础之上，按工程量清单计价的内容编写的。全书体系新颖，“建筑工程计价概述”一章介绍工程量清单计价的基本概念及方法，以后各章介绍工程量清单计价各环节的具体内容。

2. 实用性强。本书有很强的实用性和可读性，适合高等职业技术培训的需要。为培养学生动手的综合能力，编写了完整的工程量清单计价实例，并附有插图，易学易懂。

本书由王武齐（四川建筑职业技术学院副教授）主编，并编写第一章、第六章、第五章第五节；丁春静（沈阳建筑工程学院职业技术学院副教授）任副主编，并编写第四章、第七章；李成贞（湖南城建职业技术学院高级讲师）编写第二章、第五章第一～四节；邹蓉（湖北城建职业技术学院高级讲师）编写第三章；陈立生（天津市建筑工程职工大学副教授）编写第八章。

本书由王春宁（黑龙江建筑职业技术学院高级工程师）主审。

本书在编写过程中，参考了有关书籍和资料，得到了高等学校土建学科教学指导委员会高等职业教育专业委员会及中国建筑工业出版社的大力支持，在此一并表示衷心感谢。

由于工程量清单计价规范刚出台，作者对规范内容的理解难以深透，加之水平有限而且时间仓促，书中难免存在不妥之处，敬请读者不吝赐教。

目 ◉ 录 CONTENTS

目录

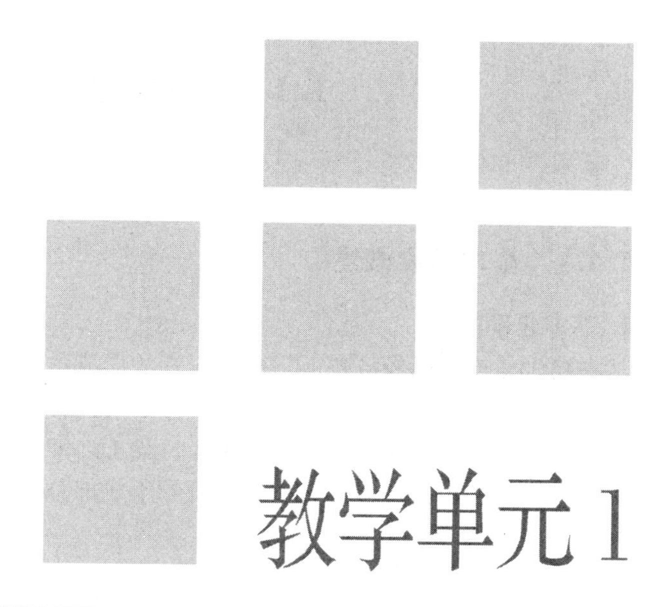

教学单元1

概　述

【教学目标】

1. 基本建设概念、基本建设分类，基本建设目的划分、基本建设造价文件的分类。

2. 建筑工程计价概念及计价模式。

3. 工程量清单计价意义、工程量清单计价概念、计价原则，工程量清单计价依据及程序。

1.1 基本建设概述

1.1.1 基本建设概述

1. 基本建设概念

基本建设是指国民经济各部门固定资产的形成过程。即基本建设是把一定的建筑材料、机器设备等，通过建造、购置和安装等活动，转化为固定资产，形成新的生产能力或使用效益的过程。与此相关的其他工作，如土地征用、房屋拆迁、青苗赔偿、勘察设计、招标投标、工程监理等也是基本建设的组成部分。

2. 基本建设分类

基本建设按其形式及项目管理方式等的不同大致分为以下几类：

(1) 按建设形式的不同分类

1）新建项目，是指新开始建设的基本建设项目，或在原有固定资产的基础上扩大三倍以上规模的建设项目。

2）扩建项目，是指在原有固定资产的基础上扩大三倍以内规模的建设项目。其建设目的是为了扩大原有生产能力或使用效益。

3）改建项目，是指对原有设备、工艺流程进行的技术改造，以提高生产效率或使用效益。如某城市由于发展的需要，将原 40m 宽的道路拓宽改造为 90m 宽集行车绿化为一体的迎宾大道，就属于改造工程。

4）迁建项目，是指由于各种原因迁移到另外的地方建设的项目。如某市因城市规模扩大，需将在新市区的化肥厂迁往郊县，就属于迁建项目。这也是基本建设的补充形式。

5）恢复项目（又称重建项目），是指因遭受自然灾害或战争使得全部报废而投资重新恢复建设的项目。

(2) 按建设过程的不同分类

1）筹建项目，是指在计划年度内正在准备建设还未正式开工的项目。

2）施工项目（也称在建项目），是指已开工并正在施工的项目。

3）投产项目，是指建设项目已经竣工验收，并且投产或交付使用的项目。

4）收尾项目，是指已经竣工验收并投产或交付使用，但还有少量扫尾工作的建设项目。

(3) 按资金来源渠道的不同分类

1）国家投资项目，是指国家预算计划内直接安排的建设项目。

2）自筹建设项目，是指国家预算以外的投资项目。自筹建设项目又分地方自筹和企业自筹项目。

3）外资项目，是指由国外资金投资的建设项目。

4）贷款项目，是指通过向银行贷款的建设项目。

（4）按建设规模的不同分类

基本建设按建设规模的不同，分为大型、中型、小型建设项目。一般是按产品的设计能力或全部投资额来划分。财政部财建［2002］394 号文规定，基本建设项目竣工财务决算大中小型划分标准为：经营性项目投资额在 5000 万元（含 5000 万元）以上、非经营性项目投资额在 3000 万元（含 3000 万元）以上的为大中型项目，其他项目为小型项目。

3. 基本建设项目的划分

为了基本建设工程管理和确定工程造价的需要，基本建设项目划分为建设项目、单项工程、单位工程、分部工程和分项工程五个基本层次。如图 1-1 所示。

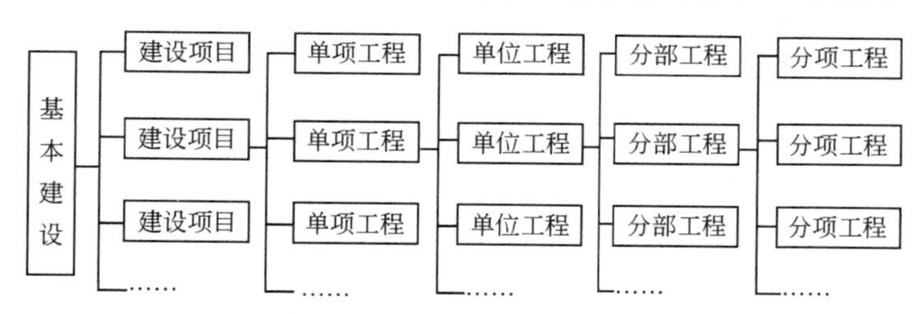

图 1-1　基本建设项目划分

（1）建设项目

建设项目是指经过有关部门批准的立项文件和设计任务书，经济上实行独立核算，行政上实行统一管理的工程项目。

一般情况下一个建设单位就是一个建设项目，建设项目的名称一般是以这个建设单位的名称来命名。如：××水泥厂、××汽车修理厂、××自来水厂等工业建设；××度假村、××儿童游乐场、××电信城等民用建设均是建设项目。

一个建设项目由多个单项工程构成，有的建设项目如改扩建项目也可能由一个单项工程构成。

（2）单项工程

单项工程，是指在一个建设项目中，具有独立的设计文件，建成后可以独立发挥生产能力和使用效益的项目，它是建设项目的组成部分。如一个工厂的车间、办公楼、宿舍、食堂等，一个学校的教学楼、办公楼、实验楼、学生公寓等均属于单项工程。

单项工程是具有独立存在意义的完整的工程项目，是一个复杂的综合体。一个单项工程由多个单位工程构成。

（3）单位工程

单位工程是指具有独立的设计文件，可以独立组织施工和进行单体核算，但不能独立发挥其生产能力或使用效益，且不具有独立存在意义的工程项目。单位工程是单项工程的组成部分。

在工业与民用建筑中一般包括建筑工程、装饰工程、电气照明工程、设备安装工程等多个单位工程。

一个单位工程由多个分部工程构成。

（4）分部工程

分部工程是指按工程的工程部位、结构形式的不同等划分的工程项目。如：在建筑工程这个单位工程中包括土（石）方工程、桩与地基基础工程、砌筑工程、混凝土及钢筋混凝土工程、厂库房大门特种门木结构工程、金属结构工程、屋面及防水工程等多个分部工程。

分部工程是单位工程的组成部分。一个分部工程由多个分项工程构成。

（5）分项工程

分项工程是指根据工种、使用材料以及结构构件的不同划分的工程项目。如：混凝土及钢筋混凝土这个分部工程中的带型基础、独立基础、满堂基础、设备基础、矩形柱、异形柱等均属分项工程。

分项工程是工程量计算的基本元素，是工程项目划分的基本单位，所以工程量均按分项工程计算。

如图 1-2 所示，是×大学扩建工程的项目划分示意图。该大学的扩建工程包括综合楼、实验大楼和 1 号教学楼三部分。

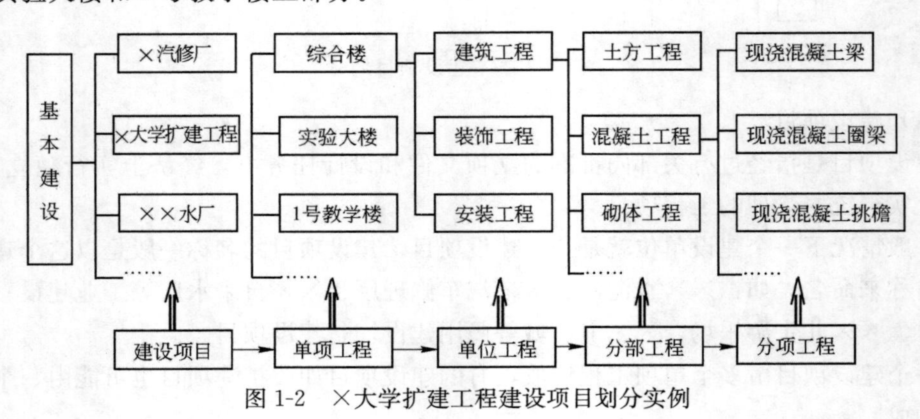

图 1-2　×大学扩建工程建设项目划分实例

1.1.2　基本建设造价文件的分类

基本建设造价文件包括：投资估算、设计概算、施工图预算、标底、标价、竣工结算及竣工决算等。

1. 投资估算

投资估算，是指建设项目在可行性研究、立项阶段，由可研单位或建设单位编制，用以确定建设项目的投资控制额的基本建设造价文件。

投资估算一般比较粗略，仅作控制总投资使用。其方法是根据建设规模结合估算指标进行估算，一般根据平方米指标、立方米指标或产量等指标进行估算。如某城市拟建经济型地铁 20km，经调查同类型地铁估计每千米约需资金 4.5 亿元，共需资金

20×4.5＝90亿元。又如某城市拟建日产6万t就近取地下水的自来水厂，估计每日产万吨水厂约需资金800万元，共需资金6×800＝4800万元资金。再如某单位拟建教学楼2万m^2，每平方米约需资金1200元，共需资金2400万元。

投资估算在通常情况下应将资金打足，以保证建设项目的顺利实施。

投资估算编制在可行性研究报告时编制。

2. 设计概算

设计概算，是指建设项目在设计阶段由设计单位根据设计图纸进行计算的，用以确定建设项目概算投资、进行设计方案比较，进一步控制建设项目投资的基本建设造价文件。

设计概算根据施工图纸设计深度的不同，其概算的编制方法也有所不同。设计概算的编制方法有三种：根据概算指标编制概算，根据类似工程预算编制概算，根据概算定额编制概算。

在方案设计阶段和修正设计阶段，根据概算指标或类似工程预算编制概算；在施工图设计阶段可根据概算定额编制概算。

设计概算由设计院根据设计文件编制，是设计文件的组成部分。

3. 施工图预算

施工图预算，是指在施工图设计完成之后工程开工之前，根据施工图纸及相关资料编制的，用以确定工程预算造价及工料的基本建设造价文件。由于施工图预算是根据施工图纸及相关资料编制的，施工图预算确定的工程造价更接近实际。

施工图预算由建设单位或委托有相应资质的造价咨询机构编制。

4. 标底、标价

标底（招标控制价），是指建设工程发包方为施工招标选取工程承包商而确定的标底价格文件。以标底作为施工招标的控制价，所以标底又称“招标控制价”。即招标控制价就是招标人根据国家或省级、行业建设主管部门颁发的有关计价依据和办法，按设计施工图纸计算的，对招标工程限定的最高工程造价。

标价（投标价），是指建设工程施工招投标过程中投标方的投标报价文件。某投标方中标后的投标报价叫中标价。

标底由建设单位或委托有相应资质的造价咨询机构编制，标价由投标单位编制。

5. 竣工结算

竣工结算，是指建设工程承包商在单位工程竣工后，根据施工合同、设计变更、现场技术签证、费用签证等竣工资料，编制的确定工程竣工结算造价的经济文件。是工程承包方与发包方办理工程竣工结算的重要依据。

竣工结算是在单位工程竣工后由施工单位编制，建设单位或委托有相应资质的造价咨询机构审查，审查后经双方确认的竣工结算是办理工程最终结算的重要依据。

6. 竣工决算

竣工决算，是指建设项目竣工验收后，建设单位根据竣工结算以及相关技术经济文件编制的，用以确定整个建设项目从筹建到竣工投产全过程实际总投资的经济文件。

竣工决算由建设单位编制，编制人是会计师。投资估算、设计概算、施工图预算、标底、标价、竣工结算的编制人是造价工程师。

由此可见，基本建设造价文件在基本建设程序的不同阶段，有不同内容和不同的形式，与之对应关系如图 1-3 所示。

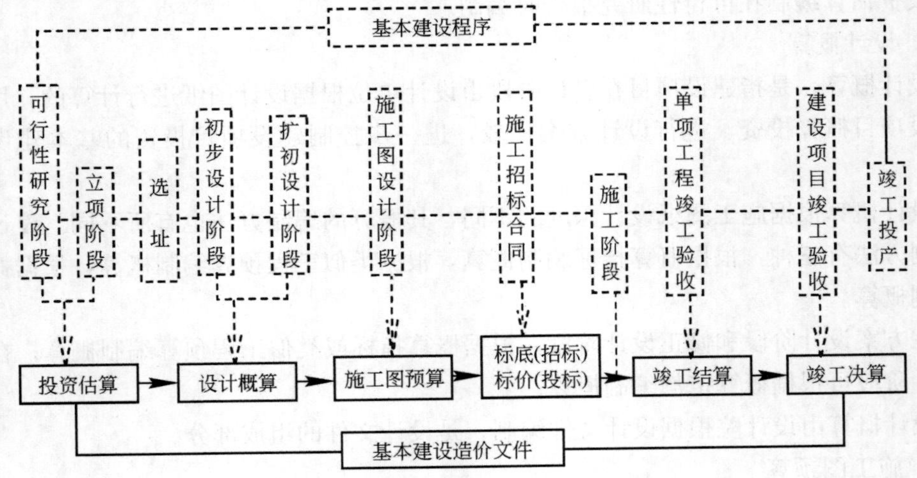

图 1-3　基本建设造价文件分类图

1.2　建筑工程计价

1.2.1　计价的概念

计价，即计算建筑工程造价。

建筑工程造价即建设工程产品的价格。建筑工程产品的价格由成本、利润及税金组成，这与一般工业产品是相同的。但两者的价格确定方法大不相同，一般工业产品的价格是批量价格，如某种规格型号的计算机价格 6980 元/台，则成百上千台该规格型号计算机的价格均是 6980 元/台，甚至全国一个价。而建筑工程的价格则不能这样，每一栋房屋建筑都必须单独定价，这是由建筑产品的特点所决定的。

建筑产品有建设地点的固定性、施工的流动性、产品的单件性，施工周期长、涉及部门广等特点，每个建筑产品都必须单独设计和独立施工才能完成，即使利用同一套图纸，也会因建设地点、时间、地质和地貌构造、各地消费水平等的不同，人工、材料的单价的不同，以及各地规费计取标准的不同等诸多因素影响，从而带来建筑产品价格的不同。所以，建筑产品价格必须由特殊的定价方式来确定，那就是每个建筑产品必须单独定价。当然，在市场经济的条件下，施工企业的管理水平不同、竞争获取中标的目的不同，也会影响到建筑产品价格高低，建筑产品的价格最终是由市场竞争形成。

1.2.2 计价模式

由于建筑产品价格的特殊性，与一般工业产品价格的计价方法相比，采取了特殊的计价模式及其方法，即按定额计价模式和按工程量清单计价模式。

1. 定额计价模式

按定额计价这种模式，是在我国计划经济时期及计划经济向市场经济转型时期，所采用的行之有效的计价模式。

定额计价的基本方法是“单位估价法”，即根据国家或地方颁布的统一预算定额规定的消耗量及其单价，以及配套的取费标准和材料预算价格，先计算出相应的工程数量，套用相应的定额单价计算出定额直接费，再在直接费的基础上计算各种相关费用及利润和税金，最后汇总形成建筑产品的造价。其基本数学模型是：

建筑工程造价＝［∑（工程量×定额单价）×（1＋各种费用的费率＋利润率）］×（1＋税金率）

装饰及安装工程造价＝［∑（工程量×定额单价）＋∑（工程量×定额人工费单价）×（各种费用的费率＋利润率）］×（1＋税金率）

定额单价包括人工费、材料费和机械费三部分。

预算定额是国家或地方统一颁布的，视为地方经济法规，必须严格遵照执行。一般概念上讲不管谁来计算，由于计算依据相同，只要不出现计算错误，其计算结果是相同的。

按定额计价模式确定建筑工程造价，由于有预算定额规范消耗量，有各种文件规定人工、材料、机械单价及各种取费标准，在一定程度上防止了高估冒算和压级压价，体现了工程造价的规范性、统一性和合理性。但对市场的竞争起到了抑制作用，不利于促进施工企业改进技术、加强管理、提高劳动效率和市场竞争力，现在提出了另一种计价模式——工程量清单计价模式。

2. 工程量清单计价模式

工程量清单计价模式，是在2003年提出的一种工程造价确定模式。这种计价模式是国家仅统一项目编码、项目名称、计量单位和工程量计算规则（即“四统一”），由各施工企业在投标报价时根据企业自身情况自主报价，在招投标过程中经过竞争形成建筑产品价格。

工程量清单计价模式的实施，实质上是建立了一种强有力而行之有效的竞争机制，由于施工企业在投标竞争中必须报出合理低价才能中标，所以对促进施工企业改进技术、加强管理、提高劳动效率和市场竞争力会起到积极的推动作用。

工程量清单计价模式的造价计算是“综合单价”法，即招标方给出工程量清单，投标方根据工程量清单组合分部分项工程的综合单价，并计算出分部分项工程的费用，再计算出税金，最后汇总成总造价。其基本数学模型是：

建筑工程造价＝［∑（工程量×综合单价）＋措施项目费＋其他项目费＋规费］×（1＋

税金率）

综合单价包括人工费、材料费、机械费、管理费和利润五部分。

综上所述，定额计价模式采用的方法是单位估价法，而工程量清单计价模式采用的方法是综合单价法。

1.3 工程量清单计价

为适应社会主义市场经济发展的需要和加入 WTO 与国际接轨的要求，随着招投标制、合同制的逐步推行，我国工程造价管理作出了重要改革，确立了“国家宏观调控、市场竞争形成价格”的现行工程造价的确定原则。

根据《中华人民共和国招标投标法》、建设部令 107 号《建筑工程施工发包与承包计价管理办法》，2003 年 2 月 17 日中华人民共和国建设部、中华人民共和国国家质量监督检验检疫总局联合发布了《建设工程工程量清单计价规范》GB 50500—2003，2003 年 7 月 1 日开始施行。该规范的出台标志着我国造价改革的重要里程碑，使我国造价确定发生了根本性的变化。

2013 第二次修订颁布《建设工程工程量清单计价规范》GB 50500—2013、《房屋建筑与装饰工程工程量计算规范》GB 854—2013 等（简称《计量计价规范》，后同），并于 2013 年 7 月 1 日施行。

1.3.1 工程量清单计价的意义

1. 是工程造价改革的产物

我国工程造价的确定，长期以来实行的是以预算定额为主要依据，人材机消耗量、人材机单价、费用的“量、价、费”相对固定的静态计价模式。1992 年针对这一做法中存在的问题，提出了“控制量、指导价、竞争费”的动态计价模式，这一改革措施在我国实行社会主义市场经济初期起到了积极作用，但仍难以改变预算定额中国家指令性状态，难以满足招标投标和评标的要求。因为，控制的量实质上是社会平均水平，无法体现各施工企业的实际消耗量，不利于施工企业管理水平和劳动生产率的提高、不能够充分体现市场的公平竞争。实行工程量清单计价，就能改变这些弊端。工程造价改革如图 1-4 所示。

2. 是规范建设市场秩序，适应社会主义市场经济发展的需要

采用预算定额计算建设工程造价的模式，实质上是计划经济的产物，在计划经济时期起到了积极的作用。随着社会主义市场经济的逐步深入，实行工程量清单计价，才能够真正体现公开、公正、公平的市场竞争原则；有利于规范业主在招标中的行为，避免招标单位在招标中盲目压价的不公正行为；有利于保证发承包双方的经济利益。在实行社会主义市场经济的今天，政府宏观调控，市场竞争形成价格，才能真正符合市场经济规律。

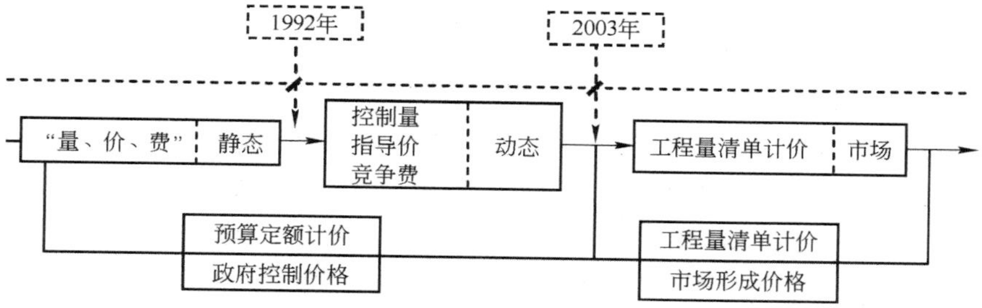

图 1-4 工程造价改革示意图

3. 有利于工程造价的政府管理职能转变

按照政府部门真正履行“经济调节、市场监管、社会管理和公共服务”职能的要求，对工程造价实行政府管理的模式必须作相应的改变，建设工程造价实行政府宏观调控、企业自主报价、市场竞争形成价格、社会全面监督管理办法。由过去政府直接干预转变为仅对工程造价依法监管。

4. 有利于促进建设市场有序竞争和企业健康发展

采用工程量清单计价模式，由于工程量清单是公开的，可避免招标中的暗箱操作、弄虚作假等不规范行为。对于发包方，由于工程量清单是招标文件的组成部分，招标单位必须编制出准确的工程量清单，并承担相应风险，促进招标单位提高管理水平。对于承包方，由于在投标中要以低价中标，必须认真分析工程成本和利润，精心选择施工方案，严格控制人工、材料、机械等，以及各种现场费用及技术措施费用的消耗，确定投标报价。所以，有利于促进建设市场有序竞争和企业健康发展。

5. 是加入世界贸易组织，融入世界大市场的需要

随着我国改革开放进一步加快，中国经济日益融入世界市场，特别是我国加入世界贸易组织后，行业壁垒下降，建设市场进一步对外开放。国外的企业以及投资的项目越来越多地进入国内市场，我国建筑企业在国外投资和经营的项目也在增加。为适应这种对外开放建设市场的形势，就必须实行国际通行的计价做法。在我国实行工程量清单计价，有利于提高国内建设各方主体参与国际化竞争的能力，有利于提高工程建设的管理水平。

1.3.2 工程量清单计价的概念

1. 工程量清单计价

工程量清单计价，是建设工程招标投标中，招标人按照国家统一的工程量计算规则提供工程量清单，由投标人依据工程量清单自主报价，并按照经评审合理低价中标的计价模式。

工程量清单计价有以下几个方面的概念：

(1) 工程量清单计价虽属招标投标范畴，但相应的建设工程施工合同签订、工程竣工结算办理均应执行该计价相关规定。

(2) 工程量清单由招标人提供，招标标底及投标标价均应据此编制。投标人不得改变工程量清单中的数量。工程量清单编制应遵守计价规范中规定的规则。

（3）根据“国家宏观调控，市场竞争形成价格”的价格确定原则，国家不再统一定价，工程造价由投标人自主确定。

（4）“低价中标”是核心。为了有效控制投资，制止哄抬标价，招标人公布招标控制价，凡是投标报价高于“招标控制价”的，其投标应予拒绝。

（5）低价中标的低价，是指经过评标委员会评定的合理低价，并非恶意低价。对于恶意低价中标造成不能正常履约的，以履约保证金来制约，报价越低履约保证金越高。有的地区制定了一整套工程量清单计价管理办法，有效遏制恶意低价。

2. 计价原则

工程量清单计价应遵循公正、公平、合法、诚实信用的原则。

公平，市场经济活动的基本原则就是客观、公正、公平。要求计价活动有高度的透明度，工程量清单的编制要实事求是，不弄虚作假，招标要机会均等，一律公平地对待所有投标人。投标人要从本企业的实际情况出发，不能低于成本报价，不能串通报价。双方应本着互惠互利，双赢的原则进行招标投标活动，既要使投资方在保证质量、工期等的前提下节约投资，又要使承包方有正常的利润可得。

合法，工程量清单计价活动是政策性、经济性、技术性很强的工作，涉及国家的法律、法规和标准规范比较广泛。所以工程量清单计价活动必须符合包括建筑法、招标投标法、合同法、价格法及中华人民共和国建设部 2001 年第 107 号令《建筑工程施工发包与承包计价管理办法》（以下简称 107 号令），以及涉及工程造价的工程质量、安全及环境保护等方面的工程建设标准规范。

诚实信用，不但在计价过程中遵守执业道德，做到计价公平合理，诚信于人，在合同签定、履行以及办理工程竣工结算过程中也应遵循诚信原则，恪守承诺。

工程量清单计价必须做到科学合理、实事求是。107 号令第十九条明确规定，造价工程师在招标标底或者投标报价编制、工程结算审核和工程造价鉴定中，有意抬高、压低价格，情节严重的，由造价工程师注册管理机构注销其执业资格。

一方面，严格禁止招标方恶意压价以及投标方恶意低价中标，避免豆腐渣工程；另一方面，要严格禁止抬高价格，增加投资。

3. 标底及报价编制

（1）招标标底

设有标底或招标控制价的招标工程，标底或招标控制价由招标人或受其委托具有相应资质的工程造价咨询机构及招标代理机构编制。

标底或招标控制价的编制应按照当地建设行政主管部门发布的计价定额、市场价格信息，依据工程量清单、施工图纸、施工现场实际情况、合理的施工手段和招标文件的有关要求等进行编制。

（2）标价

标价由投标人或其委托的具有相应资质的工程造价咨询机构编制。

标价由投标人依据招标文件中的工程量清单，招标文件的有关要求，施工现场实际情况，结合投标人自身技术和管理水平、经营状况、机械配备，制定出施工组织设计以及本企业编制的企业定额（或参考当地建设行政主管部门发布的计价定额），市场价格信息进行编制。投标人的投标报价由投标人自主确定。

1.3.3 工程量清单计价依据及程序

1. 计价依据

工程量清单的计价依据是计价时不可缺少的重要资料，内容包括：工程量清单、消耗量定额、计价规范、招标文件、施工图纸及图纸答疑、施工组织设计及材料预算价格及费用标准等。

（1）工程量清单

工程量清单是由招标人提供的，供投标人计价的工程量资料，其内容包括：工程量清单封面、填表须知、总说明、分部分项工程量清单、措施项目清单、其他项目清单零星工作项目表。工程量清单是计价的基础资料。

（2）定额

定额包括消耗量定额和企业定额。

消耗量定额，是由当地建设行政主管部门根据合理的施工组织设计，按照正常施工条件下制定的，生产一个规定计量单位工程合格产品所需人工、材料、机械台班的社会平均消耗量。主要供编制标底使用，这个消耗量标准也可供施工企业在投标报价时参考。

企业定额，是施工企业根据本企业的施工技术和管理水平，以及有关工程造价资料制定的，供本企业使用的人工、材料、机械台班消耗量定额。企业定额是本企业投标报价时的重要依据。

定额是编制招标标底或投标标价组合分部分项工程综合单价时，确定人工、材料、机械消耗量的依据。目前，绝大部分施工企业还没有本企业自己的消耗量定额，可参照当地建设行政主管部门编制的消耗量定额，并结合企业自身的具体情况，进行投标报价。

（3）建设工程工程量清单计价规范

计价规范是采用工程量清单计价时，必须遵照执行的强制性标准。计价规范是编制工程量清单和工程量清单计价的重要依据。

（4）招标文件

招标文件的具体要求是工程量清单计价的前提条件，只有清楚地了解招标文件的具体要求，如招标范围、内容、施工现场条件等，才能正确计价。

（5）施工图纸及图纸答疑

施工图纸及图纸答疑，是编制工程量清单的依据，也是计价的重要依据。

（6）施工组织设计或施工方案

施工组织设计或施工方案，是计算施工技术措施费用的依据。如降水、土方施工、钢筋混凝土构件支撑、垂直运输机械、脚手架施工措施费用等，均需根据施工组织设计或施工方案计算。

（7）材料预算价格及费用标准

材料预算价格即材料单价，材料费占工程造价的比重高达 60%左右，材料预算价格的确定非常重要。材料预算价格应在调查研究的基础上根据市场确定。

费用标准包括管理费费率、措施费费率等，管理费、措施费（部分）是根据直接工程费（指人工费、材料费和机械费之和）或人工费乘以一定费率计算的，所以费率的大小直接影响最终的工程造价。费用比例系数的测算应根据企业自身具体情况而定。

2. 计价程序

工程量清单计价的一般程序：如图 1-5 所示。

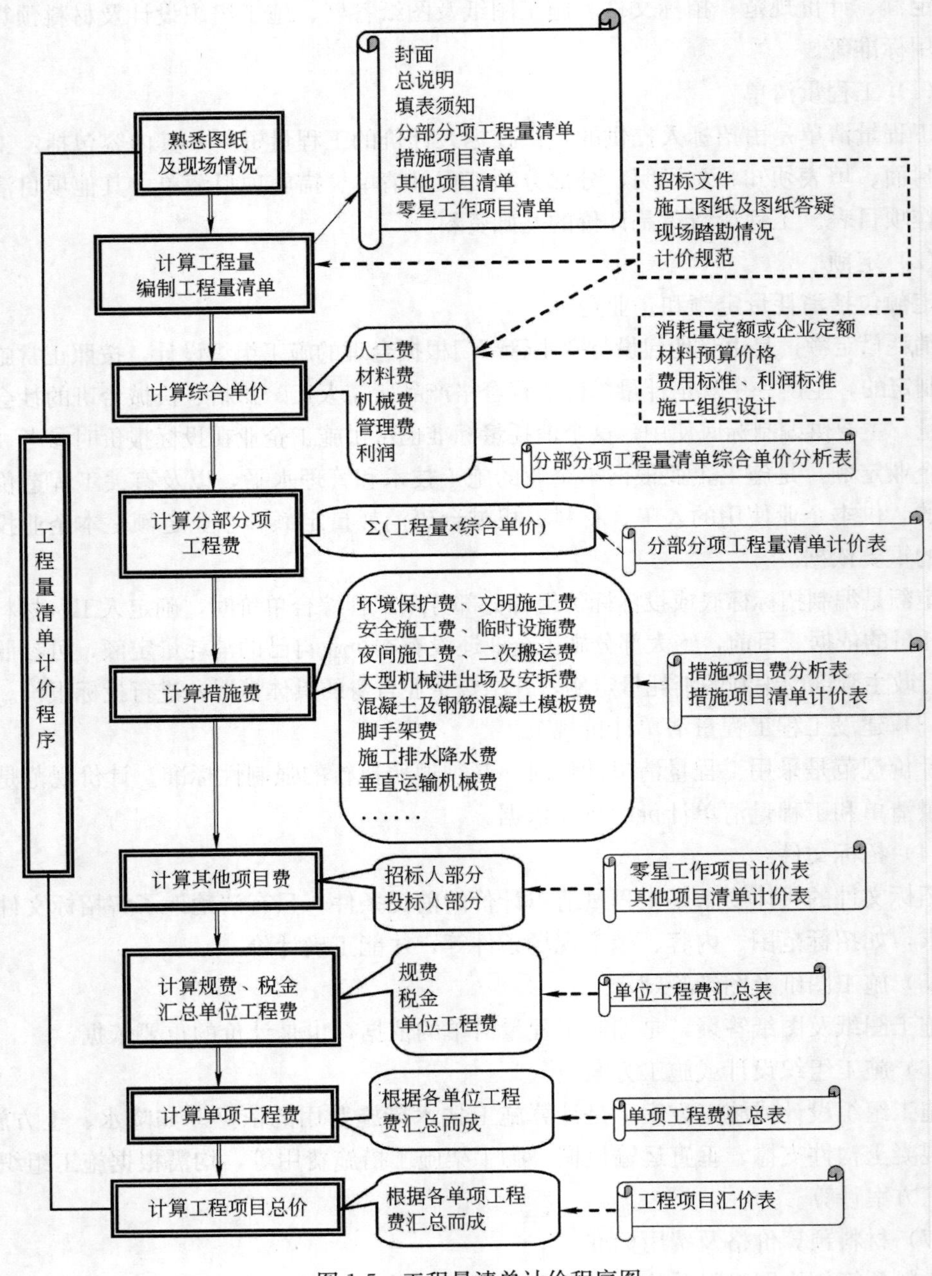

图 1-5 工程量清单计价程序图

（1）熟悉施工图纸及相关资料，了解现场情况

在编制工程量清单之前，要先熟悉施工图纸，以及图纸答疑、地质勘探报告，到工程建设地点了解现场实际情况，以便正确编制工程量清单。熟悉施工图纸及相关资料便于列制分部分项工程项目名称，了解现场便于列制施工措施项目名称。

（2）编制工程量清单

工程量清单包括封面、总说明、填表须知、分部分项工程量清单、措施项目清单、其他项目清单、零星工作项目清单七部分。

工程量清单是由招标人或其委托人，根据施工图纸、招标文件、计价规范，以及现场实际情况，经过精心计算编制而成的。

工程量清单的编制方法详见本书第五章。

（3）计算综合单价

计算综合单价，是标底编制人（指招标人或其委托人）或标价编制人（指投标人），根据工程量清单、招标文件、消耗量定额或企业定额、施工组织设计、施工图纸、材料预算价格等资料，计算分项工程的单价。

综合单价的内容包括：人工费、材料费、机械费、管理费、利润五部分。

综合单价的计算方法详见本书第六章。

（4）计算分部分项工程费

在综合单价计算完成之后，根据工程量清单及综合单价，计算分部分项工程费用。

分部分项工程费＝∑（工程量×综合单价）

分部分项工程费的计算方法详见本书第六章。

（5）计算措施费

措施费包括环境保护费、文明施工费、安全施工费、临时设施费、夜间施工费、二次搬运费、大型机械进出场及安拆费、混凝土及钢筋混凝土模板费、脚手架费、施工排水降水费、垂直运输机械费等内容。

根据工程量清单提供的措施项目计算。

措施费的计算方法详见本书第六章。

（6）计算其他项目费

其他项目费由招标人部分和投标人部分两个部分的内容组成。根据工程量清单列出的内容计算。

其他项目费的计算方法详见本书第六章。

（7）计算单位工程费

前面各项内容计算完成之后，将整个单位工程费包括的内容汇总起来，形成整个单位工程费。在汇总单位工程费之前，要计算各种规费及该单位工程的税金。单位工程费内容包括分部分项工程费、措施项目费、其他项目费、规费和税金五部分，这五部分之和即单位工程费。

单位工程费的计算方法详见本书第六章。

（8）计算单项工程费

在各单位工程费计算完成之后，将属同一单项工程的各单位工程费汇总，形成该单项工程的总费用。

(9) 计算工程项目总价

各单项工程费计算完成之后，将各单项工程费汇总，形成整个项目的总价。

1.3.4 工程量清单计价方法

工程量清单计价，按照中华人民共和国建设部令107号《建筑工程施工发包与承包计价管理方法》的规定，有综合单价法和工料单价法两种方法。

1. 综合单价法

综合单价法的基本思路是：先计算出分项工程的综合单价，再用综合单价乘以工程量清单给出的工程量，得到分部分项工程费，再加措施项目费、其他项目费及规费，再用分部分项工程费、措施项目费、其他项目费、规费的合计，乘以税率得到税金，最后汇总得到单位工程费。用公式表示为：

单位工程造价＝[Σ(工程量×综合单价)＋措施项目费＋其他项目费＋规费]×(1＋税金率)

综合单价法的重点是综合单价的计算。综合单价的内容包括：人工费、材料费、机械费、管理费及利润五个部分。措施项目费、其他项目费及规费是在分部分项工程费计算完成后进行计算。

计价规范明确规定综合单价法为工程量清单的计价方法。也是目前普遍采用的方法。

2. 工料单价法

工料单价法的基本思路是：先计算出分项工程的工料单价，再用工料单价乘以工程量清单给出的工程量，得到分部分项工程的直接费，再在直接费的基础计算管理费、利润。再加措施项目费、其他项目费及规费，再用分部分项工程费、措施项目费、其他项目费、规费的合计，乘以税率得到税金，最后汇总得到单位工程费。用公式表示为：

单位工程造价＝[Σ(工程量×工料单价)×(1＋管理费率＋利润率)＋措施项目费＋其他项目费＋规费]×(1＋税金率)

工料单价法的重点是工程料单价的计算。

工料单价的内容包括：人工费、材料费、机械费三个部分。管理费及利润在直接费计算完成后计算，这是与综合单价法不同之处。

显然，工料单价法的工料单价是不完全单价，不如综合单价直观，所以计价规范未采用此种方法。

综合单价及工料单价中消耗量均要依据工料消耗量定额来确定，招标人或其委托人编制招标标底时，依据当地建设行政主管部门编制的消耗量定额来确定；投标人编制投标标价时，依据本企业自己编制的消耗量定额来确定，在施工企业没有本企业的消耗量定额时，可参照当地建设行政主管部门编制的消耗量定额。

1.3.5 《建设工程工程量清单计价规范》及《工程量计算规范》简介

计量与计价规范由计量规范和计价规范两部分组成，如图1-6所示。

1. 计价规范

《建设工程工程量清单计价规范》（GB 50500—2013）由正文和附录两部分构成。

（1）正文

正文包括总则、术语、一般规定、工程量清单编制、招标控制价、投标报价、合同价款约定、工程计量、合同价款调整、合同价款其中支付、竣工结算与支付、合同解除的价款结算与支付、合同价款争议的解决、工程造价鉴定、工程计价资料与档案共十六个部分。

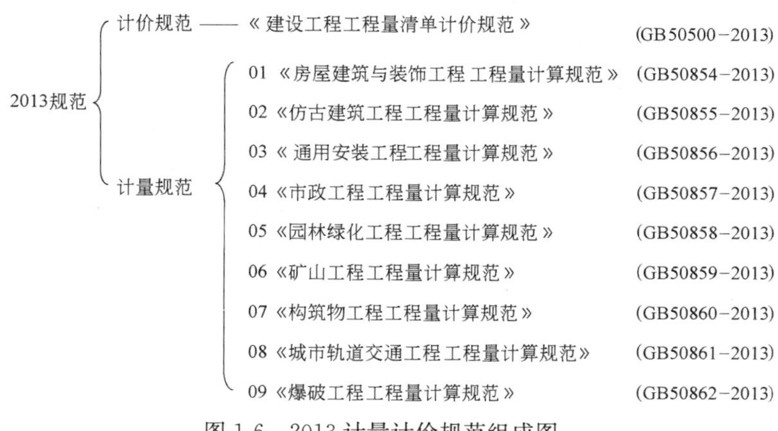

图1-6　2013计量计价规范组成图

（2）附录

附录包括各种工程计价标准表格。

具体包括物价变化合同价款调整方法、工程计价文件封面、工程计价文件扉页、工程计价总说明、工程计价汇总表、分部分项工程和措施项目计价表、其他项目计价表、规费税金项目计价表、工程计量申请（核准）表、主要材料、工程设备一览表等。

2. 计量规范

《房屋建筑与装饰工程工程量计算规范》（GB 50854—2013）的内容包括正文和附录两部分。

（1）正文

正文包括总则、术语、工程计量、工程量清单编制。

（2）附录

附录包括房屋建筑与装饰工程的十六个分部工程：土石方工程、地基处理与边坡支护工程、桩基工程、砌筑工程、混凝土与钢筋混凝土工程、金属结构工程、木结构工程、门窗工程、屋面防水工程、保温隔热防腐工程、楼地面装饰工程、墙柱面装饰与隔断幕墙工程、天棚工程、油漆涂料裱糊工程、其他装饰工程、拆除工程，以及措施项目。

3. 计价规范的特点

（1）强制性。主要表现在以下两个方面：

1）计价规范是由建设主管部门按照强制性国家标准的要求批准颁布，规定全部使用国有资金或国有资金投资为主的大中型建设工程应按《计价规范》规定执行。

2）计价规范明确规定，工程量清单是招标文件的组成部分，并规定了招标人在编制工程量清单时必须遵守的规则，做到四统一，即统一项目编码、统一项目名称、统一计量单位、统一工程量计算规则。

（2）适用性。工程量清单项目列有项目特征和工作内容，反映的是工程实体项目，项目名称明确清晰，工程量计算规则简洁明了，易于在编制工程量清单时确定具体项目名称和工程计价。

（3）竞争性。计价规范仅规定了“四统一”，为对工料消耗量及单价、各种施工措施作统一规定，给投标报价流出自主报价空间，充分体现其竞争性。

1）计价规范中人工、材料、机械没有具体的消耗量，投标企业可根据企业定额和市场价格信息，也可参照当地建设行政主管部门发布的社会平均消耗量定额进行报价。

2）计价规范中措施项目，在工程量清单中只列项目措施名称，具体采用什么措施，如模板、脚手架、垂直运输机械、临时设施、施工降水排水，由投标企业根据企业的施工组织设计，视具体情况确定报价。

4. 计价规范中强制性规定

凡带黑体字的条款均为强制性规定。

复习思考题

1. 什么是基本建设？
2. 基本建设如何分类？
3. 基本建设项目怎样划分？
4. 什么是建设项目、单项工程、单位工程、分部工程、分项工程？举例说明。
5. 基本建设造价文件包括哪些内容？各在什么时间编制？各有什么主要作用？
6. 什么是标底、标价，各由谁来编制？
7. 什么是工程量清单计价？
8. 工程量清单计价的原则？
9. 工程量清单计价程序是怎样的？工程量清单计价的依据有哪些？
10. 计价规范由几部分组成？有哪些强制性规定？

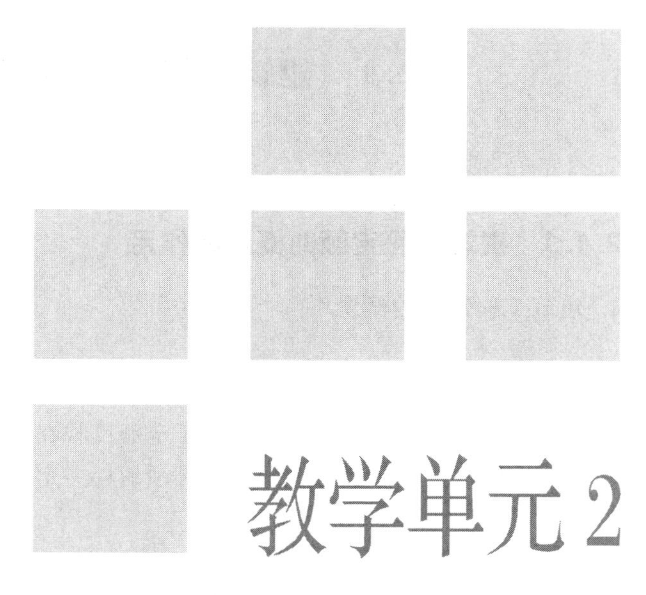

教学单元2

建筑工程定额

【教学目标】

1. 定额及建筑工程定额的概念、建设工程定额的分类。
2. 建筑工程定额的组成。
3. 建筑工程定额的应用，包括定额直接套用、定额换算。

2.1 建筑工程定额概念及分类

2.1.1 建筑工程定额的概念和作用

1. 建筑工程定额的概念

(1) 定额

定额，即人为规定的标准额度。就产品生产而言，定额反映生产成果与生产要素之间的数量关系。在某产品的生产过程中，定额反映在现有的社会生产力水平条件下，为完成一定计量单位质量合格的产品，所必须消耗一定数量的人工、材料、机械台班的数量标准。

(2) 建筑工程定额

建筑工程定额，是指在正常的施工条件下，为了完成一定计量单位质量合格的建筑产品，所必须消耗的人工、材料（或构配件）、机械台班的数量标准。

2. 建筑工程定额的作用

建筑工程定额主要有以下几个方面的作用：

(1) 是招投标活动中编制标底标价的重要依据

建筑工程定额是招投标活动中确定建筑工程分项工程综合单价的依据。在建设工程计价工作中，根据设计文件结合施工方法，应用相应建筑工程定额规定的人工、材料、施工机械台班消耗标准，计算确定工程施工项自中人工、材料、机械设备的需用量，按照人工、材料、机械单价和管理用及利润标准来确定分项工程的综合单价。

(2) 是施工企业组织和管理施工的重要依据

为了更好地组织和管理工程建设施工生产，必须编制施工进度计划。在编制计划和组织管理施工生产中，要以各种定额来作为计算人工、材料和机械需用量的依据。

(3) 是施工企业和项目部实行经济责任制的重要依据

工程建设改革的突破口是承包责任制。施工企业对外通过投标承揽工程任务，编制投标报价；工程施工项目部进行进度计划和进度控制，进行成本计划和成本控制，均以建筑工程定额为依据。

(4) 是总结先进生产方法的手段

建筑工程定额是一定条件下，通过对施工生产过程的观察，分析综合制定的。它比较科学地反映出生产技术和劳动组织的先进合理程度。因此我们可以以建筑工程消耗量定额的标定方法为手段，对同一工程产品在同一施工操作条件下的不同生产方式进行观察、分析和总结从而得出一套比较完整的先进生产方法。

(5) 是评定优选工程设计方案的依据

一个设计方案是否经济，正是以工程定额为依据来确定该项工程设计的技术经济指标，通过对设计方案技术经济指标比较，确定该工程设计是否经济。

2.1.2　建设工程定额的分类

建设工程定额的种类繁多，根据不同的划分方式有不同的名称，如图 2-1 所示。

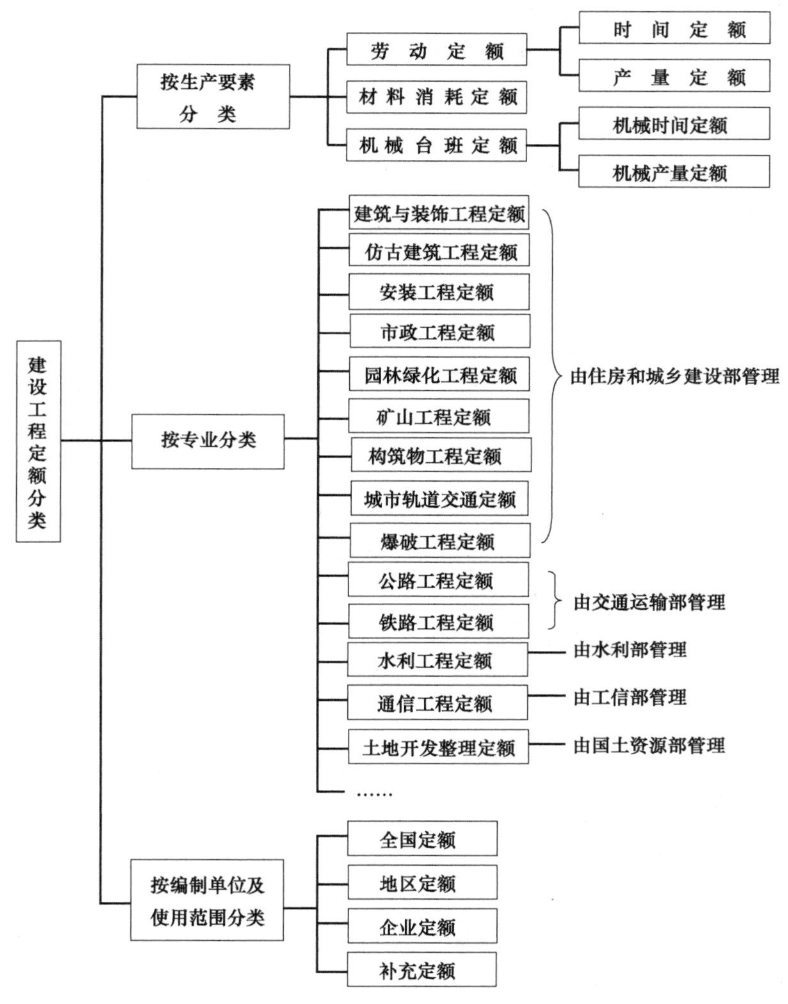

图 2-1　建设工程定额分类图

1. 按生产要素分

生产过程是劳动者利用劳动手段、对劳动对象进行加工的过程。显然生产活动包括劳动者、劳动手段、劳动对象三个不可缺少的要素。劳动者指生产活动中各专业工种的工人，劳动手段是指劳动者使用的生产工具和机械设备，劳动对象是指原材料、半成品和构配件。按此三要素分类可分为劳动定额、材料消耗定额、机械台班消耗定额。

(1) 劳动定额

劳动定额又称人工定额，它反映生产工人劳动生产率的平均先进水平。根据其表示形式可分成时间定额和产量定额。

1）时间定额

时间定额又称工时定额，是指在合理的劳动组织与合理使用材料的条件下，完成质量合格的单位产品所必须消耗的劳动时间。时间定额以“工日”或“工时”为单位。

2）产量定额

产量定额又称每工产量，是指在合理的劳动组织与合理使用材料的条件下，规定某工种某技术等级的工人（或人工班组）在单位时间里必须完成质量合格的产品数量。产量定额的单位是产品的单位。

（2）材料消耗定额

材料消耗定额，简称材料定额，是指在节约与合理使用材料条件下，生产质量合格的单位工程产品，所必须消耗的一定规格的质量合格的材料、成品、半成品、构配件、动力与燃料的数量标准。材料消耗定额的单位是材料的单位。

（3）机械台班消耗定额

机械台班消耗定额又称机械台班使用定额，简称机械定额。它是指在正常施工条件下，施工机械运转状态正常，并合理地、均衡地组织施工和使用机械时，机械在单位时间内的生产效率。按其表示形式的不同可分为机械时间定额和机械产量定额。

1）机械时间定额

机械时间定额是指在合理组织施工和合理使用机械的条件下，某种类型的机械为完成符合质量要求的单位产品所必须消耗的机械工作时间。单位以“台班”或“台时”表示。

2）机械产量定额

机械产量定额是指在合理组织施工和合理使用机械的条件下，某种类型的机械在单位机械工作时间内，应完成符合质量要求的产品数量。单位是产品的单位。

2. 按专业分类

建设工程定额按专业分类有：建筑与装饰工程定额、安装工程定额、市政工程定额、园林绿化工程定额、矿山工程定额、构筑物工程定额、城市轨道工程定额和爆破工程定额、铁路工程定额以及公路工程定额、水工工程定额和土地整理定额等。

（1）房屋建筑与装饰工程定额

房屋建筑与装饰工程定额是指房屋建筑与装饰工程人工、材料及机械的消耗量标准。其内容包括：土（石）方程，地基处理与边坡支护工程，桩基工程，砌筑工程，混凝土及钢筋混凝土工程，金属结构工程，木结构工程，门窗工程，屋面及防水工程，防腐、隔热、保温工程，楼地面工程，墙柱面工程，天棚工程、油漆、涂料、裱糊工程，其他装饰工程和拆除工程。

（2）安装工程定额

安装工程是指各种管线、设备等的安装工程。安装工程定额是指安装工程人工、材料及机械的消耗量标准。其内容包括：机械设备安装工程、电气设备安装工程、热力设备安装工程、炉窑砌筑工程、静置设备与工艺金属结构制作安装工程、工业管道工程、消防工程、给排水、采暖、热气工程、通风空调工程、自动化控制仪表安装工程、通信设备及线路工程、建筑智能化系统设备安装工程、长距离输送管道工程。

（3）市政工程定额

市政工程是指城市的道路、桥梁等公共设施及公用设施的建设工程。市政工程定额是指市政工程人工、材料及机械的消耗量标准。其内容包括：土石方工程、道路工程、桥涵护岸工程、隧道工程、市政管网工程、地铁工程、钢筋工程、拆除工程。

（4）园林绿化工程定额

园林绿化工程定额是指园林绿化工程人工、材料及机械的消耗量标准。其内容包括：绿化工程、园路、园桥、假山工程、园林景观工程。

（5）矿山工程定额

矿山工程定额是指矿山工程人工、材料及机械的消耗量标准。其内容包括露天工程（爆破、采装运输、岩土排弃、路基及附属、筑坝、窄轨铁路铺设等工程）和井巷工程（立井井筒、冻结、钻井、地面预注浆、斜井井筒、平硐及平巷、斜巷工程硐室、铺轨工程斜坡道、天溜井、其他工程辅助系统工程）。

（6）构筑物工程定额

构筑物工程定额是指构筑物工程人工、材料及机械的消耗量标准。其内容包括混凝土池、贮仓、水塔、冷却塔、烟囱、烟道，砖砌烟囱、烟道等。

（7）城市轨道交通工程定额

城市轨道交通工程定额是指城市轨道交通工程人工、材料及机械的消耗量标准。其内容包括路基及维护结构工程、高架桥工程、地下区间工程、地下结构工程、轨道工程、通信工程、信号工程、供电工程、智能与控制系统安装工程、机电设备安装工程、车辆基础工艺设备工程等。

（8）爆破工程定额

爆破工程定额是指爆破工程人工、材料及机械的消耗量标准。其内容包括露天爆破工程地下爆破工程、硐室爆破工程、拆除爆破工程、水下爆破工程、挖装运工程等。

（9）公路工程定额

公路工程定额指城际交通公路工程人工、材料及机械的消耗量标准。其内容包括城际公路工程、桥梁和隧道工程。具体内容包括路基工程、路面工程、隧道工程、桥涵工程、防护工程、交通工程及线路设施、临时工程、材料采集机加工、材料运输。由中华人民共和国交通部颁发。

（10）铁路工程定额

铁路工程定额指铁路工程人工、材料及机械的消耗量标准。其内容包括铁路桥涵工程、铁路隧道工程、铁路信号工程、铁路电力工程、铁路站场工程。由中华人民共和国交通部颁发。

（11）通信工程定额

通信工程定额指通信工程人工、材料及机械的消耗量标准。其内容包括通信电源设备安装工程、有线通信设备安装工程、无线通信设备安装工程、通信线路工程、通信管道工程。由中华人民共和国工业和信息化部编制。

(12) 土地开发整理定额

土地整理工程定额指土地整理工程人工、材料及机械的消耗量标准。其内容包括：土石方工程、砌体工程、管道安装工程、农用井工程、设备安装工程、道路工程、植物工程、梯田工程。

3. 按编制单位及使用范围分类

建设工程定额按编制单位及使用范围分类有：全国定额、地区定额及企业定额。

(1) 全国定额

全国定额是指由国家主管部门编制，用作各地区（省、市、区）编制地区消耗量定额依据的定额。如《全国统一建筑工程基础定额》、《全国统一建筑装饰装修工程消耗量定额》。

(2) 地区定额

地区定额，是指由本地区建设行政主管部门根据合理的施工组织设计，按照正常施工条件下制定的，生产一个规定计量单位工程合格产品所需人工、材料、机械台班的社会平均消耗量定额。地区定额作为编制标底依据，在施工企业没有本企业定额的情况下也可作为投标的参考依据。

(3) 企业定额

企业定额，是指施工企业根据本企业的施工技术和管理水平，以及有关工程造价资料制定的，供本企业使用的人工、材料和机械消耗量定额。目前我国的建设工程施工企业尚未编制企业定额。

(4) 补充定额

补充定额又称一次性定额。由于新技术、新材料而在原来的定额中没有纳入的项目，根据具体工程的实际情况进行补充，一次性临时使用的定额，叫补充定额。

全国定额、地区定额、企业定额和补充定额的异同见表 2-1。

全国定额、地区定额、企业定额和补充定额比较表 **表 2-1**

定额名称 异同点	全国定额	地区定额	企业定额	补充定额
编制内容相同	确定分项工程的人工、材料和机械台班消耗量标准			
定额水平不同	全国社会平均水平	本地区社会平均水平	本企业个别水平	社会平均水平
编制单位不同	主管部	各省、市、区	施工企业	当地造价站
使用范围不同	全国	本地区（指省、市、区）	本企业	某个工程
定额作用不同	作为各地区编制本地区消耗量定额的依据	作为本地区编制标底，或施工企业参考	本企业内部管理及投标使用	一次性使用

2.2 建筑工程定额组成

建筑工程定额由总说明、分部定额、附录三部分组成，见图 2-2。

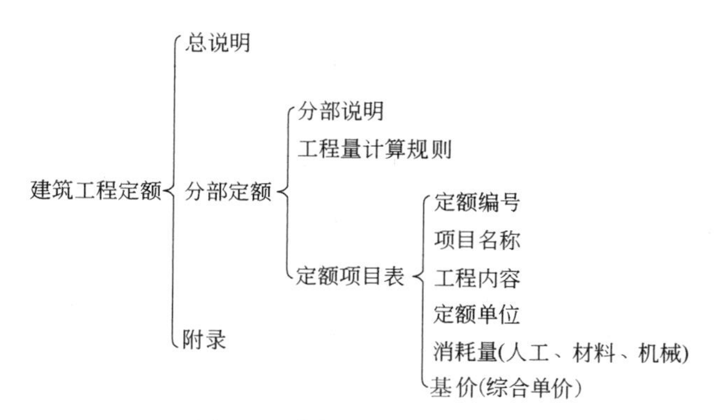

图 2-2　建筑工程定额组成图

2.2.1　总说明

总说明一般包括定额的编制依据、适用范围、定额的作用、定额包括的内容以及该定额使用过程中的注意事项等内容。

1. 定额编制依据

定额编制依据一般应包括计价规范、基础定额、现行国家产品标准、设计规范、施工质量验收规范、质量评定标准和安全技术操作规程等内容。

2. 定额适用范围

定额适用范围包括适用的工程类型（如适用于一般工业与民用建筑的新建、扩建和改建工程)、区域（如某地区的定额适用于该省行政区域内从事建设工程的建设、设计、咨询单位和施工企业)。

3. 定额作用

定额作用是指定额的用途。如某地区的定额规定，用于编制审查设计概算、施工图预算、标底、竣工结算的依据；用于招标人组合综合单价、衡量投标报价合理性的基础；用于投标人投标报价，用于施工企业加强内部管理和核算的参考。

4. 定额内容

(1) 人工

定额中的人工工日消耗量包括基本用工、辅助用工、其他用工。

(2) 材料

定额中的材料包括施工过程中消耗的构成工程实体的原材料、辅助材料、构配件、零件、半成品等。

(3) 机械

定额中的机械包括施工机械作业发生的机械消耗量。

5. 定额使用过程中注意事项

定额总说明中还载明在使用定额时应注意的问题。如：

本定额的“工作内容”指主要施工工序，其他工序虽未详列，但定额已考虑。

本定额中仅列出主要材料的用量，次要和零星材料均包括在其他材料费内，以

“元”表示。

本定额凡注明“××以内”者，包括“××”本身在内；注明“××以外”或“××以上”者，则不包括“××”本身在内。

在使用定额时，必须仔细阅读总说明的内容。

2.2.2 分部定额

分部定额由分部说明、工程量计算规则和定额项目表三部分组成。

1. 分部说明

分部说明主要包括使用本分部定额时应注意的相关问题说明。其具体内容包括：定额编制的问题、如何直接套用定额的问题以及如何换算定额的问题等多个方面。下面摘录某定额“砌筑工程”的分部说明：

墙体材料除水泥煤渣空心砖、加气混凝土砌块、预制混凝土空心砌块的规则系综合考虑外，红（青）砖、砌块、石的规格如下：红（青）砖 240mm×115mm×53mm，硅酸盐砌块 880mm×430mm×240mm，……（此条说明定额编制的问题）。

墙身外防潮层需贴砖时，应执行本分部贴砖定额项目。框架外表面需做 1/2 砖以上的贴砖时，应执行本分部砖墙定额项目（此条说明如何直接套用定额的问题）。

砖（石）墙身、基础如为弧形时，按相应定额项目人工增加 10%，砖用量增加 2.5%（此条说明如何换算定额的问题）。

必须仔细阅读这些说明，以达到正确使用定额的目的。

2. 工程量计算规则

工程量计算规则系本分部相关工程量的计算规则。定额中的工程量计算规则应与计价规范中规定的规则尽量保持一致。下面摘录某定额“砌筑工程”的分部工程量计算规则：

砖石基础长度，外墙基础长度按外墙中心线长度计算，内墙基础长度按内墙净长计算。

砖基础与砖墙（身）划分应以设计室内地坪为界（有地下室的以地下室室内设计地坪为界），以下为砖基础，以上为墙（柱）身。基础与墙身使用不同材料，位于设计室内地坪±300mm 以内时以不同材料为界，超过±300mm，应以设计室内地坪为界。砖围墙应以设计室外地坪为界，以下为基础，以上为墙身。

按设计图示尺寸以体积计算。扣除门窗洞口、过人洞、空圈、嵌入墙内的钢筋混凝土柱、梁、圈梁、挑梁 、过梁及凹进墙内的壁龛、管槽、暖气槽、消火栓箱所占体积，不扣除梁头、板头、檩头、垫木、木楞头、沿缘木、木砖、门窗走头、砖墙内加固钢筋、木筋、铁件、钢管及单个面积 0.3m^2 以内的孔洞所占体积，凸出墙面的腰线、挑檐、压顶、窗台线、虎头砖、门窗套不增加体积，凸出墙面的砖垛并入墙体体积内。

3. 定额项目表

定额项目表是定额的核心，占定额最大篇幅。

定额项目表包括定额编号、项目名称、工程内容、定额单位、消耗量、基价。

（1）定额编号

定额编号系该项定额的编号。定额编号一般应包括单位工程、分部工程、顺序号三个单元，如图 2-3 所示。由于利用计算机辅助计算工程造价比较普遍，定额编号应方便计算机识读。

如：AC0001　M5 混合砂浆（中砂）砌砖基础

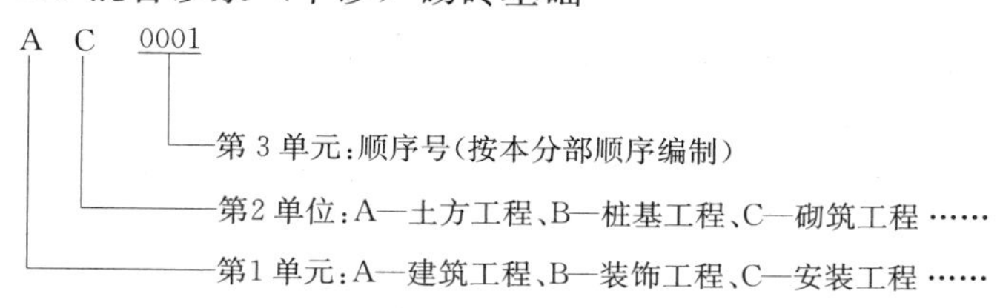

图 2-3　定额编号示意图

第 1 单元，单位工程顺序号，一般应与计价规范统一。A—代表建筑工程、B—代表装饰工程、C—代表安装工程、D—代表市政工程、E—代表园林绿化工程、F—代表矿山工程。

第 2 单元：分部工程顺序号。其编制方法有用英文字母编号和用阿拉伯数字编号两种。上例中 A—代表土方工程、B—代表桩基工程、C—代表砌筑工程、D—代表混凝土及钢筋混凝土工程……。

第 3 单元：顺序号，按本分部顺序编制，按 0001、0002、0003……编排。由于计算机的广泛使用，顺序号使用了占位码，便于计算机的识别。

（2）项目名称

项目名称系分项工程的名称。项目名称应包括该项目使用的材料、部位或构件的名称、内容、项目特征等。如：

M5 混合砂浆（中砂）砌砖基础　（定额编号：AC0001）

钢网架制作安装　（定额编号：AF0002）

C30 混凝土（中砂）块体设备基础（20m^3 以内）　（定额编号：AD0044）

墙面一般抹灰　其他墙面　混合砂浆　细砂　（定额编号：BB0007）

（3）工程内容

工程内容是指本分项工程所包括的工作范围。如：

“M5 混合砂浆（中砂）砌砖基础”项目的工程内容：砂浆调制、运输、铺设、砌砖、清理基坑、基槽等。

“C30 混凝土（中砂）块体设备基础”项目的工程内容：冲洗石子、混凝土搅拌、浇捣、养护等全部操作过程。（显然，该项目仅包括混凝土的制作、浇筑及养护，而不包括混凝土的模板以及该构件的钢筋）

“钢网架制作安装”项目的工程内容：放样划线、截断、平直、焊接、拼装、成品堆放、除锈、刷防锈漆一遍，构件拼装、加固、校正、就位、安装等全过程。

（4）定额单位

定额单位是指该项目的单位，如“m”、“m^2”、“m^3”、“t”、“樘”、“台”、“个”、

"套"、"组"。定额单位的确定原则是：

对于断面较为固定的长形构件或部位，按长度单位"m"确定其单位。如混凝土压顶、扶手等。

对于厚度较为固定的薄形构件或部位，按面积单位"m^2"确定其单位。如各种抹灰项目、混凝土楼梯、混凝土台阶等。

对于不规则构件或部位按体积单位"m^3"确定其单位。如各种混凝土及钢筋混凝土构件、各种砌体工程等。

各类钢构件按质量单位"t"确定其单位。如钢屋架、钢网架、钢托架、钢梁、钢吊车梁、钢支撑、钢檩条、钢天窗等。

对于可按自然计量单位确定其单位的项目按"樘"、"台"、"个"、"套"、"组"等确定其单位。

（5）消耗量

定额消耗量包括人工工日、材料数量和机械台班的消耗量。如C30混凝土块体设备基础（中砂）见表2-2。

A. D. 1. 2　设备基础（010401004）　　表2-2

工程内容：1. 混凝土水平运输；2. 冲洗石子；
3. 混凝土搅拌、浇捣、养护等全部操作过程。　　单位：$10m^3$

定额编号			AD0042	AD0043	AD00244
项　　目		单位	混凝土块体设备基础（中砂）		
			C20	C25	C30
人工	技工	工日	10.13	10.13	10.13
	普工	工日	2.53	2.53	2.53
材料	混凝土	m^3	10.15	10.15	10.15
	水泥 32.5	kg	3014.55	3522.05	
	水泥 42.5	kg			3248.00
	中砂	m^3	4.97	4.57	4.97
	砾石 5-40	m^3	8.93	8.93	8.83
	水	m^3	10.30	10.30	10.30
	其他材料费	元	3.54	3.54	3.54
机械	机械费	元	104.75	104.75	104.75

（6）综合单价（基价）

在建筑工程定额中，为方便计价，除消耗量外还装有综合单价（即基价）。

综合单价系根据定额消耗量（包括人工、材料、机械的消耗量）和单价（包括人工、材料、机械的单价）计算，包括人工费、材料费、机械费、管理费和利润的分项工程单价。如某地计价定额中的"C20混凝土块体设备基础"（定额编号AD0042）的综合单价见表2-3。其综合单价的计算如下：

定额消耗量见表2-2。人工单价：技工50元/工日、普工35元/工日；材料单价：C20混凝土（中砂）168.72元/m^3、水2.5元m^3；机械费104.75元。管理费费率30%

（人工费为基数）、利润率 15%（人工费为基数）。

人工费＝∑（工日数量×工日单价）

＝10.13×50＋2.53×35＝595.05 元/10m³

材料费＝∑（材料数量×材料单价）

＝10.15×168.72＋10.30×2.5＋3.54＝元 1741.80/10m³

机械费＝104.75元/10m³

管理费＝（人工费＋机械费）×管理费费率

＝（595.05＋104.75）×30%＝209.94元/10m³

利润＝（人工费＋机械费）×利润率

＝（595.05＋104.75）×15%＝104.97 元/10m³

综合单价（基价）＝人工费＋材料费＋机械费＋综合费＝595.05＋1741.80＋104.75＋209.94＋104.97＝2756.51元/10m³

计算结果汇入表 2-3。

A. D. 1. 2　设备基础（010401004）　　　**表 2-3**

工程内容：1. 混凝土水平运输；2. 冲洗石子；

3. 混凝土搅拌、浇捣、养护等全部操作过程。　　　单位：10m³

定额编号				AD0042	AD0043	AD00244
项　　目		单位	单价（元）	混凝土块体设备基础（中砂）		
				C20	C25	C30
综合单价（基价）		元		2756.51	2940.02	3171.64
其中	人工费	元		595.05	595.05	595.05
	材料费	元		1741.80	1925.31	2156.93
	机械费	元		104.75	104.75	104.75
	管理费	元		209.94	209.94	209.94
	利润	元		104.94	104.97	104.97
材料	混凝土（中砂）C20	m³	168.72	10.15		
	混凝土（中砂）C25	m³	186.80		10.15	
	混凝土（中砂）C30	m³	209.62			10.15
	水泥 32.5	kg		(3014.55)	(3522.05)	
	水泥 42.5	kg				(3248)
	中砂	m³		(4.97)	(4.57)	(4.97)
	砾石 5-40	m³		(8.83)	(8.83)	(8.83)
	水	m³	2.5	10.3	10.3	10.3
	其他材料费	元		3.54	3.54	3.54

2.2.3 附录

附录一般包括施工机械台班定额、混凝土及砂浆配合比两个部分。

1. 施工机械台班定额

施工机械台班定额根据建设部颁发的《全国统一施工机械台班费用编制规则》，并结合实际情况进行编制。其内容包括：折旧费、大修理费、经常修理费、安拆费及场外运费、人工费、燃料动力费、其他费用（包括车船使用税及保险费），其格式见表 2-4。

混凝土及砂浆机械（摘录）　　表 2-4

定额编号				XF0001	XF0002	XF0003	XF0004
机械名称				涡浆式混凝土搅拌机			
规格型号				出料容量(L)			
				250	350	500	1000
机　型				小	小	中	中
台班单价		元		49.10	79.37	123.70	243.55
费用组成	折旧费	元		19.24	27.70	48.21	97.69
	大修理费	元		3.18	4.58	7.97	16.15
	经常修理费	元		7.57	10.90	18.97	38.44
	安拆费及场外运费	元		5.47	5.47	5.47	20.49
	人工费	元					
	燃料动力费	元		13.64	30.72	43.08	70.78
	其他费用	元					
人工·动力	人工	工日		1.00	1.00	1.00	1.00
	汽油	元	5.40				
	柴油	元	5.20				
	电	kW·h	0.40	34.10	34.10	34.10	34.10
	水	m^3	2.30				

2. 混凝土及砂浆配合比

混凝土及砂浆配合比根据《普通混凝土配合比设计规程》、《砌筑砂浆配合比设计规程》等规范、标准编制。

混凝土及砂浆配合比中除包括净消耗量外，还应包括施工操作损耗。

该附录供换算混凝土及砂浆的配合比使用。其格式见表 2-5、表 2-6。

中砂塑性混凝土配合比（摘录）　　表 2-5

定额编号				YA0022	YA0023	YA0024	YA0025
项　目		单位	单价（元）	塑性混凝土(中砂)			
				卵石　最大粒径:40mm			
				C10	C15	C20	C25
基　价		元		118.28	130.62	141.76	154.76
其中	人工费	元					
	材料费	元		118.28	130.62	141.76	154.76
	机械费	元					
材料	水泥 32.5 级	kg	0.30	203.00	252.00	297.00	347.00
	中砂	m^3	50.00	0.61	0.55	0.49	0.45
	卵石 5～40mm	m^3	32.00	0.84	0.86	0.88	0.88
	水	m^3		(0.19)	(0.19)	(0.19)	(0.19)

细砂塑性混凝土配合比（摘录） 表 2-6

定额编号				YA0078	YA0079	YA0080	YA0081
项目		单位	单价（元）	塑性混凝土（细砂）			
				卵石　最大粒径：40mm			
				C10	C15	C20	C25
基价		元		118.80	131.89	143.61	156.96
其中	人工费	元					
	材料费	元		118.80	131.89	143.61	156.96
	机械费	元					
材料	水泥 32.5 级	kg	0.30	213.00	265.00	312.00	364.00
	细砂	m^3	45.00	0.58	0.51	0.45	0.40
	卵石 5～40mm	m^3	32.00	0.90	0.92	0.93	0.93
	水	m^3		(0.19)	(0.19)	(0.19)	(0.19)

2.3 建筑工程定额应用

建筑工程定额应用包括直接套用、定额换算和定额补充三种形式，如图 2-4 所示。

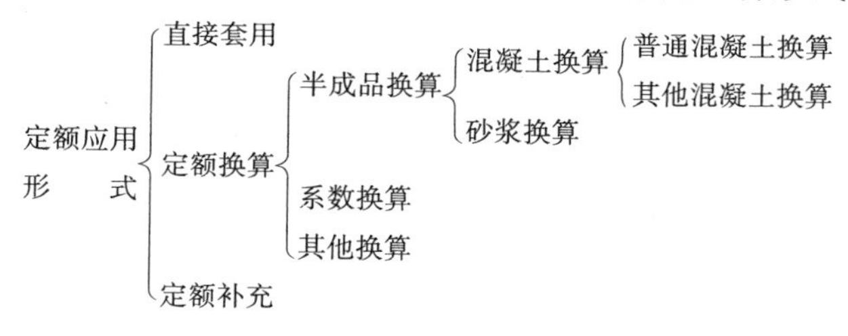

图 2-4 定额应用形式分类图

直接套用：当工程项目的内容与定额内容完全相同时，直接套用定额。这是定额应用的主要形式。

定额换算：当工程项目的内容与定额内容不完全相同时，进行定额换算。

定额补充：当工程项目的内容与定额内容完全不相同时，进行定额补充。

2.3.1 直接套用

除能很明确地直接套用定额外，还应注意以下几个方面的问题：

1. 凡定额注明“××以内”者，包括“××”本身在内；注明“××以外”者，不包括“××”本身在内。

【例 2-1】 现浇 C20 中砂混凝土墙（墙厚 200mm）

混凝土墙体定额分为“墙厚 200mm 以内”、“墙厚 500mm 以内”和“墙厚 500mm 以上”三组。显然，厚度为 200mm 的墙应套“墙厚 200 以内”的定额。

2. 凡超过某档次时，不论与下一个档次相距多远，均高套下一档，不得在档次之间平均分配。

【例 2-2】 现浇 C20 中砂混凝土墙（墙厚 250mm）

与例 2-1 相比本例除墙厚有变化外，其余均相同。显然，厚度为 250mm 的墙应直接套用“墙厚 500mm 以内”定额即可，不得用“墙厚 500 以内”定额除以 2。

3. 在表头名称下注有“××以内”者，系指单个构件的参数。

【例 2-3】 C20 中砂混凝土块体设备基础（$20m^3$）

块体设备基础分为单个设备基础体积“$20m^3$ 以内”和“$20m^3$ 以上”两组定额。这里的“$20m^3$”不是定额的单位，而是单个设备基础的体积。所以，该项目应套用“$20m^3$ 以内”的定额。

4. 凡从定额中查不到的项目，应仔细阅读说明或计算规则。

【例 2-4】 M5 细砂混合砂浆砌砖阳台栏杆

在定额表中直接查找不到“阳台栏杆”项目，但在砌筑工程的分部说明中有“零星砌砖适用于厕所蹲台、水槽腿、垃圾箱、台阶挡墙、梯带、阳台栏杆、楼梯栏板、池槽、池槽腿、小便槽、地垄墙、屋面隔热板下的砖墩、花台、花池……”，所以根据该说明，砖砌阳台栏杆应直接套用“零星砌砖”的定额项目。

【例 2-5】 钢筋混凝土 T 型吊车梁运输（运距 2.5km）

在定额表中直接查找不到“T 型吊车梁运输”项目，但定额表中有钢筋混凝土构件“Ⅰ类构件运输”、“Ⅱ类构件运输”和“Ⅲ类构件运输”三组定额。根据混凝土工程定额的分部说明知道吊车梁运输属于“Ⅰ类构件运输”，所以，T 型吊车梁运输应直接套用“Ⅰ类构件运输”的定额项目。

5. 要注意同一个项目，名称不同。

如：胶合板门——夹板门——层板门；墙脚排水坡——散水；筏板基础——满堂基础。

在定额套用过程中，绝大部分的项目是能够直接套用的，个别项目的定额套用要注意上面谈到的几个方面。

2.3.2 定额换算

定额换算根据其换算方法的不同有半成品换算、系数换算和其他换算三种。

1. 半成品换算

半成品换算是指混凝土或砂浆的换算。

半成品换算的基本方法见下面公式：

换算后的材料用量＝半成品定额用量×单位消耗量

式中：半成品定额用量即混凝土构件的定额消耗量（指消耗量定额中的量）；单位

消耗量即配合比表（指附录中的配合比表）中每立方米混凝土的原材料消耗量。

（1）混凝土换算

混凝土换算包括普通混凝土换算和其他混凝土换算两大类。

1）普通混凝土换算

普通混凝土是指用于各种混凝土构件，由水泥、砂、石、水四种材料组成的混凝土。

普通混凝土换算要注意以下几个方面：

A. 混凝土品种选用

混凝土品种有塑性混凝土和低流动性混凝土两种。混凝土品种直接影响混凝土单价，如何选用混凝土品种是一个很重要的问题。原定额已经充分考虑了规范的规定，所以混凝土品种直接按定额选用即可。

B. 石子粒径选用

石子粒径的大小直接影响混凝土单价，如何选用石子粒径是一个很重要的问题。常见的石子粒径见表 2-7。

常见石子粒径表 **表 2-7**

序号	粒径名称	石子粒径(mm)				
1	粒径范围	5～10	5～20	5～40	5～31.5	20～80
2	最大粒径	10	20	40	31.5	80

定额充分考虑了规范的规定，所以石子粒径直接按定额选用即可。

C. 石子品种选用

石子品种包括卵石和砾石两种。是采用卵石还是采用砾石，应根据当地的具体情况确定。

D. 砂子品种选用

砂子品种是按砂子的平均粒径划分的，即中砂平均粒径 0.36～0.42mm、细砂平均粒径 0.26～0.36mm、特细砂平均粒径 0.15～0.25mm。是采用何种粒径的砂子，应根据当地的具体情况确定。

砂、石粒径的大小与混凝土单价密切相关，一般地讲，砂、石粒径越大混凝土的单价越低，砂、石粒径越小混凝土的单价越高。在计算工程造价时应注意砂、石粒径的选用。

【例 2-6】 C20 混凝土独立基础（细砂） AD0026 换

套用独立基础相关定额（见表 2-8），无细砂混凝土独立基础定额，用独立基础定额 AD0026 换算（当然用 AD0025 或 AD0027 换亦可）。定额 AD0026 中使用的是中砂混凝土，应将 C15 中砂混凝土换为 C20 细砂混凝土，C20 细砂混凝土查用定额附录（见表 2-5、表 2-6）YA0080，人工、机械不变。具体换算方法如下：

本例原定额中选用的是塑性混凝土（见表 2-8 材料栏混凝土旁边带“塑”字，不带“塑”字者为低流动性混凝土），所以仍用塑性混凝土。

本例原定额中选用的是 5～40 的粒径，所以仍用 5～40 的粒径。

本例假设当地仅有细砂卵石，所以采用细砂卵石混凝土。

1. 综合单价换算

综合单价换算可用、差价法、重新组合法三种方法进行换算。

（1）方法 1：扣除换进法

综合单价＝2190.71－10.15×153.00＋10.15×172.95＝2393.20元/$10m^3$

（2）方法 2：差价法

综合单价＝2190.71＋10.15×(172.95－153.00)＝2393.20元/$10m^3$

（3）方法 3：重新组合法

综合单价＝353.60(人工费)＋104.75(机械费)＋114.59(管理费)＋45.84(利润)＋10.15×172.95(混凝土)＋10.30×1.50(水)＋3.54(其他材料费)＝2393.20元/$10m^3$

换算后综合单价为 2393.20 元/$10m^3$，材料费＝1571.94＋10.15×(172.95－153.00)＝1774.43 元/$10m^3$，人工费、机械费、管理费和利润同原定额不变。

无论采用哪种方法，计算的最终结果是相同的。

2. 材料用量换算（查表 2-6　用 YA0080 换材料）

（1）32.5 水泥：10.15×312.00＝3166.80m^3/$10m^3$

（2）细砂：10.15×0.45＝4.57m^3/m^3

（3）5-40 卵石：10.15×0.93＝9.44m^3/$10m^3$

（4）水（不变）：10.30m^3/$10m^3$

（5）其他材料费（不变）：3.54 元/$10m^3$

（6）柴油（机械费的内容）：4.70kg/$10m^3$（不变）

（因中砂混凝土与细砂混凝土每立方米的用水量均为 0.19m^3，所以用水量仍为 10.30m^3/$10m^3$。定额用水量 10.30m^3 中包括拌合混凝土用水以及养护混凝土的现场用水两部分用量）

A. D. 1. 2　独立基础（010401002）　　表 2-8

工程内容：1. 混凝土水平运输；2. 冲洗石子；

3. 混凝土搅拌、浇捣、养护等全部操作过程。　　计量单位：$10m^3$

定额编号				AD0025	AD0026	AD0027
项　目		单位	单价（元）	独立基础(中砂)		
				C10	C15	C20
综合单价(基价)		元		2014.91	2190.71	2350.27
其中	人工费	元		353.60	353.60	353.60
	材料费	元		1396.14	1571.94	1731.50
	机械费	元		104.75	104.75	104.75
	管理费	元		114.59	114.59	114.59
	利润	元		45.84	45.84	45.84

续表

定额编号				AD0025	AD0026	AD0027
项目		单位	单价（元）	独立基础（中砂）		
				C10	C15	C20
材料	混凝土（塑．中砂）C10	m^3	135.68	10.15	—	—
	混凝土（塑．中砂）C15	m^3	153.00	—	10.15	—
	混凝土（塑．中砂）C20	m^3	168.72	—	—	10.15
	水泥 32.5	kg		2060.45	2557.80	3014.55
	中砂	m^3		6.19	5.58	4.97
	砾石 5-40	m^3		8.53	8.73	8.93
	水	m^3	1.50	10.30	10.30	10.30
	其他材料费	元		3.54	3.54	3.54
机械	柴油	kg		4.70	4.70	4.70

2）其他混凝土换算

其他混凝土是指泡沫混凝土、防水混凝土、灌注桩混凝土、水下混凝土、加气混凝土、轻质混凝土、喷射混凝土、沥青混凝土、矿（炉）渣混凝土等。

其他混凝土换算与普通混凝土换算的方法基本相同。

【例 2-7】 C75 炉渣混凝土保温隔热屋面　AH0134 换

套用保温隔热屋面相应定额 AH0134（见表 2-9），该定额中炉渣混凝土的强度等级为 C50，将 C50 炉渣混凝土换为 C75 炉渣混凝土。根据附录 YF0013（见表 2-11）换算。

1. 综合单价换算

综合单价＝2106.13＋10.20×(150.10－137.60)＝ 2233.63元/10m^3

换算后综合单价为2233.63元/10m^3，材料费＝1408.11＋10.20×(150.10－137.60)＝1535.61 元/10m^3，人工费、机械费、管理费和利润同原定额不变。

2. 材料用量换算（查表 2-11　用 YF0013 换材料）

（1）32.5 水泥：10.20×174.00＝1774.80kg/10m^3

（2）生 石 灰：10.20×145.00＝1479.00kg/10m^3

（3）炉渣：10.20×1.36＝13.87m^3/10m^3

（4）水：10.20×0.30＝3.06m^3/10m^3（未变）

A. D. 1. 2　保温隔热屋面（010803001）　　表 2-9

工程内容：1. 清理基层。2. 铺砌保温层。3. 拍实、平整、找坡。　　计量单位：10m^3

定额编号				AH0134	AH0135	AH0136	AH0137
项目		单位	单价(元)	炉渣混凝土	矿渣混凝土	石灰炉渣	石灰矿渣
综合单价(基价)		元		2106.13	2233.59	1345.46	1345.46
其中	人工费	元		468.35	468.35	498.65	198.65
	材料费	元		1408.11	1535.57	697.21	697.21
	机械费	元		68.59	68.59	—	—
	管理费	元		107.39	107.39	99.73	99.73
	利润	元		53.69	53.69	49.87	49.87

续表

定额编号				AH0134	AH0135	AH0136	AH0137
项　目		单位	单价(元)	炉渣混凝土	矿渣混凝土	石灰炉渣	石灰矿渣
材料	炉渣混凝土 C50	m^3	137.60	10.20	—	—	—
	矿渣混凝土 C50	m^3	136.90	—	11.16	—	—
	1∶10 石灰炉渣	m^3	68.58	—	—	10.10	—
	1∶10 石灰矿渣	m^3	68.58	—	—	—	10.10
	水泥 32.5 级	kg		(1458.60)	(1475.76)	—	—
	生石灰	kg		(1224.00)	(1844.70)	—	—
	炉渣	m^3		(14.99)	—	(13.64)	—
	矿渣	m^3		—	(15.20)	—	(13.64)
	石灰	kg		—	—	(818.10)	(818.10)
	水	m^3	1.50	3.06	3.35	3.03	3.03

石灰炉渣配合比（摘录）　　**表 2-10**

定额编号				YF0001	YF0002	YF0003	YF0004
项　目		单位	单价(元)	石灰炉渣			
				1∶3	1∶4	1∶5	1∶10
基价		元		83.64	79.64	76.24	68.58
其中	人工费	元		—	—	—	—
	材料费	元		83.64	79.64	76.24	68.58
	机械费	元		—	—	—	—
材料	生石灰	kg	0.18	218.00	—	—	—
	石灰	kg	0.18	—	178.00	148.00	81.00
	炉渣	m^3	40.00	1.11	1.19	1.24	1.35
	水	m^3		(0.30)	(0.30)	(0.30)	(0.30)

炉渣混凝土配合比（摘录）　　**表 2-11**

定额编号				YF0011	YF0012	YF0013	YF0014
项　目		单位	单价(元)	炉渣混凝土			
				混凝土强度等级			
				C35	C50	C75	C100
基　价		元		128.18	137.60	150.10	167.66
其中	人工费	元		—	—	—	—
	材料费	元		128.18	137.60	150.10	167.66
	机械费	元		—	—	—	—
材料	水泥 32.5	kg	0.40	122.00	143.00	174.00	201.00
	生石灰	kg	0.15	101.00	120.00	145.00	167.00
	炉渣	m^3	40	1.53	1.47	1.36	1.43
	水	m^3		(0.30)	(0.30)	(0.30)	(0.30)

【例 2-8】 1∶5 石灰炉渣保温隔热屋面 AH0136 换

套用保温隔热屋面相应定额 AH0136（见表 2-9），该定额石灰炉渣的配合比为 1∶10，将 1∶10 石灰炉渣换为 1∶5 石灰炉渣。根据附录 YF0003（见表 2-10）换算。

1. 综合单价换算

综合单价＝1345.46＋10.10×(76.24－68.58)＝ 1422.83 元/10m³

换算后综合单价为 1422.83 元/10m³，材料费＝697.21＋10.10×(76.24－68.58)＝774.58 元/10m³，人工费、机械费、管理费和利润同原定额不变。

2. 材料用量换算（查表 2-10 用 YF0003 换材料）

（1）生石灰：10.10×148.00＝1494.80kg/10m³

（2）炉渣：10.10×1.24＝12.52m³/10m³

（3）水：10.10×0.30＝3.03m³/10m³（未变）

3. 砂浆换算

砂浆换算与混凝土换算的方法基本相同。

【例 2-9】 M2.5 水泥砂浆砌砖墙（细砂） AC0011 换

套用砌砖墙相关定额，无细砂水泥砂浆砌砖墙定额，用定额 AC0011 换算（见表 2-12。当然用 AC0012 或 AC0013 换亦可）。AC0011 定额中使用的是细砂混合砂浆砌砖墙，应将细砂混合砂浆换为细砂水泥砂浆，细砂水泥砂浆查用定额附录（见表 2-13、表 2-14）YA0007，人工、机械不变。具体换算方法如下：

A.C.4.1 实心砖墙（010302001） 表 2-12

工程内容：调、运、铺砂浆，运砌块（砖），安放木砖、铁件，砌砖。 计量单位：10m³

定额编号				AC0011	AC0012	AC0013
项目		单位	单价（元）	砖墙		
				混合砂浆（细砂）		
				M5	M7.5	M10
综合单价（基价）		元		2063.66	2093.45	2122.35
其中	人工费	元		513.15	513.15	513.15
	材料费	元		1387.11	1416.90	1445.80
	机械费	元		7.27	7.27	7.27
	管理费	元		104.08	104.08	104.08
	利润	元		52.04	52.04	52.04
材料	混合砂浆（细砂）M5	m³	142.00	2.24	—	—
	混合砂浆（细砂）M7.5	m³	155.30	—	2.24	—
	混合砂浆（细砂）M10	m³	168.20	—	—	2.24
	红（青）砖	千匹	200.00	5.31	5.31	5.31
	水泥 32.5	kg		(400.96)	(497.28)	(591.36)
	石灰膏	m³		(0.31)	(0.25)	(0.17)
	细砂	m³		(2.60)	(2.60)	(2.60)
	水	m³	1.50	1.21	1.21	1.21
	其他材料费	元		5.22	5.22	5.22

细砂水泥砂浆配合比（摘录） 表 2-13

定额编号				YC0007	YC0008	YC0009	YC0010
项目		单位	单价（元）	水泥砂浆			
				细砂			
				M2.5	M5	M7.5	M10
基价		元		136.20	142.60	153.00	161.40
其中	人工费	元		—	—	—	—
	材料费	元		136.20	142.60	153.00	161.40
	机械费	元		—	—	—	—
材料	水泥 32.5	kg	0.40	210.00	226.00	252.00	273.00
	细砂	m^3	45.00	1.16	1.16	1.16	1.16
	水	m^3		(0.30)	(0.30)	(0.30)	(0.30)

细砂混合砂浆配合比（摘录） 表 2-14

定额编号				YC00123	YC0024	YC0025	YC0026
项目		单位	单价（元）	混合砂浆			
				细砂			
				M2.5	M5	M7.5	M10
基价		元		128.70	142.00	155.30	168.20
其中	人工费	元		—	—	—	—
	材料费	元		128.70	142.00	155.30	168.20
	机械费	元		—	—	—	—
材料	水泥 32.5	kg	0.40	136.00	179.00	222.00	264.00
	细砂	m^3	45.00	1.16	1.16	1.16	1.16
	石灰膏	m^3	130.00	0.17	0.14	0.11	0.08
	水	m^3		(0.30)	(0.30)	(0.30)	(0.30)

1. 综合单价换算

综合单价＝2063.66＋2.24×(136.20－142.00)＝ 2050.67元/$10m^3$

换算后综合单价为 2050.67 元/$10m^3$，材料费＝1387.11＋2.24×(136.20－142.00)＝1374.12 元/$10m^3$，人工费、机械费、管理费和利润同原定额不变。

2. 材料用量换算（查表 2-13 用 YA0007 换材料）

(1) 32.5 水泥：2.24×210.00＝470.40m^3/$10m^3$

(2) 红（青）砖（不变）：5.31 千匹/$10m^3$

(3) 细砂：2.24×1.16＝2.60m^3/$10m^3$

(4) 水（不变）：1.73m^3/$10m^3$

(因细砂混合砂浆与细砂水泥砂浆每立方米的用水量均为 0.30m^3，见表 2-13、表 2-14，所以定额用水量仍为 1.73m^3/$10m^3$。定额用水量 1.73m^3 中包括拌合砂浆用水以及浇砖的现场用水两部分用量)。

(5) 其他材料费（不变）：3.63 元/10m^3

3. 系数换算

系数换算是指根据定额规定的系数及其基数换算。

系数换算的基本方法见下式：

换算后消耗量＝定额规定基数×定额规定系数

【例 2-10】 M2.5 水泥砂浆砌弧形砖墙（细砂）　AC0011 换

（定额分部说明摘录：砖（石）墙身、基础如为弧形时，按相应定额项目人工增加10%，砖用量增加 2.5%）

该例与例 2-9 相比，除该例是弧形墙外其余相同。砂浆换算与例 2-9 相同，弧形墙换算根据定额分部说明中的规定可知：人工增加 10%（即人工工日×系数 1.10），砖增加 2.5%（即红砖量×系数 1.025）。换算如下：

1. 综合单价换算

综合单价＝2063.66＋2.24×(136.20－142.00)＋(人工费)513.15×10%＋(砖) 5.31×2.5%×200＝2128.53 元/10m^3

换算后综合单价为2128.53元/10m^3，材料费＝1387.11＋2.24×(136.20－142.00)＋(砖)5.31×2.5%×200＝1400.67元/10m^3，人工费＝513.15×1.1＝564.47 元/10m^3，机械费、管理费和利润同原定额不变。

2. 材料用量换算（查表 2-13　用 YA0007 换材料）

(1) 32.5 水泥：2.24×210.00＝470.40m^3/10m^3

(2) 红（青）砖：5.31×1.025＝5.44 千匹/10m^3

(3) 细砂：2.24×1.16＝2.60m^3/10m^3

水（不变）：1.73m^3/10m^3

其他材料费（不变）：3.63 元/10m^3

机械（不变）：5.64 元/10m^3

【例 2-11】 螺旋楼梯贴彩釉砖

（定额分部说明摘录：螺旋形楼梯装饰面执行相应楼梯项目，乘以系数 1.15）

查定额 BA0161 换（见表 2-15）

1. 综合单价换算

综合单价＝11321.33×1.15＝13019.53 元/100m^2

(1) 人工费＝3453.80×1.15＝3971.87 元/100m^2

(2) 材料费＝6067.68×1.15＝6977.83 元/100m^2

(3) 机械费＝72.95×1.15＝83.89　元/100m^2

(4) 管理费＝1208.83×1.15＝1390.16 元/100m^2

(5) 利润＝518.07×1.15＝595.78 元/100m^2

2. 材料用量换算（均乘系数 1.15）

(1) 彩釉砖（300×300）：＝161.05×1.15＝185.21m^2/100m^2

(2) 1∶2 水泥砂浆：2.33×1.15＝2.68m^3/100m^2

（3）32.5水泥：1398.00×1.15＝1607.70kg/100m²

（4）白水泥（擦缝用）：15.00×1.15＝17.25kg/100m²

（5）中砂（不变）：2.42×1.15＝2.78m³/100m²

（6）其他材料费：68.51×1.15＝78.79元/100m²

B.A.6.2 块料楼梯面层（020106002） **表2-15**

工程内容：清理基层，弹线，调铺水泥砂浆、铺板、灌缝擦缝、清理净面等全部操作过程。

计量单位：100m²

定额编号				BA0161	BA0162
项目		单位	单价（元）	楼梯	
				彩釉砖	缸砖
综合单价(基价)		元		11321.33	8402.89
其中	人工费	元		3453.80	3140.15
	材料费	元		6067.68	3619.71
	机械费	元		72.95	72.95
	管理费	元		1208.83	1099.05
	利润	元		518.07	471.02
材料	彩釉砖 300×300	m²	33.00	161.05	—
	缸砖 200×200	m²	18.00	—	159.26
	1：2水泥砂浆(中砂)		289.92	2.33	2.33
	白水泥	kg	0.60	15.00	15.00
	水泥 32.5	kg		(1398.00)	(1398.00)
	中砂	m³		(2.42)	(2.42)
	其他材料费	元		68.51	68.51

3. 其他换算

其他换算是指按照定额的具体规定进行换算。

【例2-12】 散水变形缝灌沥青（缝断面20×60）

查定额AG0537换：（见表2-16）

（定额分部说明摘录：灌沥青、石油沥青玛蹄脂变形缝定额断面为30mm×30mm，其余变形缝定额项目断面为30mm×150mm，若设计变形缝断面与定额断面不同时，允许换算，人工不变）见图2-5。

$$材料换算系数=\frac{设计断面}{定额断面}=\frac{20\times60}{30\times30}=\frac{4}{3}$$

1. 综合单价换算

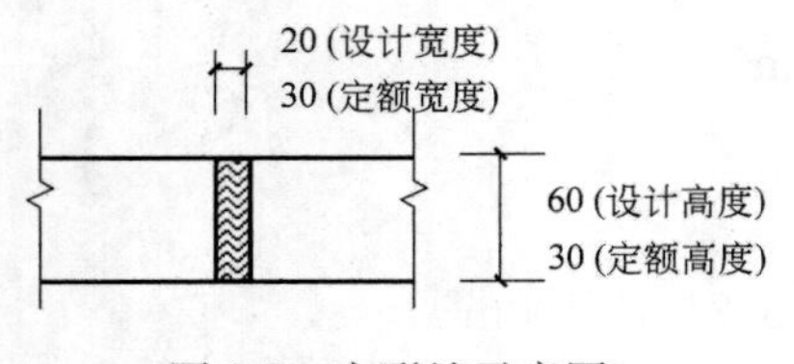

图2-5 变形缝示意图

综合单价$=8.30+73.72\times\frac{4}{3}+1.66+0.83=$ 109.08元/100m

材料费$=73.72\times\frac{4}{3}=98.29$元/100m，人工费、管理费、利润同原定额。

2. 材料换算

冷底子油 30∶70：$1.6\times\frac{4}{3}=2.13$kg/10m

石油沥青 30 号：$(19.65+0.51)\times\frac{4}{3}=26.88$kg/10m

汽　油：$1.23\times\frac{4}{3}=1.64$kg/10m

其他材料费：$9.87\times\frac{4}{3}=13.16$ 元/10m

A. B. 3. 4　变形缝（010703004）　　**表 2-16**

工程内容：清理变形缝；熬沥青；油浸麻丝、木丝板；塞缝。　　计量单位：10m

定额编号				AG0535	AG0536	AG0537	AG0538
项　目		单位	单价(元)	油浸木丝板	嵌木条	灌沥青	沥青砂浆
综合单价(基价)		元		67.36	112.42	84.51	103.55
其中	人工费	元		15.70	21.05	8.30	28.20
	材料费	元		46.95	85.05	73.72	66.89
	机械费	元		—	—	—	—
	管理费	元		3.14	4.21	1.66	5.64
	利润	元		1.57	2.11	0.83	2.82
材料	二等锯材	m^3	1400.00	—	0.06	—	—
	冷底子油 30∶70	kg	5.52	—	—	1.60	1.60
	沥青砂浆 1∶2∶7	m^3	913.62	—	—	—	0.05
	石油沥青 30 号	kg	2.80	12.85	—	19.65	(12.86)
	水泥木丝板	m^2	5.50	1.57	—	—	—
	石油沥青 30 号	kg		—	—	(0.51)	(12.35)
	汽油	kg		—	—	(1.23)	(1.23)
	滑石粉	kg		—	—	—	(23.90)
	中砂	m^3		—	—	—	(0.06)
	其他材料费	元		2.33	1.05	9.87	12.38

本章小结

1. 定额概述

(1) 定额概念　定额即人为规定的标准额度。

(2) 建筑工程定额概念　建筑工程定额是指在正常的施工条件下，为了完成一定计量单位质量合格的建筑产品，所必须消耗的人工、材料（或构配件）、机械台班的数量标准。

(3) 建设工程定额的分类　建设工程定额按生产要素分有劳动定额、材料消耗定额及机械台班消耗定额；按专业分类有、建筑工程定额、饰工程定额、安装工程定额、市政工程定额、仿古园林工程定额、矿山工程定额、公路工程定额、铁路工程定额及水工工程定额；按编制单位及使用范围分有全国定额、地区定额及企业定额。

2. 建筑工程定额组成　建筑工程定额由总说明、分部定额和附录三部分组成。其中分部定额是核心，其内容包括分部说明、工程量计算规则和定额项目表三部分。定额项目表包括定额编号、项目名称、工程内容、定额单位、消耗量，为了计价方便项目表中一般都列有基价（包括人工费、材料费、机械费、管理费及利润）。

3. 建筑工程定额应用　建筑工程定额应用包括直接套用、定额换算和定额补充。其中定额换算包括半成品换算（砂浆换算、混凝土换算）、系数换算和其他换算三种。

复习思考题

1. 什么是建筑工程定额？
2. 建设工程定额如何分类？
3. 什么是劳动定额？劳动定额几种表现形式？

4. 建筑工程定额由哪些内容组成？
5. 定额项目表包括哪些内容？
6. 直接套用定额应注意哪些问题？
7. 试说明定额换算的一般形式与方法？
8. 试根据表 2-8、表 2-5、表 2-6，确定 C25 中砂混凝土杯口基础的人工、材料、机械的消耗量。
9. 试根据表 2-12、表 2-13、表 2-14，确定 M5 水泥砂浆弧形砖墙（细砂）的人工、材料、机械的消耗量。
10. 根据本地区消耗量定额，计算 600mm×600mm×10mm 大理石板楼地面（灰缝 2mm）人工、材料、机械耗用量。工程量为 $1500m^2$。
11. 某工程外墙裙水刷石工程量为 $1400m^2$。面层 1∶2 水泥白石子浆 12mm 厚，底层 1∶3 水泥砂浆 15mm 厚，试根据本地区消耗量定额计算该工程墙面人工、材料、机械耗用量。
12. 试分析在水泥强度等级、砂子粒径等其他条件均相同的情况下，为什么石子粒径越小，所配制的混凝土单价越高，反之越低？
13. 根据本地区定额确定本章 2.3 中例 2-6～例 2-12 所列项目的各种消耗量。

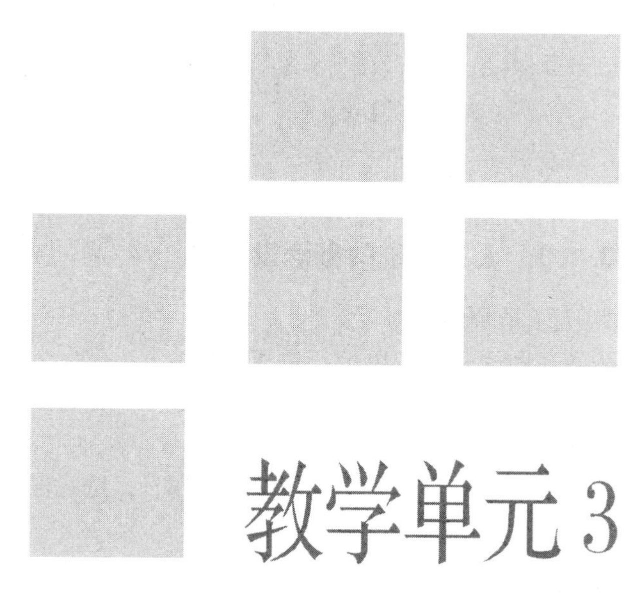

教学单元3

人工、材料、机械台班单价

【教学目标】

1. 人工单价的概念、组成、确定。
2. 材料单价的概念、组成、确定。
3. 械机台班单价的概念、组成、确定。

3.1 人工单价

3.1.1 人工单价的概念及组成

1. 人工单价的概念

人工单价也称工资单价，是指一个工人工作一个工作日应得的劳动报酬。日工资单价是指施工企业平均技术熟练程度的生产工人在每工作日（国家法定工作时间内）按规定从事施工作业应得的日工资总额。

工作日，是指一个工人工作一个工作日。按我国劳动法的规定，一个工作日的工作时间为 8 小时。简称“工日”。

2. 人工单价的组成

人工单价包括：计时工资或计件工资、奖金、津贴补贴、加班加点工资和特殊情况下支付的工资。

(1) 计时工资或计件工资：是指按计时工资标准和工作时间或对已做工作按计件单价支付给个人的劳动报酬。

(2) 奖金：是指对超额劳动和增收节支支付给个人的劳动报酬。如节约奖、劳动竞赛奖等。

(3) 津贴补贴：是指为了补偿职工特殊或额外的劳动消耗和因其他特殊原因支付给个人的津贴，以及为了保证职工工资水平不受物价影响支付给个人的物价补贴。如流动施工津贴、特殊地区施工津贴、高温（寒）作业临时津贴、高空津贴等。

(4) 加班加点工资：是指按规定支付的在法定节假日工作的加班工资和在法定日工作时间外延时工作的加点工资。

(5) 特殊情况下支付的工资：是指根据国家法律、法规和政策规定，因病、工伤、产假、计划生育假、婚丧假、事假、探亲假、定期休假、停工学习、执行国家或社会义务等原因按计时工资标准或计时工资标准的一定比例支付的工资。

3.1.2 人工单价的确定

根据“国家宏观调控、市场竞争形成价格”的现行工程造价的确定原则，人工单价是由市场形成，国家或地方不再定级定价。

人工单价与当地平均工资水平、劳动力市场供需变化、政府推行的社会保障和福利政策等有直接联系。如不同地区、不同时间（农忙、过节等）的人工单价均有不同程度的影响。工程造价管理机构确定日工资单价应通过市场调查、根据工程项目的技术要求，参考实物工程量人工单价综合分析确定，最低日工资单价不得低于工程所在地人力资源和社会保障部门所发布的最低工资标准的：普工 1.3 倍、一般技工 2 倍、高级技工 3 倍。

3.2　材料预算价格

3.2.1　材料预算价格的概念及组成

1. 材料预算价格的概念

材料预算价格是指材料由其货源地（或交货地点）到达工地仓库（或指定堆放地点）的出库价格，包括货源地至工地仓库之间的所有费用。见图 3-1。

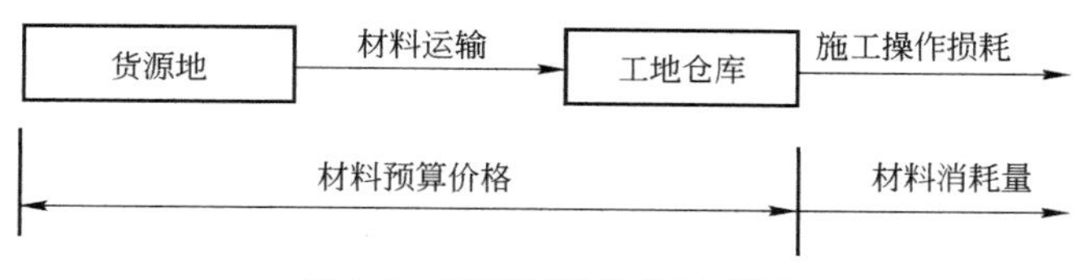

图 3-1　材料预算价格示意图

2. 材料预算价格的组成

材料预算价格由材料原价、材料运杂费、运输损耗费、采购及保管费、检验试验费四部分组成，如图 3-2 所示。

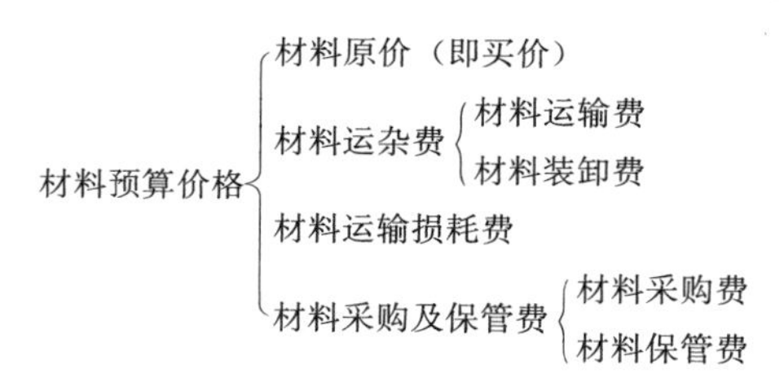

图 3-2　材料预算价格组成示意图

（1）材料原价：材料原价即材料的购买价。内容包括包装费及供销部门手续费。

（2）材料运杂费：是指材料自货源地运至工地仓库所发生的全部费用，内容包括车船运输（包括运费、过路、过桥费）和装车、卸车等费用。

（3）材料运输损耗费（又称途耗）：是指材料在运输及装卸过程中不可避免的损耗。如材料不可避免的损坏、丢失、挥发等。

（4）材料采购及保管费：是指为组织采购和工地保管材料过程中所需要的各项费用。内容包括：采购费和工地保管费两部分。

1）材料采购费

材料采购费是指采购人员的工资、异地采购材料的车船费、市内交通费、住勤补助费、通讯费等。

2）工地保管费

工地保管费是指工地材料仓库的搭建、拆除、维修费，仓库保管人工的费用，仓库材料的堆码整理费用以及仓储损耗。

3.2.2 材料预算价格的确定

在确定材料预算价格时，同一种材料若购买地及单价不同，应根据不同的供货数量及单价，采用加权平均的办法确定其材料预算价格。

1. 基本方法

（1）材料原价

1）总金额法

即用购买材料的总金额除以总数量得到平均原价的方法。其公式是：

$$\text{加权平均原价}=\frac{\sum(\text{各货源地数量}\times\text{材料单价})}{\sum\text{各货源地数量}}$$

2）权数法

$$\text{甲地权数}=\frac{\text{甲地数量}}{\sum\text{各货源地数量}}\times100\%$$

$$\text{乙地权数}=\frac{\text{乙地数量}}{\sum\text{各货源地数量}}\times100\%$$

$$\text{丙地权数}=\frac{\text{丙地数量}}{\sum\text{各货源地数量}}\times100\%$$

$$\text{加权平均原价}=\sum(\text{各地原价}\times\text{各地权数})$$

（2）材料运杂费

$$\text{材料运杂费}=\text{材料运输费}+\text{材料装卸费}$$

$$\text{材料运输费}=\sum(\text{各购买地的材料运输距离}\times\text{运输单价}\times\text{各地权数})$$

$$\text{材料装卸费}=\sum(\text{各购买地的材料装卸单价}\times\text{各地权数})$$

（3）材料运输损耗费

$$\text{材料运输损耗费}=(\text{材料原价}+\text{材料运杂费})\times\text{运输损耗费率}$$

（4）材料采购保管费

$$\text{材料采购保管费}=(\text{材料原价}+\text{材料运杂费}+\text{材料运输损耗费})\times\text{材料采购保管费率}$$

采购保管费率一般为2.5%左右，各地区可根据不同的情况确定其比率。如有的地区规定：钢材、木材、水泥为2.5%，水电材料为1.5%，其余材料为3.0%。其中材料采购费占30%，材料保管费占70%。

（5）材料预算价格

材料预算价格＝材料原价＋材料运输费＋材料损耗费＋材料采购保管费－包装品回收残值

2. 计算实例

【例 3-1】 某工程使用 ϕ22 螺纹钢总共 1000t，由甲、乙、丙三个购买地获得，相关信息见表 3-1，试计算其材料预算价格。

表 3-1

序号	货源地	数量（t）	购买价（元/t）	运输距离（km）	运输单价（元/t·km）	装车费（元/t）	备　注
1	甲　地	500	3320	60	1.5	8	
2	乙　地	300	3330	45	1.5	8	
3	丙　地	200	3340	56	1.6	7.5	
	合　计	1000					

采购保管费率为 2.5%，卸车费 6 元/t。

1. 材料原价

（1）总金额法

$$材料原价=\frac{500\times3320+300\times3330+200\times3340}{1000}=3327\ 元/t$$

（2）权数比重法

$$甲地比重=\frac{500}{1000}=50\%；乙地比重=\frac{300}{1000}=30\%；丙地比重=\frac{200}{1000}=20\%$$

$$材料原价=3320\times50\%+3330\times30\%+3340\times20\%=3327.00\ 元/t$$

上述两种方法中第二种方法更简单，后面的各项计算均采用第二种方法。

2. 材料运杂费

（1）运输费

$$材料运输费=1.5\times60\times50\%+1.5\times45\times30\%+1.6\times56\times20\%=83.17\ 元/t$$

（2）装卸费

$$材料装卸费=8\times50\%+8\times30\%+7.5\times20\%+6.00=13.90\ 元/t$$

$$运杂费合计=83.17+13.90=97.07\ 元/t$$

3. 运输损耗费

$$运输损耗费=(3327.00+97.07)\times0\%=0.00\ 元/t$$（钢材无运输损耗）

4. 材料采购保管费

$$材料采购保管费=(3327.00+97.07+0.00)\times2.5\%=85.60\ 元/t$$

5. 材料预算价格

材料预算价格＝3327.00＋97.07＋0.00＋85.60＝3509.67 元/t

【例 3-2】 某工程购买 800×800×5 地砖共 3900 匹，由 A、B、C 三个购买地获得，

相关信息见表 3-2，试计算其材料预算价格每平方米多少元。

表 3-2

序号	货源地	数量（匹）	购买价（元/匹）	运输单价（元/m²·km）	运输距离（km）	装卸费（元/m²）	备 注
1	A 地	936	36	0.04	90	1.25	
2	B 地	1014	33	0.04	80	1.25	
3	C 地	1950	35	0.05	86	1.25	
	合 计	3900					

运输损耗率 2.0%，采购保管费率为 3.0%。

1. 材料原价

(1) 各地材料的购买比重

$$甲地比重=\frac{936}{3900}=24\%；乙地比重=\frac{1014}{3900}=26\%；丙地比重=\frac{1950}{3900}=50\%$$

(2) 每平方米 800×800 地砖的块数

$$每平方米块料的块数=\frac{1}{块料长\times块料宽}（块/m^2）$$

$$每平方米800\times800地砖的块数=\frac{1}{0.80\times0.80}=1.5625块/m^2$$

(3) 材料原价

$$材料原价=(36\times24\%+33\times26\%+35\times50\%)\times1.5625=54.25元/m^2$$

2. 材料运杂费

(1) 运输费

$$运输费=0.04\times90\times24\%+0.04\times80\times26\%+0.05\times86\times50\%=3.85元/m^2$$

(2) 装卸费

$$材料装卸费=1.25元/m^2$$

$$运杂费合计=3.85+1.25=5.10元/m^2$$

3. 运输损耗费

$$运输损耗费=(54.25+5.10)\times2.0\%=1.19元/m^2$$

4. 材料采购保管费

$$材料采购保管费=(54.25+5.10+1.19)\times3.0\%=1.82元/m^2$$

5. 材料预算价格

$$材料预算价格=54.25+5.10+1.19+1.82=62.36元/m^2$$

6. 材料采购保管费的分配

在实际工作中某些材料由建设方采购供应，称“甲方供料”。凡由建设方采购供应的材料，材料的采购费及保管费存在分配问题。即材料采购供应方计取材料的采购费，施工方计取材料的保管费。具体怎样分配应在合同中予以明确，若合同中未明确的可按当地管理部门规定计算。

【例3-3】 设例3-2中800×800×5地砖共3900匹，全由建设单位供货到工地现场，试计算施工单位应计取的保管费。根据合同规定施工单位计取材料采购保管费的70%作为保管费。

根据例3-2计算的结果计算施工单位应计取的材料保管费：

施工单位的材料保管费=1.82×3900×(0.8×0.8)×70%=3179.90元

3.3 施工机械台班单价

3.3.1 施工机械台班单价的概念及组成

施工机械台班单价是指一台施工机械在正常运转条件下一个工作班中所发生的全部费用。具体内容包括：折旧费、大修理费、经常修理费、安拆费及场外运输费、机上人工费、燃料动力费、其他费用（车船使用税、保险费、年检费）等七个部分。

1. 折旧费

折旧费是指施工机械在规定使用期限内，陆续收回其原始价值及购买资金的时间价值。

2. 大修理费

大修理费是指施工机械按规定大修理间隔期进行大修，以恢复其正常使用功能所需的费用。

3. 经常修理费

经常修理费是指施工机械除大修理以外的各级保养和临时故障排除所需的费用。包括为保障施工机械设备正常运转所需替换设备，随机使用的工具附具的摊销和维护费用，机械运转及日常保养所需的润滑、擦拭材料费用和机械停置期间的正常维护保养费用等。

4. 安拆费及场外运费

安拆费，是指施工机械在施工现场进行安装、拆卸，所需的人工、材料、机械费、试运转费以及机械辅助设施的折旧、搭设、拆除等费用。

场外运费，是指施工机械整体或分件，从停放场地点运至施工现场或由一个施工地点运至另一个施工地点的装卸，运输，辅助材料及架线等费用。

5. 机上人工费

机上人工费是指机上司机（司炉）及随机操作人员所发生的费用，包括工资、津贴等。

6. 燃料动力费

燃料及动力费是指施工机械在施工作业中所耗用的液体燃料（汽油、柴油）、固体燃料（煤、木材）、水、电等费用。

7. 其他费用

其他费用包括车船使用税、保险费和年检费。

（1）车船使用税

车船使用税指按当地有关部门规定交纳的车船使用税。

（2）保险费

保险费是指按当地有关部门规定应缴纳的第三者责任险、车主保险费、机动车交通事故责任强制保险等。

3.3.2 施工机械台班单价的确定

1. 折旧费

$$台班折旧费=\frac{施工机械购买价\times(1-残值率)+贷款利息}{耐用总台班}$$

式中：

$$施工机械预算价格=原价\times(1+购置附加费率)+手续费+运杂费$$

$$残值率=\frac{施工机械残值}{施工机械预算价格}\times100\%$$

耐用总台班＝修理间隔台班×修理周期（即施工机械从开始投入使用到报废前所使用的总台班数）

2. 大修理费

$$大修理费=\frac{一次修理费\times(修理周期-1)}{耐用总台班}$$

3. 经常修理费

$$经常修理费=大修理费\times K$$

式中：K 值为经常维修系数，它等于经常维修费与大修理费的比值。

$$K=\frac{经常修理费}{大修理费}$$

如：载重汽车 6t 以内：$K=5.61$；载重汽车 6t 以上：$K=3.93$。

自卸汽车 6t 以内：$K=4.44$；自卸汽车 6t 以上：$K=3.34$。

塔式起重机：$K=3.94$。

4. 安拆费及场外运费

$$安拆费及场外运费=\frac{安装拆卸费+进场及出场费}{耐用台班数}$$

5. 机上人工费

$$机上人工费=机上人工工日数\times人工单价$$

6. 燃料动力费

$$燃料动力费=燃料动力数量\times燃料动力单价$$

7. 其他费用

（1）养路费及车船使用税

$$台班养路费=\frac{核定吨位\times每月每吨养路费\times12个月}{年工作台班}$$

（2）车船使用税

$$台班车船使用税=\frac{每年车船使用税}{年工作台班}$$

（3）保险费

$$保险费=\frac{按规定年缴纳保险费}{年工作台班数量}$$

3.3.3 施工机械台班单价确定举例

【例3-4】 某10t载重汽车有关资料如下：购买价格（辆）125000元；残值率6%；耐用总台班1200台班；大修理间隔台班240台班；一次性大修理费用4600元；大修理周期5次；经常维修系数$K=3.93$，年工作台班240台班；每台班消耗柴油40.03kg，柴油单价8.60元/kg；按规定年交纳保险费8500元；每台汽车配司机2名，人工单价90元/工日。试确定台班单价。

根据上述信息逐项计算如下：

1. 折旧费

$$折旧费=\frac{125000\times(1-6\%)}{1200}=97.92元/台班$$

2. 大修理费

$$大修理费=\frac{4600\times(5-1)}{1200}=15.33元/台班$$

3. 经常修理费

$$经常修理费=15.33\times3.93=60.25元/台班$$

4. 安装拆卸及进出场费

轮式汽车不需计算此项费用。

5. 机上人员工资

机上人员工资=2.0×90.00=180.00元/台班（2工日/台班，90元/工日）

6. 燃料及动力费

燃料及动力费=40.03×8.6=344.26元/台班

7. 其他费用

（1）车船使用税$=\frac{360}{240}=1.50$元/台班

（2）保险费$=\frac{8500}{240}=$35.42元/台班

其他费用合计＝1.50＋35.42＝36.92元/台班

该载重汽车台班单价＝97.92＋15.33＋60.25＋180.00＋344.26＋36.92

＝734.68元/台班

复习思考题与习题

1. 什么是人工单价？人工单价由哪些内容构成？
2. 人工单价怎样确定？调查本地建筑工人的单价是多少？
3. 什么是材料预算价格？
4. 材料预算价格由哪几部分组成？是否每种建筑材料均有途耗？
5. 举例说出途耗、仓储损耗、施工操作损耗的区别。三种损耗费用各属于什么费用？

6. 某工程32.5硅酸盐水泥的购买资料详见表3-3，试计算该材料的材料预算价格。

表3-3

货源地	数量(t)	买价(元/t)	运距(km)	运输单价(元/t·km)	装卸费(元/t)	材料采购保管费率
甲地	100	355	70	0.6	14	2.5%
乙地	300	330	40	0.7	16	2.5%
合计	400					

注：水泥运输损耗率1.5%。

7. 200×300的内墙瓷砖购买资料见表3-4。

表3-4

货源地	数量(块)	买价(元/块)	运距(km)	运输单价(元/km·m^2)	装卸费(元/m^2)	备注
A地	18200	2.50	210	0.02	1.2	火车运输
B地	9800	2.40	65	0.04	1.5	汽车运输
C地	10000	2.30	70	0.03	1.4	汽车运输
合计	38000					

注：运输损耗率2.5%，采购保管费率3%。

（1）计算200×300的内墙瓷砖每平方米的材料预算价格。

（2）若该瓷砖全部由建设单位供货至现场，试计算施工单位应该计取的保管费（设保管费按采购保管费的70%计算）。

8. 建筑材料在运输途中发生的过路、过桥费属于什么费用？
9. 什么是施工机械台班单价？施工机械台班单价由哪几部分组成？
10. 施工机械进出场及安拆费用、其他费用（车船使用税、保险费、年检费）是否每种施工机械都要发生？

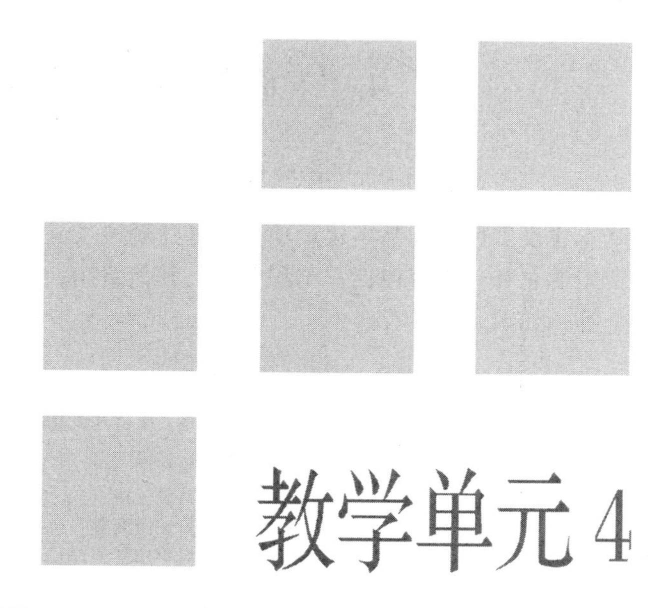

教学单元4

建筑工程费用组成

【教学目标】

1. 基本建设费用的组成。
2. 建筑工程费用的组成，包括基本组成和工程量清单计价的费用组成。

4.1 基本建设费用的组成

基本建设费用是指基本建设项目从筹建到竣工验收交付使用整个过程中，所投入的全部费用的总和。内容包括：工程费用、其他费用、预备费、建设期贷款利息及铺底流动资金等。如图 4-1 所示。

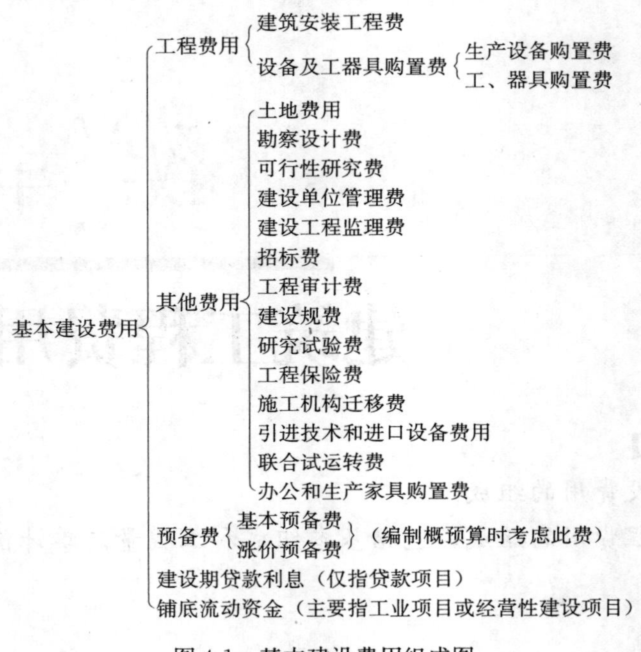

图 4-1　基本建设费用组成图

4.1.1　工程费用

工程费用由建筑安装费用和设备及工器具购置费两部分组成。

（一）建筑安装工程费用

建筑安装工程费用包括建筑工程费用和安装工程费用两部分。

1. 建筑工程费用

建筑工程费用是指包括房屋建筑物、构筑物以及附属工程等在内的各种工程费用。建筑工程有广义和狭义之分，这里的建筑工程系指广义建筑工程。狭义的建筑工程一般是指房屋建筑工程，广义的建筑工程包括以下内容：

（1）房屋建筑工程，是指一般工业与民用建筑工程。具体包括土建工程和装饰工程。

（2）构筑物工程，如水塔、水池、烟囱、炉窑等构筑物。

(3) 附属工程，如区域道路、围墙、大门、绿化等。

2. 安装工程费用

安装工程费用是指各种设备及管道等安装工程的费用。安装工程包括：

(1) 设备安装工程（包括机械设备、电气设备、热力设备等安装工程）

(2) 静置设备（容器、塔器、换热器等）与工艺金属结构制作安装工程

(3) 工业管道安装工程

(4) 消防工程

(5) 给排水、采暖、燃气工程

(6) 通风空调工程

(7) 自动化控制仪表安装工程

(8) 通信设备及线路工程

(9) 建筑智能化系统设备安装工程

(10) 长距离输送管道工程

(11) 高压输变电工程（含超高压）

(12) 其他专业设备安装工程（如化工、纺织、制药设备等）

建筑安装工程费用的具体内容组成见本章第二节。

（二）设备及工器具购置费用

设备及工、器具购置费用，包括需要安装和不需要安装的设备及工、器具购置费用。

1. 设备购置费

设备购置费是指为建设项目购置或自制的达到固定资产标准的各种国产或进口设备、工具、器具的购置费用，它由设备原价和设备运杂费构成。

2. 工具、器具及生产家具购置费

工具、器具及生产家具购置费，是指为保证正式投入使用初期正常生产必须购置的没有达到固定资产标准的设备、仪器、工卡模具、器具、生产家具和备品备件等的购置费用。

4.1.2 其他费用

工程建设其他费用是指从工程筹建到工程竣工验收交付使用的整个建设期间，除建筑工程费用和设备及工、器具购置费用以外的，为保证工程建设顺利完成，交付使用后能够正常发挥效用而发生的各项费用的总和。内容包括：

1. 土地费用

土地费用是为获得建设用地而支付的费用。内容包括：土地使用费、拆迁安置费、坟墓迁移费、青苗赔偿费、文物保护费、临时租用施工场地费及复耕费等与土地使用有关的各项费用。

2. 勘察设计费

勘察设计费是指勘察费和设计费。勘察费是指勘察单位对施工现场进行地质勘察所

需要的费用，设计费是指设计单位进行工程设计（包括方案设计初步设计及施工图设计）所需要的费用。

3. 可行性研究费、环境评估费、节能评估费

可行性研究费指建设项目建议书和可行性研究报告的编制和评估费用；环境评估费指建设项目环境影响报告书的编制和评估费用；节能评估费指建设项目节能评估费用。

4. 建设单位管理费

建设单位管理费是指建设单位从项目开工之日起至办理财务决算之日止发生的管理性质的开支。内容包括：不在原建设单位发工资的工作人员工资、基本养老保险费、基本医疗保险费、办公费、差旅交通费、劳动保险费、工具用具使用费、固定资产使用费、零星购置费、招募生产工人费、技术图书资料费、印花税、业务招待费、施工现场津贴、竣工验收费和其他管理性质开支。

5. 建设工程监理费

建设工程监理费是指建设单位委托工程监理单位对工程实施监理工作所需费用。

6. 招标费

招标费是指工程发包时进行工程招标所需要的费用。内容包括：招标管理费、招标代理费、标底编制费、建设工程交易中心综合服务费、招标投标会务服务费等。

7. 工程审计费

工程审计费是指工程概算、预算、结算及决算审计发生的费用。

8. 建设规费

建设规费是指当地有权部门按规定收取的工程建设相关的费用，属于行政事业性收费及经营服务性收费，具体内容包括：

(1) 行政性收费：包括城市建设配套费、防空地下室易地建设费、水土保持设施补偿费、水土流失防治费、墙体改革材料专项资金、散装水泥专项资金等。

(2) 事业性收费：包括白蚁防治费、新建建筑物防雷装置验收费等。

(3) 经营服务性收费：包括城建档案技术咨询服务费、档案管理费、建设项目环境影响评价费、污水净化装置费、拔地钉桩费、水土保持设施方案编制费、房屋面积勘丈费等。

不包括工程排污费、社会保障费、住房公积金和危险作业意外伤害保险费属于工程费用的规费（详见本章第二节）。

9. 研究试验费

研究试验费是指为建设项目提供和验证设计参数、数据、资料等所进行的必要的试验费用以及设计规定在施工中必须进行试验、验证所需费用。

10. 工程保险费

工程保险费是指建设项目在建设期间根据需要实施工程保护所需的费用。具体内容包括：

(1) 发包人现场自有人员保险。指工程施工场地内的发包人自有人员的生命及财产保险、第三人人员的生命及财产保险（即第三者责任险）。

(2) 建设工程一切险。指运至施工场地内用于工程的材料和待安装设备的保险。

11. 施工机构迁移费

施工机构迁移费是指施工机构根据建设任务的需要，成建制地由原驻地迁移到另一个地区的一次性搬迁费用。

12. 引进技术和进口设备费用

引进技术和进口设备费用是指从国外引进技术和进口设备的费用。

13. 联合试运转费

联合试运转费是指为正式投产作准备的联动试车费，如联动试车时购买原材料、动力费用（电、气、油等）、人工费、管理费等。联合试运转生产的产品售卖收入应抵减联合试运转成本。

14. 办公和生产家具购置费

办公和生产家具购置费是指购置办公和生产家具的费用，如办公桌、椅、不属于固定资产的计算机等办公和生产家具。

4.1.3 预备费

预备费也称为不可预见费，包括基本预备费和涨价预备费两部分。

1. 基本预备费

基本预备费是指在设计阶段难以预料的工程变更费用。内容包括：设计变更、地基局部处理等增加的费用，自然灾害造成的损失和预防灾害所采取的措施费用，竣工验收时为鉴定工程质量对隐蔽工程进行必要的挖掘和修复费用等。

2. 涨价预备费

涨价预备费指建设项目在建设期内由于价格等变化引起工程造价增加的预留费用。内容包括：人工、材料、设备、施工机械等价差，工程费用及其他费用调整，利率、汇率调整等增加的费用。

4.1.4 建设期贷款利息

一个建设项目需要投入大量的资金，自有资金的不足通常利用贷款来解决，但利用贷款必须支付利息。贷款期利息包括向国内银行和其他非银行金融机构贷款、出口信贷、外国政府贷款、国际商业银行贷款以及在境内外发行的债券等在贷款期内应偿还的贷款利息。存款利息应冲减贷款利息。

4.1.5 铺底流动资金

铺底流动资金，主要是指工业建设项目中，为投产后第一年产品生产作准备的铺底流动资金。一般按投产后第一年产品销售收入的 30％计算。

关于固定资产投资方向调节税，该税于 1991 年开始征收，固定资产投资方向调节税是国民经济各产业结构调整的“税”种，简称“投调税”。2000 年暂停收取。

4.2 建筑工程费用的组成

中华人民共和国住房和城乡建设部、中华人民共和国财政部于 2013 年 3 月 21 日联合颁发的《关于印发〈建筑安装工程费用项目组成〉的通知》（建标［2013］44 号），自 2013 年 7 月 1 日起施行。主要内容包括费用构成要素和费用项目组成。

4.2.1 建筑工程费用的构成要素

建筑安装工程费按照费用构成要素由人工费、材料费（包含工程设备，下同）、施工机具使用费、企业管理费、利润、规费和税金七大要素组成。如图 4-2 所示。

1. 人工费

是指支付给从事建筑安装工程施工的生产工人和附属生产单位工人的各项费用。内容包括：

（1）计时工资或计件工资：是指按计时工资标准和工作时间或对已做工作按计件单价支付给个人的劳动报酬。

（2）奖金：是指对超额劳动和增收节支支付给个人的劳动报酬。如节约奖、劳动竞赛奖等。

（3）津贴补贴：是指为了补偿职工特殊或额外的劳动消耗和因其他特殊原因支付给个人的津贴，以及为了保证职工工资水平不受物价影响支付给个人的物价补贴。如流动施工津贴、特殊地区施工津贴、高温（寒）作业临时津贴、高空津贴等。

（4）加班加点工资：是指按规定支付的在法定节假日工作的加班工资和在法定日工作时间外延时工作的加点工资。

（5）特殊情况下支付的工资：是指根据国家法律、法规和政策规定，因病、工伤、产假、计划生育假、婚丧假、事假、探亲假、定期休假、停工学习、执行国家或社会义务等原因按计时工资标准或计时工资标准的一定比例支付的工资。

2. 材料费

是指施工过程中耗费的原材料、辅助材料、构配件、零件、半成品或成品、工程设备（工程设备是指构成或计划构成永久工程一部分的机电设备、金属结构设备、仪器装置及其他类似的设备和装置）的费用。内容包括：

（1）材料原价：是指材料、工程设备的出厂价格或商家供应价格，即购买价。

（2）运杂费：是指材料、工程设备自来源地运至工地仓库或指定堆放地点所发生的全部费用。

（3）运输损耗费：是指材料在运输装卸过程中不可避免的损耗。

（4）采购及保管费：是指为组织采购、供应和保管材料、工程设备的过程中所需要的各项费用。包括采购费、仓储费、工地保管费、仓储损耗。

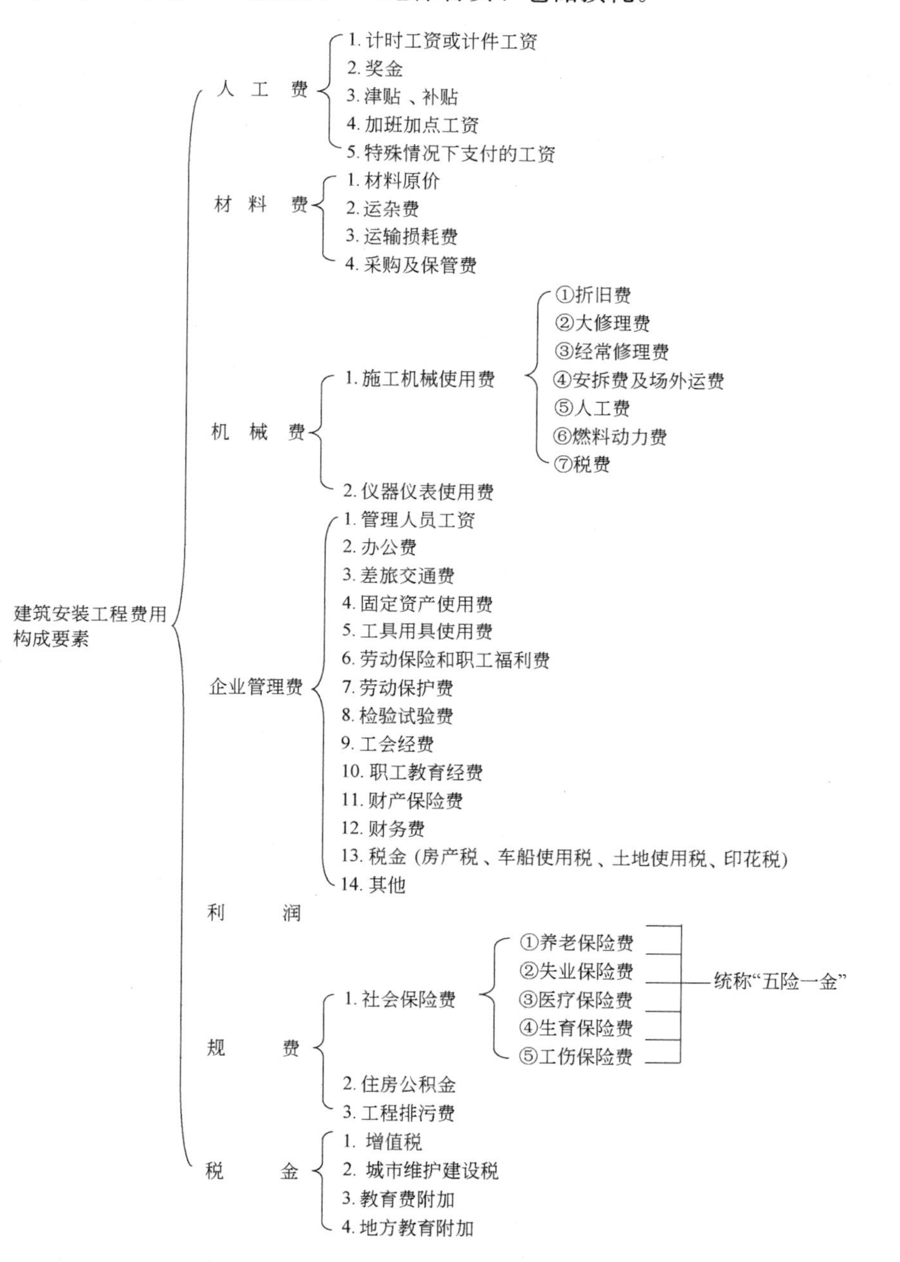

图 4-2　建筑安装工程费用要素构成图

3. 施工机具使用费

是指施工作业所发生的施工机械、仪器仪表使用费或其租赁费。

（1）施工机械使用费

1）折旧费：指施工机械在规定的使用年限内，陆续收回其原值的费用。

2）大修理费：指施工机械按规定的大修理间隔台班进行必要的大修理，以恢复其正常功能所需的费用。

3）经常修理费：指施工机械除大修理以外的各级保养和临时故障排除所需的费用。包括为保障机械正常运转所需替换设备与随机配备工具附具的摊销和维护费用，机械运转中日常保养所需润滑与擦拭的材料费用及机械停滞期间的维护和保养费用等。

4）安拆费及场外运费：安拆费指施工机械（大型机械除外）在现场进行安装与拆卸所需的人工、材料、机械和试运转费用以及机械辅助设施的折旧、搭设、拆除等费用；场外运费指施工机械整体或分体自停放地点运至施工现场或由一施工地点运至另一施工地点的运输、装卸、辅助材料及架线等费用。

5）人工费：指机上司机（司炉）和其他操作人员的人工费。

6）燃料动力费：指施工机械在运转作业中所消耗的各种燃料及水、电等。

7）税费：指施工机械按照国家规定应缴纳的车船使用税、保险费及年检费等。

（2）仪器仪表使用费：是指工程施工所需使用的仪器仪表的摊销及维修费用。

4. 企业管理费

是指建筑安装企业组织施工生产和经营管理所需的费用。内容包括：

（1）管理人员工资：是指按规定支付给管理人员的计时工资、奖金、津贴补贴、加班加点工资及特殊情况下支付的工资等。

（2）办公费：是指企业管理办公用的文具、纸张、账表、印刷、邮电、书报、办公软件、现场监控、会议、水电、烧水和集体取暖降温（包括现场临时宿舍取暖降温）等费用。

（3）差旅交通费：是指职工因公出差、调动工作的差旅费、住勤补助费，市内交通费和误餐补助费，职工探亲路费，劳动力招募费，职工退休、退职一次性路费，工伤人员就医路费，工地转移费以及管理部门使用的交通工具的油料、燃料等费用。

（4）固定资产使用费：是指管理和试验部门及附属生产单位使用的属于固定资产的房屋、设备、仪器等的折旧、大修、维修或租赁费。

（5）工具用具使用费：是指企业施工生产和管理使用的不属于固定资产的工具、器具、家具、交通工具和检验、试验、测绘、消防用具等的购置、维修和摊销费。

（6）劳动保险和职工福利费：是指由企业支付的职工退职金、按规定支付给离休干部的经费，集体福利费、夏季防暑降温、冬季取暖补贴、上下班交通补贴等。

（7）劳动保护费：是企业按规定发放的劳动保护用品的支出。如工作服、手套、防暑降温饮料以及在有碍身体健康的环境中施工的保健费用等。

（8）检验试验费：是指施工企业按照有关标准规定，对建筑以及材料、构件和建筑安装物进行一般鉴定、检查所发生的费用，包括自设试验室进行试验所耗用的材料等费用。不包括新结构、新材料的试验费，对构件做破坏性试验及其他特殊要求检验试验的费用和建设单位委托检测机构进行检测的费用，对此类检测发生的费用，由建设单位在工程建设其他费用中列支。但对施工企业提供的具有合格证明的材料进行检测不合格的，该检测费用由施工企业支付。

（9）工会经费：是指企业按《工会法》规定的全部职工工资总额比例计提的工会

经费。

(10) 职工教育经费：是指按职工工资总额的规定比例计提，企业为职工进行专业技术和职业技能培训，专业技术人员继续教育、职工职业技能鉴定、职业资格认定以及根据需要对职工进行各类文化教育所发生的费用。

(11) 财产保险费：是指施工管理用财产、车辆等的保险费用。

(12) 财务费：是指企业为施工生产筹集资金或提供预付款担保、履约担保、职工工资支付担保等所发生的各种费用。

(13) 税金：是指企业按规定缴纳的房产税、车船使用税、土地使用税、印花税等。

(14) 其他：包括技术转让费、技术开发费、投标费、业务招待费、绿化费、广告费、公证费、法律顾问费、审计费、咨询费、保险费等。

5. 规费

是指按国家法律、法规规定，由省级政府和省级有关权力部门规定必须缴纳或计取的费用。内容包括社会保险费、住房公积金和工程排污费。

(1) 社会保险费

1) 养老保险费：是指企业按照规定标准为职工缴纳的基本养老保险费。

2) 失业保险费：是指企业按照规定标准为职工缴纳的失业保险费。

3) 医疗保险费：是指企业按照规定标准为职工缴纳的基本医疗保险费。

4) 生育保险费：是指企业按照规定标准为职工缴纳的生育保险费。

5) 工伤保险费：是指企业按照规定标准为职工缴纳的工伤保险费。

(2) 住房公积金：是指企业按规定标准为职工缴纳的住房公积金。

社会保险费及住房公积金统称“五险一金”。

(3) 工程排污费：是指按规定缴纳的施工现场工程排污费。

其他应列而未列入的规费，按实际发生计取。

6. 利润

是指施工企业完成所承包工程获得的盈利。

7. 税金

是指国家税法规定的应计入建筑安装工程造价内的增值税、城市维护建设税、教育费附加以及地方教育附加。

4.2.2 建筑安装工程费用项目组成（按造价形成划分）

建筑安装工程费按照工程造价形成划分，由分部分项工程费、措施项目费、其他项目费、规费、税金五部分组成。其中分部分项工程费、措施项目费、其他项目费均包含人工费、材料费、施工机具使用费、企业管理费和利润。如图4-3所示。

1. 分部分项工程费：是指各专业工程的分部分项工程应予列支的各项费用。

(1) 专业工程：是指按现行国家计量规范划分的房屋建筑与装饰工程、仿古建筑工程、通用安装工程、市政工程、园林绿化工程、矿山工程、构筑物工程、城市轨道交通工程、爆破工程等各类工程。

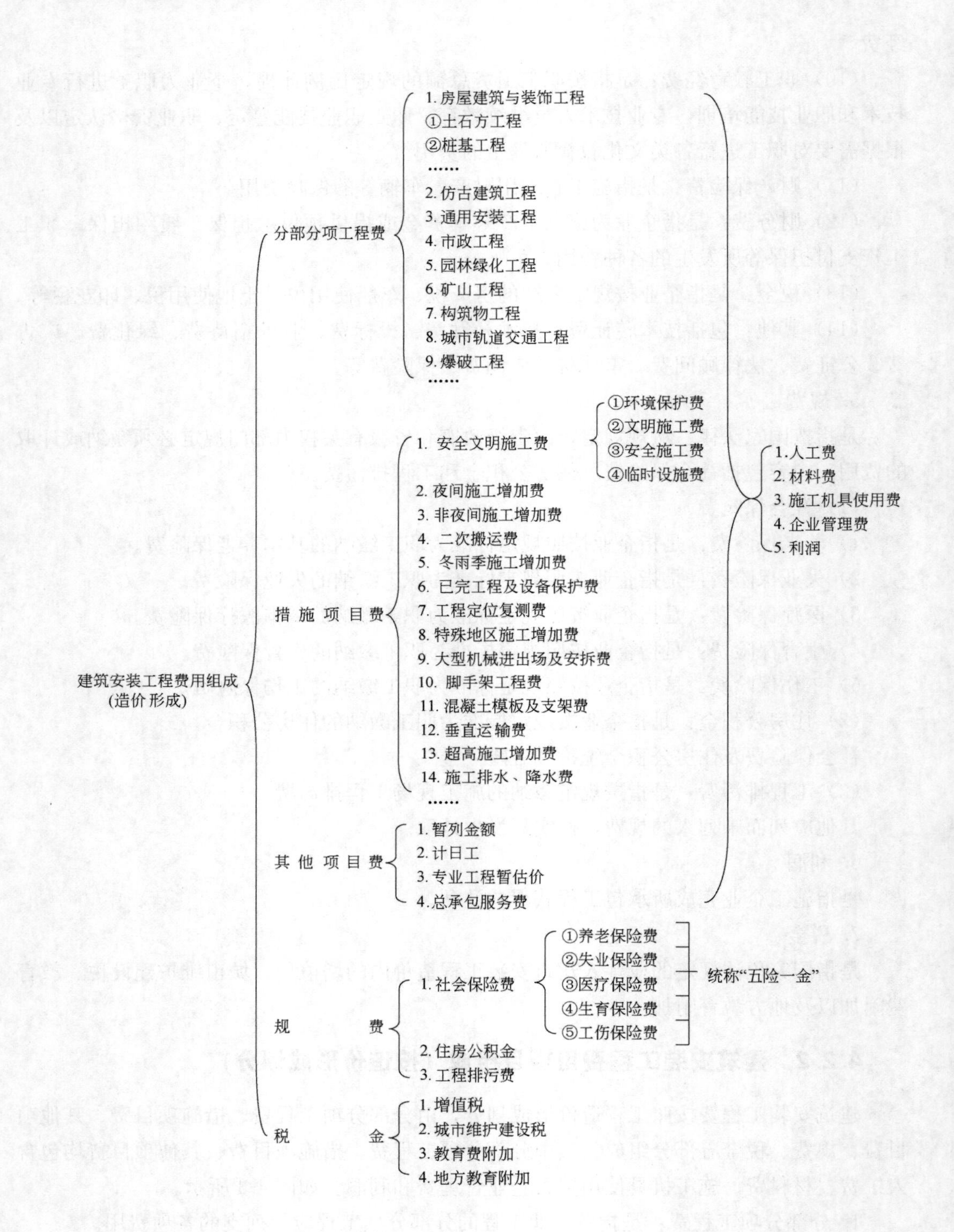

（注：安全文明施工费、规费和税金是不可竞争费）

图 4-3 建筑安装工程费用组成图

(2) 分部分项工程：指按现行国家计量规范对各专业工程划分的项目。如房屋建筑与装饰工程划分的土石方工程、地基处理与桩基工程、砌筑工程、钢筋及钢筋混凝土工程等。

各类专业工程的分部分项工程划分见现行国家计量规范。

2. 措施项目费：是指为完成建设工程施工，发生于该工程施工前和施工过程中的技术、生活、安全、环境保护等方面的费用。内容包括：

(1) 安全文明施工费：承包人按照国家法律、法规等规定，在和他履行中为保证安全施工、文明施工，保护现场内外环境等所采用的措施发生的费用。内容包括环境保护费、文明施工费、安全施工费和临时设施费四部分。

1) 环境保护费：是指施工现场为达到环保部门要求所需要的各项费用。环境保护费包括范围：现场施工机械设备降低噪声、防止扰民措施的费用；水泥和其他容易飞扬的细颗粒建筑材料密闭存放或采取覆盖措施等费用；工程防止扬尘洒水费用；土石方、建渣外运车辆冲洗、防洒漏等费用；现场污染源的控制、生活垃圾清理外运、场地排水排污措施的费用；其他环境保护措施费。

2) 文明施工费：是指施工现场文明施工所需要的各项费用。文明施工费包括范围："五牌一图"的费用；现场围挡的墙面美化（包括内外粉刷、刷白、标语等）、压顶装饰费用；现场厕所便槽刷白、贴面砖，水泥砂浆地面或地砖费用，建筑物内临时便溺设施费用；其他施工现场临时设施的装饰装修、美化措施费用；现场生活卫生设施费用；符合卫生要求的饮水设备、淋浴、消毒等设施费用；生活用洁净燃料费用；防煤气中毒、防蚊虫叮咬等措施费用；施工现场操作场地的硬化费用；现场绿化费用、治安综合治理费用；现场配备医药保健器材、物品费用和急救人员培训费用；用于现场工人的防暑温费、电风扇、空调等设备及用电费用；其他文明施工措施费用。

3) 安全施工费：是指施工现场安全施工所需要的各项费用。安全施工费包括：安全资料、特殊作业专项方案的编制，安全施工标志的购买及安全宣传的费用；"三宝"（安全帽、安全带、安全网）、"四门"（楼梯口、电梯井口、通道口、预留洞口），"五临边"（阳台围边、楼板围边、屋面围边、槽坑围边、卸料平台两侧），水平防护架、垂直防护架、外架封闭等防护费用；施工安全用电费用、包括配电箱三级配电、两级保护装置要求、外电防护措施；起重机、塔式起重机等起重设备（含井架、门架）及外用电梯的安全防护措施（含警示标志）费用及卸料平台的临边防护、层间安全门、防护棚等设施费用；建筑工地起重机械检验检测费用；施工机具防护棚及其围栏的安全保护设施费用；施工安全防护通道的费用；工人的安全防护用品、用具购置费用；消防设施与消防器材的配置费用；电气保护、安全照明设施费；其他安全防护措施费用。

4) 临时设施费：是指施工企业为进行建筑工程施工所必须搭设的生活和生产用的临时建筑物、构筑物和其他临时设施的搭设、维修、拆除或摊销费用等。

临时设施包括：临时宿舍、文化福利及公用事业房屋与构筑物，仓库、办公室、加工厂以及规定范围内道路、水、电、管线等临时设施和小型临时设施。

施工现场临时建筑物、构筑物如临时宿舍、办公室，食堂、厨房、厕所、诊疗所、临时文化福利房、临时仓库、加工厂、搅拌台、临时简易水塔、水池等临时设施的搭设、维修、拆除、或摊销的费用；施工现场临时水管道、临时供电管线、小型临时设施等的搭设、维修、拆除或摊销的费用；施工现场规定范围内临时简易道路铺设，临时排水沟、排水设施的安砌、维修、拆除费用；施工现场采用彩色、定型钢板，砖、混凝土砌块等围挡的安砌、维修、拆除费或摊销费；

（2）夜间施工增加费：是指因夜间施工所发生的夜班补助费、夜间施工降效、夜间施工照明设备摊销及照明用电等费用。

（3）非夜间施工增加费：为保证工程施工正常进行，在地下室等特殊施工部位时所采取的照明设备的安拆、维护及照明用电等费用。

（4）二次搬运费：是指因施工场地条件限制而发生的材料、构配件、半成品等一次运输不能到达堆放地点，必须进行二次或多次搬运所发生的费用。

（5）冬雨季施工增加费：是指在冬季或雨季施工需增加的临时设施、防滑、排除雨雪，人工及施工机械效率降低等费用。

（6）已完工程及设备保护费：是指竣工验收前，对已完工程及设备采取的必要保护措施所发生的费用。

（7）工程定位复测费：是指工程施工过程中进行全部施工测量放线和复测工作的费用。

（8）特殊地区施工增加费：是指工程在沙漠或其边缘地区、高海拔、高寒、原始森林等特殊地区施工增加的费用。

（9）大型机械设备进出场及安拆费：是指机械整体或分体自停放场地运至施工现场或由一个施工地点运至另一个施工地点，所发生的机械进出场运输及转移费用及机械在施工现场进行安装、拆卸所需的人工费、材料费、机械费、试运转费和安装所需的辅助设施的费用。

（10）脚手架工程费：是指施工需要的各种脚手架搭、拆、运输费用以及脚手架购置费的摊销（或租赁）费用。

（11）混凝土模板及支架费：是指砼施工过程中需要的各种钢模板、木模板、支架等的支、拆、运输费用及模板、支架的摊销（或租赁）费用。

（12）垂直运输费：是指材料、半成品、构配件的垂直运输机械，在施工过程中垂直运输机械的运行费用。垂直运输机械包括施工电梯、塔吊、卷扬机以及电动葫芦。

（13）超高施工增加费：是指单层建筑檐口超过 20m，多层建筑超高 6 层（地下室不计层数）增加的费用，内容包括：①建筑超高引起的人工降效及人工降效引起的机械降效；②超高施工用水加压增加的费用；③通信联络增加的费用。

（14）施工排水、降水费：是指为确保工程在正常条件下施工，采取各种排水、降水措施所发生的各种费用。排水费是指排除地表水费用，降水费是指降地下水的费用。

（15）地上、地下设施、建筑物的临时保护设施费：是指在工程施工过程中，对已建成的地上、地下设施和建筑物进行的遮盖、封闭、隔离等必要的保护措施所发生的费用。

3. 其他项目费

（1）暂列金额：是指建设单位在工程量清单中暂定并包括在工程合同价款中的一笔款项。用于施工合同签订时尚未确定或者不可预见的所需材料、工程设备、服务的采购，施工中可能发生的工程变更、合同约定调整因素出现时的工程价款调整以及发生的索赔、现场签证确认等的费用。

（2）专业工程暂估价：是指对必须由专业资质施工队伍才能施工的工程项目，进行的专业工程暂估价。如幕墙、桩基础、金属门窗、电梯、锅炉、自动消防、钢网架、安防、中央空调等工程项目。

（3）计日工：是指在施工过程中，施工企业完成建设单位提出的施工图纸以外的零星项目或工作所需的费用。

（4）总承包服务费：是指总承包人为配合、协调建设单位进行的专业工程发包，对建设单位自行采购的材料、工程设备等进行保管以及施工现场管理、竣工资料汇总整理等服务所需的费用。

1）专业工程分包服务费

专业工程分包服务费，是指总承包人对发包人进行的分包工程项目的管理、服务以及竣工资料汇总整理所发生费用。具体内容包括：分包人在施工现场的使用总承包人提供的水、电、垂直运输、脚手架，以及总承包人对分包工程的管理、协调和竣工资料整理备案等所发生的费用。对于具体工程而言应在招标文件中具体内容。

2）甲方供料服务费

甲方供料服务费，是指总承包人对发包人自行采购设备及材料发生的管理费。如材料的卸车和市内短途运输以及工地保管费等。

4. 规费：定义同前。

5. 税金：定义同前。

在上述五部分费用中，安全文明施工费、规费和税金是“不可竞争费”。不可竞争费在编制招标控制价（标底）、投标报价（标价）和竣工结算时均按相关规定计算，不参与竞争。

复习思考题

1. 基本建设费用由哪几部分构成？各包括哪些内容？

2. 房屋建筑工程费、电梯安装工程费、电梯购置费、土地费、设计费、监理费、建设期贷款利息，各应属于什么费用？

3. 建筑工程费用按费用性质划分（基本组成）包括哪几部分？建筑工程费用按工程量清单计价顺序划分包括哪几部分？它们有什么关联？

4. 直接费和直接工程费有什么区别？间接费包括哪些内容？

5. 分部分项工程费包括哪些内容？

6. 什么是规费，包括哪些内容？了解当地规费的计算规定。

7. 工程造价总组成中的税金与企业管理费中的税金，各包括哪些内容？

8. 混凝土搅拌机的进出场及安拆费与施工电梯的进出场及安拆费，各属于什么费用？

9. 与建设工程相关的规费很多，计入工程费用中的规费与计入其他费用中的规费各有哪些内容？了解当地有哪些规费？

10. 哪些费用是不可竞争费？

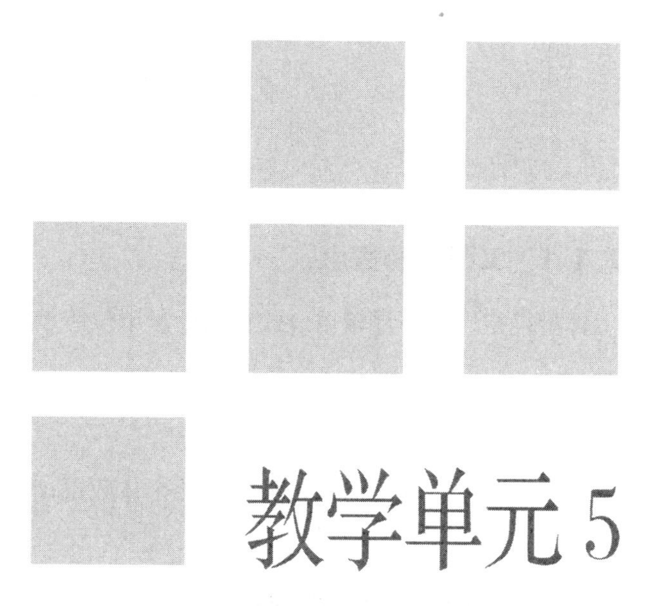

教学单元5

建筑工程工程量计算

【教学目标】

工程量的概念、工程量计算依据和“四统一”原则；

建筑面积的概念和建筑面积计算规则及计算方法；

建筑工程工程量计算规则及计算方法（内容包括：土石方工程、地基处理与边坡支护工程、桩基工程、砌筑工程、混凝土与钢筋混凝土工程、金属结构工程、木结构工程、门窗工程、屋面防水工程、保温隔热防腐工程、楼地面装饰工程、墙柱面装饰与隔断幕墙工程、天棚工程、油漆涂料裱糊工程、其他装饰工程、拆除工程）；

工程量清单的概念及编制方法，工程量计算及工程量清单编制实例。

5.1 概　　述

5.1.1 工程量的概念

工程量是指以物理计量单位或自然计量单位所表示各分项工程或结构、构件的实物数量。

物理计量单位，即需经量度的单位。如“m^3”、“m^2”、“m”、“t”等常用的计量单位。

自然计量单位，即不需量度而按自然个体数量计量的单位。如“樘”、“个”、“台”、“组”、“套”等常用的计量单位。

5.1.2 工程量计算的依据

1.《房屋建筑与装饰工程工程量计算规范》(GB 50854—2013)

2. 施工图纸及相关标准图

3. 施工组织设计或施工方案

5.1.3 工程量的作用

1. 工程量是分部分项工程量清单的基础数据。

2. 工程量是计算工程造价的基础数据。

3. 工程量是计算材料用量的基础数据。

5.1.4 工程量计算的“四统一”原则

按照《计量规范》要求，凡实行工程量清单计价进行招标投标的工程，必须根据《计量规范》的规定，统一项目名称、项目编码、计量单位、计算规则的“四统一”原则，计算工程量和编制分部分项工程量清单。

1. 项目名称

项目名称是指分项工程的名称，应按规范要求编列。编列项目名称应包括项目名称、项目特征和工作内容三个部分。项目名称编列的基本格式见表 5-1。

【例 5-1】 某砖混结构工程的 M7.5 水泥砂浆砖砌条形基础（墙基）、M5 水泥砂浆砖砌独立基础（柱基）的项目名称。根据施工图纸设计内容列制出该项目名称，见表 5-1。

在表 5-1 的序号 1 中：

项目名称：砖基础

项目特征：①砖品种、规格、强度等级：240×115×53 页岩砖、MU10；②基础类型：条形基础；③砂浆强度等级：M7.5 水泥砂浆；④防潮层材料种类：无。

工作内容：①砂浆制作、运输；②砌砖；③防潮层铺设；④材料运输。

分部分项工程量清单 **表 5-1**

工程名称： 第 页，共 页

序号	项目编码	项目名称	项目特征	工作内容	计量单位	工程数量
1	010401001001	砖基础	1. 砖品种、规格、强度等级：240×115×53 页岩砖、MU10 2. 基础类型：条形基础 3. 砂浆强度等级：M7.5 水泥砂浆 4. 防潮层材料种类：无	1. 砂浆制作、运输 2. 砌砖 3. 防潮层铺设 4. 材料运输	m^3	
2	010401001002	砖基础	1. 砖品种、规格、强度等级：240×115×53 页岩砖、MU10 2. 基础类型：独立基础 3. 砂浆强度等级：M5 水泥砂浆 4. 防潮层材料种类：无	1. 砂浆制作、运输 2. 砌砖 3. 防潮层铺设 4. 材料运输	m^3	
			……			

2. 项目编码

项目编码即分部分项工程的代号。工程量清单的项目编码采用五个单元十二位编码设置。前面四个单元共9位，实行统一编码；第五个单元属于自编码，由工程量清单编制人根据工程具体情况编制。如图 5-1 所示。

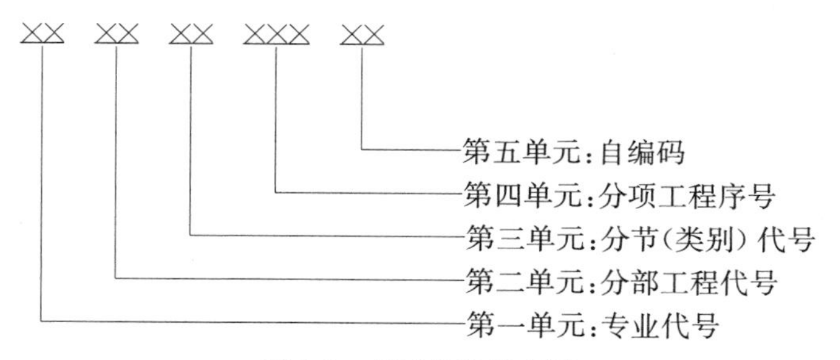

图 5-1 项目编码示意图

第一单元：即一级编码，共有两位代码，表示工程专业的代号。现行国家计价规范纳入了九个专业，01 代表“房屋建筑与装饰工程”，02 代表“仿古建筑工程”，03 代表“通用安装工程”，04 代表“市政工程”，05 代表“园林绿化工程”，06 代表“矿山工程”，07 代表“构筑物工程”，08 代表“城市轨道交通工程”，09 代表“爆破工程”。

第二单元：即二级编码，共有两位代码，表示分部工程的代号。如：房屋建筑与装饰工程中 01 代表“土（石）方工程”，02 代表“地基处理与边坡工程”，03 代表“桩基工程”，04 代表“砌筑工程”，05 代表“混凝土及钢筋混凝土工程”，06 代表“金属结构工程”，07 代表“木结构工程”，08 代表“门窗工程”，09 代表“屋面及防水工程”，10 代表“防腐、隔热、保温工程”，11 代表“楼地面装饰工程”，12 代表“墙柱面装饰与隔断、幕墙工程”，……。

第三单元：即三级编码，共有两位代码，表示章（分部）中分节序号。如：房屋建筑与装饰工程的“砌筑工程”中 01 代表“砖砌体”，02 代表“砌块砌体”，03 代表“石砌体”，04 代表“垫层”。

第四单元：即四级编码，共有三位代码，表示章（分部）分节中分项工程的项目序号编码。如：房屋建筑与装饰工程的“砌筑工程”中“砖砌体”的 001 代表“砖基础”，002 代表“砖砌挖孔桩护壁”，003 代表“实心砖墙”，004 代表“多孔砖墙”，005 代表“空心砖墙”，006 代表“空斗墙”，007 代表“实花墙”，008 代表“填充墙”，……。

第五单元：即五级编码，共有三位代码，表示各分部分项工程中子目（细目）序号。由工程量清单编制人根据工程实际编制，又称“自编码”。如在表 5-1 中，同一工程中既有 M7.5 水泥砂浆砖砌条形基础（墙基），又有 M5 水泥砂浆砖砌独立基础（柱基），则前者的自编码为 001，后者的自编码为 002。

3. 计量单位

工程量的计算单位，必须按计价规范中规定的单位确定。一般情况下，一个项目中仅有一个单位，但个别的项目中可能有多个单位，凡有多个单位的项目应注意按不同的内容分别选用不同的单位，不是同一内容既可这个单位又可用另一个单位。

如：在计价规范中“零星砌砖”（统一编码 010401012）项目有“m^3”、“m^2”、“m”、“个”四个单位可供选择。砖砌台阶的单位用“m^2”、砖砌地垄墙的单位用“m”、砖砌锅台的单位用“个”、花台花池等的单位用“m^3”。

4. 工程量计算规则

工程量必须按《计量规范》中的工程量计算规则计算。

如在《计量规范》中砖基础（项目编码 010401001）的工程量计算规则规定：“按设计图示尺寸以体积计算。包括附墙垛基础宽出部分体积，扣除地梁（圈梁）、构造柱所占体积，不扣除基础大放脚 T 形接头处的重叠部分及嵌入基础内的钢筋、铁件、管道、基础砂浆防潮层和单个面积 0.3m^2 以内的孔洞所占体积，靠墙暖气沟的挑檐不增加。基础长度：外墙基础按外墙的中心线，内墙基础按内墙的净长线计算。”

5.2 建筑面积计算

5.2.1 正确计算建筑面积的意义

建筑面积是指建筑物各层水平投影面积的总和。

正确计算建筑面积有以下几方面的意义：

1. 建筑面积是确定建筑工程规模的重要指标

确定建筑工程规模的指标很多，如建筑层数、建筑总高、建筑面积、建筑体积等，但最能确切反映建筑工程规模的指标是建筑面积。

2. 建筑面积是计算各种技术经济指标重要依据

许多技术经济指标与建筑面积有关，如：

单位造价$=\frac{\text{工程总造价}}{\text{建筑面积}}$（元/m²）。这一指标反映每平方米建筑面积的建造价值。

单位用料$=\frac{\text{某种材料用量}}{\text{建筑面积}}$（$m^3/m^2$、$m^2/m^2$、$kg/m^2$）。 这一指标反映每平方米建筑面积的材料消耗量，如钢材 $50kg/m^2$、水泥 226 kg/m^2，石子 $0.40m^3/m^2$ 等。

容积率$=\frac{\text{总建筑面积}}{\text{用地面积总和}}$。这一指标反映每平方米用地面积建造的房屋的建筑面积，如每平方米用地面积建造了 $1.21m^2$ 的房屋建筑面积。用地面积总和指小区建筑红线内的面积总和。

建筑密度$=\frac{\text{建筑物占地面积}}{\text{用地面积总和}}$（%）。建筑物占地面积指小区内建筑物底层建筑面积的总和。这一指标反映在用地面积上建造房屋建筑的细密集程度。

3. 建筑面积是计算相关工程量的基础

建筑面积是计算脚手架工程量、垂直运输机械费工程量等的基础。

5.2.2 建筑面积计算

1982 年国家经委基本建设办公室（82）经基建设字 58 号印发的《建筑面积计算规则》，由于时间较长，变化较大，已不适应现实需要。为满足工程造价计价工作的需要，充分反映新的建筑结构和新技术等对建筑面积计算的影响，以及建筑面积计算的习惯和国际上通用的做法，同时与《住宅设计规范》和《房产测量规范》的有关内容做了协调，建设部于 2013 年 12 月 19 日发布了《建筑工程建筑面积计算规范》 （GB/T 50353—2013），2014 年 7 月 1 日执行，本书根据该规范内容编写。

《建筑工程建筑面积计算规范》适用于新建、扩建、改建的工业与民用建筑工程的面积计算。

计算建筑面积的具体规定如下：

1. 一般规定

建筑物的建筑面积按自然层外墙结构外围水平面积之和计算。结构层高≥2.20m 的，计算全面积；结构层高<2.20m 的，计算 1/2 面积。如图 5-2 所示。

结构层高，指上下两层楼面或楼面与地面之间的垂直距离。

【例 5-2】 如图 5-2 所示，设第 1～5 层的层高 3.9m，第 6 层的层高 2.1m，经计算第 1～4 层每层的外墙结构外围面积为 $1166.60m^2$，第 5、6 层每层的外墙结构外围面积为 $475.90m^2$。计算该工程建筑面积。

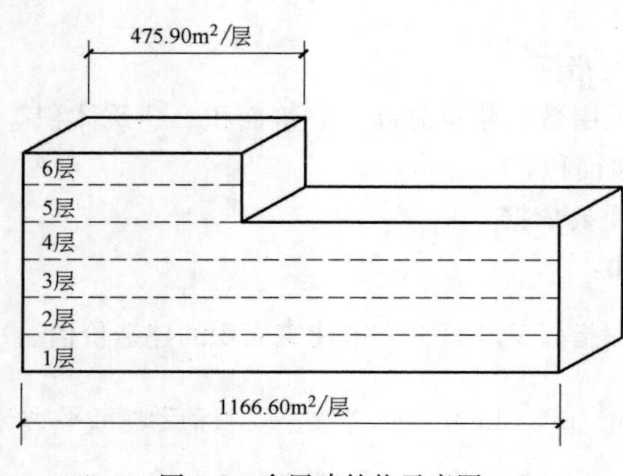

图 5-2　多层建筑物示意图

建筑面积＝（第 1～4 层）1166.60×4＋（第 5 层）475.90＋（第 6 层）475.90÷2＝5380.25m²

2. 建筑物内局部楼层

建筑物内设有局部楼层时，对于局部楼层的二层及以上楼层，有围护结构的按其围护结构外围水平面积计算，无围护结构的按其结构底板水平面积计算，且结构层高≥2.20m 的，计算全面积，结构层高＜2.20m，计算 1/2 面积。如图 5-3 所示。

围护结构，围合建筑空间的墙体、门、窗。

【例 5-3】 计算如图 5-3 所示的建筑面积。（设墙体厚度均为 240mm）

单层建筑的建筑面积　8.34×6.84＝57.05m²

楼隔层的建筑面积　3.60×6.36＋3.60×6.36÷2＝34.34m²

合计　57.05＋34.34＝91.39m²

楼隔层的首层已包括在单层建筑内，不再计算建筑面积，所以规范规定仅计算二层及二层以上的建筑面积。由于图 5-3 中楼隔层第三层层高为 2.15m 小于 2.20m，故楼隔层第三层按 1/2 计算面积。

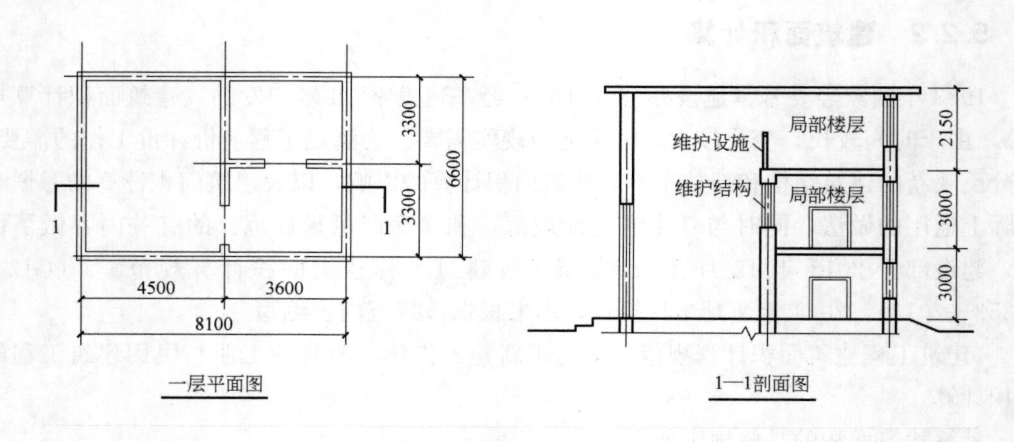

图 5-3　建筑物内设有局部楼层示意图

3. 坡屋顶

形成建筑空间的坡屋顶，结构净高≥2.10m 的部位计算全面积；1.20≤结构净高＜2.10m 的部位计算 1/2 面积；结构净高＜1.20m 的部位不计算面积，如图 5-4 所示。

【例 5-4】 计算图 5-4 坡屋顶的建筑面积。

根据建筑面积计算规定，先计算结构净高 1.20、2.10m 处与外墙外边线的距离。

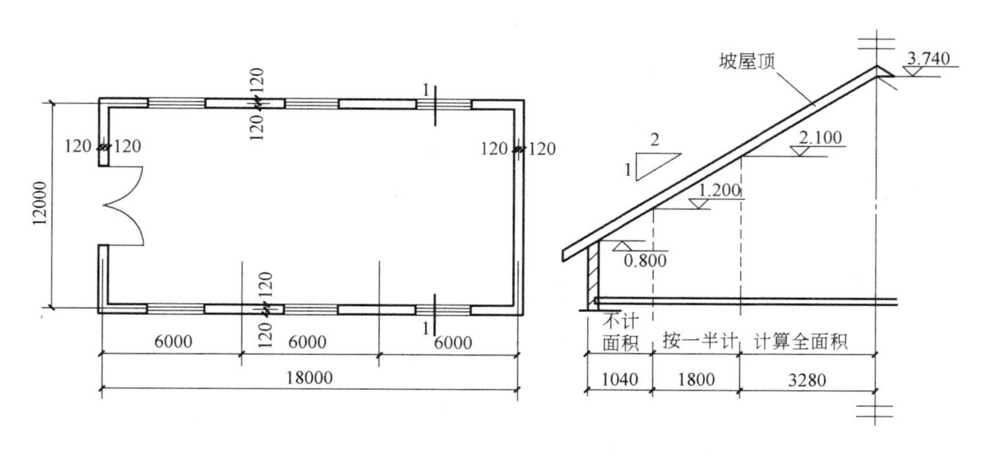

图 5-4 坡屋顶示意图

根据屋面的坡度（1∶2），计算出建筑净高 1.20、2.10m 处与外墙外边线的距离分别为 1.04、1.80、3.28m（见图 5-4 中标注）。

建筑面积$=3.28\times2\times18.24+1.80\times18.24\times2\div2=152.49\text{m}^2$

4. 场馆看台下的建筑空间

（1）结构净高≥2.10m 的部位计算全面积；1.20≤净高＜2.10m 的部位计算 1/2 面积；净高＜1.20m 的部位不计算面积，如图 5-5（*a*）所示。计算方法同坡屋顶的建筑面积计算例子。

（2）室内单独设置的有围护设施的悬挑看台，按看台结构底板水平投影面积计算建筑面积。如图 5-5（*b*）所示。

围护设施：指为保障安全而设置的栏杆、栏板等围挡。

（3）场馆看台

有顶盖无围护结构的场馆看台按其顶盖水平投影面积的 1/2 计算面积。如图 5-5（*a*）所示。

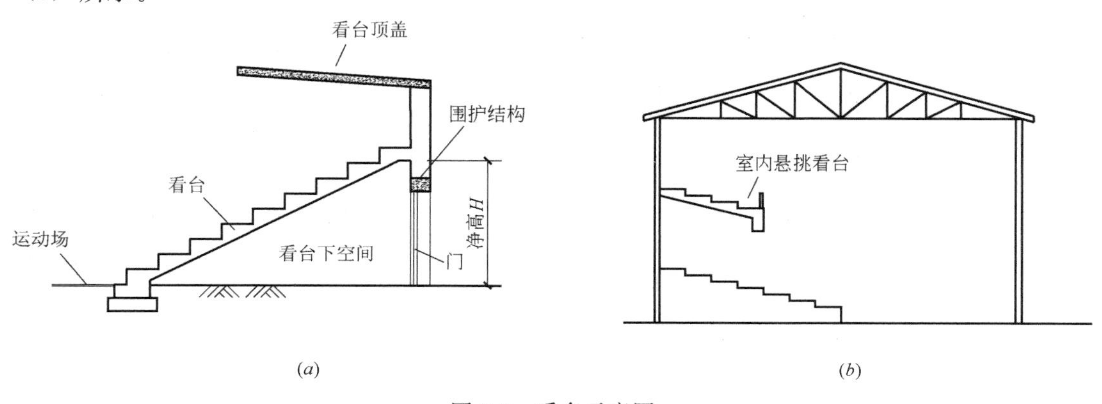

图 5-5 看台示意图

（*a*）室外看台示意图；（*b*）室内悬挑看台示意图

5. 地下室、半地下室

地下室、半地下室按其结构外围水平面积计算。结构层高≥2.20m 的，计算全面积；结构层高<2.20m 的，计算 1/2 面积。

6. 地下室出入口

出入口外墙外侧坡道有顶盖的部位，按其外墙结构外围水平面积的 1/2 计算面积。如图 5-6 所示。

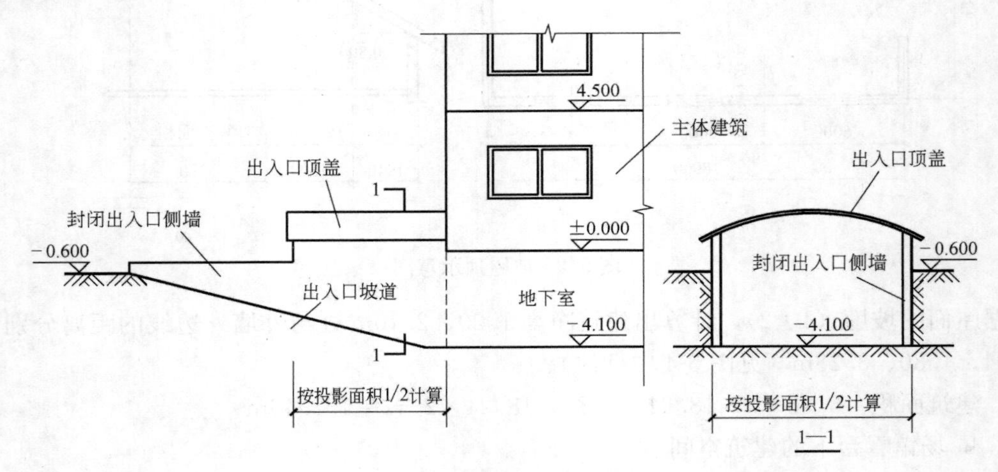

图 5-6　地下室出入口示意图

顶盖以设计图纸为准，对后增加及建设单位自行增加的顶盖等，不计算建筑面积。顶盖不分材料种类（如钢筋混凝土顶盖、彩钢板顶盖、阳光板顶盖等）。

7. 架空层及吊脚架空层

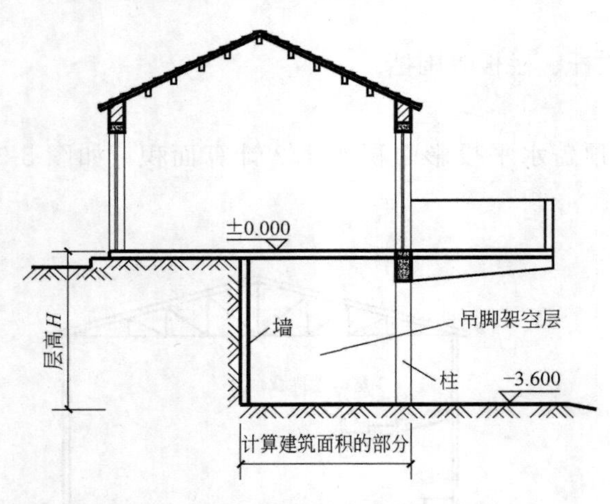

图 5-7　建筑物吊脚架空层示意图

建筑物架空层及坡地建筑物吊脚架空层，按其顶板水平投影计算建筑面积。结构层高≥2.20m 的，应计算全面积；结构层高<2.20m 的，应计算 1/2 面积。如图 5-7 所示。

8. 门厅、大厅及内设走廊

建筑物的门厅、大厅按一层计算建筑面积，门厅、大厅内设置的走廊按走廊结构底板水平投影面积计算建筑面积。结构层高≥2.20m 的，应计算全面积；结构层高<2.20m 的，应计算 1/2 面积。如图 5-8 所示。

【例 5-5】　计算如图 5-8 所示回廊的建筑面积。设回廊的水平投影宽度为 2.0m。

回廊建筑面积＝12.30×12.60－(12.30－2.0×2) (12.6－2.0×2)＝83.60m²

(注：回廊的层高 3.90m>2.20m，所以计算全面积)

9. 架空走廊

建筑物间的架空走廊，有顶盖和围护结构的，按其围护结构外围水平面积计算全面积（图 5-9*c*）、无围护结构、有围护设施的，按其结构底板水平投影面积计算 1/2 面积。如图 5-9（*a*）、图 5-9（*b*）所示。

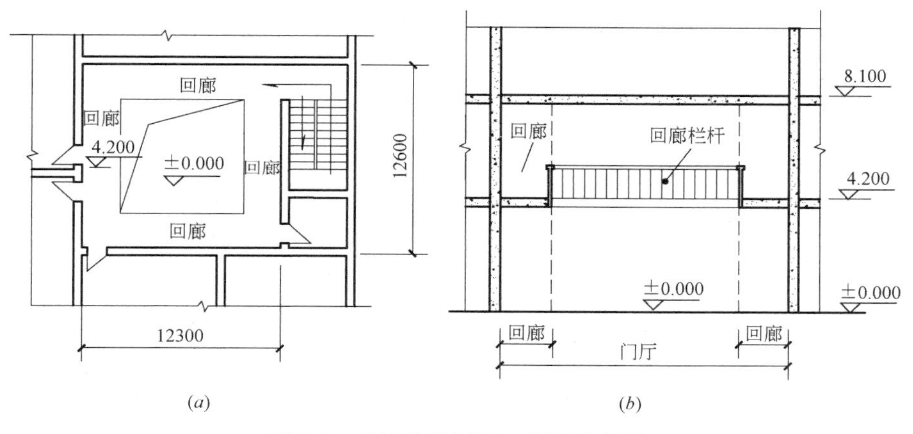

图 5-8　建筑物的门厅、大厅示意图

（*a*）平面图；（*b*）剖面图

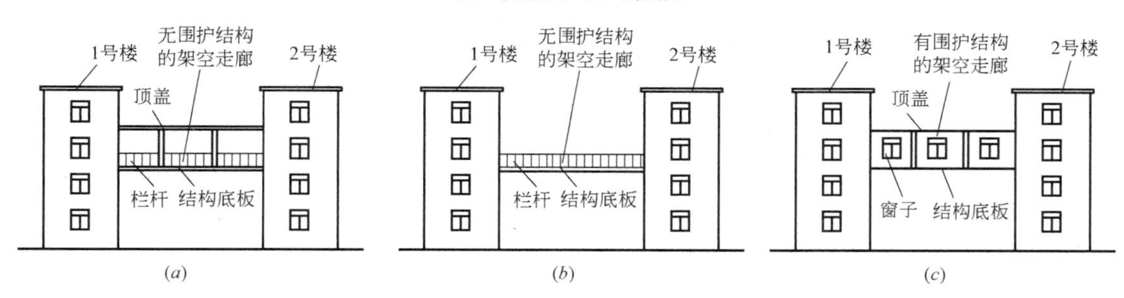

图 5-9　架空走廊示意图

（*a*）无围护结构、有顶盖；（*b*）无围护结构、无盖；（*c*）有围护结构

10. 立体书库、立体仓库及立体车库

对于立体书库、立体仓库、立体车库，有围护结构的，按其围护结构外围水平面积计算建筑面积；无围护结构、有围护设施的，按其结构底板水平投影面积计算建筑面积。无结构层的按一层计算，有结构层的按其结构层面积分别计算。结构层高≥2.20m的，应计算全面积；结构层高<2.20m 的，应计算 1/2 面积。如图 5-10 所示。

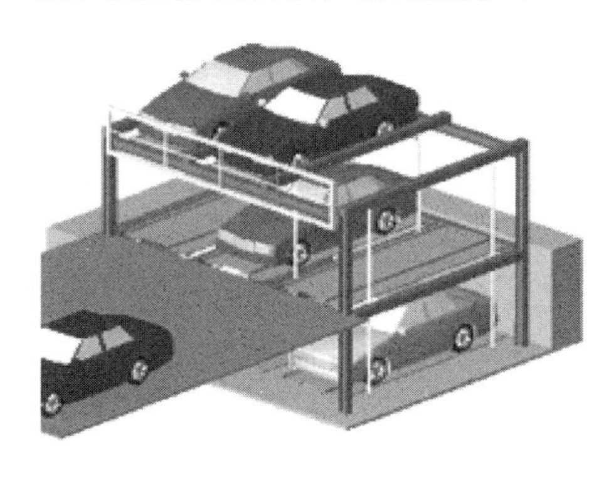

图 5-10　立体车库实景图

11. 舞台灯光控制室

有围护结构的舞台灯光控制室，按其围护结构外围水平面积计算。结构层高≥2.20m的，应计算全面积；结构层高<2.20m的，应计算1/2面积。

12. 落地橱窗

附属在建筑物外墙的落地橱窗，按其围护结构外围水平面积计算。结构层高≥2.20m的，应计算全面积；结构层高<2.20m的，应计算1/2面积。落地橱窗是指突出外墙面且根基落地的橱窗。

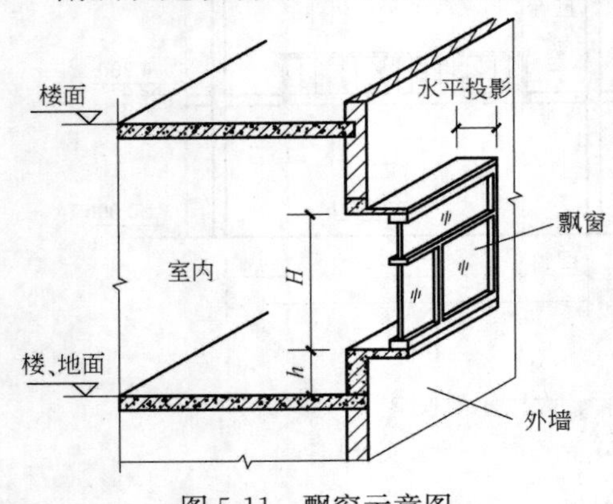

图5-11　飘窗示意图

13. 飘（凸）窗

窗台与室内楼地面高差在0.45m以下且结构净高在2.10m及以上的飘（凸）窗，按其围护结构外围水平面积计算1/2面积。如图5-11所示。

如图5-11所示，当$h \leqslant 0.45$m且$H>2.1$m时，按其凸出外墙面的水平投影的1/2计算建筑面积。当$h>0.45$m或$H \leqslant 2.1$m时，飘窗不计算建筑面积。

14. 走廊、挑廊及檐廊

有围护设施的室外走廊（挑廊），按其结构底板水平投影面积计算1/2面积；有围护设施（或柱）的檐廊，按其围护设施（或柱）外围水平面积计算1/2面积。无围护设施的室外走廊、檐廊不计算建筑面积。如图5-12所示。

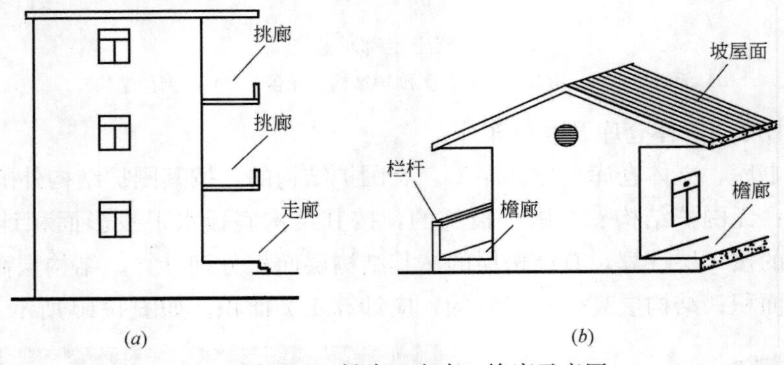

图5-12　挑廊、走廊、檐廊示意图

(*a*) 挑廊、走廊；(*b*) 檐廊

【例5-6】 计算图5-12挑廊、檐廊的建筑面积。设图5-12（*a*）中挑廊的宽度1.5m、长度32.56m；图5-12（*b*）中檐廊的宽度1.6m、长度22.04m。

（1）图5-12（*a*）中挑廊的建筑面积$=1.5\times32.56\times2\div2=48.84\text{m}^2$（底层的走廊无围护设施，不计建筑面积）

（2）图5-12（*b*）中檐廊的建筑面积$=1.6\times22.04\div2=17.63\text{m}^2$（右边檐廊无围护设施，不计算建筑面积）

【例5-7】 计算图5-13所示××办公楼建筑面积。

12.24×4.74×3+12.24×1.80×3÷2=207.10m²（有柱走廊按 1/2 计算建筑面积）

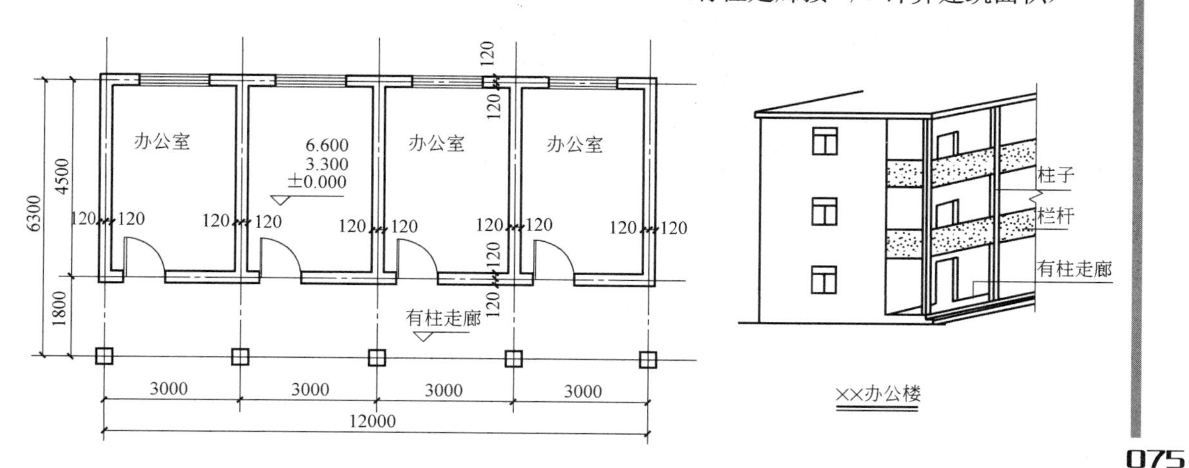

图 5-13　××办公楼图

15. 门斗按其围护结构外围水平面积计算建筑面积，且结构层高≥2.20m 的，应计算全面积；结构层高<2.20m 的，应计算 1/2 面积。门斗是指建筑物入口处两道门之间的空间。如图 5-14 所示。

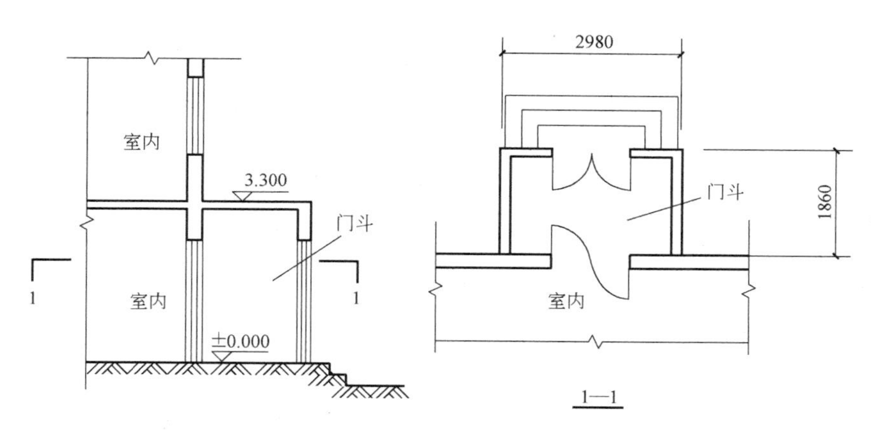

图 5-14　门斗示意图

【例 5-8】 计算图 5-14 所示门斗的建筑面积。

门斗的建筑面积 = 2.98 × 1.86 =5.54m²

16. 门廊及雨篷

（1）门廊按其顶板的水平投影面积的 1/2 计算建筑面积。门廊，指建筑物入口前有顶棚的半围合空间。见图 5-15 所示。

图 5-15　门廊示意图

（2）有柱雨篷按其结构板水平投影面积

的 1/2 计算建筑面积（见图 5-16*b*）；无柱雨篷的结构外边线至外墙结构外边线的宽度≥2. 10m 的，按雨篷结构板的水平投影面积的 1/2 计算建筑面积，<2. 10m 不计算建筑面积（见图 5-16*a*）。当无柱雨篷为弧形时，<2. 10m 的部分不计算建筑面积，见图 5-16*c*。

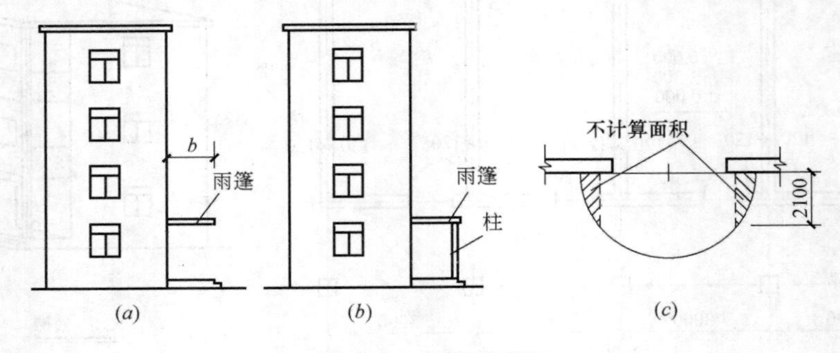

图 5-16 雨篷示意图

（*a*）无柱雨篷；（*b*）有柱雨篷；（*c*）弧形无柱雨篷

17. 屋顶楼梯间、水箱间、电梯机房等

设在建筑物顶部的有围护结构的楼梯间、水箱间、电梯机房等，结构层高≥2. 20m 的计算全面积；结构层高<2. 20m 的，应计算 1/2 面积。

18. 斜墙建筑

围护结构不垂直于水平面的楼层，按其底板面的外墙外围水平面积计算。结构净高≥2. 10m 的部位计算全面积；1. 20m≤结构净高<2. 10m 的部位计算 1/2 面积；结构净高<1. 20m 的部位不计算面积。如图 5-4 所示。

19. 室内楼梯、电梯井、提物井、管道井、通风排气竖井、烟道、采光井

建筑物的室内楼梯、电梯井、提物井、管道井、通风排气竖井、烟道，应并入建筑物的自然层计算建筑面积。如图 5-17 所示。

有顶盖的采光井（包括建筑物中的采光井和地下室采光井）按一层计算面积，且结

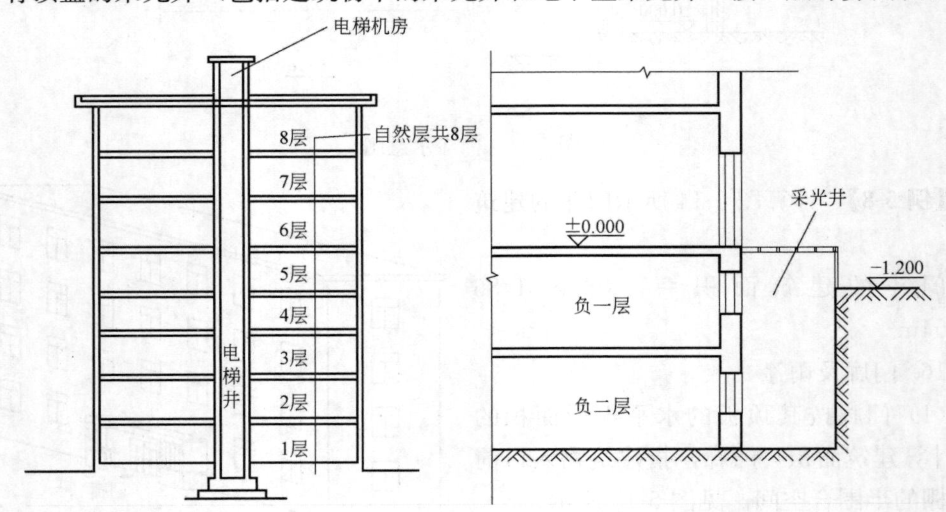

图 5-17 电梯井、采光井示意图

构净高在 2.10m 及以上的，应计算全面积；结构净高在 2.10m 以下的，应计算 1/2 面积。如图 5-17 所示。

20. 彩钢板墙体

下部为砌体，上部为彩钢板的建筑物，如图 5-18 所示，当 $h<0.45$m 时，按彩钢板外围水平投影面积计算建筑面积；当 $h\geqslant0.45$m 时，按砌体外围水平投影面积计算建筑面积。结构层高≥2.20m 的，计算全面积；结构层高<2.20m 的，计算 1/2 面积。

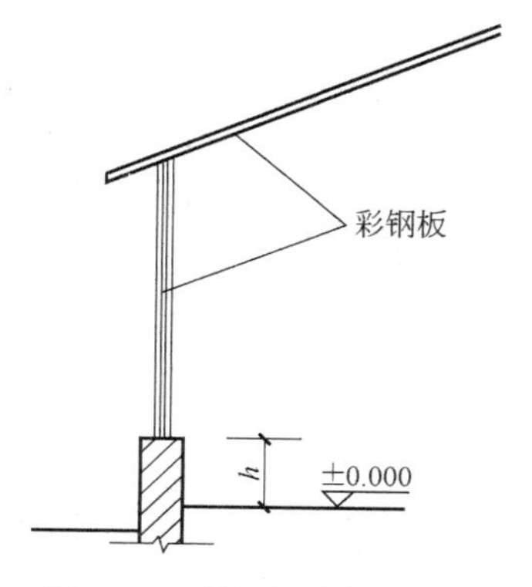

图 5-18 彩钢板建筑示意图

21. 室外楼梯

室外楼梯并入所依附建筑物自然层，并按其水平投影面积的 1/2 计算建筑面积。如图 5-19 所示。

室外楼梯层数，为室外楼梯所依附的楼层数，即梯段部分投影到建筑物范围的层数。如图 5-19 中梯段部分投影到建筑物范围的层数为一层，所以应按一层计算，而不是按两层计算。

利用室外楼梯下部的建筑空间不得重复计算建筑面积；利用地势砌筑的室外踏步，不计算建筑面积。

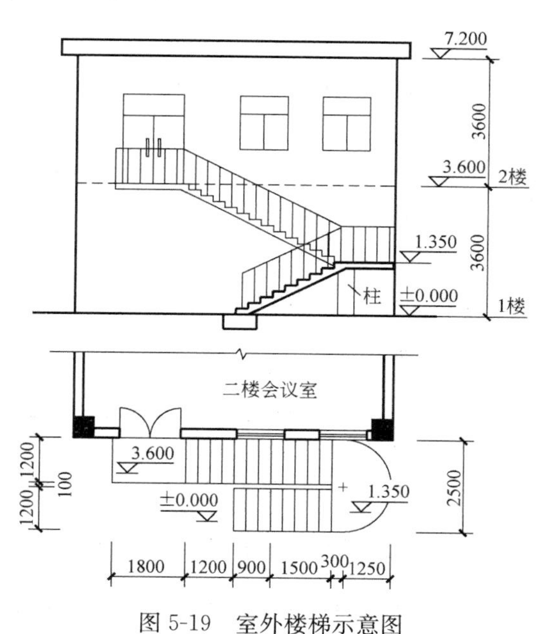

图 5-19 室外楼梯示意图

【例 5-9】 计算如图 5-19 所示室外楼梯建筑面积。

室外楼梯建筑面积＝（$5.7\times2.5-3.0\times1.3+1.25^2\times3.14\div2$）$\div2=6.40\text{m}^2$

注：与楼梯连接的台阶（室外踏步）未计算建筑面积。

22. 阳台

在主体结构内的阳台，按其结构外围水平面积计算全面积；在主体结构外的阳台，按其结构底板水平投影面积计算 1/2 面积。如图 5-20 所示。

建筑物的阳台，不论其形式（封闭式或半挑半凹式）如何，均以建筑物主体结构为界分别计算建筑面积。

【例 5-10】 计算如图 5-20 所示阳台的建筑面积。

阳台的建筑面积＝$3.24\times1.68\div2+3.86\times1.68=9.21\text{m}^2$

23. 车棚、货棚、站台、加油站、收费站

有顶盖无围护结构的车棚、货棚、站台、加油站、收费站等，按其顶盖水平投影面积的 1/2 计算建筑面积。如图 5-21 所示。有顶盖有围护结构的部分按围护结构外围水平投影面积计算。

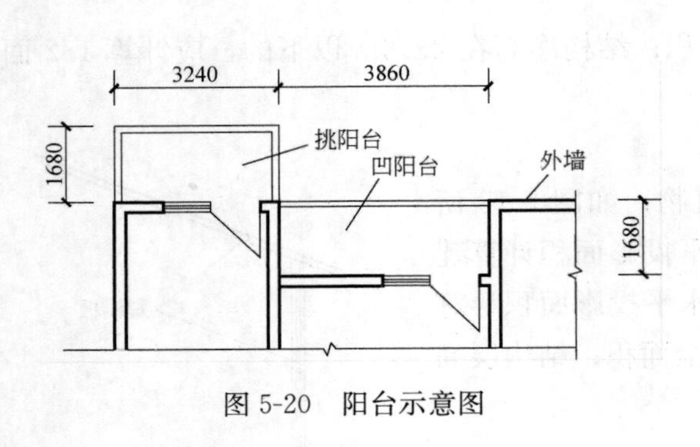

图 5-20　阳台示意图

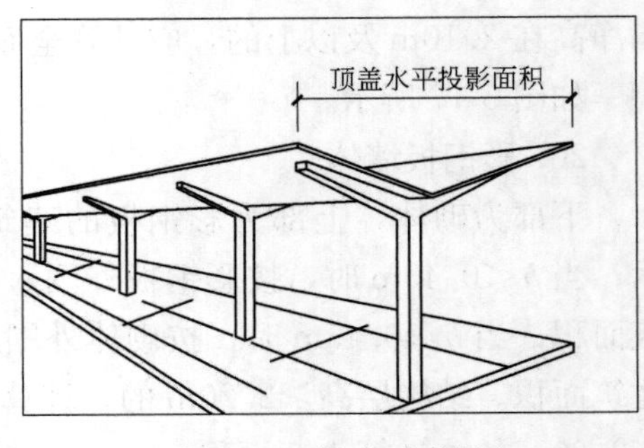

图 5-21　站台示意图

24. 幕墙

以幕墙作为围护结构的建筑物，按幕墙外边线计算建筑面积。

幕墙以其在建筑物中所起的作用和功能来区分，直接作为外墙起围护作用的幕墙，按其外边线计算建筑面积；设置在建筑物墙体外起装饰作用的幕墙，不计算建筑面积。

25. 保温层

建筑物的外墙外保温层，按其保温材料的水平截面积计算，并计入自然层建筑面积。其计算方法是按外墙外边线长度乘以保温层厚度，外墙外边线长度不扣除门窗和建筑物外已计算建筑面积构件（如阳台、室外走廊、门斗、落地橱窗等部件）所占长度。如图 5-22 所示，图 5-22 中 4、5、6 不计算建筑面积。

外墙外保温铺设高度未达到本层全部高度时（不包括阳台、室外走廊、门斗、落地橱窗、雨篷、飘窗等），不计算建筑面积。

【例 5-11】 某工程某层的建筑物按外墙结构外围尺寸计算的面积是 1568.85m^2，外墙结构外围长度 328.66m（含阳台及门洞所占长度为 56.50m），保温层的厚度 40mm。试计算该工程本层的建筑面积。

本层建筑面积＝1568.85＋328.66×0.04＝1568.85＋16.15＝1582.00m^2

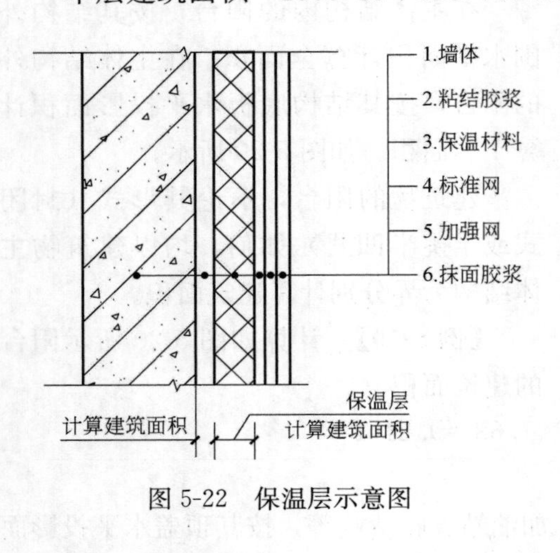

图 5-22　保温层示意图

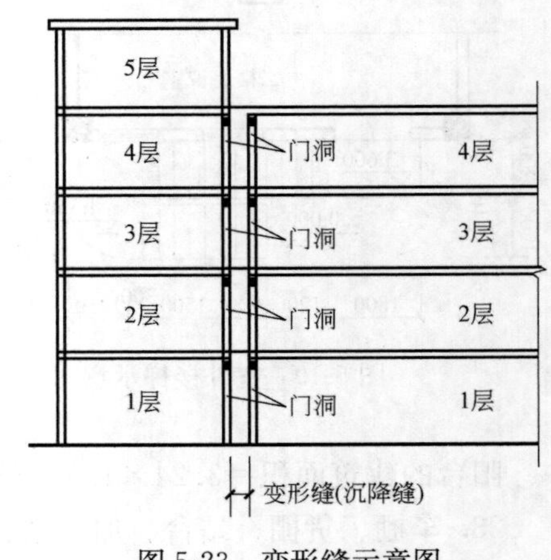

图 5-23　变形缝示意图

26. 变形缝

与室内相通的变形缝，按其自然层合并在建筑物建筑面积内计算。对于高低联跨的建筑物，当高低跨内部连通时，其变形缝应计算在低跨面积内。如图 5-23 所示。

27. 设备层、管道层、避难层

对于建筑物内的设备层、管道层、避难层等有结构层的楼层，结构层高≥2.20m 的，应计算全面积；结构层高<2.20m 的，应计算 1/2 面积。

28. 不计算建筑面积的项目

（1）与建筑物内不相连通的建筑部件（如图 5-24（*a*）所示，装饰性阳台与室内不相连通，不计算建筑面积）；

（2）骑楼、过街楼底层的开放公共空间和建筑物通道（见图 5-24（*b*）、图 5-24（*c*）所示）；

（3）舞台及后台悬挂幕布和布景的天桥、挑台等；

（4）露台、露天游泳池、花架、屋顶的水箱及装饰性结构构件；

（5）建筑物内的操作平台、上料平台、安装箱和罐体的平台；

（6）勒脚、附墙柱、垛、台阶、墙面抹灰、装饰面、镶贴块料面层、装饰性幕墙，主体结构外的空调室外机搁板（箱）、构件、配件，挑出宽度<2.10m 的无柱雨篷、顶盖高度达到或超过两个楼层的无柱雨篷；

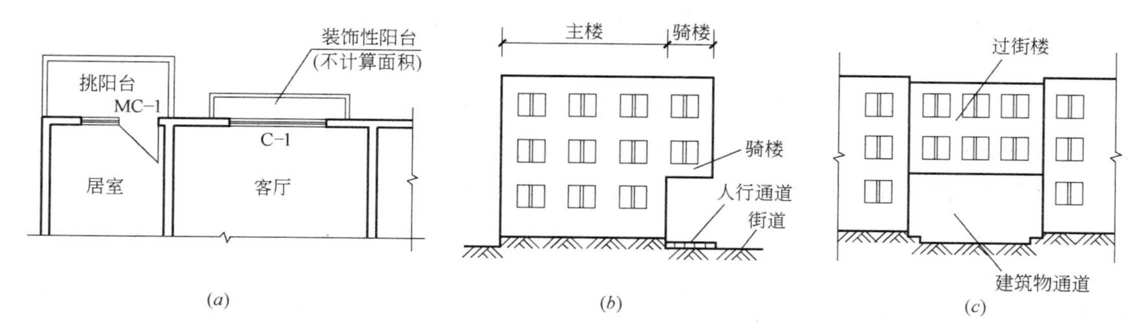

图 5-24　装饰性阳台、骑楼、过街楼示意图

（*a*）装饰性阳台；（*b*）骑楼；（*c*）过街楼

（7）室外爬梯、室外专用消防钢楼梯；

（8）无围护结构的观光电梯；

（9）建筑物以外的地下人防通道，独立的烟囱、烟道、地沟、油（水）罐、气柜、水塔、贮油（水）池、贮仓、栈桥等构筑物。

5.3　工程量计算

房屋建筑工程包括：土石方工程、地基处理与边坡支护工程、桩基工程、砌筑工程、混凝土与钢筋混凝土工程、金属结构工程、木结构工程、门窗工程、屋面防水工程、保温隔热防腐工程、楼地面装饰工程、墙柱面装饰与隔断幕墙工程、顶棚工程、油漆涂料裱糊工程、其他装饰工程、拆除工程等，下面分别叙述。

5.3.1 土石方工程

土方工程包括：平整场地、挖土方、回填方和余方弃置等。

1. 平整场地

平整场地是指±30cm 以内的就地挖、填、找平。如图 5-25 所示。

平整场地的工程量，按设计图示尺寸以建筑物首层建筑面积计算。

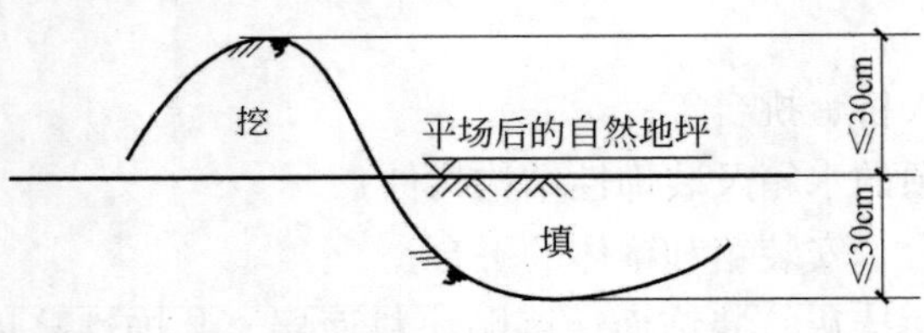

图 5-25 平整场地示意图

2. 挖土方

挖土方包括挖一般土方、挖沟槽土方和挖基坑土方等内容。

(1) 挖一般土方

挖一般土方系指建筑场地厚度＞30cm 的竖直布置挖土或山坡切土，以及槽宽＞7m 的地槽挖土方、坑底面积＞150m² 的地坑挖土方。

挖土方的工程量按设计图示尺寸以体积（即自然密实体积）计算，其计算方法可用方格网法。

方格网法是根据测量的方格网按四棱柱法计算挖填土方数量的方法。其步骤如下：

下面以某工程具体实例叙述方格网法计算挖土方工程量的基本方法。

【例 5-12】 根据某工程的地貌方格网测量图（图 5-26），计算该工程挖填土方工程量。

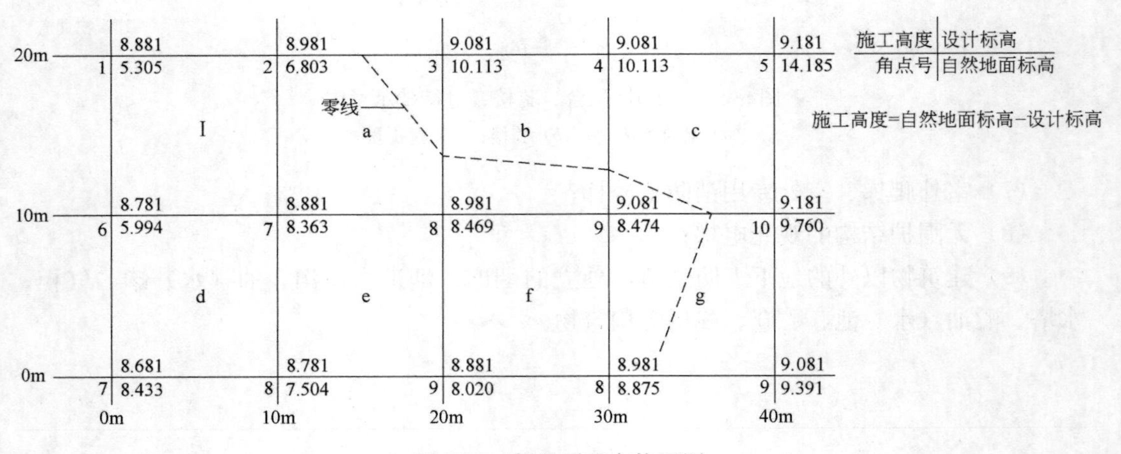

图 5-26 场地平整方格网图

第一步：根据方格网测量图计算施工高度

施工高度＝自然地面标高－设计标高

计算结果为正值，其值表示为挖土深度；计算结果为负值，其值表示为填土深度。

1 角点：施工高度＝8.881－5.305＝－3.576（填土）

2 角点：施工高度＝8.981－6.803＝－2.178（填土）

3 角点：施工高度＝9.081－10.113＝＋1.032（挖土）

……

将计算结果绘制成如图 5-27 的计算图。以便于计算零线，确定挖、填区域。

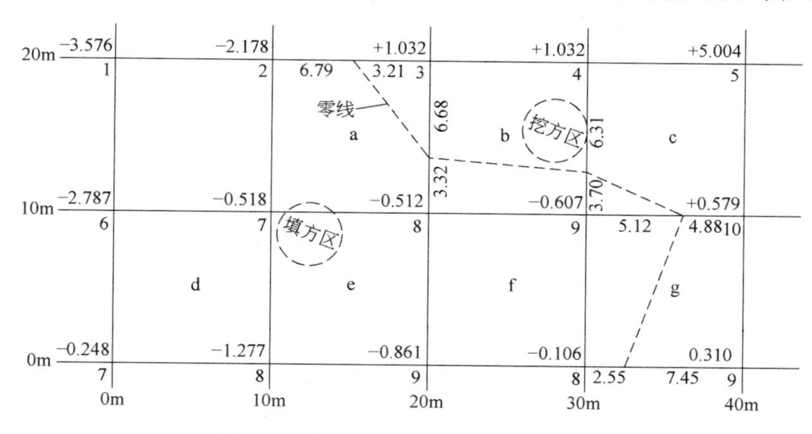

图 5-27　场地平整方格网土方计算图

第二步：根据施工高度计算零线。

根据施工高度计算零线的方法是：根据相似三角形对应边相似比原理求零线。

首先，找出有正有负的相临两角点的边；根据相似比计算 x_1、x_2。如图 5-28（*d*）所示。

$$x_1=\frac{h_1}{h_1+h_2}\times a$$

$$x_2=a-x_1$$

计算 2、3 角点的零点（即 *O* 点）：

$$x_1=\frac{2.178}{2.178+1.032}\times 10=6.79\text{m}$$

$$x_2=10-6.79=3.21\text{m}$$

计算 3、8 角点的零点（即 *O* 点）：

$$x_1=\frac{1.032}{1.032+0.512}\times 10=6.68\text{m}$$

$$x_2=10-6.68=3.32\text{m}$$

……

根据计算结果，找出各零点标于图中，连接各零点即画出零线，并分出挖填区域，如图 5-27 所示。

第三步：用四棱柱法计算挖填方量

由于零线将方格分成了三边形、四边形、五边形共三种，形成三棱柱、四棱柱、五棱柱三种体。各自的计算公式分别叙述如下：

① 全挖全填（四棱柱）的计算公式：见图 5-28（*a*）。

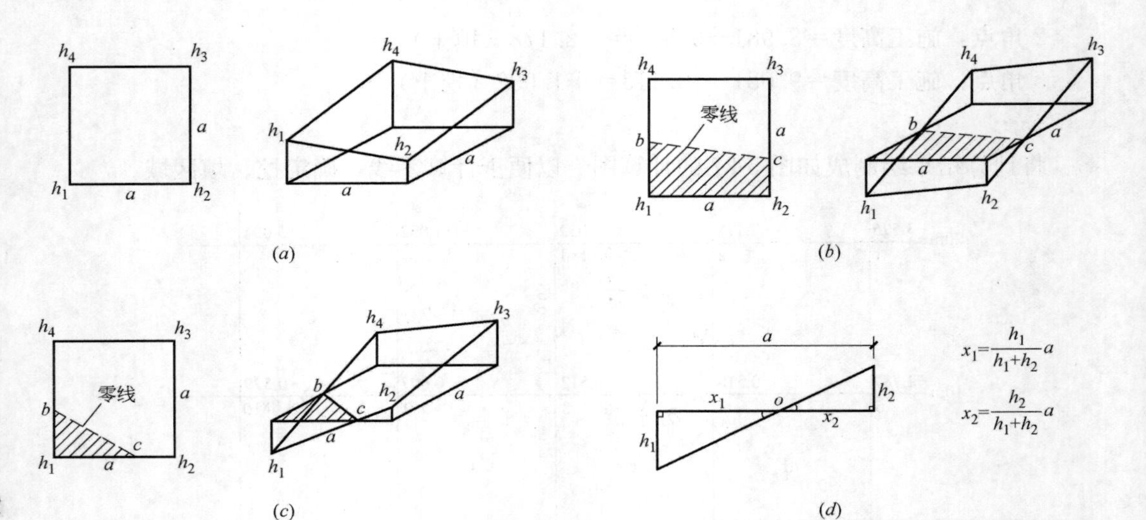

图 5-28　方格网法土方计算分解图

（a）全挖、全填；（b）四边形挖填；（c）三边形、五边形挖填；（d）边长计算图

$$V_{四}=\frac{h_1+h_2+h_3+h_4}{4}a^2$$

② 四棱柱的计算公式：见图 5-28（b）。

$$V_{四}=\frac{h_1+h_2}{4}\times\frac{x_n\times x_m}{2}\times a$$　（x_n、x_m 分别表示梯形的上底和下底边长）

$$V_{四}=\frac{h_3+h_4}{4}\times\frac{x_n\times x_m}{2}\times a$$　（x_n、x_m 分别表示梯形的上底和下底边长）

③ 三棱柱的计算公式：见图 5-28（c）。

$$V_{三}=\frac{h_1}{3}\times\frac{x_n\times x_m}{2}$$　（x_n、x_m 分别表示三角形的两个直角边长）

④ 五棱柱的计算公式：见图 5-28（c）。

$$V_{五}=\frac{h_2+h_3+h_4}{5}\times\left(a^2-\frac{x_n\times x_m}{2}\right)$$　$\left(\frac{x_n\times x_m}{2}\text{是三角形的面积}\right)$

根据上述公式计算图 5-27 的挖土方、填土方工程量：

Ⅰ区：$V_{填}=\frac{3.576+2.178+0.518+2.787}{4}\times10\times10=226.48\text{m}^3$

Ⅱ区：$V_{挖}=\frac{1.032}{3}\times\frac{3.21\times6.68}{2}=3.69\text{m}^3$

Ⅱ区：$V_{填}=\frac{2.178+0.518+0.512}{5}\times\left(10\times10-\frac{3.21\times6.68}{2}\right)=57.28\text{m}^3$

Ⅲ区：$V_{挖}=\frac{1.032+1.032}{4}\frac{6.68+6.30}{2}\times10=33.49\text{m}^3$

Ⅲ区：$V_{填}=\frac{0.512+0.607}{4}\times\frac{3.32+3.70}{2}\times10=9.82\text{m}^3$

Ⅳ区：$V_{填}=\frac{0.607}{3}\times\frac{3.70\times5.12}{2}=1.92\text{m}^3$

Ⅳ区：$V_{挖}=\frac{1.032+5.004+0.579}{5}\times\left(10\times10-\frac{3.70\times5.12}{2}\right)=109.77\text{m}^3$

Ⅴ区：$V_{填}=\frac{0.248+1.277+2.787+0.518}{4}\times10\times10=237.30\text{m}^3$

Ⅵ区：$V_{填}=\frac{1.277+0.861+0.518+0.512}{4}\times10\times10=79.20\text{m}^3$

Ⅶ区：$V_{填}=\frac{0.861++0.106+0.512+0.607}{4}\times10\times10=52.15\text{m}^3$

Ⅷ区：$V_{填}=\frac{0.106+0.607}{4}\times\frac{5.12+2.55}{2}\times10=6.84\text{m}^3$

Ⅷ区：$V_{挖}=\frac{0.310+0.579}{4}\times\frac{4.88+7.45}{2}\times10=13.70\text{m}^3$

将计算结果汇总于挖填土方工程量汇总表（表 5-2），计算出总挖填方量。

挖填土方工程量汇总表 **表 5-2**

挖填区域	挖方（m³）	填方（m³）	合计（m³）	备注
Ⅰ区	0	226.48	226.48	
Ⅱ区	3.69	57.28	60.97	
Ⅲ区	33.49	9.28	42.77	
Ⅳ区	109.77	1.92	111.69	
Ⅴ区	0	237.30	237.3	
Ⅵ区	0	79.20	79.2	
Ⅶ区	0	52.15	52.15	
Ⅷ区	13.70	6.84	20.54	
合计	160.65	670.45	831.1	

该工程挖填总量 831.10m³，其中挖方 160.65m³，填方 670.45m³。

（2）挖沟槽土方

挖沟槽土方是指底宽≤7m 且底长>3 倍底宽的挖土方。主要是指带形基础及管道沟的挖土方。

工作内容：排地表水；土方开挖；围护（挡土板）及拆除；基底钎探；运输。

挖沟槽土方工程量，按设计图示尺寸以基础垫层底面积乘挖土深度计算，见图 5-29。其计算公式是：

$$V_{挖}=S_{垫层}\times H$$

式中 $V_{挖}$——沟槽挖土方工程量；

$S_{垫层}$——基础垫层底面积；

H——挖土深度。

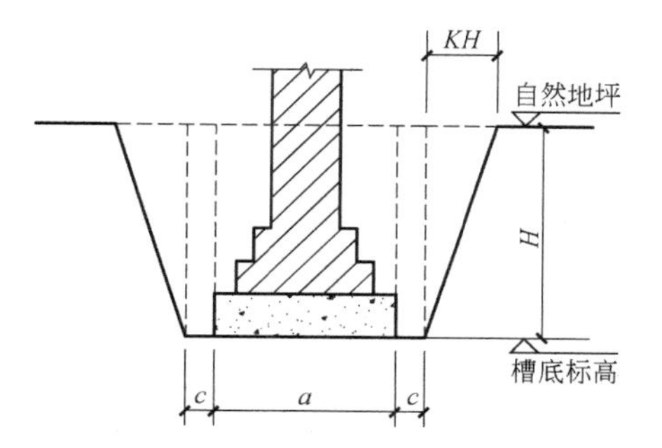

图 5-29 放坡地槽土方工程量计算示意图

【例 5-13】 计算如图 5-30 所示某工程带型基础（墙基）土方工程量，并根据计量规范套出相应的项目编码。

项目名称：挖沟槽土方（墙基础），项目编码：010101003001

挖土深度：$H=1.9-0.3=1.60\text{m}$

垫层底面积：$S_{垫层}=15.6\times2\times0.75+[5.40\times2+(5.40-0.75)\times3]\times0.85=44.44\text{m}^2$

挖沟槽土方工程量：$V_{挖}=44.44\times1.60=71.10\text{m}^3$

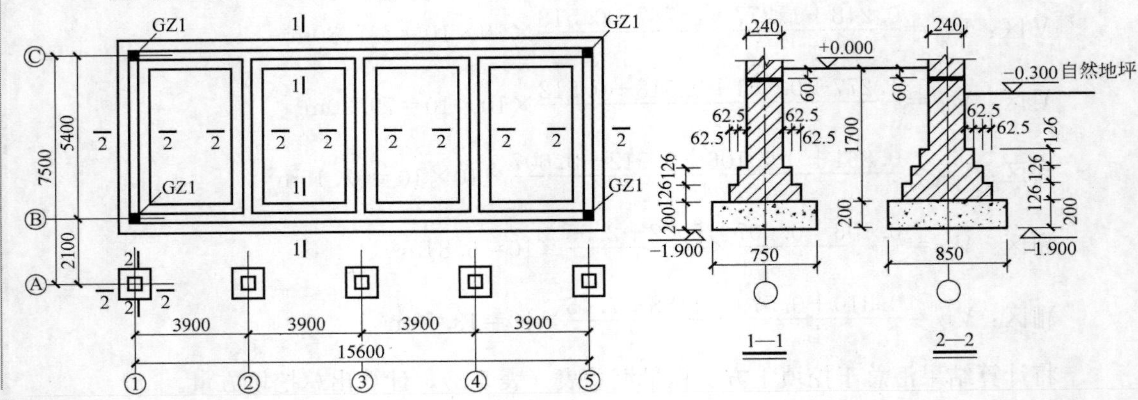

图 5-30　某工程基础平面图

显然，工程量 71.10m³ 不包括工作面和放坡的土方量。有的省、市、区明确规定挖土方工程量包括工作面和放坡体积，包括工作面和放坡土方工程量的计算公式如下：

沟槽挖土方工程量：$V_{挖}=(a+2c+KH)HL$

式中　$V_{挖}$——沟槽挖土方工程量；

a——基础垫层底宽；

c——工作面（见表 5-3）；

K——放坡系数（见表 5-4）；

H——挖土深度；

L——地槽长度。

基础施工所需工作面宽度计算表　　表 5-3

基础材料	每边增加工作面宽度(cm)
砖基础	20
浆砌毛石、条石基础	15
混凝土基础支模板	30
混凝土基础垫层支模板	30
基础垂直面做防水层	100(防水层面)

放坡系数表　　表 5-4

土类别	放坡起点(m)	人工挖土	机械挖土		
			在坑内作业	在坑上作业	顺沟槽在坑上作业
一、二类土	1.2	1∶0.5	1∶0.33	1∶0.75	1∶0.50
三类土	1.5	1∶0.33	1∶0.25	1∶0.67	1∶0.33
四类土	2.0	1∶0.25	1∶0.10	1∶0.33	1∶0.25

注：1. 沟槽、基坑中土类别不同时，分别其放坡起点、放坡系数，依据不同土类别深度加权平均计算

2. 计算放坡时，在交接处重复工程量不予扣除，原槽、坑做基础垫层时，放坡自垫层上表面开始计算

【例 5-14】 计算如图 5-30 所示某工程带型基础（墙基）包括工作面和放坡的土方工程量。

设：该工程混凝土基础垫层需支模板，查表 5-3 工作面 c＝30cm；该工程为三类土，人工挖土，查表 5-4 放坡系数 $K=0.33$。则包括工作面和放坡的工程量为：

$V_{挖}=(0.75+2\times0.3+0.33\times1.60)\times(15.60\times2)+(0.85+2\times0.3+0.33\times1.60)\times1.6\times[5.40\times2+(5.40-0.75-0.3\times2)\times3]$

$=131.23\text{m}^3$

（3）挖基坑土方

挖基坑土方是指底宽≤7m 且底长≤3 倍底宽的挖土方。主要是指独立基础的挖土方。

挖沟槽土方工程量，按设计图示尺寸以基础垫层底面积乘挖土深度计算，如图 5-31 所示。其计算公式是：

$$V_{挖}=S_{垫层}\times H$$

式中 $V_{挖}$——沟槽挖土方工程量；

$S_{垫层}$——基础垫层底面积；

H——挖土深度。

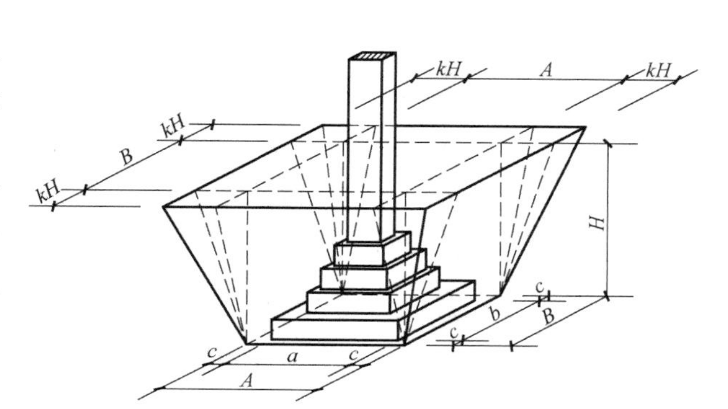

图 5-31 放坡基坑土方工程量计算示意图

【例 5-15】 计算如图 5-30 所示某工程独立基础（柱基）土方工程量，并根据计量规范套出相应的项目编码。

项目名称：挖基坑土方（柱基础），项目编码：010101004001

挖土深度：$H=1.9-0.3=1.60\text{m}$

垫层底面积：$S_{垫层}=0.85\times0.85\times5=3.61\text{m}^2$

$V_{挖}=3.61\times1.60=5.78\text{m}^3$

同理，5.78 m^3 中未包括工作面和放坡体积，包括工作面和放坡土方量的计算公式如下：

挖基坑土方工程量：$V_{挖}=(a+2c+KH)(b+2c+KH)H+\frac{1}{3}K^2H^3$

式中 a、b——基础垫层底面长度、宽度；

c——工作面（见表 5-3）；

K——放坡系数（见表 5-4）；

H——挖土深度。

【例 5-16】 计算如图 5-30 所示某工程独立基础（柱基）包括工作面和放坡的土方工程量。

设：该工程混凝土基础垫层需支模板，查表 5-3 工作面 $c=30\text{cm}$；该工程为三类土，人工挖土，查表 5-4 放坡系数 $K=0.33$。则包括工作面和放坡的工程量为：

$V_{挖}=[(0.85+2\times0.3+0.33\times1.6)\times(0.85+2\times0.3+0.33\times1.6)\times1.6+\frac{1}{3}\times0.33^2\times1.6^3]\times5$

$=33.53m^3$

3. 回填土

回填土包括基础回填土和室内回填土以及场地回填土（室外回填土）三部分。基础回填土是指坑槽内的回填土，回填至基础土方开挖时的自然场地标高；室内回填土是指从开挖时的标高回填至室内垫层下表面的回填土。如图 5-32 所示。

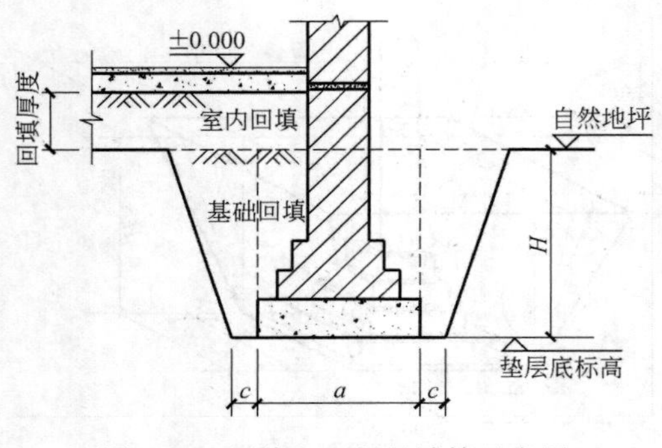

图 5-32　回填土工程量计算示意图

（1）基础回填土（010103001）

基础回填土按挖方体积减去自然地坪标高以下埋设体积计算。其计算公式是：

$$V_{填}=V_{挖}-V_{埋}$$

式中 $V_{填}$——基础回填体积；

$V_{挖}$——按规则计算的挖基础土方体积；

$V_{埋}$——自然场地标高以下埋设体积（包括基础、基础垫层、其他构筑物等）。

【例 5-17】 计算图 5-30 所示基础回填土方工程量，并根据工程量清单计价规范套出项目编码。

① 土方回填（墙基础）　010103001001

$V_{挖}=71.10m^3$

$V_{墙基础}=(15.6\times2)\times(0.24\times1.4+0.0473)+[5.4\times2+(5.4-0.24)\times3]\times(0.24\times1.4+0.0945)=23.27m^3$

（注：大放脚面积 0.0473、0.0945 系查表 5-5 而得。）

$V_{垫层}=44.44\times0.2=8.89\ m^3$

$V_{填}=71.10-(23.27+8.89)=38.94\ m^3$

② 土方回填（柱基础）　010103001002

$V_{挖}=5.78m^3$

$V_{柱基础}=(0.24\times0.24\times1.4+0.073)\times5=0.77m^3$

（注：大放脚体积 0.073 系查表 5-6 得。）

$V_{垫层}=0.85\times0.85\times0.2\times5=0.72\ m^3$

$V_{填}=5.78-(0.77+0.72)=4.07\ m^3$

如果挖方按包括工作面和放坡的工程量计算，则回填土工程量为：

$V_{填}=127.97+30.41-(23.27+8.89)-(0.77+0.72)=124.73\ m^3$

（2）室内回填土（010103001）

室内回填土又称房心回填土。其工程量按主墙间净面积乘以回填厚度计算。其计算公式是：

$$V_{填}=室内净面积\times 回填平均厚度$$

式中 $V_{填}$——基础回填体积；

室内净面积——主墙间净面积（不扣除间隔墙、柱、垛等面积）；

回填平均厚度——室内地坪至交付施工场地的高差扣减室内面层垫层等。

【例 5-18】 计算图 5-31 所示室内回填土工程量。设：室内垫层 100mm、找平层 20mm、面层 25mm。

室内净面积=3.66×5.16×4+15.60×1.98（考虑走廊周围砌 120 砖挡土）=106.43m²

回填平均厚度=0.30−(0.10+0.02+0.025)=0.155 m

$V_{填}$=106.43×0.155=16.50m³

（3）场地回填土（010103001）

场地回填土即室外回填土。其工程量按回填面积乘以平均回填厚度计算。

若场地回填面积较大，最好采用方格网法计算回填，方格网法计算土方工程量前面已介绍，此不赘述。若场地回填面积不大，且有测量标高，也可根据测量标高平均计算。其计算公式如下：

$$V_{填}=场地回填面积\times 平均回填厚度$$

【例 5-19】 某工程场地回填土见图 5-33，计算场地回填土工程量。

场地回填面积=140.06×50.29−32.27×14.95÷2−(17.62+33.32)×28.54−17.62×21.75÷2=5156.95m²

平均回填厚度=(1.668+1.503+1.545+1.465+1.562+1.600+1.605+1.611+1.603+1.582+1.553+1.563+1.593+1.623+1.563+1.587+1.512+1.613)÷18=1.575m

$V_{填}$=5156.95×1.575=8122.20m³

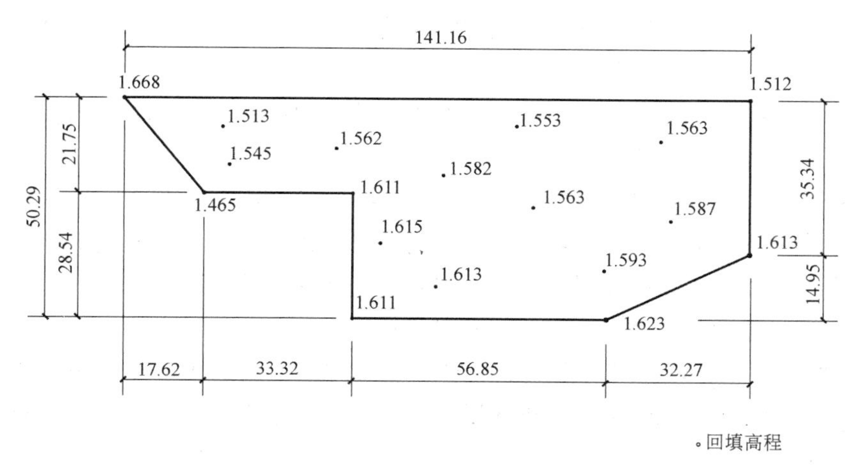

图 5-33 某工程室外回填土计算图

4. 余土弃置

工程量按挖方工程量减去回填工程量计算。

$$V_{运}=V_{挖}-V_{填}$$

式中 $V_{运}$——土方运输工程量；

$V_{挖}$——挖土方工程量；

$V_{填}$——填土方工程量。

5.3.2 地基处理与边坡支护工程

1. 地基处理

地基处理内容包括：换填垫层、铺设土工合成材料、预压地基、强夯地基、振冲密实(不填料)、振冲桩（填料)、砂石桩、水泥粉煤灰碎石桩、深层搅拌桩、粉喷桩、夯实水泥土桩、高压喷射注浆桩、石灰桩、灰土挤密桩、柱锤冲扩桩、注浆地基、褥垫层。

(1) 换填垫层（010201001)

换填垫层的工程量根据设计图示尺寸按体积以“m^3”计算。如地基承载力达不到设计要求需换填连砂石垫层等。

工作内容：分层夯实；碾压、振密或夯实；材料运输。

(2) 铺设土工合成材料（010201002)

铺设土工合成材料根据设计图示尺寸按面积以“m^2”计算。土工合成材料如土工布、土工膜、复合土工膜、土工布、土工格栅、土工带、土工袋等，多用于道路工程。

工作内容：挖填锚固沟；铺设；固定；运输。

(3) 预压地基（010201003)、强夯地基（010201004)、振冲密实（不填料）(010201005)

预压地基、强夯地基、振冲密实（不填料）工程量均根据设计图示处理范围以面积按“m^2”计算。

1) 预压地基，是指在原状土上加载，使土中水排出，以实现原土的预先固结，减少建筑物地基后期沉降和提高地基承载力的地基处理方法。预压加载方法的不同，分为堆载预压、真空预压、降水预压三种不同方法的预压地基。

工作内容：设置排水竖井、盲沟、滤水管；铺设砂垫层、密封膜；堆载、卸载或抽气设备安拆、抽真空；材料运输。

2) 强夯地基，是用起重机械（起重机或起重机配三脚架、龙门架）将大吨位（一般 8～30t）夯锤起吊到 6～30m 高度后，自由落下给地基土以强大的冲击能量的夯击，使表面形成一层较为均匀的硬层来承受上部载荷的地基处理方法。

工作内容：铺设夯填材料；强夯；夯实材料运输。

3) 振冲密实（不填料)，是用专门的振冲器械进行重复的水平振动和侧向挤压，使土体的结构逐步破坏，孔隙水压力迅速增大，破坏原土结构，使土体由松变密从而增强地基承载力的地基处理方法。

工作内容：振冲密实；泥浆运输。

(4) 振冲桩（填料）(010201006)

振冲桩（填料）工程量，根据设计图示尺寸按桩长以“m”计算，或根据设计桩截面乘以桩长按“m^3”计算。

振冲桩（填料）地基，是指利用功率为 30～150kW 的振冲器，配合高压喷射水流或高压空气在软基中建成密实的碎石桩形成的复合地基的地基处理方法。

工作内容：振冲成孔、填料、振实；材料运输；泥浆运输。

（5）砂石桩（010201007）

砂石桩工程量，根据设计图示尺寸按桩长（包括桩尖）以“m”计算；或根据设计桩截面乘以桩长（包括桩尖）以“m^3”计算。

砂石桩地基，属于挤密桩地基处理的一种。砂桩和砂石桩统称砂石桩，是指用振动、冲击或水冲等方式在软弱地基中成孔后，再将砂或砂卵石（砾石、碎石）挤压入土孔中，形成大直径的砂或砂卵石（砾石、碎石）所构成的密实桩体，使之形成的复合地基的地基处理方法，它是处理软弱地基的一种常用的方法。

工作内容：成孔；充实、振实；材料运输。

（6）水泥粉煤灰碎石桩（010201008）

水泥粉煤灰碎石桩工程量，根据设计图示尺寸按桩长（包括桩尖）以“m”计算。

水泥粉煤灰碎石桩（简称 CFG 桩），是在砂石桩的基础上发展起来的，以一定配合比率的石屑、粉煤灰和少量的水泥加水拌和后制成的一种具有一定胶结强度的桩体，使之形成的复合地基的地基处理方法。这种桩是一种低强度混凝土桩，由它组成的复合地基能够较大幅度提高承载力。

工作内容：成孔；混合料制作、灌注、养护；材料运输。

（7）深层搅拌桩（010201009）

深层搅拌桩工程量，根据设计图示尺寸按桩长以“m”计算。

深层搅拌桩，是利用水泥作为固化剂，通过深层搅拌机械在地基将软土或沙等和固化剂强制拌和，使软基硬结而提高地基强度，使之形成的复合地基的地基处理方法。

工作内容：预拌下钻、水泥浆制作、喷浆搅拌提升成桩；材料运输。

（8）粉喷桩（010201010）

粉喷桩工程量，根据设计图示尺寸按桩长（包括桩尖）以“m”计算。

粉喷桩（加固土桩），是采用粉体状固化剂来进行软基搅拌处理（施工方法同深层搅拌桩），使之形成的复合地基的地基处理方法。最适合于加固各种成因的饱和软黏土，常用于加固淤泥、淤泥质土、粉土和含水量较高的黏性土。

工作内容：预拌下钻、喷粉搅拌提升成桩；材料运输。

（9）夯实水泥土桩（010201011）

夯实水泥土桩工程量，根据设计图示尺寸按桩长（包括桩尖）以“m”计算。

夯实水泥土桩，是用人工或机械成孔，选用相对单一的土质材料与水泥按一定配比，在孔外充分拌和均匀制成水泥土，分层向孔内回填并强力夯实，制成均匀的水泥土桩，桩、桩间土和褥垫层一起形成复合地基的地基处理方法。

工作内容：成孔、夯实；水泥土拌合、填料、夯实；材料运输。

（10）高压喷射注浆桩（010201012）

高压喷射注浆桩工程量，根据设计图示尺寸按桩长以“m”计算。

高压喷射注浆桩，是采用钻孔将装有特制合金喷嘴的注浆管下到预定位置，然后用高压水泵或高压泥浆泵（20～40MPa）将水或浆液通过喷嘴喷射出来，冲击破坏土体，使土粒与浆液搅拌混合，待浆液凝固以后，在土内形成一定形状的固结体，使之形成复合地基的地基处理方法。

工作内容：成孔；水泥浆制作、高压喷射注浆；材料运输。

（11）石灰桩

石灰桩工程量，根据设计图示尺寸以桩长（包括桩尖）按“m”计算。

石灰桩，是用人工或机械成孔，再以生石灰为主要固化剂与粉煤灰或火山灰、炉渣、矿渣、黏性土等掺合料按一定的比例均匀混合后，在桩孔中经机械或人工分层振压或夯实所形成的密实桩体的地基处理方法。

工作内容：成孔；混合料制作、运输、夯实。

（12）灰土（土）挤密桩

灰土（土）挤密桩工程量，根据设计图示尺寸按桩长（包括桩尖）以“m”计算。

灰土挤密桩法是在基础底面形成若干个桩孔，然后将灰土填入并分层夯实，以提高地基的承载力或水稳性的地基处理方法。

工作内容：成孔；灰土拌合、填充、夯实。

（13）柱锤冲扩桩

柱锤冲扩桩工程量，根据设计图示尺寸按桩长以“m”计算。

柱锤冲扩桩，是采用长螺旋钻机钻孔成孔（孔径400mm），再将拌和好的填料分层填入桩孔，用柱锤夯实形成桩体。每个桩孔应夯填至桩顶设计标高以上至少0.5m，其上部桩孔用原槽土夯封。它的施工方法是先成孔，再向孔内填料，以高动能、超压强特异重锤在孔内深层领域进行冲砸挤压，使填料在强力的推动下向孔周和底部挤压。

工作内容：安、拔套管；冲孔、填料、夯实；桩体材料制作、运输。

（14）注浆地基

注浆地基工程量，根据设计图示尺寸按钻孔深度以“m”计算，或根据设计图示尺寸按加固体积以“m^3”计算。

注浆地基，是将配置好的化学浆液或水泥浆液，通过导管注入土体间隙中与土体结合，发生物化反应，从而提高土体强度，减小其压缩性和渗透性的地基处理方法。

工作内容：成孔；注浆导管制作、安装；浆液制作、压浆；材料运输。

（15）褥垫层

褥垫层工程量，根据设计图示尺寸按褥垫层铺设面积以“m^2”计算，或根据设计图示尺寸按褥垫层体积以“m^3”计算。

褥垫层，是指各种竖向承载搅拌桩复合地基中，在基础和桩之间设置褥垫层，对最终沉降、调整桩土应力比、调整桩土水平荷载，起重要作用。褥垫层厚度可取200～300mm。其材料可选用中砂、粗砂、级配砂石等，最大粒径不宜大于20mm。

工作内容：材料拌合、运输、铺设、压实。

【例 5-20】 计算图 5-34 所示振冲桩（填料）工程量。

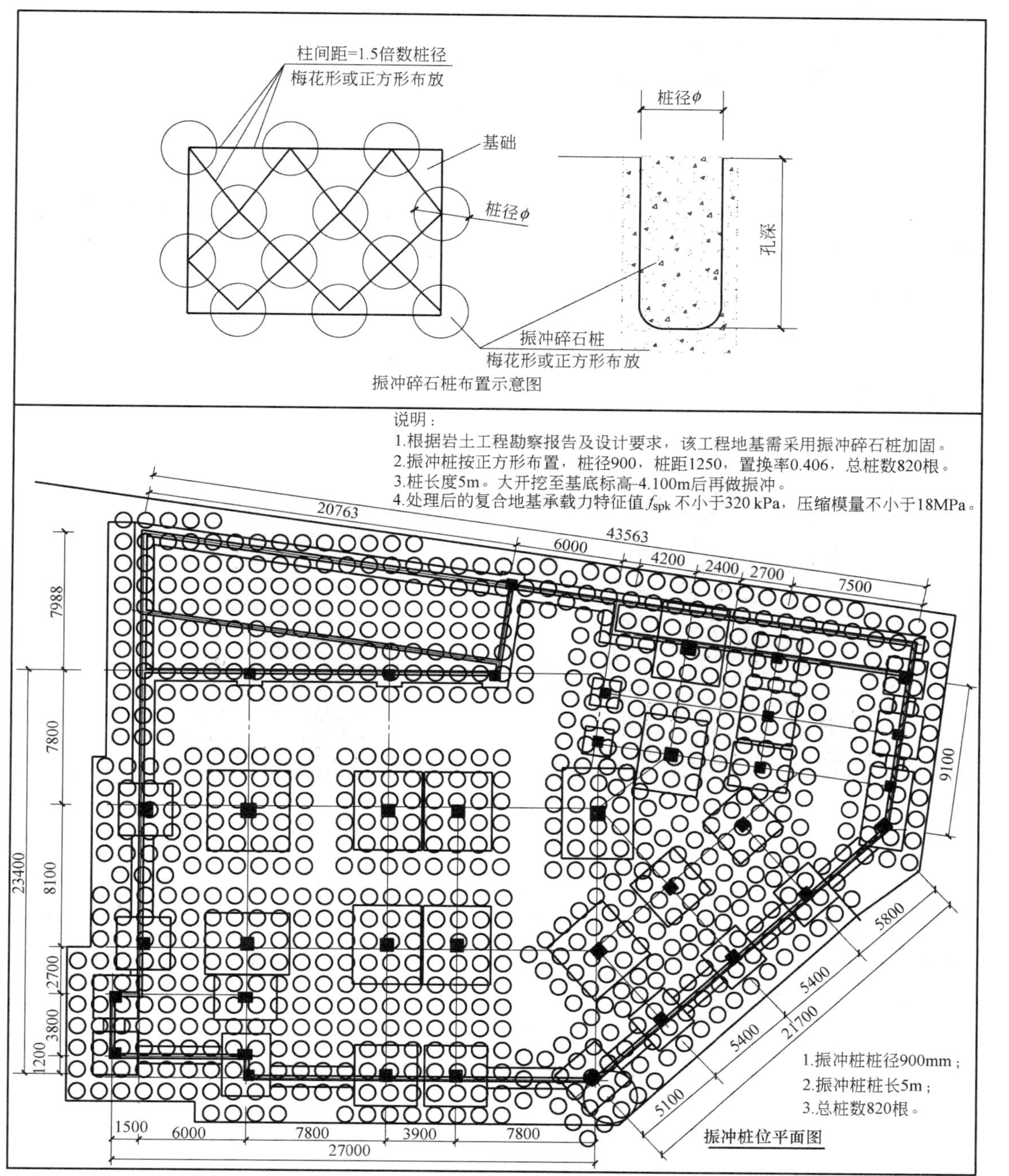

图 5-34　某工程振冲碎石桩施工图

项目名称：振冲桩（填料），项目编码：010201006001

项目特征：1. 地层情况：黏性土；2. 空桩长 0m、桩长 5m；3. 桩径：0.9m；4.

填充材料：碎石。

振冲桩工程量：

（1）按长度计算：振冲桩工程量＝820×5＝4100m

（2）按体积计算：振冲桩工程量＝0.9×0.9×0.7854×5×820＝2608.31m^3

（注：$\frac{\pi}{4}$＝0.7854，后同）

2. 基坑与边坡支护

基坑与边坡支护内容包括：地下室连续墙、咬合灌注桩、圆木桩、预制钢筋混凝土板桩、型钢桩、钢板桩、锚杆（锚索）、土钉、喷射混凝土、水泥砂浆、钢筋混凝土支撑、钢支撑。

（1）地下室连续墙

地下室连续墙工程量，根据设计图示中心线长乘以厚度乘以槽深以体积按“m^3”计算。如图 5-35 所示。

图 5-35　连续墙现场拍摄图

地下室连续墙，是在地面上用挖槽机械沿着深开挖工程的周边轴线，挖出一条狭长的深槽，在槽内放钢筋笼，灌筑水下混凝土，筑成的连续钢筋混凝土墙壁，作为截水、防渗、承重、挡水结构。适用于建造建筑物的地下室、挡土墙、高层建筑的深基础，以及工业建筑的深池、坑、竖井等。

工作内容：导墙挖填、制作、安装、拆除；挖土成槽、固壁、清底置换；混凝土制作、运输、灌注、养护；接头处理；土方、废泥浆外运；打桩场地硬化及泥浆池、泥浆沟。

（2）咬合灌注桩

咬合灌注桩工程量，根据设计图示尺寸按桩长以“m”计算，或根据设计图示数量以“根”计算。

咬合灌注桩，是在桩与桩之间形成相互咬合排列的一种基坑围护结构。施工时，先施工 A 桩（素混凝土桩），后施工 B 桩（钢筋混凝土桩），在 A 桩混凝土初凝之前完成

B桩的施工。B桩施工时切割掉相邻A桩相交部分的混凝土，从而实现咬合（如图5-36所示）。

工作内容：成孔、固壁；混凝土制作、运输、灌浆、养护；套管压拔；土方、废泥浆外运；打桩场地硬化及泥浆池、泥浆沟。

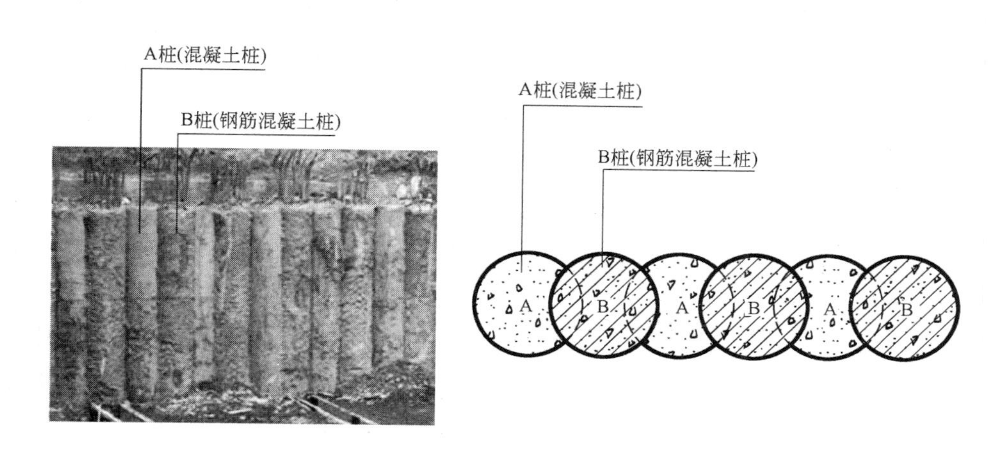

图5-36　咬合桩图

（3）圆木桩

圆木桩工程量，根据设计图示尺寸按桩长以“m”计算，或根据设计图示数量以“根”计算。

圆木桩的桩长一般为4～6m。用200～500kg重铁锤，自落锤打。

工作内容：工作平台搭拆；桩机移位；桩靴安装；沉桩。

（4）预制钢筋混凝土板桩

预制钢筋混凝土板桩工程量，根据设计图示尺寸按桩长以“m”计算，或根据设计图示数量以“根”计算。

钢筋混凝土板桩，是排桩墙支护结构常用的一种类型桩，一般采用锤击打入法、液压静力沉桩法两种方法施工。在中仍是支护板墙的一种使用形式，一般在沙性土需防渗建筑物使用，也可作为基坑工程施工支护墙。如图5-37所示。

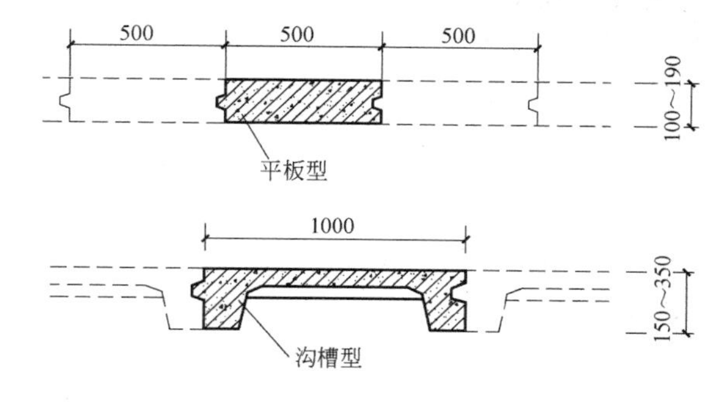

图5-37　预制钢筋混凝土板桩图

工作内容：工作平台搭拆；桩机移位；沉桩；板桩连接。

（5）型钢桩

型钢桩工程量，根据设计图示尺寸按桩质量以“t”计算，或根据设计图示数量以“根”计算。

型钢桩，是以型钢桩间加挡土板作为支护结构形式的基坑支护或边坡支护。如图 5-38 所示。

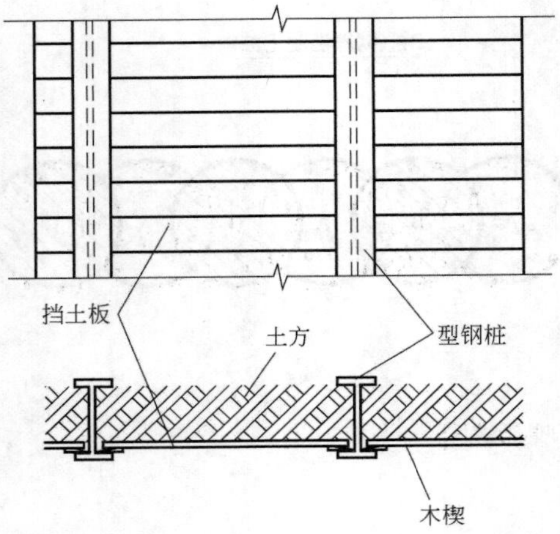

图 5-38　型钢桩示意图

工作内容：工作平台搭拆；桩机移位；打拔桩；接桩；刷防护材料。

（6）钢板桩

钢板桩工程量，根据设计图示尺寸按桩质量以“t”计算，或根据设计图示墙中心线长度以“m”计算。

钢板桩是一种边缘带有联动装置，且这种联动装置可以自由组合以便形成一种连续紧密的挡土或者挡水墙的钢结构体。如图 5-39 所示。

工作内容：工作平台搭拆；桩机移位；打拔钢板桩。

（7）锚杆（锚索）

锚杆（锚索）工程量，根据设计图示尺寸按钻孔深度以“m”计算，或根据设计图示数量以“根”计算。

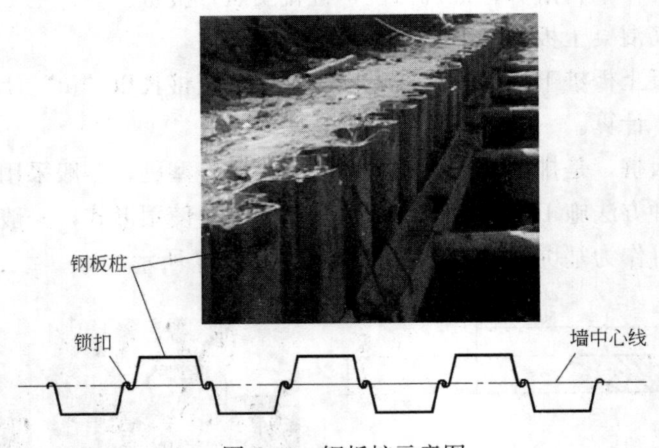

图 5-39　钢板桩示意图

锚杆（锚索）是一种深入地层的受拉构件，它一端与构筑物连接，另一端深入地层灌浆锚固，达到固定土体的一种支护方式。如图 5-40 所示。

工作内容：钻孔、浆液制作、运输、压浆；锚杆（锚索）制作、安装；张拉锚固；锚杆（锚索）施工平台搭设、拆除。

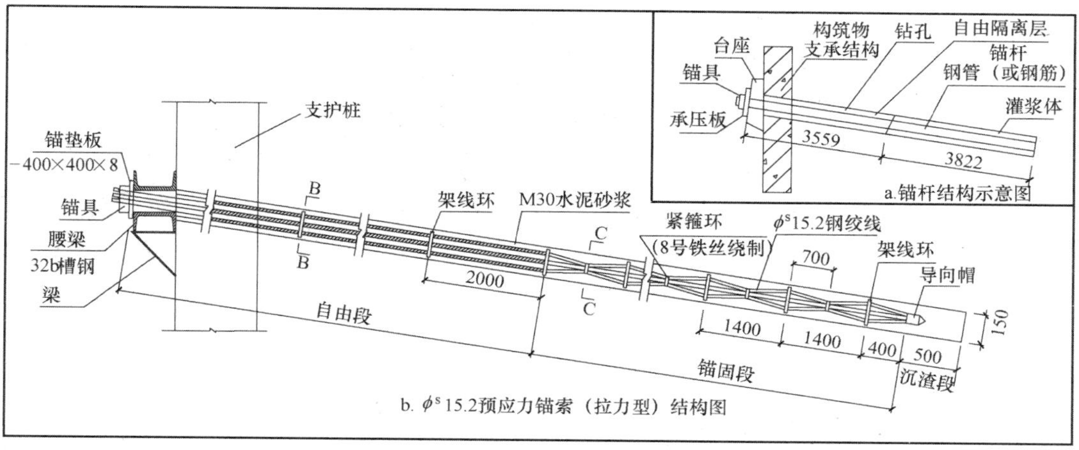

图 5-40 锚杆（锚索）支护图

（8）土钉

土钉工程量，根据设计图示尺寸按钻孔深度以“m”计算，或根据设计图示数量以“根”计算。

土钉是由天然土体通过土钉墙就地加固并与喷射砼面板相结合，形成一个类似重力挡墙以此来抵抗墙后的土压力，从而保持开挖面的稳定，这个土挡墙称为土钉墙。土钉墙是通过钻孔、插筋、注浆来设置的，一般称砂浆锚杆，也可以直接打入钢管、角钢、粗钢筋形成土钉。如图 5-41 所示。

工作内容：钻孔、浆液制作、运输、压浆；土钉制作、安装；土钉施工平台搭设、拆除。

（9）喷射混凝土、水泥砂浆

喷射混凝土、水泥砂浆工程量，按设计图示尺寸按面积以“m^2”计算。如图 5-41 所示。

工作内容：修理边坡；混凝土（砂浆）制作、运输、喷射、养护；钻排水孔、安装排水管；喷射施工平台搭设、拆除。

（10）钢筋混凝土支撑

钢筋混凝土支撑工程量，按设计图示尺寸按体积以“m^3”计算。

工作内容：模板（支撑或支架）制作、安装、拆除、堆放、运输及清理模内杂物、刷隔离剂等；混凝土制作、运输、浇筑、振捣、养护。

（11）钢支撑

钢支撑工程量，按设计图示尺寸按质量以“t”计算。不扣除孔眼质量、焊条、铆钉、螺栓等不另增加质量。

工作内容：支撑、铁件制作（摊销、租赁）；支撑、铁件安装；探伤；刷漆；拆除、运输。

排桩支护的加固方式：锚杆（锚索）加固，如图 5-42（*a*）所示；支撑（钢筋混凝

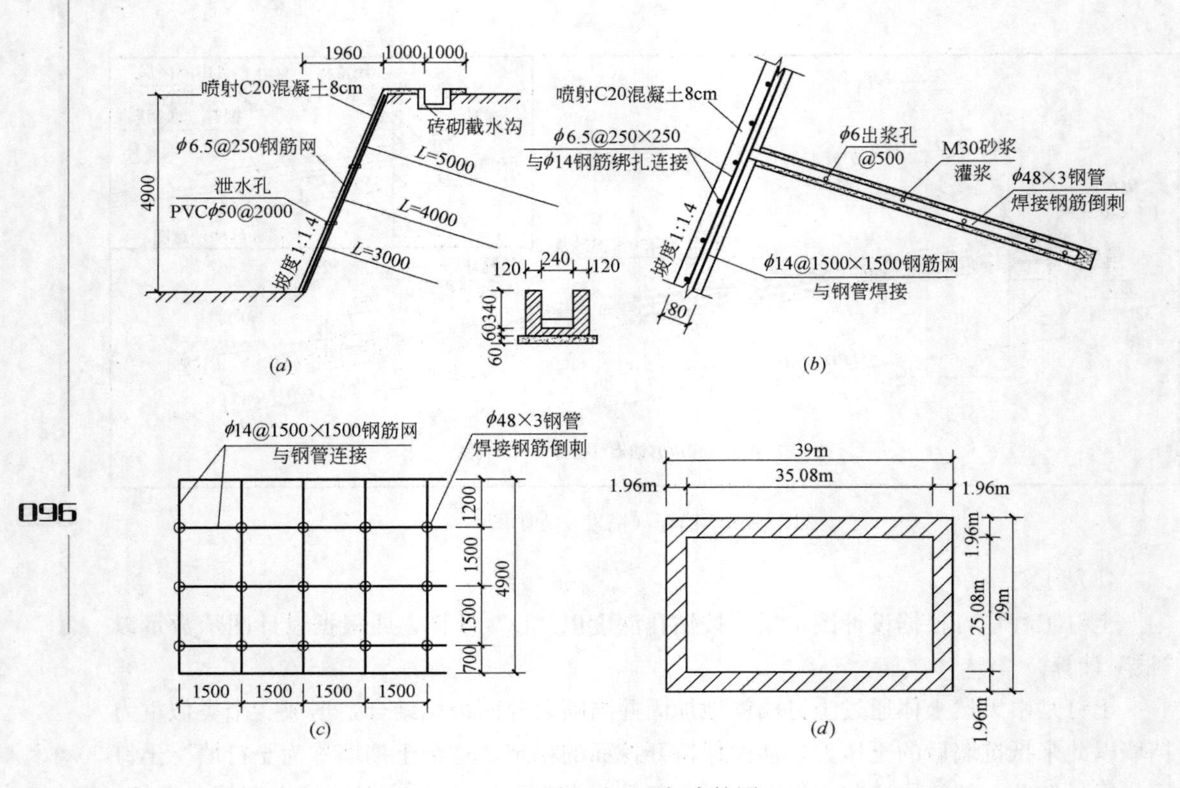

图 5-41　土钉支护图

(*a*) 土钉支护剖面图；(*b*) 土钉构造图；(*c*) 土钉立面图；(*d*) 基坑平面图

土支撑、钢支撑）加固，如图 5-42（*b*）和图 5-42（*c*）所示；逆作法施工（以永久性框架结构作支撑），如图 5-42（*d*）所示。

【例 5-21】 计算图 5-41 所示土钉支护墙相关工程量。

1. 土钉工程量

（1）按钻孔深度计算

5m 土钉长边根数＝［(39－1.2×0.4×2)÷1.5＋1］＝27 根

5m 土钉短边根数＝［(29－1.2×0.4×2)÷1.5－1］＝18 根

4m 土钉长边根数＝［(39－2.7×0.4×2)÷1.5＋1］＝26 根

4m 土钉短边根数＝［(29－2.7×0.4×2)÷1.5－1］＝17 根

3m 土钉长边根数＝［(39－4.2×0.4×2)÷1.5＋1］＝25 根

4m 土钉短边根数＝［(29－4.2×0.4×2)÷1.5－1］＝16 根

土钉工程量＝(27＋18)×2×5＋(26＋17)×2×4＋(25＋16)×2×3＝1040m

（2）按根数计算

按根数计算工程量就必须根据土钉长度的不同分别计算。则：

5m 土钉工程量＝27×2＋18×2＝90 根

4m 土钉工程量＝26×2＋17×2＝86 根

3m 土钉工程量＝25×2＋16×2＝82 根

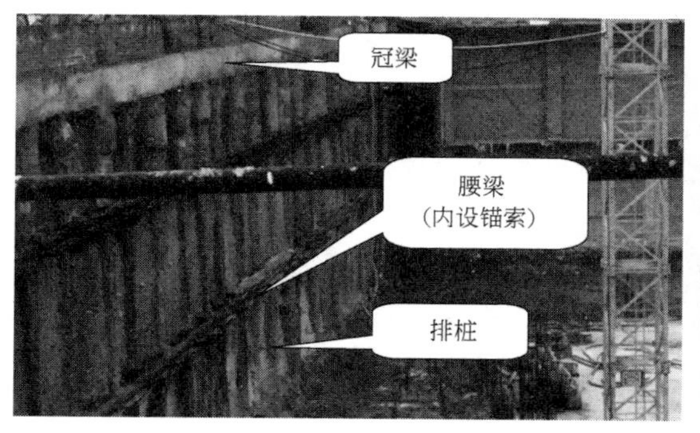

(a)

(b)

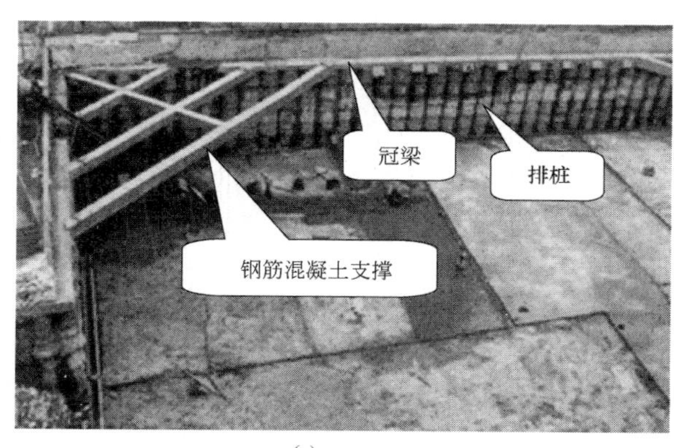

(c)

(d)

图 5-42　排桩支护实景图

(a) 排桩锚索加固实景图；(b) 排桩钢支撑加固实景图；(c) 排桩钢筋混凝土支撑加固实景图；(d) 逆作法施工实景图

2. 喷射混凝土工程量

喷射混凝土工程量＝斜面 $(39+29-1.96\times2)\times2\times(4.9\times\sqrt{0.4^2+1^2})$＋平面 $(41+31)\times2\times2-(41.48+31.48)\times2\times0.48=894.32\text{m}^2$

3. 钢筋网工程量

(1) 14 钢筋：

钢筋长度：$L_{上}=39+29-1.2\times0.4\times2\times2=66.08\text{m}$

$L_{中}=39+29-2.7\times0.4\times2\times2=63.68\text{m}$

$L_{下}=39+29-4.2\times0.4\times2\times2=61.28\text{m}$

钢筋质量：$(66.08+63.68+61.28)\times1.208=230.78\text{kg}$（1.208 为每米质量）

(2) 6.5 钢筋

钢筋根数：$L_{横}=(4.9\times\sqrt{0.4^2+1^2})\div0.25+1=22$ 根

$L_{竖}=(39+29-1.96\times2)\div0.25=256$ 根

钢筋长度：$L=(39+29-1.96\times2)\times22+(4.9\times\sqrt{0.4^2+1^2})\times256=2760.79\text{m}$

钢筋质量：2760.79×0.26=717.81kg（0.26 为每米质量）

合计：230.78+717.81 = 948.59kg=0.949t

4. 砖砌排水沟工程量

排水沟工程量：(39+29)×2+(1.0+0.24×2)×8=147.84m

5. 50PVC 泄水管工程量

泄水管工程量=(39+29−1.96×2)÷2×2=64 根

5.3.3 桩基工程

桩基工程包括桩承台和桩两部分。如图 5-43 所示。

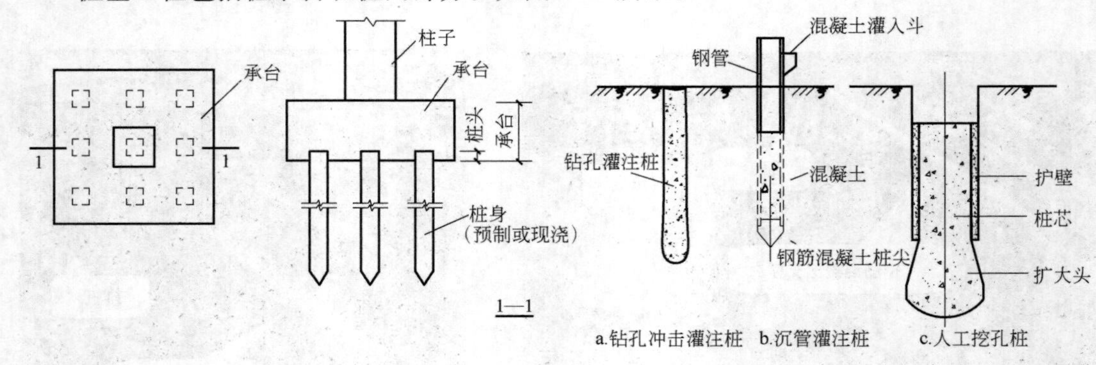

图 5-43 桩基础示意图

桩包括打预制桩和现浇灌注桩两大类。

1. 预制桩

（1）预制钢筋混凝土方桩

根据设计图示尺寸按桩长（包括桩尖）以“m”计算，或根据设计图示截面乘以桩长（包括桩尖）以实际体积“m^3”计算，或根据设计图示数量以“根”计算。

工作内容：工作平台搭拆；桩机竖拆、移位；沉桩；接桩；送桩。如图 5-44 所示。

（2）预制钢筋混凝土管桩

预制钢筋混凝土管桩，根据设计图示尺寸按桩长（包括桩尖）以“m”计算，或根据设计图示截面乘以桩长（包括桩尖）以实际体积“m^3”计算，或根据设计图示数量以“根”计算。

工作内容：工作平台搭拆；桩机竖拆、移位；沉桩；接桩；送桩；桩尖制作安装；填充材料。如图 5-44（*a*）所示。

（3）钢管桩

钢管桩工程量，根据设计图示尺寸按质量以“t”计算，或根据设计图示数量以“根”计算。

工作内容：工作平台搭拆；桩机竖拆、移位；沉桩；接桩；送桩；切割钢管、精割盖帽；管内取土；填充材料、刷防护材料。

（4）截（凿）桩头

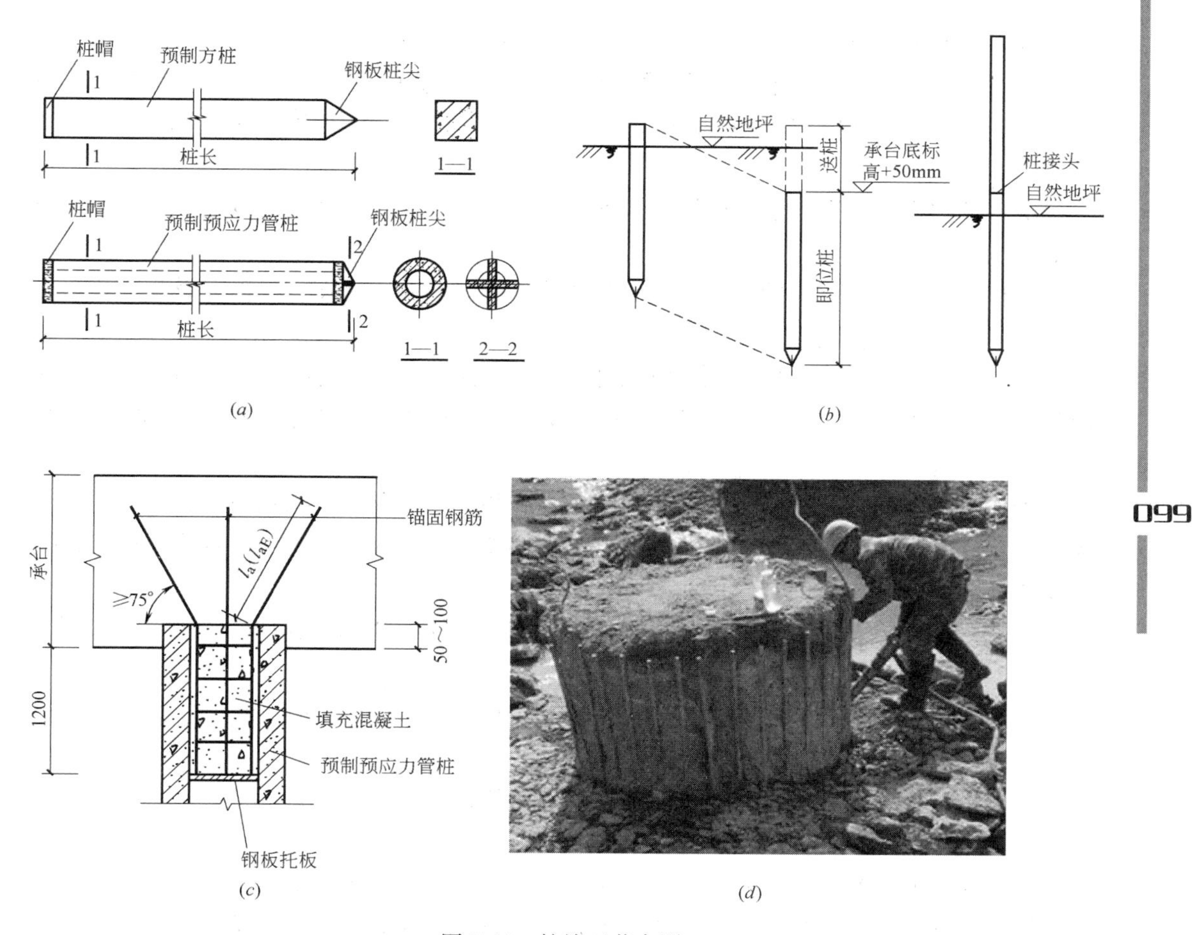

图 5-44　桩施工节点图

(*a*) 预制方桩、管桩；(*b*) 送桩、接桩；(*c*) 管桩与承台连接示意图；(*d*) 现浇灌注桩凿桩头实景图

截（凿）桩头工程量，根据设计桩截面乘以桩头长度按体积以“m^3”计算，或根据截（凿）桩头的设计图示数量以“根”计算。截桩头是指将预制桩多余的桩头截掉，凿桩头是指将现浇桩多余的桩头凿掉（图 5-44*d*）。

工作内容：截（切割）桩头；凿平；废料外运。

2. 灌注桩（现浇桩）

(1) 泥浆护壁成孔灌注桩

泥浆护壁成孔灌注桩工程量，根据设计图示尺寸按桩长以“m”计算，或根据设计图示截面乘以桩长以“m^3”计算，或按设计图示数量以“根”计算。

泥浆护壁成孔灌注桩，是指在泥浆护壁的条件下成孔，采用水下灌注混凝土的桩。其成孔方法包括冲击成孔、冲抓锥成孔、回旋钻成孔、潜水钻成孔、泥浆护壁的旋挖成孔等。

工作内容：护筒埋设；成孔、固壁；混凝土制作、运输、灌注；养护；土方、废泥浆外运；打桩场地硬化及泥浆池、泥浆沟。

（2）沉管灌注桩

沉管灌注桩工程量，根据设计图示尺寸按桩长（包括桩尖）以“m”计算，或根据设计图示截面乘以桩长（包括桩尖）以“m^3”计算，或按设计图示数量以“根”计算。

沉管灌注桩的沉管方法包括锤击沉管法、振动沉管法、振动冲击沉管法、内夯沉管法等。

工作内容：打（沉）拔钢管；桩尖制作、安装；混凝土制作、运输、灌注、养护。

（3）干作业成孔灌注桩

干作业成孔灌注桩工程量，根据设计图示尺寸按桩长（包括桩尖）以“m”计算，或根据设计图示截面乘以桩长（包括桩尖）以“m^3”计算，或按设计图示数量以“根”计算。

干作业成孔灌注桩是指不用泥浆护壁和套管护壁的情况下，用钻机成孔后，下钢筋笼，灌注混凝土桩，适用于地下水位以上的土层使用。其成孔方法包括螺旋钻成孔、螺旋钻成孔扩底、干作业的旋挖成孔等。

工作内容：成孔、扩孔；混凝土制作、运输、灌注、振捣、养护。

（4）人工挖孔桩土（石）方

人工挖孔桩土（石）方工程量，按设计图示尺寸土（石）方体积（包括护壁）以“m^3”计算。

工作内容：排地表水；挖土、凿石；基底钎探；土（石）方运输。

（5）人工挖孔灌注桩

人工挖孔灌注桩工程量，按设计图示尺寸桩芯体积以“m^3”计算。

工作内容：护壁制作；桩芯混凝土制作、运输、灌注、振捣、养护。

【例 5-22】 计算图 5-45 所示人工挖孔桩土方及人工挖孔灌注桩的工程量。

（1）人工挖孔灌注桩工程量

桩芯混凝土的体积由圆柱、圆台、球缺三部分组成。

1）圆柱体积：$V_{圆柱}=\pi\times0.80^2\times9.70=19.50m^3$

2）圆台体积：

圆台体积计算公式：（图 5-45*c*）

$$V_{圆台}=\frac{1}{3}\pi(R^2+Rr+r^2)$$

式中 $V_{圆台}$——圆台体积；

R、r——圆台上、下圆半径。

$$V_{圆台}=\frac{1}{3}\times\pi\times2.00\times(1.30^2+1.30\times0.80+0.80^2)=7.06m^3$$

3）球缺体积

球缺体积计算公式：（图 5-45*c*）

$$V_{球缺}=\frac{1}{24}\pi h(3d^2+4h^2)$$

式中 $V_{球缺}$——球缺的体积；

h——球缺的高度；

d——平切圆的直径。

$$V_{球缺}=\frac{1}{24}\times\pi\times0.50\times(3\times2.60^2+4\times0.50^2)=1.39\text{m}^3$$

人工挖孔灌注桩工程量合计=19.50+7.06+1.39=27.95m³

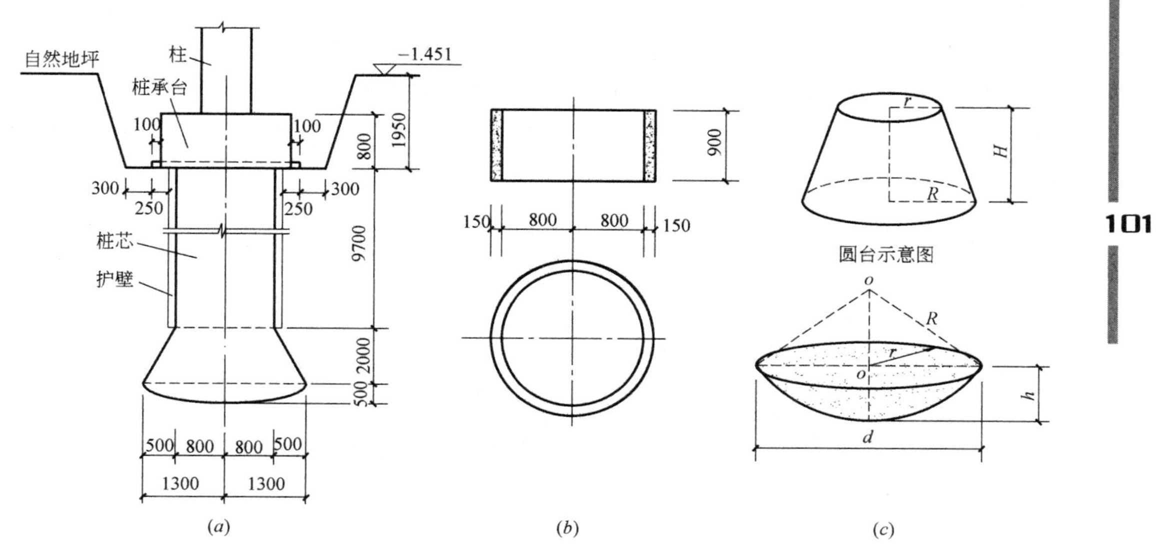

图 5-45 人工挖孔桩图

(a) 人工挖孔桩；(b) 护壁；(c) 球缺示意图

(2) 人工挖孔桩土方工程量

1) 圆柱体积：$V_{圆柱}=\pi\times0.95^2\times9.70=27.50\text{m}^3$

2) 圆台体积：同前 7.06m³

3) 球缺体积：同前 1.39m³

人工挖孔桩土方工程量合计=27.50+7.06+1.39=35.95m³

3. 钻孔压浆桩

钻孔压浆桩工程量，根据设计图示尺寸按桩长以“m”计算，或按设计图示数量以“根”计算。

工作内容：钻孔、下注浆管、投放骨料、浆液制作、运输、压浆。

4. 灌注桩后压浆

灌注桩后压浆工程量，按设计图示以注浆孔数计算。

工作内容：注浆导管制作、安装；浆液制作、运输、压浆。

5.3.4 砌筑工程

砌筑工程包括：砖砌体、砌块砌体、石砌体、垫层。

1. 砖砌体

(1) 砖基础

砖基础有带形砖基础和独立砖基础两类。

1) 带形砖基础

带形砖基础即砖墙下的砖基础，又称条形砖基础。

带形砖基础工程量按设计图示尺寸以体积计算。包括附墙垛基础宽出部分体积，扣除地梁（圈梁）、构造柱所占体积，不扣除基础大放脚T形接头处的重叠部分（见图5-46*a*）。及嵌入基础内的钢筋、铁件、管道、基础砂浆防潮层和单个面积0.3m^2以内的孔洞所占体积，靠墙暖气沟的挑檐（见图5-46*b*）不增加。

砖基础的工作内容包括：砂浆制作、运输，铺设垫层，砌砖，防潮层铺设，材料运输。

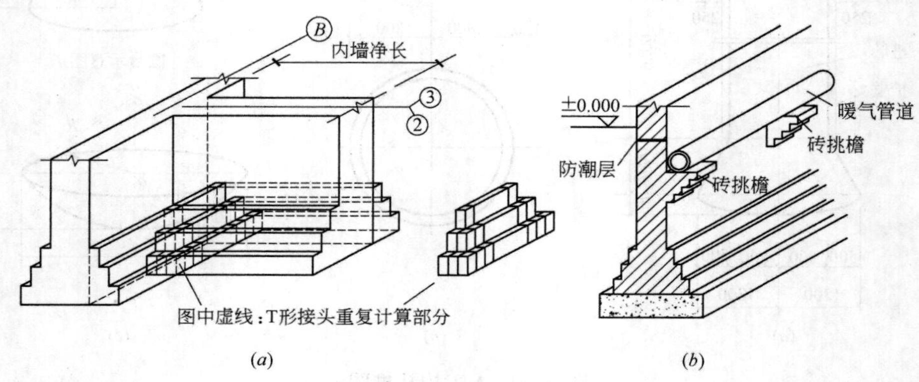

图 5-46 砖基础示意图

(*a*) T形接头重复计算部分示意图；(*b*) 砖基础挑檐示意图

带形砖基础分等高式（见图5-47*a*）和不等高式（亦称间隔式，见图5-47*b*）两种。

带形砖基础的工程量计算公式：

$$V_{带形砖基}=\sum[(bH+\Delta S_{放})L]-V_{构造柱}$$

式中 $V_{带形砖基}$——带形砖基础体积；

b——基础墙厚度；

H——基础高度（若有地圈梁，H系指扣除地圈梁后的高度）；

$\Delta S_{放}$——基础大放脚增加面积；

L——砖基础长度；

$V_{构造柱}$——构造柱的体积。

A. 基础高度（H）

砖基础与砖墙（柱）身划分以设计室内地坪为界（有地下室的以地下室室内设计地坪为界），以下为基础，以上为墙（柱）身。

基础与墙身使用不同材料，位于设计室内地坪±300mm以内时以不同材料为界，超过±300mm，应以设计室内地坪为界，界线以下为砖基础，界线以上为砖墙。

砖围墙应以设计室外地坪为界，以下为砖基础，以上为墙身。

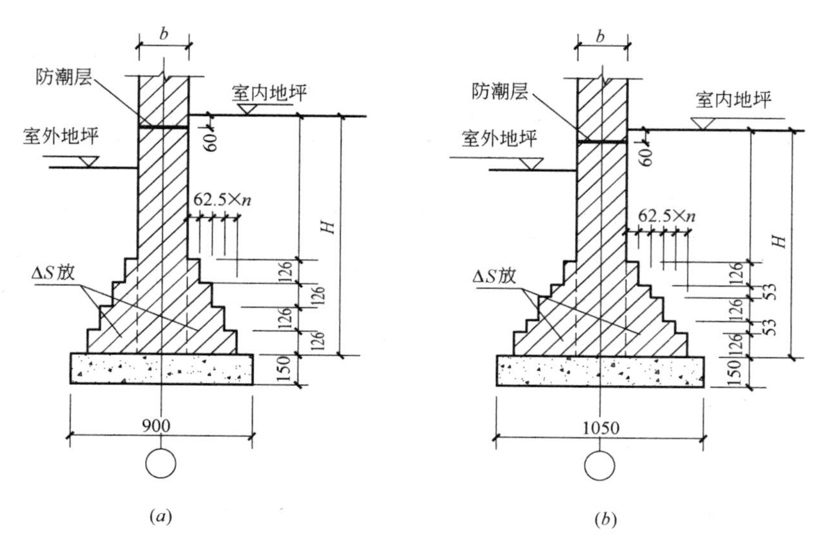

图 5-47　砖基础计算示意图

（a）等高式砖基础；（b）不等高式砖基础

B. 基础墙厚度（b）

基础墙厚度同砖墙厚度。

C. 基础大放脚增加面积（$\Delta S_{放}$）

基础大放脚增加面积（$\Delta S_{放}$）可查表 5-5。

D. 基础长度（L）

基础长度（L）：外墙按中心线，内墙按净长线计算。

【例 5-23】 计算如图 5-31 所示带型砖基础工程量。

从图中得知：基础墙厚 b=0.24m，基础高 H=1.70m，等高式大放脚，1—1 剖面层数 n=2，2—2 剖面层数 n=3，查表 5-5 基础大放脚面积 1—1 剖 $\Delta S_{放}=0.0473\text{m}^2$，2—2 剖 $\Delta S_{放}=0.0945\text{m}^2$。

1—1 剖面：$L_{1-1}=15.6\times2=31.20$ m

2—2 剖面：$L_{2-2}=5.4\times2+(5.4-0.24)\times3=26.28$m

构造柱 GZ1 体积：$V_{构造柱}=0.24\times0.24\times1.7\times4+0.24\times0.03\times1.7\times8=0.49\text{m}^3$

根据带型砖基础计算公式 $V_{带形砖基}=\sum[(bH+\Delta S_{放})\text{L}]-V_{构造柱}$ 有：

$V=(0.24\times1.70+0.0473)\times31.20+(0.24\times1.70+0.0945)\times26.28-0.49$

$=26.92\text{m}^3$

带形砖基础大放脚增加面积表　　**表 5-5**

大放脚层数 n	$\Delta S_{放}$		大放脚层数 n	$\Delta S_{放}$	
	等高式	不等高式		等高式	不等高式
一	0.0158	0.0158	五	0.2363	0.1890
二	0.0473	0.0394	六	0.3308	0.2599
三	0.0945	0.0788	七	0.4410	0.3465
四	0.1575	0.1260	八	0.5670	0.4410

续表

大放脚层数 n	$\Delta S_{放}$		大放脚层数 n	$\Delta S_{放}$	
	等高式	不等高式		等高式	不等高式
九	0.7088	0.5513	十一	1.0395	0.8033
十	0.8663	0.6694	十二	1.2285	0.9450

注：放脚层数（n）为带形砖基础大放脚的自然层数。

等高式，每层放脚的宽度为62.5mm，每层放脚的高度为126mm。见图5-47（a）。$\Delta S_{放}=0.007875n(n+1)$ 不等高式（也称间隔式），每层放脚的宽度为62.5mm，放脚的高度为126、63mm间隔，最下一层126mm。见图5-47（b）。$\Delta S_{放}=0.00196875\left(3n^2+4n+\left|\sin\frac{n\pi}{2}\right|\right)$

2）独立砖基础

独立砖基础即砖柱基础（图5-48）。

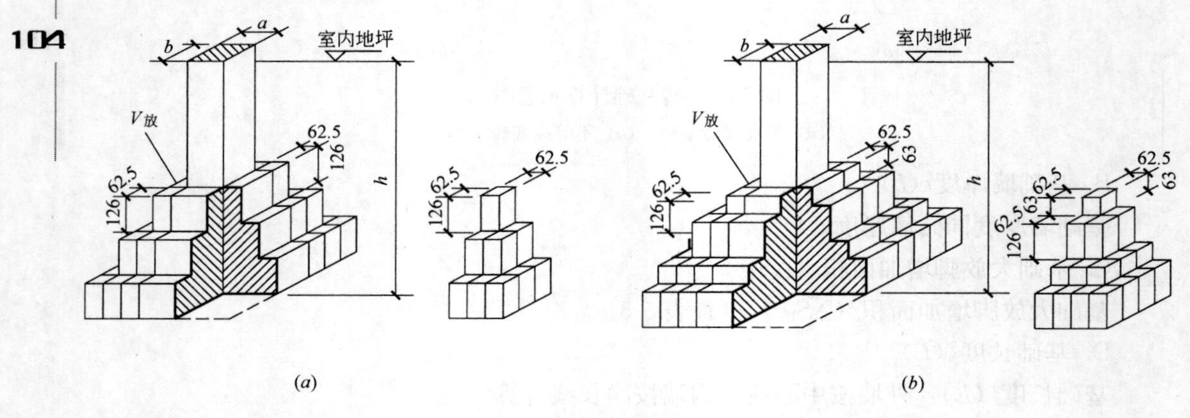

图5-48 砖柱基础计算示意图

（a）等高式砖柱基础；（b）不等高式砖柱基础

独立砖基础工程量计算公式：

$$V_{独立砖基}=(abH+\Delta V_{放})m$$

式中 $V_{独立砖基}$——独立砖基础体积；

a、b——分别为基础柱断面的长和宽；

H——基础高度；

$\Delta V_{放}$——大放脚增加体积（可从表5-6、表5-7查得）；

m——基础个数。

独立砖基础分等高式和不等高式，基础大放脚每层的高度和宽度同带形砖基础。

【例5-24】 计算如图5-31所示独立砖基础工程量。

从图5-31得知：独立柱断面边长 $a=0.24$m，$b=0.24$m，基础高 $H=1.70$m，等高式大放脚层数 $n=3$，查表5-6基础大放脚体积 $\Delta V_{放}=0.073\text{m}^3$，$m=5$。

根据带型砖基础计算公式 $V_{独立砖基}=(abH+\Delta V_{放})\ m$ 有：

$$V_{独立砖基}=(0.24\times0.24\times1.70+0.073)\times5$$
$$=0.85\text{m}^3$$

独立砖基础大放脚（等高式）增加体积（$\Delta V_{放}$）表 表5-6

$a+b$	0.48	0.605	0.73	0.855	0.98	1.105	1.23
n \ $a\times b$	0.24×0.24	0.24×0.365	0.365×0.365 0.24×0.49	0.365×0.49 0.24×0.615	0.49×0.49 0.365×0.65	0.49×0.615 0.365×0.74	0.615×0.615 0.49×0.74
一	0.010	0.011	0.013	0.015	0.017	0.019	0.021
二	0.033	0.038	0.045	0.050	0.056	0.062	0.068
三	0.073	0.085	0.097	0.108	0.120	0.132	0.144
四	0.135	0.154	0.174	0.194	0.213	0.233	0.253
五	0.221	0.251	0.281	0.310	0.340	0.369	0.400
六	0.337	0.379	0.421	0.462	0.503	0.545	0.586
七	0.487	0.543	0.597	0.653	0.708	0.763	0.818
八	0.674	0.745	0.816	0.887	0.957	1.028	1.095
九	0.910	0.990	1.078	1.167	1.256	1.344	1.433
十	1.173	1.282	1.390	1.498	1.607	1.715	1.823

注：放脚层数（n）为独立砖基础大放脚的自然层数。等高式，每层放脚的宽度为62.5mm，每层放脚的高度为126mm。见图5-47。$\Delta V_{放}=n(n+1)[0.007875(a+b)+0.000328125(2n+1)]$

独立砖基础大放脚（不等高式）增加体积（$\Delta V_{放}$）表 表5-7

$a+b$	0.48	0.605	0.73	0.855	0.98	1.105	1.23
n \ $a\times b$	0.24×0.24	0.24×0.365	0.365×0.365 0.24×0.49	0.365×0.49 0.24×0.615	0.49×0.49 0.365×0.65	0.49×0.615 0.365×0.74	0.615×0.615 0.49×0.74
一	0.010	0.011	0.013	0.015	0.017	0.019	0.021
二	0.028	0.033	0.038	0.043	0.017	0.052	0.057
三	0.061	0.071	0.081	0.091	0.101	0.106	0.112
四	0.11	0.125	0.141	0.157	0.173	0.188	0.204
五	0.179	0.203	0.227	0.25	0.274	0.297	0.321
六	0.269	0.302	0.334	0.367	0.399	0.432	0.464
七	0.387	0.43	0.473	0.517	0.56	0.599	0.647
八	0.531	0.586	0.641	0.696	0.751	0.806	0.861
九	0.708	0.776	0.845	0.914	0.983	1.052	1.121
十	0.917	1.001	1.084	1.168	1.252	1.335	1.419

注：放脚层数（n）为带形砖基础大放脚的自然层数。
不等高式（也称间隔式），每层放脚的宽度为62.5mm，放脚的高度为126、63mm间隔，最下一层126mm。
$\Delta V_{放}=0.00196875(3n^2+4n+|\sin\frac{n\pi}{2}|)(a+b)+0.0004921875n(n+1)^2$

（2）砖砌挖孔桩护壁

砖砌挖孔桩护壁工程量，按设计图示尺寸体积以“m³”计算。

工作内容：砂浆制作、运输；砌砖；材料运输。

（3）实心砖墙、多孔砖墙、空心砖墙

工程量根据设计图示尺寸按体积以“m^3”计算。

扣除门窗洞口、过人洞、空圈、嵌入墙内的钢筋混凝土柱、梁、圈梁、挑梁、过梁及凹进墙内的壁龛、管槽、暖气槽、消火栓箱所占体积，不扣除梁头、板头、檩头、垫木、木楞头、沿缘木、木砖、门窗走头、砖墙内加固钢筋、木筋、铁件、钢管及单个面积 0.3m^2 以内的孔洞所占的体积。凸出墙面的腰线、挑檐、压顶线、窗台线、虎头砖、门窗套的体积亦不增加。凸出墙面的砖垛并入墙体体积内计算。如图 5-49 所示。

工作内容：砂浆制作、运输；砌砖；刮缝；砖压顶砌筑；材料运输。

实心砖墙工程量计算的一般公式：

$$V_{墙}=(L_{墙}\times H_{墙}-S_{洞口})\times b_{墙厚}-V_{梁、柱}+V_{垛}$$

式中 $V_{墙}$——砖墙体积；

$L_{墙}$——墙长（外墙按中心线计算，内墙按净长计算）；

$H_{墙}$——墙高；

$S_{洞口}$——门、窗、洞口面积；

$b_{墙厚}$——墙厚；

$V_{梁、柱}$——圈、梁、挑梁及构造柱的体积；

$V_{垛}$——墙垛体积。

1）墙长（$L_{墙}$）

外墙按中心线计算，内墙按净长计算。

在计算墙长时，两墙 L 形相交时，两墙均算至中心线（见图 5-50①节点）；两墙 T 形相交时，外墙拉通计算，内墙按净长计算（见图 5-50②节点）；两墙十字相交时，内墙均按净长计算（见图 5-50③节点）。

【例 5-25】 计算图 5-50 所示的墙长。

$L=(15.6+7.5)\times2+(5.4-0.24)\times2+(7.5-0.24)+(3.9-0.24)\times2$

$=71.10m$

2）墙高（$H_{墙}$）

A. 外墙墙高

斜（坡）屋面无檐口顶棚者算至屋面板底（见图 5-51*a*）；

有屋架且室内外均有顶棚者算至屋架下弦底另加 200mm，无顶棚者算至屋架下弦底另加 300mm，出檐宽度超过 600mm 时按实砌高度计算（见图 5-51*b*）；

平屋面算至钢筋混凝土板底（见图 5-51*c*）。

B. 内墙墙高

位于屋架下弦者，算至屋架下弦底；

无屋架者算至顶棚底另加 100mm（见图 5-52*a*）；

有钢筋混凝土楼板隔层者算至楼板顶（见图 5-52*b*）；

有框架梁时算至梁底。

C. 女儿墙：从屋面板上表面算至女儿墙顶面（如有混凝土压顶时算至压顶下表面）。见图 5-51（*c*）、图 5-52（*b*）。

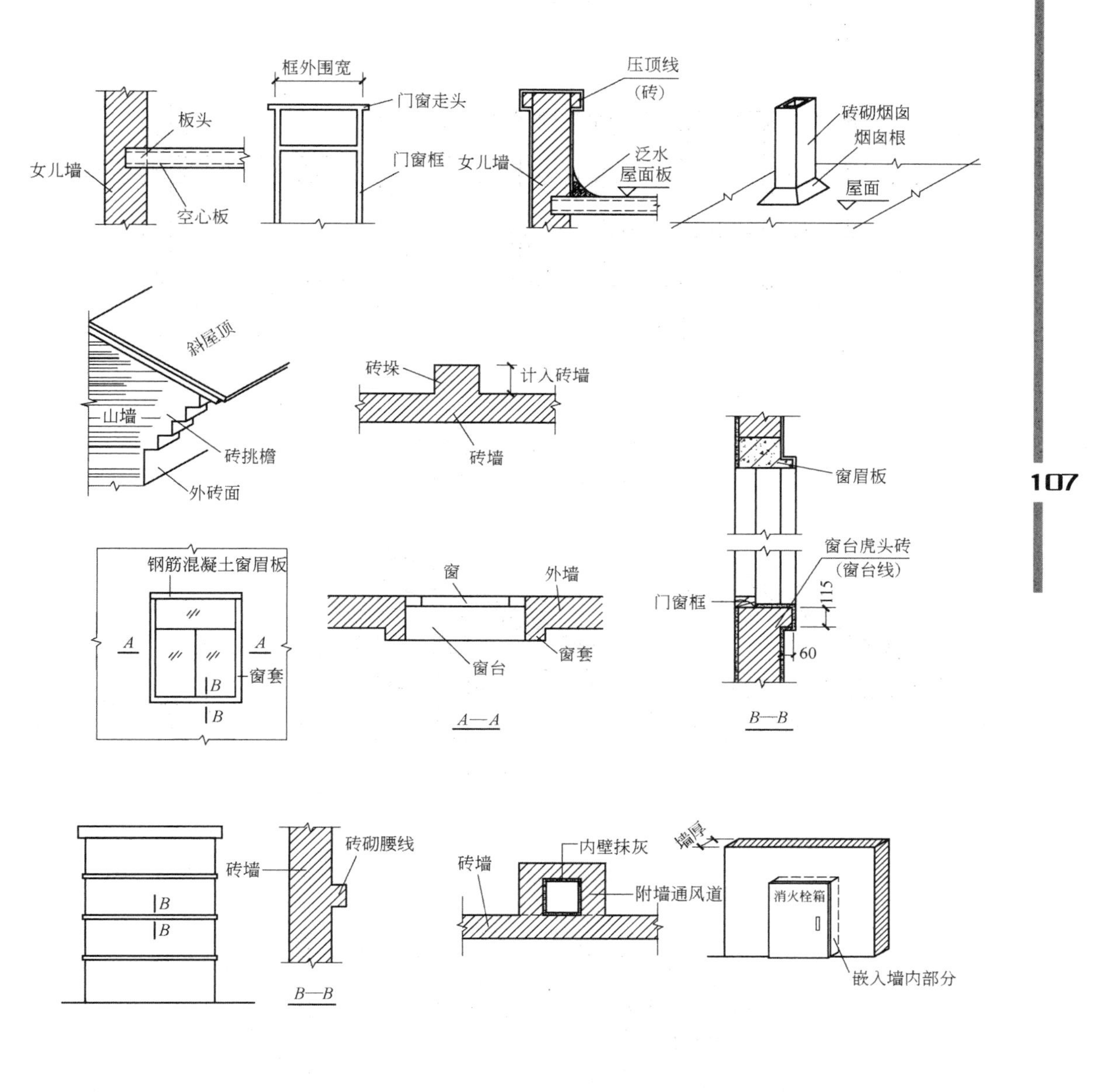

标准砖

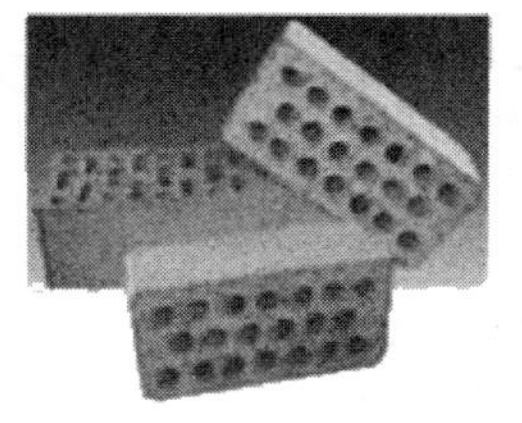

烧结多孔砖

烧结空心砖

混凝土空心砌块

图 5-49 计算规则词语释义图示

D. 内、外山墙（硬山搁檩）：按其平均高度计算（见图 5-53）。

3）门窗洞口面积（$S_{洞口}$）

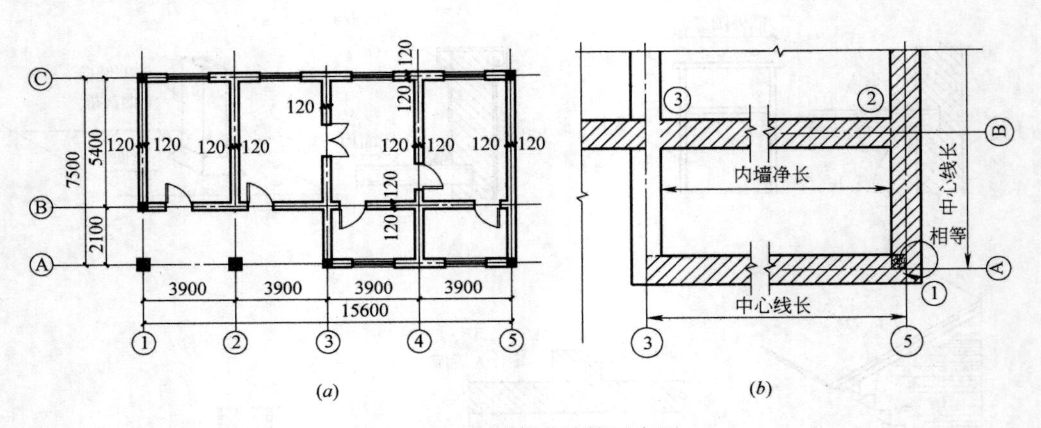

图 5-50 砖墙长度计算示意图

（a）楼层平面图；（b）墙长计算示意图

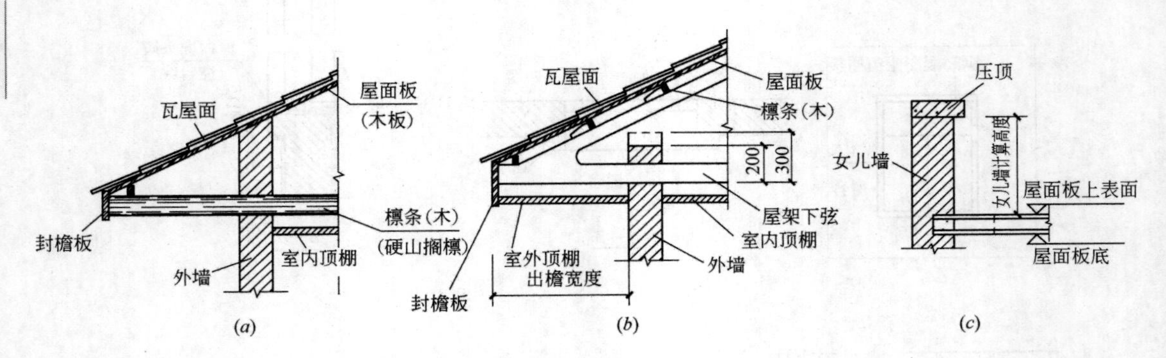

图 5-51 墙高计算示意图

（a）无屋架；（b）有屋架；（c）平屋顶

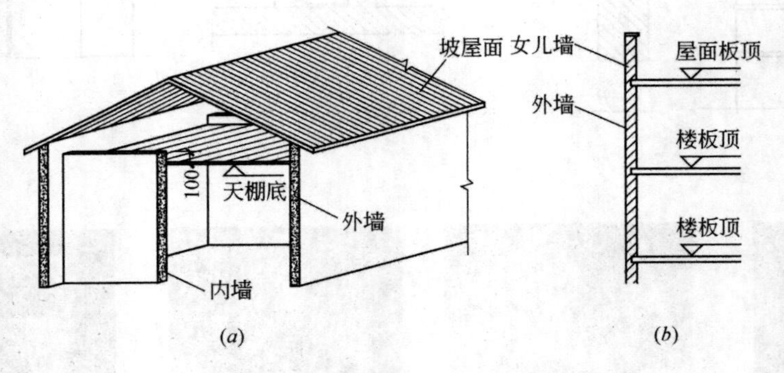

图 5-52 内墙高度计算示意图

（a）无屋架；（b）有楼隔层

门窗洞口面积系指门、窗及 0.3m^2 以内的洞口面积。门窗面积指门窗的洞口面积，而不是指门窗的框外围面积。

4）墙厚（$B_{墙厚}$）

标准砖墙计算厚度按表 5-8“标准墙厚度计算表”计算。

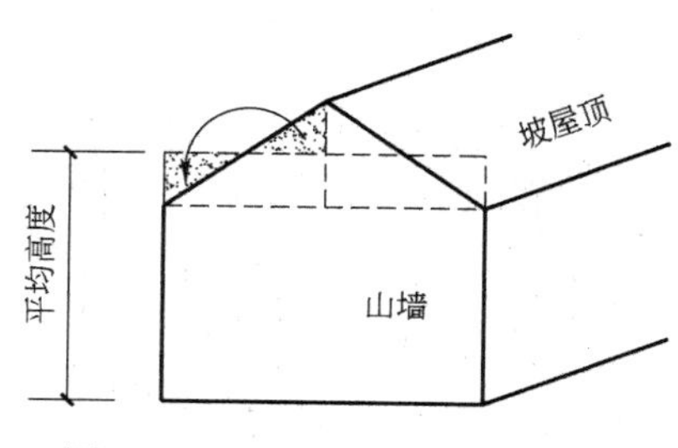

图 5-53　坡屋顶山墙计算示意图

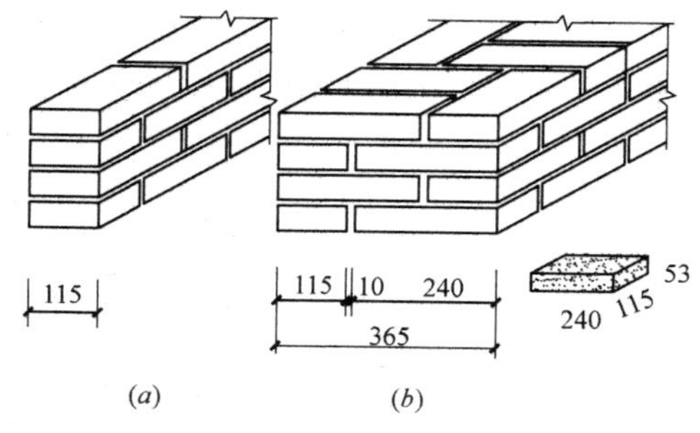

图 5-54　砖墙厚度示意图

(a) $\frac{1}{2}$砖墙；(b) $1\frac{1}{2}$砖墙

标准墙厚度计算表　　**表 5-8**

墙厚	1/4	1/2	3/4	1	$1\frac{1}{2}$	2	$2\frac{1}{2}$	3
计算厚度(mm)	53	115	180	240	365	490	615	740

注：标准砖规格 240mm×115mm×53mm，灰缝宽度 10mm。

$\frac{1}{2}$砖墙、$1\frac{1}{2}$砖墙，施工图纸上一般都标注为 120mm 和 370mm，但在计算砖墙工程量时，墙体的厚度不能按 120mm 和 370mm 计算，而应按 115mm、365mm 计算，如图 5-54 所示。

5）框架间墙

框架间墙，不分内外墙按框架结构柱梁间的净面积减去门窗洞口面积，乘以墙厚计算。

框架间墙工程量计算公式：

$$V_{墙}=(框架间净面积-S_{洞口})\times b_{墙厚}-V_{梁、柱}$$

式中　框架间净面积——框架间净长×框架间净宽；

$V_{墙}$——墙高；

$S_{洞口}$——门、窗、洞口面积；

$b_{墙厚}$——墙厚；

$V_{梁、柱}$——圈、过、挑梁及构造柱的体积。

【例 5-26】 计算如图 5-55 所示框架间墙体工程量。

设框架间墙体为 M5 混合砂浆砌筑烧结多孔砖 240mm 厚，窗洞尺寸为 1.6m×1.8m，过梁断面尺寸为 200mm×180mm×2100mm。

$V_{墙体}=[(6.0-0.5)\times(3.9-0.65)-1.6\times1.8\times2]\times0.24-0.2\times0.18\times2.1\times2=2.76m^3$

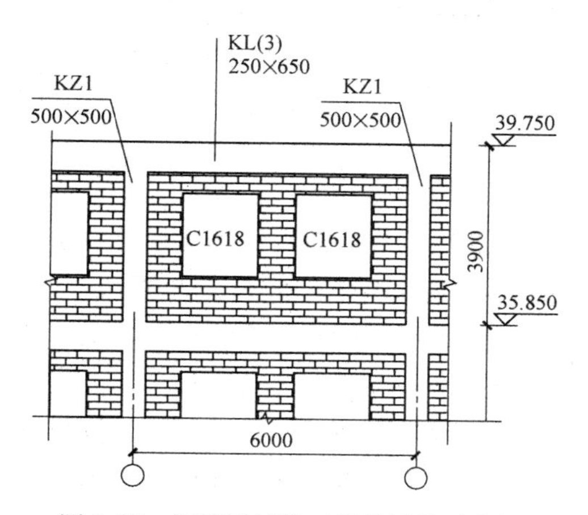

图 5-55　框架间墙体工程量计算示意图

6）砖围墙

围墙高度算至压顶上表面（如有混凝土

压顶时算至压顶下表面），围墙柱并入围墙体积内。如图 5-56 所示。砖围墙以设计室外地坪为界，以下为砖基础，以上为砖墙。

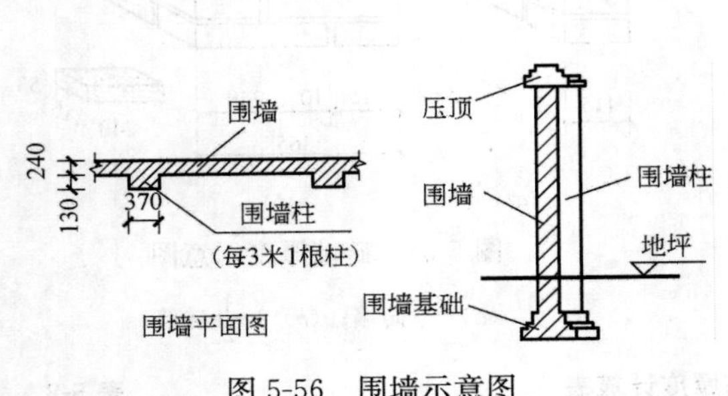

图 5-56　围墙示意图

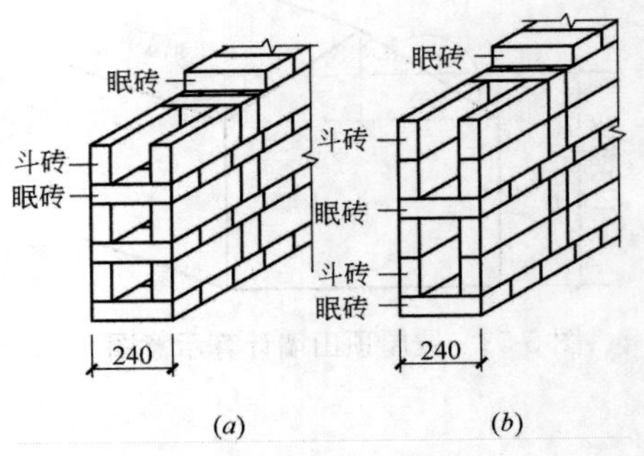

图 5-57　空斗墙示意图

(a) 一斗一眼；(b) 二斗一眼

(4) 空斗墙

空斗墙工程量按设计图示尺寸以空斗墙外形体积（不扣空斗体积）计算。墙角、内外墙交接处、门窗洞口立边、窗台砖、屋檐处的实砌部分体积并入空斗墙体积内。如图 5-57 所示。

工作内容：砂浆制作、运输；砌砖；刮缝；材料运输。

(5) 空花墙

空花墙工程量按设计图示尺寸以空花部分外形体积计算，不扣除空洞部分体积。空花墙的实砌部分按实心砖墙计算。如图 5-58 所示。

工作内容：砂浆制作、运输；砌砖；刮缝；材料运输。

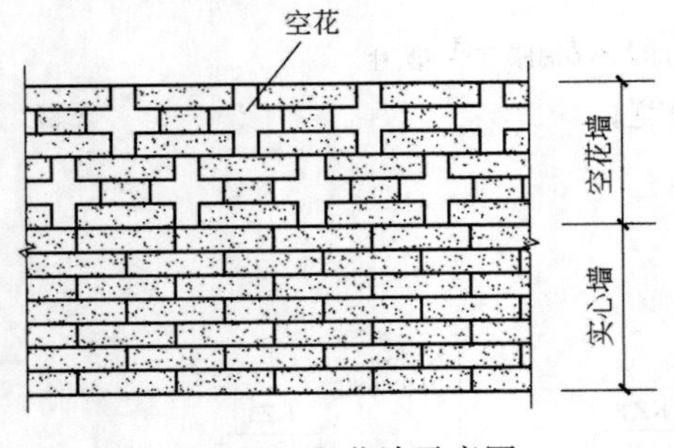

图 5-58　空花墙示意图

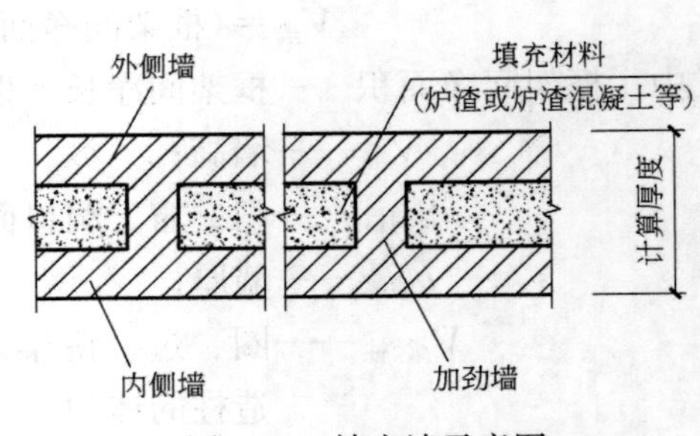

图 5-59　填充墙示意图

(6) 填充墙

填充墙工程量按设计图示尺寸以填充墙外形体积（不扣空斗部分所占体积）计算，填充材料不另计算。如图 5-59 所示。

工作内容：砂浆制作、运输；砌砖；装填充材料；刮缝；材料运输。

(7) 实心砖柱、多孔砖柱

实心砖柱、多孔砖柱工程量，按设计图示尺寸以体积计算。扣除混凝土及钢筋混凝土梁垫、梁头、板头所占体积。如图 5-60 所示。

工作内容：砂浆制作、运输；砌砖；刮缝；材料运输。

(8) 零星砌砖

零星砌砖工程量按设计图示尺寸计算。零星砌砖的范围包括：台阶、台阶挡墙、梯带、锅台、炉灶、厕所蹲台、池槽、池槽腿、砖胎膜、花台、花池、楼梯拦板、阳台栏板、地垄墙、小便槽、屋面隔热板下砖墩、0.3m² 以内的孔洞填塞等。分别以“m³”、“m²”、“m”、“个”计算。

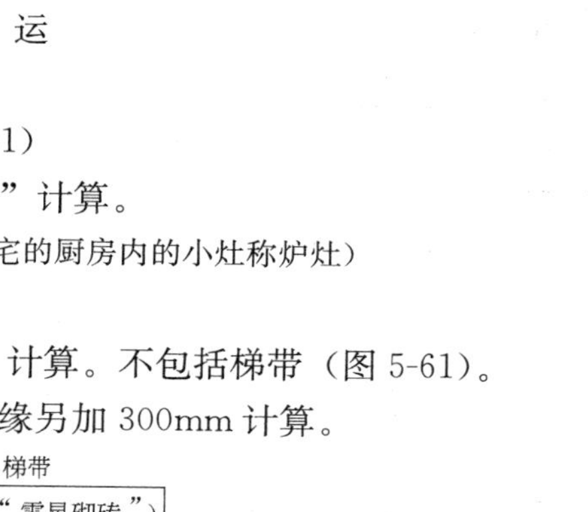

图 5-60　砖柱上梁垫、梁头示意图

工作内容：工作内容：砂浆制作、运输；砌砖；材料运输。

1) 砖砌锅台、炉灶（010302006001）

砖砌锅台、炉灶按外形尺寸以“个”计算。

（注：集体食堂的大灶称锅台，宿舍、住宅的厨房内的小灶称炉灶）

2) 砖砌台阶

砖砌台阶按水平投影面积以“m²”计算。不包括梯带（图 5-61）。

注意：台阶最上一踏步应按其外边缘另加 300mm 计算。

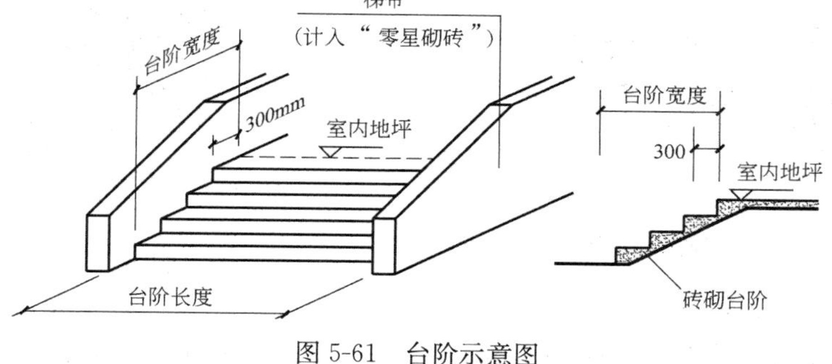

图 5-61　台阶示意图

3) 小便槽

小便槽、地垄墙工程量按长度以“m”计算。如图 5-62、图 5-63 所示。

4) 零星砌砖

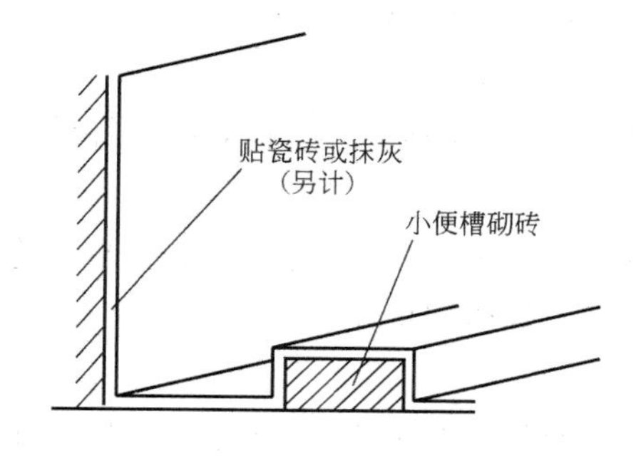

图 5-62　小便槽示意图

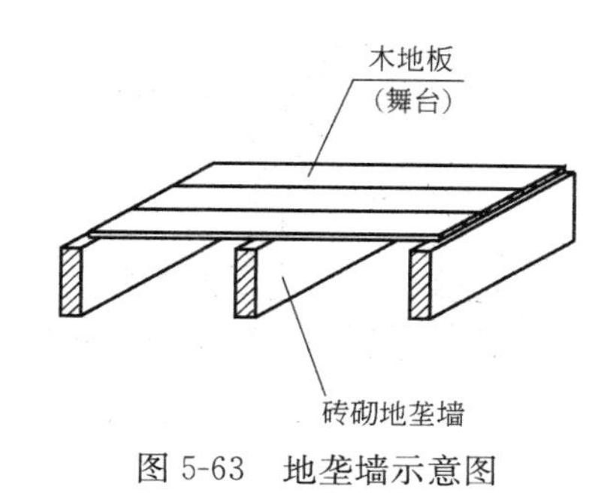

图 5-63　地垄墙示意图

零星砌砖是指除锅台、炉灶、台阶、小便槽、地垄墙以外的所有零星砖砌体，其工程量按体积以“m^3”计算。具体内容包括：台阶挡墙、梯带（图 5-61）、厕所蹲台、池槽、池槽腿、砖胎膜、花台、花池（图 5-64）、楼梯栏杆、阳台栏杆（图 5-65）、屋面隔热板下的砖墩（图 5-66）、0.3m^2 孔洞填塞等。

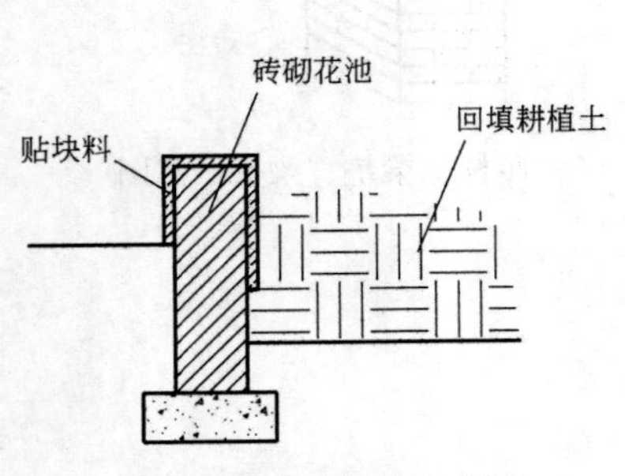

图 5-64　砖砌花池示意图

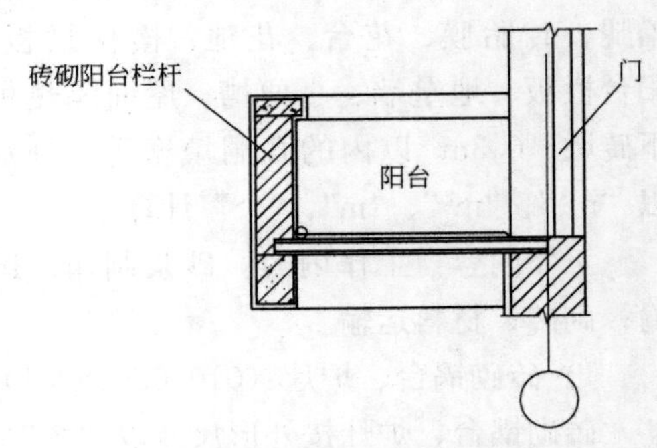

图 5-65　砖砌阳台栏杆示意图

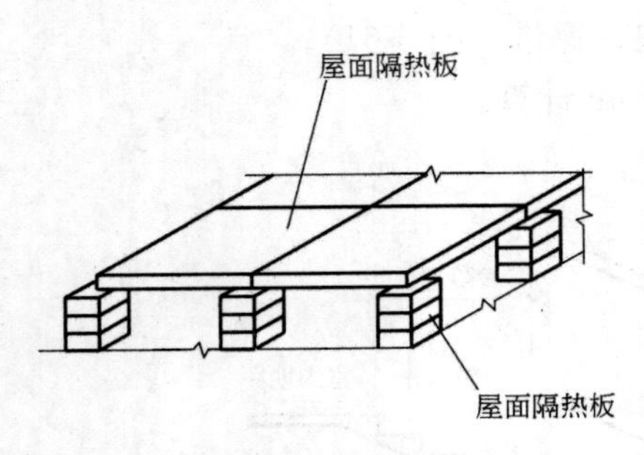

图 5-66　屋面隔热板砖示意图

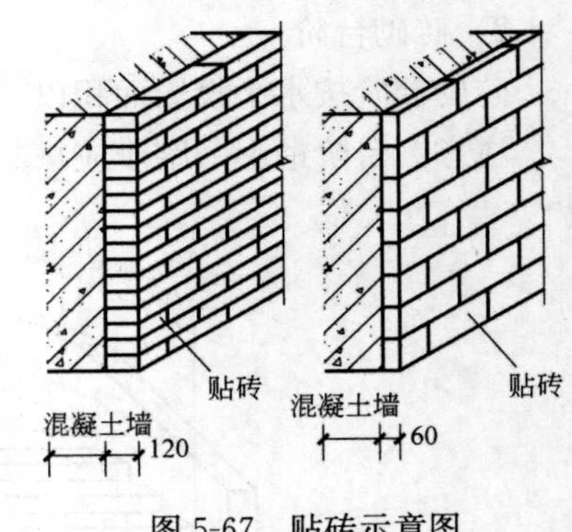

图 5-67　贴砖示意图

5）框架外表面贴砖

框架外表面贴砖工程量按贴砖体积以“m^3”计算。如图 5-67 所示。

（9）砖检查井

砖检查井工程量，按设计图示数量以“座”计算。

工作内容：砂浆制作、运输；铺设垫层；底板混凝土制作、运输、浇筑、浇捣、养护；砌砖；刮缝；井池底、壁抹灰；抹防水；材料运输。如图 5-68 所示。

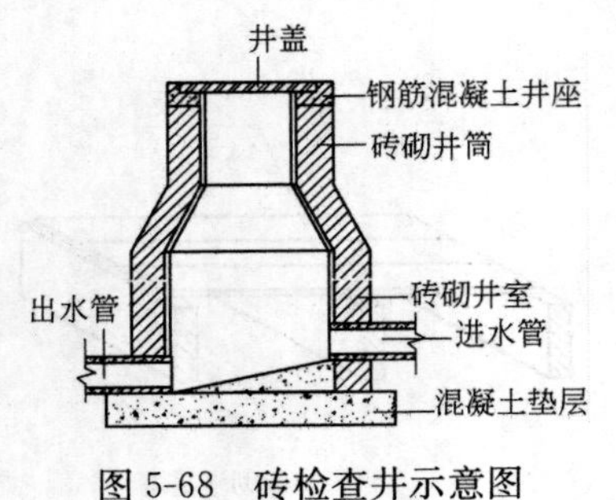

图 5-68　砖检查井示意图

（10）砖散水、地坪

砖散水、地坪工程量均按设计图示尺寸面积以“m^2”计算。

工作内容包括：土方挖、运、填；地基找平、夯实；砌砖散水、地坪；抹砂浆面层。

（11）砖地沟、明沟

砖地沟、明沟（暗沟）工程量按设计图示尺寸中心线长度以“m”计算。

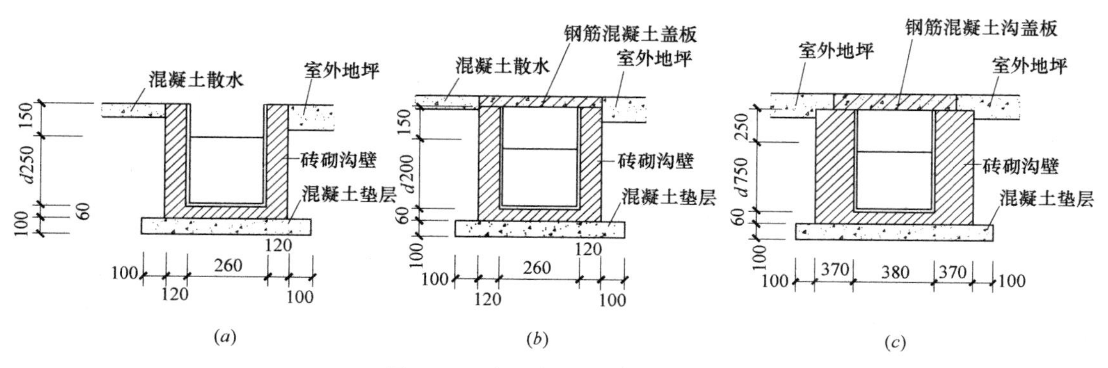

图 5-69 砖明沟、暗沟、地沟图

(a) 砖明沟；(b) 砖暗沟；(c) 砖地沟

砖地沟、明沟的区别是：砖明沟（暗沟）是指位于散水外的排屋面水落管排出的水的明沟（暗沟）；砖地沟是指场地的排水沟。如图 5-69 所示。

砖地沟、明沟的工作内容包括：土方挖、运、填；铺设垫层；底板混凝土制作、运输、浇筑、振捣、养护；砌砖；刮缝、抹灰；材料运输。

2. 砌块砌体

砌块砌体包括砌块墙、砌块柱。

(1) 砌块墙

砌块墙包括硅酸盐砌块墙、混凝土空心砌块墙、加气混凝土砌块墙等。

砌块墙工程量，根据设计图示尺寸按体积以“m^3”计算。计算规则及计算方法同实心砖墙。

工作内容：砂浆制作、运输；砌块、砌砖；勾缝；材料运输。

(2) 砌块柱

砌块柱的工程量，根据设计图示尺寸按体积以“m^3”计算。扣除混凝土及钢筋混凝土梁垫、梁头、板头所占体积。

工作内容：砂浆制作、运输；砌块、砌砖；勾缝；材料运输。

3. 石砌体

石砌体包括石基础、石勒脚、石墙、石挡土墙、石柱、石栏杆、石护坡、石台阶、石坡道、石地沟、石明沟等。

石基础、石勒脚、石墙身的划分：基础与勒脚以设计室外地坪为界，勒脚与墙身以设计室内地坪为界。如图 5-70 所示。

石围墙内外地坪标高不同时，以较低地坪标高为界，以下为基础；内外标高之差为挡土墙时，挡土墙以上为墙身。如图 5-71 所示。

(1) 石基础

石基础的工程量，按设计图示尺寸以体积“m^3”计算。包括附墙垛基础宽出部分体积，不扣除基础砂浆防潮层及单个面积 0.3m^2 以内的孔洞所占体积，靠墙暖气沟的挑檐不增加体积。

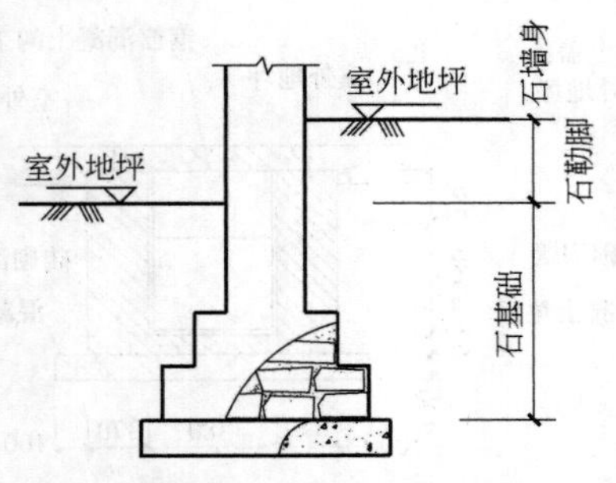

图 5-70　石基础、勒脚、墙身划分示意图

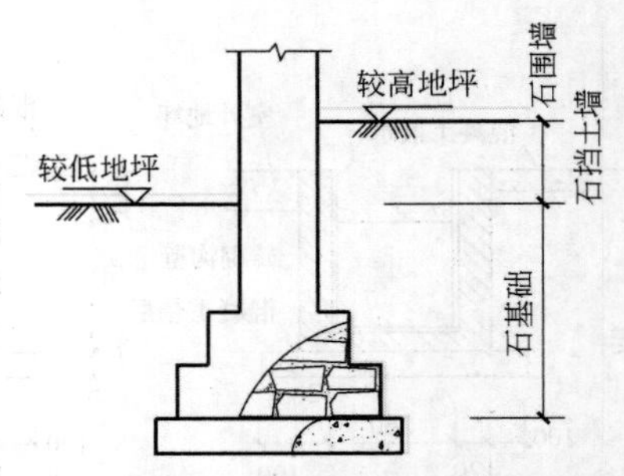

图 5-71　石基础、挡土墙、围墙划分示意图

石基础的工程量等于石基础断面积乘以基础长度。基础长度：外墙按中心线，内墙按净长计算。

石基础的工作内容包括：砂浆制作、运输；吊装；砌石；防潮层铺设；材料运输。

（2）石勒脚

石勒脚工程量，根据设计图示尺寸按体积以“m^3”计算，扣除单个面积在 0.3m^2 以外的孔洞所占的体积。

石勒脚的工程量等于石勒脚断面积乘以石勒脚长度。石勒脚长度：外墙按中心线，内墙按净长计算。

石勒脚的工作内容包括：砂浆制作、运输，吊装；砌石；石表面加工；勾缝；材料运输。

（3）石墙

石墙工程量计算的一般公式：

V=（墙长×墙高－门窗洞口面积）×墙厚－圈梁、过梁、挑梁、柱体积＋垛

石墙工程量按设计图示尺寸以体积“m^3”计算。扣除门窗洞口、过人洞、空圈、嵌入墙内的钢筋混凝土柱、梁、圈梁、挑梁 、过梁及凹进墙内的壁龛、管槽、暖气槽、消火栓箱所占体积，不扣除梁头、板头、檩头、垫木、木楞头、沿缘木、木砖、门窗走头、砖墙内加固钢筋、木筋、铁件、钢管及单个面积 0.3m^2 以内的孔洞所占的体积。凸出墙面的腰线、挑檐、压顶、窗台线、虎头砖、门窗套的体积亦不增加。凸出墙面的砖垛并入墙体体积内计算。

1）墙长度：外墙按中心线、内墙按净长计算；

2）墙高度：

A. 外墙：斜（坡）屋面无檐口顶棚者算至屋面板底；有屋架且室内外均有顶棚者算至屋架下弦底另加 200mm；无顶棚者算至屋架下弦底另加 300mm，出檐宽度超过 600mm 时按实砌高度计算；平屋面算至钢筋混凝土板底。

B. 内墙：位于屋架下弦者，算至屋架下弦底；无屋架者算至天棚底另加 100mm；有钢筋混凝土楼板隔层者算至楼板顶；有框架梁时算至梁底。

C. 女儿墙：从屋面板上表面算至女儿墙顶面（如有混凝土压顶时算至压顶下表面）。

D. 内、外山墙：按其平均高度计算。

3）石围墙：高度算至压顶上表面（如有混凝土压顶时算至压顶下表面），围墙柱

并入围墙体积内。

石墙包括的工作内容：砂浆制作、运输；吊装；砌石；石表面加工；勾缝；材料运输。

（4）石挡土墙

石挡土墙工程量根据设计图示尺寸按体积以“m^3”计算。

石挡土墙工作内容包括：砂浆制作、运输，砌石，压顶抹灰，勾缝，材料运输。

【例 5-27】 计算如图 5-72 所示毛石挡土墙的工程量。

毛石挡土墙工程量＝(3.88×5.0－3.88×0.78÷2－0.34×3.67－0.96×5.0÷2)×156.86

＝2233.53m^3

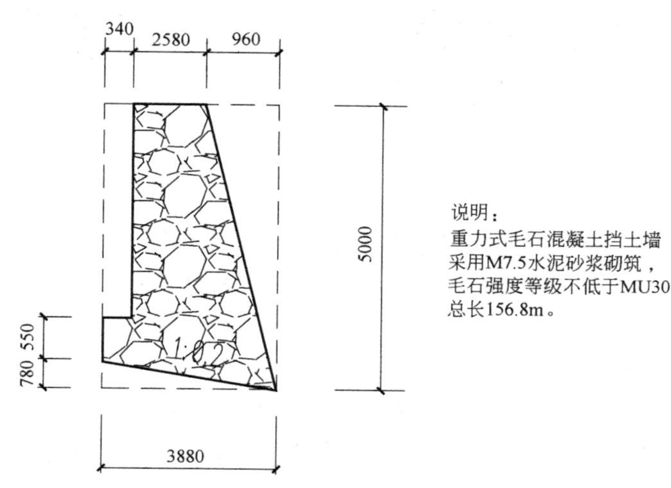

图 5-72 毛石挡土墙断面图

（5）石柱

石柱工程量按设计图示尺寸以体积计算。

石柱工作内容包括：砂浆制作、运输，砌石，石表面加工，勾缝，材料运输。

（6）石栏杆

石栏杆按设计图示长度以“m”计算。

石栏杆工作内容包括：砂浆制作、运输，砌石，石表面加工，勾缝，材料运输。

（7）石护坡

石护坡（亦称石堡坎）工程量根据设计图示尺寸按体积以“m^3”计算。

石护坡工程量按石护坡断面积乘以石护坡长度以“m^3”计算。如图 5-73 所示。

石护坡工作内容包括：砂浆制作、运输，砌石，石表面加工，勾缝，材料运输。

护坡与挡土墙的区别：护坡是保护山体、道路等紧挨土体的保护设施；挡土墙是独立于山体既有基础又有墙体的拦挡土体的设施。

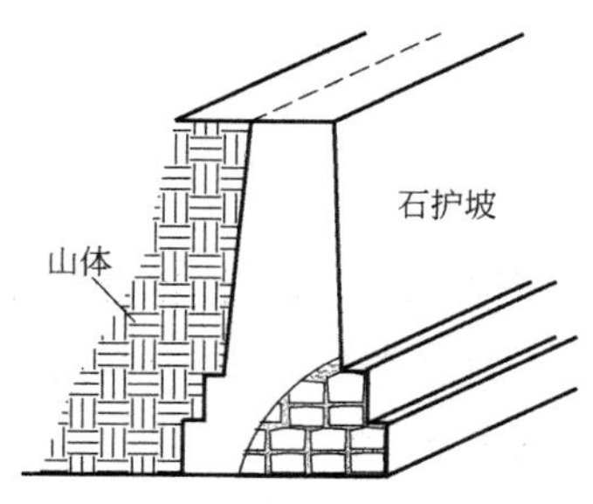

图 5-73 石护坡断面图

(8) 石台阶

石台阶工程量根据设计图示尺寸按体积以“m³”计算。如图 5-74 所示。

石台阶工程量按台阶断面积乘以台阶长度以“m³”计算。石梯带工程量计算在石台阶工程量内，石梯膀按石挡土墙计算。

石台阶工作内容包括：铺设垫层，石料加工，砂浆制作、运输，砌石，石表面加工，勾缝，材料运输。

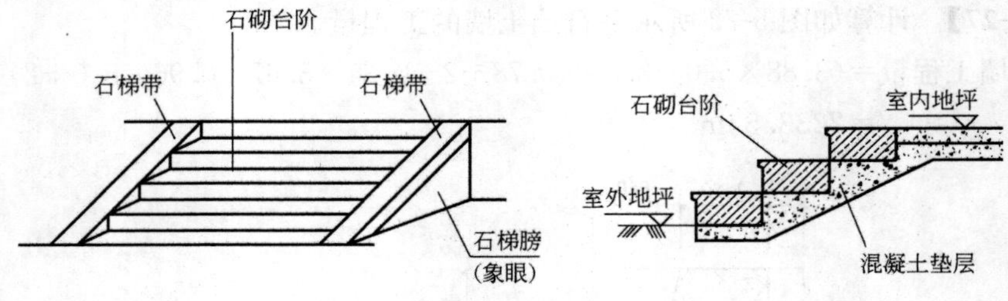

图 5-74 石台阶图

(9) 石坡道

石坡道的工程量按设计图示水平投影面积以“m²”计算。

石坡道的工作内容包括：铺设垫层，石料加工，砂浆制作、运输，砌石，石表面加工，勾缝，材料运输。

(10) 石地沟、石明沟

石地沟、石明沟工程量，根据设计图示按中心线长度以“m”计算。如图 5-75 所示。

石地沟是指场地排水使用的排水沟，石明沟是指散水以外的排水沟，两者必须分别列制项目。

石地沟、石明沟工作内容包括：土石挖运，砂浆制作、运输，铺设垫层，砌石，石表面加工，勾缝，回填，材料运输。

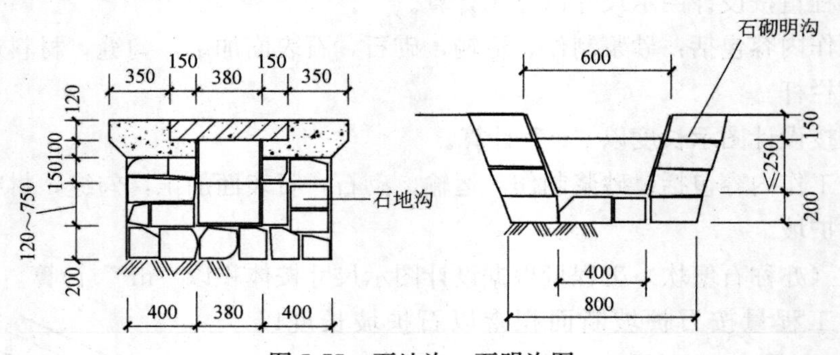

图 5-75 石地沟、石明沟图

4. 垫层

垫层工程量，根据设计图示尺寸按体积以“m³”计算。

工作内容：垫层材料的搅拌；垫层铺设；材料运输。

【例 5-28】 计算图 5-30 所示某工程基础 C20 混凝土垫层的工程量。

基础垫层工程量＝15.6×2×0.75×0.2＋[5.4×2＋(5.4－0.75)×3]×0.85×

$0.2+0.85\times0.85\times0.2\times5=9.61\text{m}^3$

5.3.5　混凝土及钢筋混凝土工程

混凝土及钢筋混凝土工程包括混凝土工程、钢筋工程及模板工程三部分，这三部分分别计算。混凝土工程、钢筋工程计入分部分项工程费，模板计入措施项目费。如图 5-76 所示。

混凝土及钢筋混凝土工程：
- 混凝土工程 } 分部分项工程费
- 钢筋工程 } 分部分项工程费
- 模板工程 ——→ 措施项目费

图 5-76　混凝土及钢筋混凝土工作内容示意图

混凝土工程量共通性计算规则：

（1）计量单位

1）扶手、压顶、电缆沟、地沟：m；

2）现浇楼梯、散水、坡道：m^2；

3）其余构件：m^3。

（2）共通性计算规则

凡按体积以“m^3”计算各类混凝土及钢筋混凝土构件项目，有如下计算规则：

1）均不扣除构件内钢筋、预埋铁件所占体积；

2）现浇墙及板类构件、散水、坡道，不扣除单个面积在 0.3m^2 以内的孔洞所占体积；

3）预制板类构件，不扣除单个尺寸在 300mm×300mm 以内的孔洞所占体积；

4）承台基础，不扣除伸入承台基础的桩头所占体积。

下面分别叙述各种构件的计算规则和计算方法。

1. 现浇混凝土基础

现浇钢筋混凝土基础包括带形基础、独立基础、满堂基础、设备基础（块体式）、桩承台基础等。

独立基础，指现浇柱下的独立基础以及预制柱下的杯形基础；满堂基础，指各类满堂浇筑的筏板基础等；设备基础（块体式），指机械设备下的块体式基础，不包括框架式的设备基础；桩承台基础，指桩基础中现浇桩或预制桩上的承台。如图 5-77、图5-78所示。

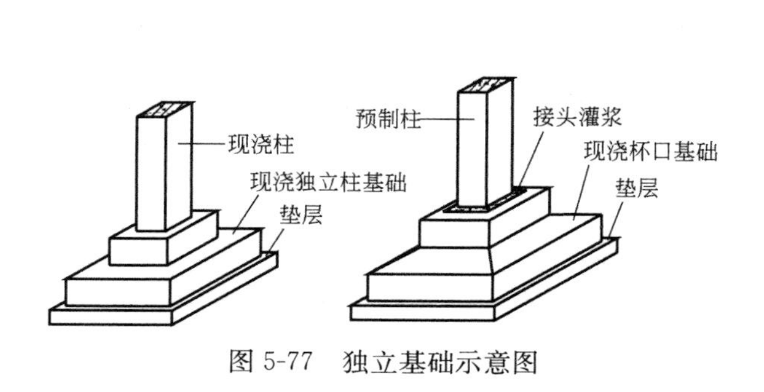

图 5-77　独立基础示意图

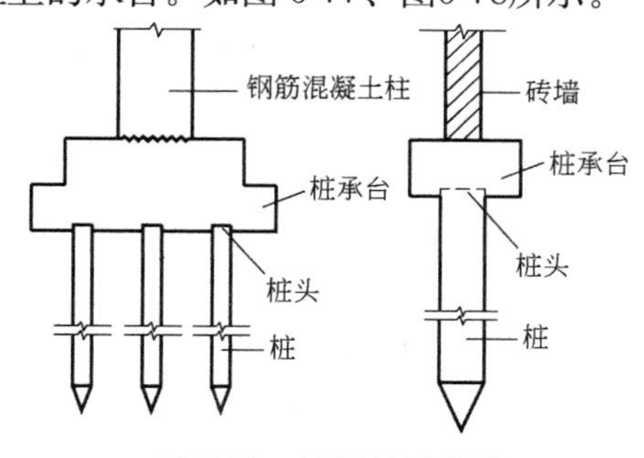

图 5-78　桩基础示意图

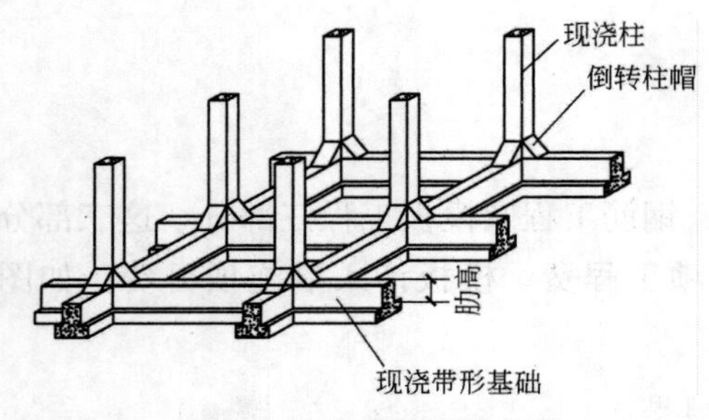

图 5-79　带形基础示意图

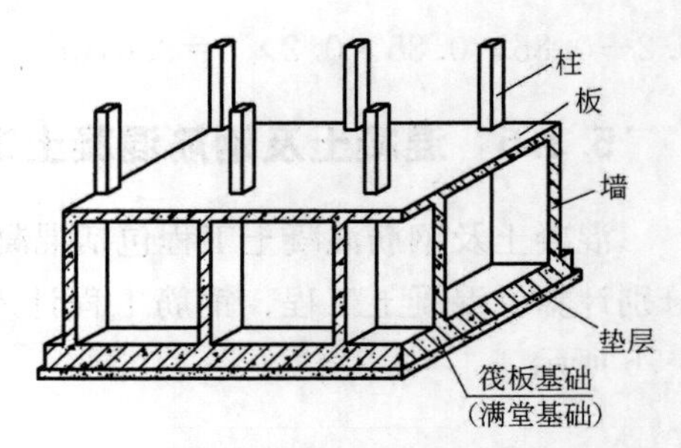

图 5-80　箱型基础示意图

现浇钢筋混凝土基础工程量，按设计图示尺寸体积以"m^3"计算。不扣除构件内钢筋、预埋铁件和伸入承台基础的桩头所占体积。

现浇钢筋混凝土基础的工作内容包括：模板及支架（撑）制作、安装、拆除、堆放、运输及清理模内杂物、刷隔离剂等；混凝土制作、运输、浇筑、振捣、养护，地脚螺栓（主要指设备基础）二次灌浆。

有肋带型基础、无肋带型基础应分别编码列项，并注明肋高；箱式满堂基础按满堂基础、柱、梁、板分别编码列项。框架式设备基础按柱、梁、墙、板分别列项。

【例 5-29】 计算图 5-81 杯口基础的工程量（设该基础共 20 个）

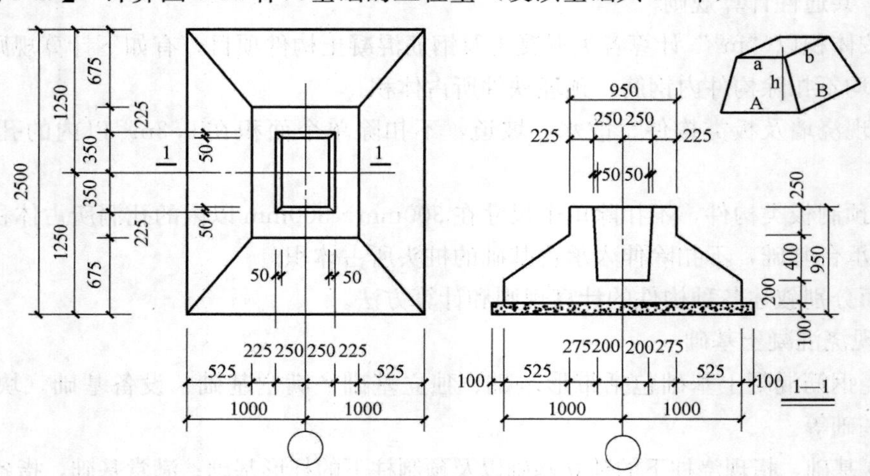

图 5-81　独立基础详图

（1）独立基础工程量（杯口基础属于独立基础）

$V=\{(上)0.95\times1.15\times0.25+(下)2.00\times2.50\times0.20+(中)\frac{0.40}{6}\times[0.95\times1.15+(0.95+2.00)\times(1.15+2.50)+2.00\times2.50]-(扣杯口)\frac{0.65}{6}\times[0.50\times0.70+(0.50+0.40)\times(0.70+0.60)+0.40\times0.60]\}\times20$

$=2.2065\times20$

$=44.13m^3$

（2）基础垫层工程量

$$V=2.2\times2.7\times0.1\times20=11.88m^3$$

2. 现浇混凝土柱

现浇钢筋混凝土柱包括矩形柱、构造柱及异形柱。

工程量按设计图示尺寸以体积“m^3”计算。

工作内容包括：模板及支架（撑）制作、安装、拆除、堆放、运输及清理模内杂物、刷隔离剂等；混凝土制作、运输、浇筑、振捣、养护。

（1）矩形柱

$$V_{矩形柱}=abH$$

式中 a、b——矩形柱断面长、宽；

H——矩形柱高。

矩形柱高计算规则：

1）有梁板的柱高，按柱基上表面（或楼板上表面）至上一层楼板上表面之间的高度计算。有梁板指梁板同时浇筑为一个整体的板（图 5-82a）。

2）无梁板的柱高，按柱基上表面（或楼板上表面）至柱帽下表面之间的高度计算。无梁板指直接由柱子支撑的板（图 5-82b）。

3）框架柱的柱高，按柱基上表面至柱顶高度计算。如图 5-82（c）所示。

依附柱上的牛腿和升板的柱帽，并入柱身体积计算。

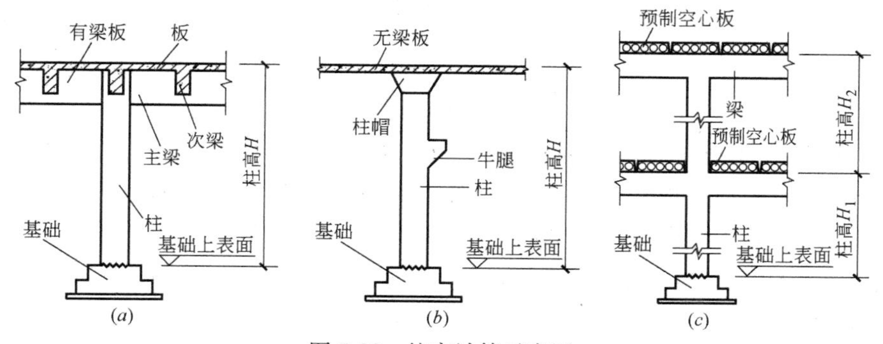

图 5-82 柱高计算示意图

（a）有梁板柱高；（b）无梁板柱高；（c）框架柱高

【例 5-30】 计算如图 5-83 所示某工程现浇 C30 混凝土矩形柱工程量

$$V_{矩形柱}=0.50\times0.50\times(4.15+2.30-0.40\times2)+0.40\times0.50\times(8.35-4.15)=2.25m^3$$

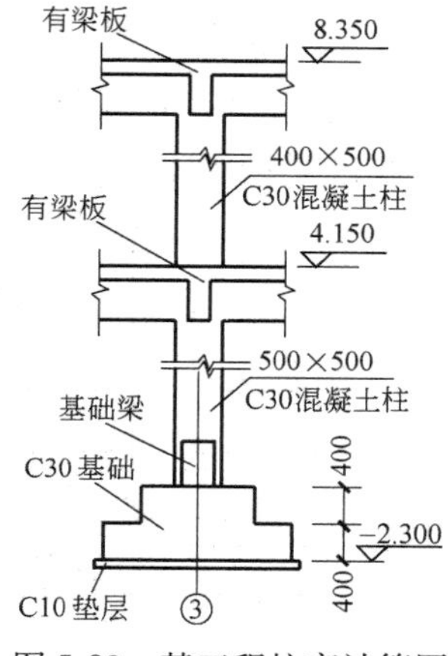

图 5-83 某工程柱高计算图

（2）构造柱

构造柱工程量按全高计算，嵌接墙体部分（俗称马牙槎）并入柱身体积计算，如图 5-84 所示。构造柱工程量计算公式如下：

$$V_{构造柱}=\sum(abH+V_{马牙槎})$$

式中 a——构造柱断面长；

b——构造柱断面宽；

H——构造柱高；

$V_{马牙槎}$——构造柱马牙槎体积。

$$V_{马牙槎}=\sum(0.03\times 墙厚\times n\times H)$$

式中 0.03——马牙槎断面宽度（60÷2=30mm=0.03m）

n——马牙槎水平投影的个数；

H——构造柱高。

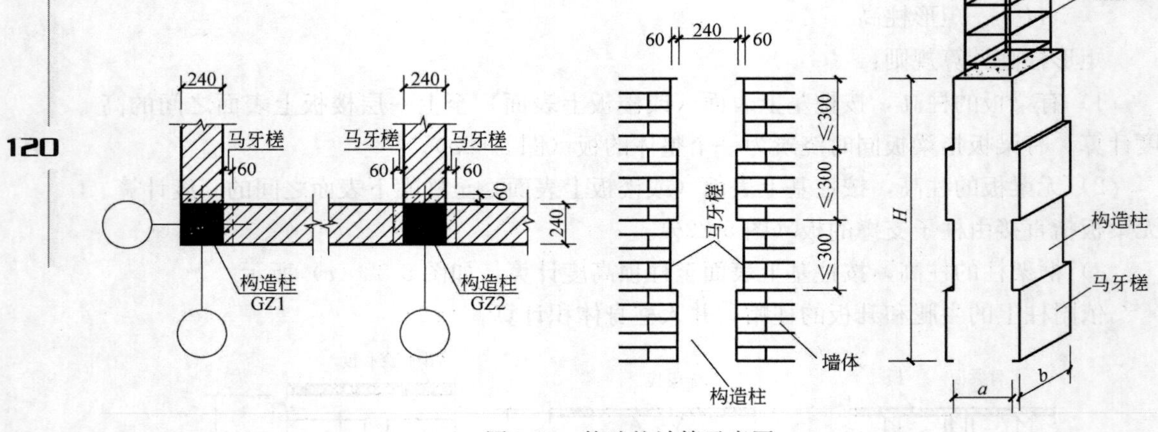

图 5-84 构造柱计算示意图

【例 5-31】 计算如图 5-84 所示构造柱 GZ1、GZ2 的工程量。（设构造柱总高 19.56m）

根据图 5-84 及题意知道：$a=0.24\text{m}$，$b=0.24\text{m}$，$H=19.56\text{m}$，$n=5$。

$V_{马牙槎}=0.03\times 0.24\times 5\times 19.56=0.70\text{m}^3$

$V_{构造柱}=0.24\times 0.24\times 19.56\times 2+0.70=2.95\text{m}^3$

（3）异型柱

异型柱多指圆形柱。其工程量按柱断面积乘以柱高计算。柱高计算规定同矩形柱的柱高。

3. 现浇混凝土梁

现浇钢筋混凝土梁包括基础梁、矩形梁、异形梁、圈梁、过梁、弧形、拱形梁。

基础梁指用于基础上部连接基础的梁，见图 5-85。矩形梁指断面为矩形的梁。异

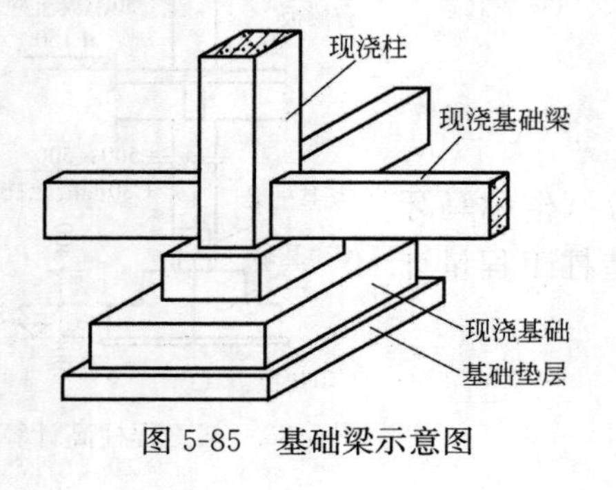

图 5-85 基础梁示意图

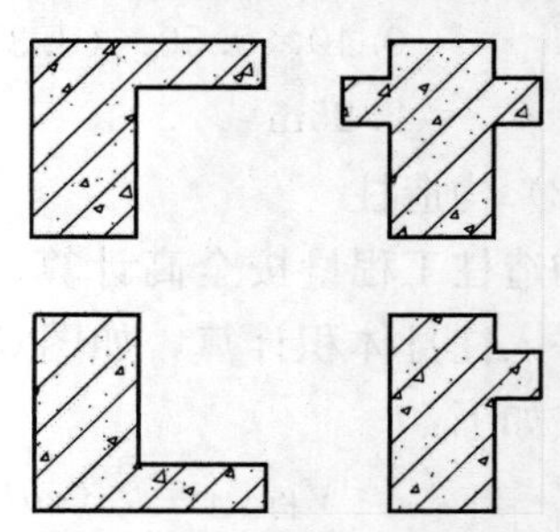

图 5-86 异形梁断面图

形梁指断面为非矩形的梁。见图 5-86。弧形梁指水平方向为弧形的梁（图 5-87）；拱形梁指垂直方向为拱形的梁（图 5-88）。

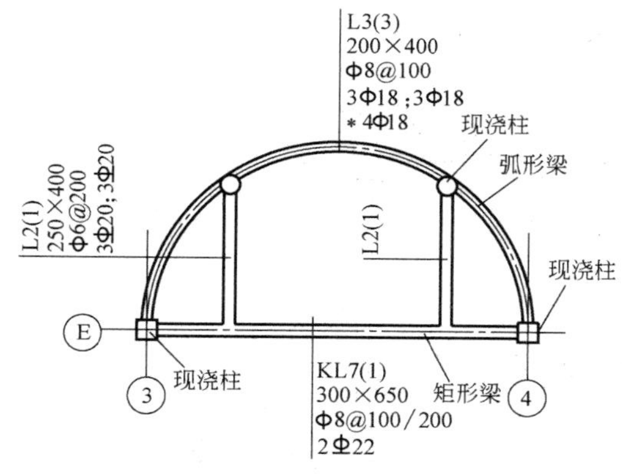

图 5-87　弧形梁示意图

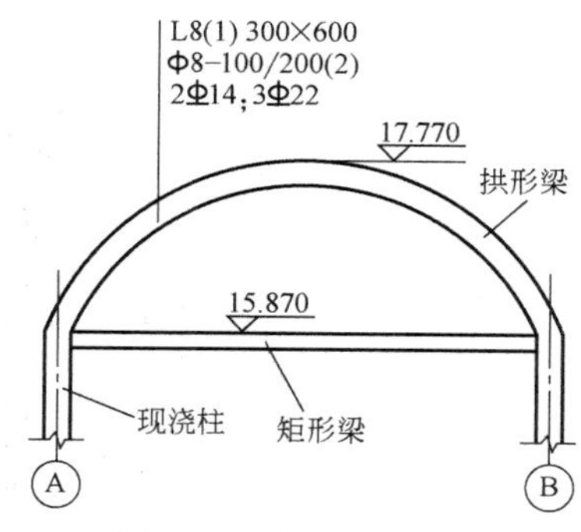

图 5-88　拱形梁示意图

（1）工程量计算

现浇钢筋混凝土梁的工程量按设计图示尺寸体积以“m^3”计算。不扣除构件内钢筋、预埋铁件所占体积，伸入墙内的梁头、梁垫并入梁体积内。见图 5-89。

工作内容包括：模板及支架（撑）制作、安装、拆除、堆放、运输及清理模内杂物、刷隔离剂等；混凝土制作、运输、浇筑、振捣、养护。

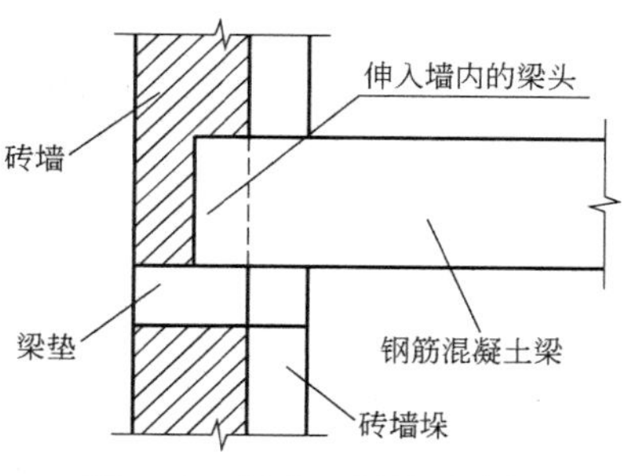

图 5-89　梁头、梁垫示意图

矩形梁、异形梁的工程量按梁断面积乘以梁长计算。

$$V_{梁}=S_{梁}\times L_{梁}+V_{梁垫}$$

式中　$V_{梁}$——梁体积；

$S_{梁}$——梁断面积；

$L_{梁}$——梁长；

$V_{梁垫}$——现浇梁垫体积。

梁长：梁与柱连接时，梁长算至柱侧面；主梁与次梁连接时，次梁长算至主梁侧面。

【例 5-32】 计算如图 5-90 所示某工程屋面梁 WKL、JZL、L 的工程量。

WKL_2、WKL_3、WKL_4、WKL_5 的体积：

$V_{主梁}=(WKL_2)(7.5-0.2-0.125)\times0.25\times0.65+(WKL_3)(7.5-0.2-0.2)\times0.25\times0.65+(WKL_4)(7.5-0.2-0.2)\times0.25\times0.65+(WKL_5)(7.5-0.225-0.2)\times0.25\times0.65=4.57m^3$

JZL_1、JZL_2、L_3 的体积：

$V_{次梁}=(JZL_1)(7.5-0.125\times2)\times0.25\times0.50+(JZL_2)(3.75-0.125\times2)\times0.25\times0.50\times2+(L_3)(3.75-0.125\times2)\times0.25\times0.35$

$=2.08m^3$

合计$=4.57+2.08=6.65m^3$

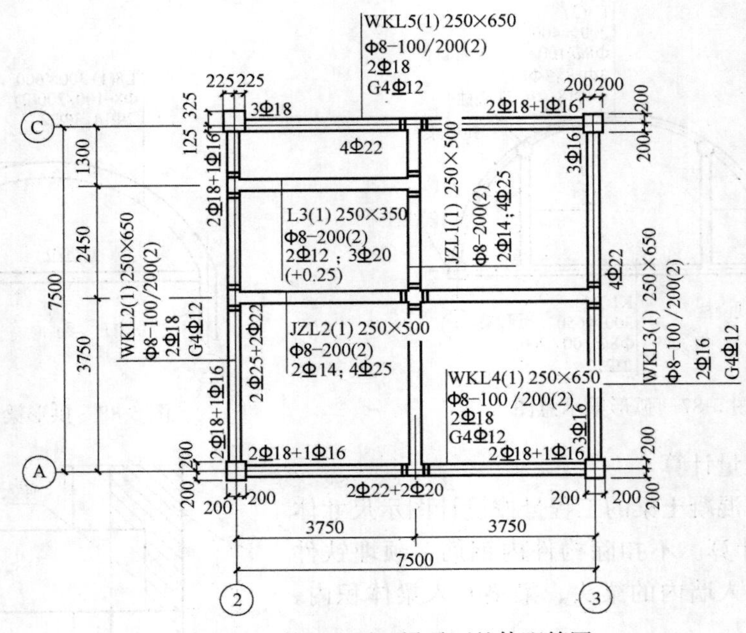

图 5-90　某工程屋面梁平面整体配筋图

（2）圈梁代过梁

圈梁代过梁是指圈梁过门窗洞口时，由圈梁代替过梁的部分，其工程量计入圈梁项目工程量内（见图 5-91a）。门窗洞口的单独过梁按过梁计算（见图 5-91b）。

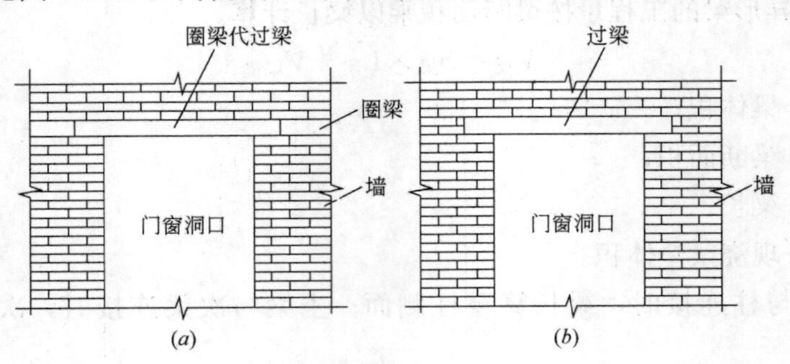

图 5-91　过梁示意图

（a）圈梁代过梁；（b）过梁

4. 现浇混凝土墙

现浇钢筋混凝土墙的工程量，按设计图示尺寸以体积计算。不扣除构件内钢筋、预埋铁件所占体积，扣除门窗洞口及单个面积 $0.3m^2$ 以外的孔洞所占体积，墙垛及突出墙面部分并入墙体体积内计算。

现浇钢筋混凝土墙内暗柱、暗梁（见图 5-92）并入墙体体积内计算，如图 5-92 中 GJZ、GYZ、GDZ 均按墙计算。

现浇钢筋混凝土墙的工作内容包括：模板及支架（撑）制作、安装、拆除、堆放、运输及清理模内杂物、刷隔离剂等；混凝土制作、运输、浇筑、振捣、养护。

现浇钢筋混凝土墙按直形墙、弧形墙分别编列项目编码。

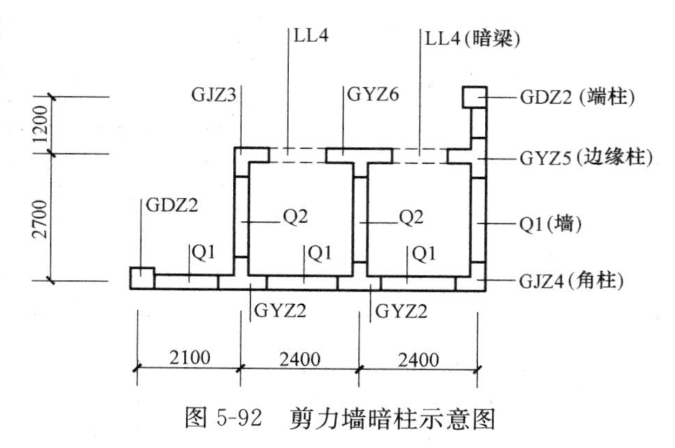

图 5-92　剪力墙暗柱示意图

5. 现浇钢筋混凝土板

现浇钢筋混凝土板包括：有梁板、无梁板、平板、拱板、薄壳板、栏板、天沟、挑檐板、雨篷、阳台板、其他板。工程量均按设计图示尺寸体积以“m^3”计算，不扣除构件内钢筋、预埋铁件及单个面积 $0.3m^2$ 以内的孔洞所占体积，伸入墙内的板头并入板体积内。

工作内容包括：模板及支架（撑）制作、安装、拆除、堆放、运输及清理模内杂物、刷隔离剂等；混凝土制作、运输、浇筑、振捣、养护。

（1）有梁板

有梁板指梁、板同时浇筑为一个整体的构件，见图 5-93*a*。工程量按梁（包括主、次梁）、板体积之和计算。

（2）无梁板

无梁板指由直接由柱子支撑的板，见图 5-93*b*。无梁板的柱帽并入板的体积内计算。

（3）平板

平板指直接由墙支撑的板，如砖混结构中直接由砖墙支撑的板。见图 5-93*c*。

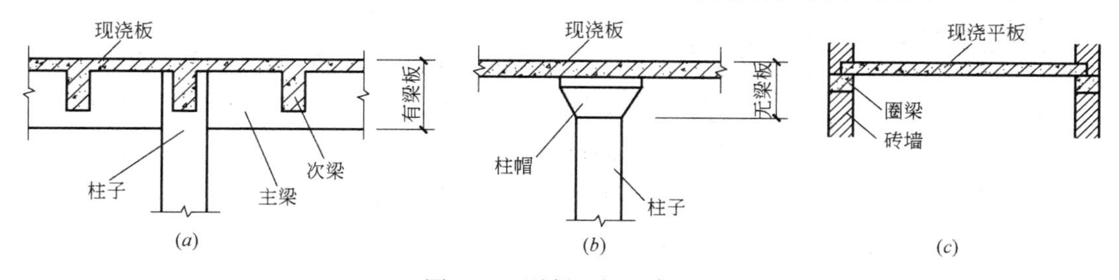

图 5-93　混凝土板示意图

（*a*）有梁板；（*b*）无梁板；（*c*）平板

（4）拱板

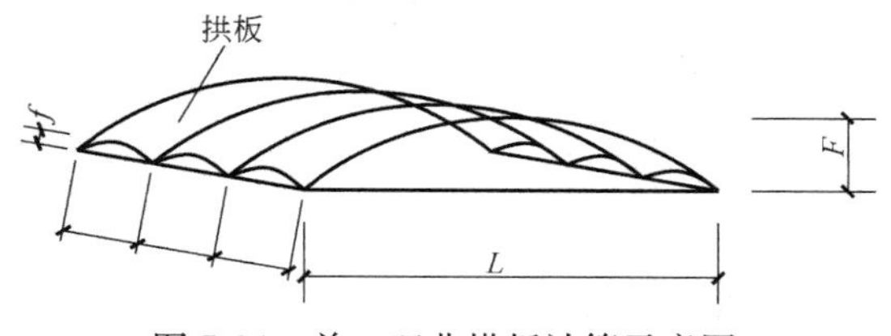

图 5-94　单、双曲拱板计算示意图

拱板按体积计算。见图 5-94。

拱板体积计算公式：

$$V_{拱板}=S_{投影面积}\times K\times d$$

式中　$V_{拱板}$——拱板体积；

$S_{投影面积}$——拱板水平投影面积；

K——单、双曲拱楼板展开

面积系数，见表 5-9；

d——拱板厚度。

单、双曲拱楼板展开面积系数（K）表　　表 5-9

f/l	单曲拱系数	F/L								
		1/2	1/3	1/4	1/5	1/6	1/7	1/8	1/9	1/10
		1.571	1.274	1.159	1.103	1.073	1.054	1.041	1.033	1.026
		双曲拱系数(K)								
1/2	1.571	2.467	2.001	1.821	1.733	1.685	1.655	1.635	1.622	1.612
1/3	1.274	2.001	1.623	1.477	1.406	1.366	1.342	1.326	1.316	1.308
1/4	1.159	1.821	1.477	1.344	1.279	1.243	1.221	1.207	1.197	1.190
1/5	1.103	1.733	1.406	1.279	1.218	1.183	1.163	1.149	1.139	1.133
1/6	1.073	1.685	1.366	1.243	1.183	1.150	1.130	1.117	1.107	1.101
1/7	1.054	1.655	1.342	1.221	1.163	1.130	1.110	1.097	1.088	1.081
1/8	1.041	1.635	1.326	1.207	1.149	1.117	1.097	1.084	1.075	1.069
1/9	1.033	1.622	1.316	1.197	1.139	1.107	1.088	1.075	1.066	1.060
1/10	1.026	1.612	1.308	1.190	1.133	1.101	1.081	1.069	1.060	1.054

【例 5-33】 某工程双曲拱如图 5-94 所示，$F=1\text{m}$、$L=10\text{m}$，$f=0.6\text{m}$、$l=1.2\text{m}$，$d=150\text{mm}$。

根据 $F=1\text{m}$、$L=10\text{m}$ 知道 $F/L=1/10$，根据 $f=0.6\text{m}$、$l=1.2\text{m}$ 知道 $f/l=1/2$，查表 5-9 有 $K=1.612$。$S_{投影面积}=10.0\times1.2\times3=36\text{m}^2$

$V_{拱板}=S_{投影面积}\times K\times d=36\times1.612\times0.15=8.70\text{m}^3$

（5）薄壳板

薄壳板的肋、基梁并入薄壳体积内计算。如图 5-95 所示。

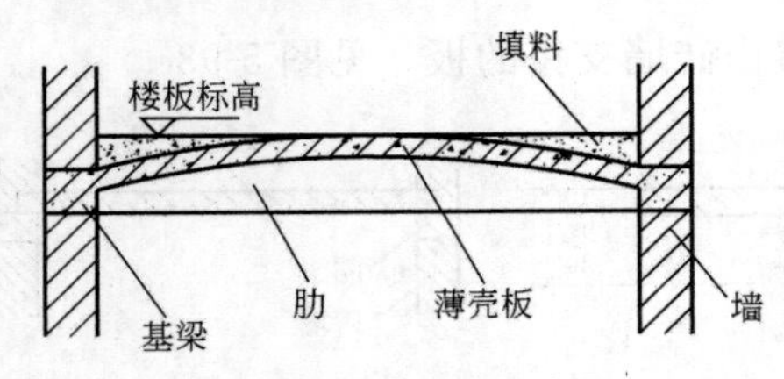

图 5-95　薄壳板示意图

（6）栏板

（7）天沟、挑檐板

天沟指屋面排水用的现浇钢筋混凝土天沟，如图 5-96（a）所示；挑檐板指挑出外墙面的屋面檐口板，如图 5-96（b）所示。工程量按设计图示尺寸体积以“m^3”计算。

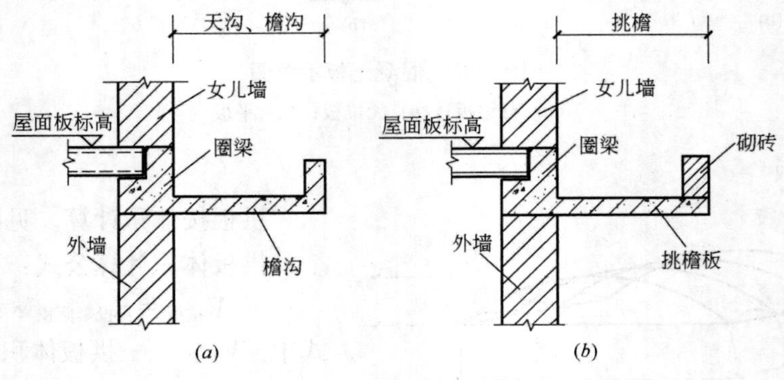

图 5-96　天沟、挑檐示意图

（a）檐沟（天沟）；（b）挑檐板

(8) 雨篷、阳台板

雨篷、阳台板工程量按设计图示尺寸以墙外部分体积以"m³"计算。包括伸出墙外的牛腿和雨篷反挑檐的体积。如图5-97所示。

现浇挑檐、天沟板、雨篷、阳台与板（包括屋面板）连接时，以外墙外边线为分界线；与圈梁（包括其他梁）连接时，以梁的外边线为分界线。外边线以外为挑檐、天沟板、雨篷或阳台。

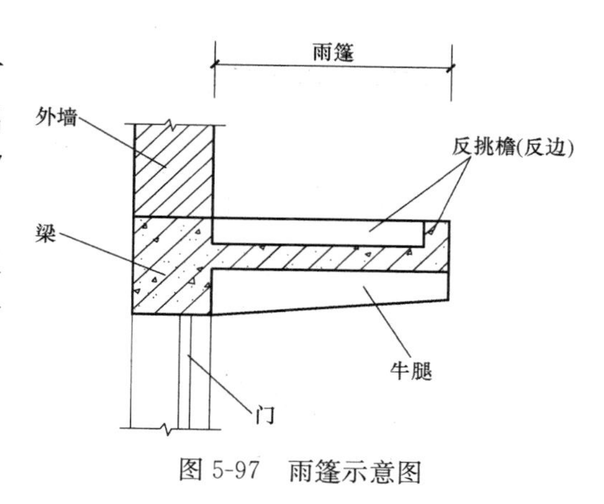

图 5-97　雨篷示意图

(9) 空心板

按设计图示尺寸以体积"m³"计算。空心板（GBF 高强薄壁蜂巢芯现浇空心板等）应扣除空心部分体积。

(10) 其他板

其他板指零星薄形构件，比如板带、叠合板等。工程量按图示尺寸以体积"m³"计算。如图 5-98 所示。

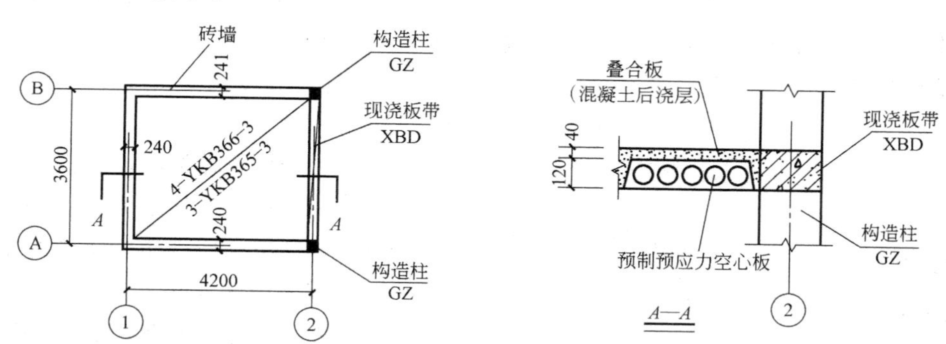

图 5-98　现浇板带、叠合板示意图

【例 5-34】 计算如图 5-98 所示的板带及叠合板的工程量。

(1) 板带工程量

$$V=0.24\times3.36\times0.16=0.13\text{m}^3$$

(2) 叠合板工程量

$$V=3.36\times3.96\times0.04=0.53\text{m}^3$$

6. 现浇混凝土楼梯

现浇混凝土楼梯包括直形楼梯和弧形楼梯。

工程量按设计图示尺寸以水平投影面积"m²"计算。不扣除宽度小于 500mm 的楼梯井，伸入墙内部分不计算。如图 5-99 所示。

水平投影面积包括踏步、平台、平台梁、斜梁和楼梯的连接梁。当整体楼梯与现浇楼板无梯梁连接时，以楼梯的最后一个踏步边缘加 300mm 为界。楼梯基础、栏杆、

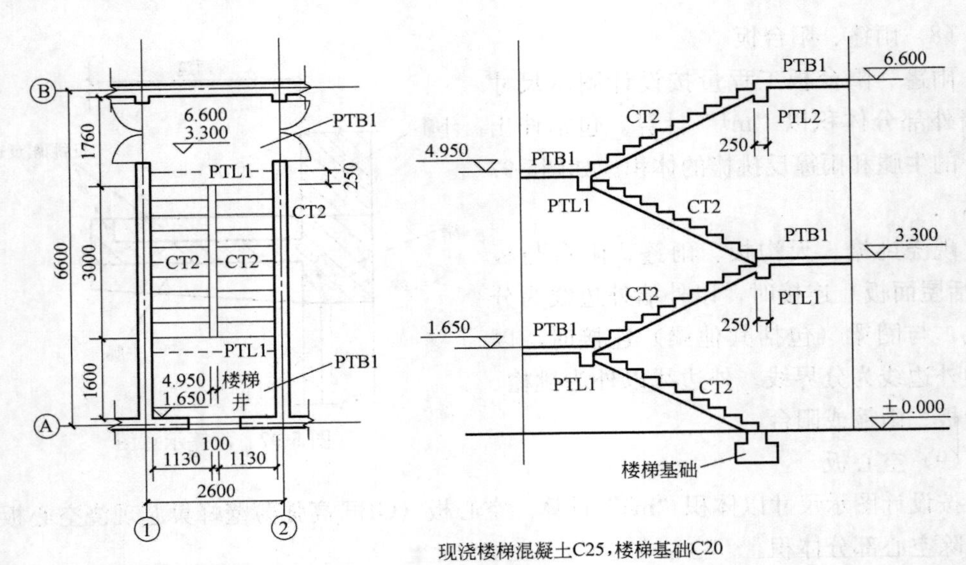

图 5-99　现浇直形型楼梯图

柱，另按相应项目分别编列项目编码。

工作内容包括：模板及支架（撑）制作、安装、拆除、堆放、运输及清理模内杂物、刷隔离剂等；混凝土制作、运输、浇筑、振捣、养护。

【例 5-35】 计算如图 5-99 所示某工程现浇直形楼梯的混凝土工程量。

$$S=2.36\times(1.6+3.0+0.25)\times2=22.89\text{m}^2$$

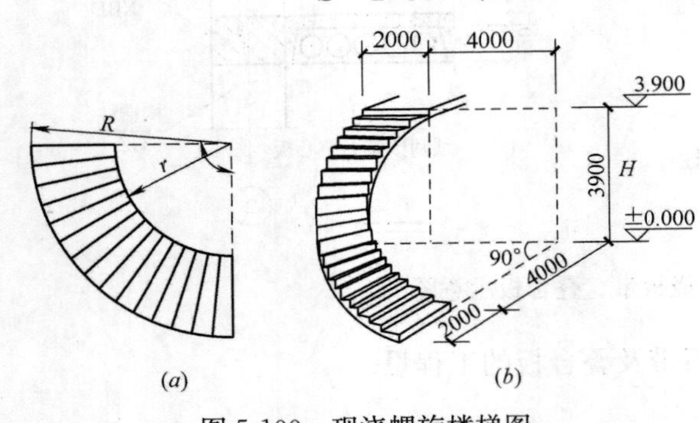

图 5-100　现浇螺旋楼梯图

(*a*) 螺旋楼梯水平投影图；(*b*) 螺旋楼梯立体图

关于螺旋楼梯的计算：

螺旋楼梯（弧形楼梯）的水平投影是圆环形，所以螺旋楼梯的工程量按圆环面积计算（图 5-100*a*）。

螺旋楼梯水平投影面积计算公式：

$$S=\pi(R^2-r^2)\times\frac{\alpha}{360}$$

式中　S——螺旋楼梯水平投影面积；

R——螺旋楼梯水平投影外半径；

r——螺旋楼梯水平投影内半径；

α——螺旋楼梯旋转角度。

【例 5-36】 计算如图 5-100 所示螺旋楼梯的混凝土工程量。已知：$R=6\text{m}$，$r=4\text{m}$，$\alpha=90°$。

$$S=\pi(6^2-4^2)\times\frac{90}{360}$$

$$=15.71\text{m}^2$$

7. 现浇钢筋混凝土其他构件

（1）散水、坡道

散水、坡道工程量按设计图示尺寸以面积“m^2”计算。不扣除单个 0.3m^2 以内的孔洞所占面积。如图 5-101 所示。

工作内容包括：地基夯实；铺设垫层、模板及支撑制作、安装、拆除、堆放、运输及清理模内杂物、刷隔离剂等；混凝土制作、运输、浇筑、振捣、养护；变形缝填塞。

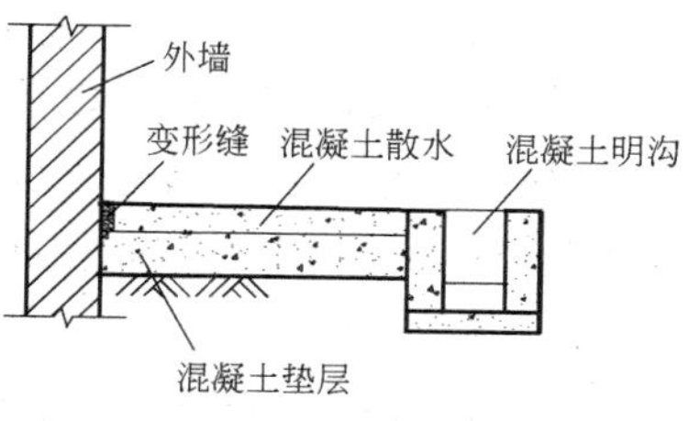

图 5-101 散水明沟示意图

(2) 室外地坪

室外地坪工程量按设计图示尺寸以面积“m^2”计算。不扣除单个≤0.3m^2 的孔洞所占面积。

工作内容包括：地基夯实；铺设垫层；模板及支撑制作、安装、拆除、堆放、运输及清理模内杂物、刷隔离剂等；混凝土制作、运输、浇筑、振捣、养护；变形缝填塞。

(3) 电缆沟、地沟

工程量按设计图示以中心线长度以“m”计算。当各种混凝土沟所使用的材料以及断面尺寸不同时，应分别编列项目编码。

工作内容包括：挖运土石方；铺设垫层；模板及支撑制作、安装、拆除、堆放、运输及清理模内杂物、刷隔离剂等；混凝土制作、运输、浇筑、振捣、养护；刷防护材料。

(4) 台阶

工程量按设计图示尺寸水平投影面积以“m^2”计算，或按设计图示尺寸体积以“m^3”计算。

架空式混凝土台阶，按现浇楼梯的相关规定计算。

工作内容包括：模板及支撑制作、安装、拆除、堆放、运输及清理模内杂物、刷隔离剂等；混凝土制作、运输、浇筑、振捣、养护。

(5) 扶手、压顶

工程量按设计图示的中心线延长米以“m”计算（当扶手、压顶断面尺寸不同时，应分别编列项目编码），或按设计图示尺寸以体积“m^3”计算。如图 5-103 所示。

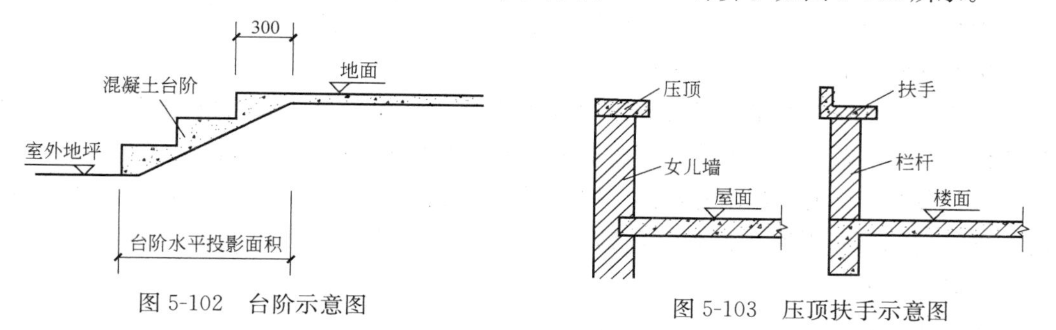

图 5-102 台阶示意图

图 5-103 压顶扶手示意图

工作内容包括：模板及支撑制作、安装、拆除、堆放、运输及清理模内杂物、刷隔离剂等；混凝土制作、运输、浇筑、振捣、养护。

（6）化粪池、检查井

工程量按设计图示尺寸以体积“m^3”计算，或按设计图示数量以“座”计算。

工作内容包括：模板及支撑制作、安装、拆除、堆放、运输及清理模内杂物、刷隔离剂等；混凝土制作、运输、浇筑、振捣、养护。

（7）其他构件

工程量按设计图示尺寸以体积“m^3”计算。其他构件内容包括小型池槽、垫块、门框等。

工作内容包括：模板及支撑制作、安装、拆除、堆放、运输及清理模内杂物、刷隔离剂等；混凝土制作、运输、浇筑、振捣、养护。

8. 混凝土后浇带

混凝土后浇带工程量按设计图示尺寸以体积计算。见图 5-104。后浇带应按不同的后浇部位（墙、梁、板等）和使用的材料分别编列项目编码，以便于计算综合单价。

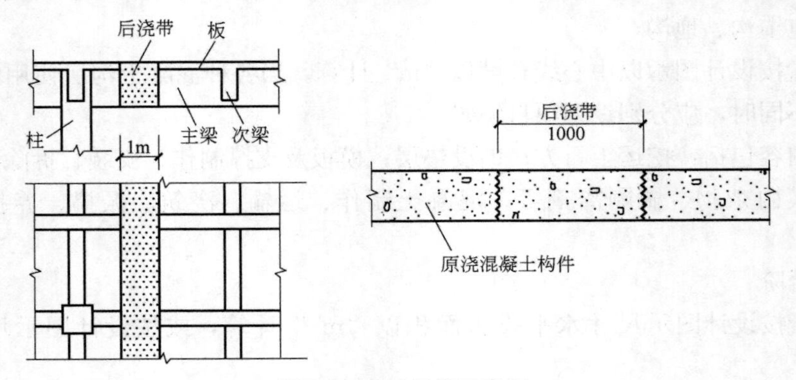

图 5-104　后浇带示意图

混凝土后浇带工作内容包括：模板及支架（撑）制作、安装、拆除、堆放、运输及清理模内杂物、刷隔离剂等；混凝土制作、运输、浇筑、振捣、养护。

在计算原构件（墙、梁、板等）的工程量时，应扣除后浇带的体积，以避免重复计算。

9. 预制混凝土柱

预制混凝土柱包括矩形柱、异形柱。矩形柱指柱断面为矩形的柱；异形柱指柱断面为非矩形的柱，如双肢柱、工字柱等。

预制混凝土柱工程量按设计图示尺寸体积以“m^3”计算，或按设计图示尺寸以数量“根”计算（以“根”计算时应按单根柱子体积不同分别编列项目）。

预制混凝土柱的工作内容包括：模板制作、安装、拆除、堆放、运输及清理模内杂物、刷隔离剂等；混凝土制作、运输、浇筑、振捣、养护；构件运输、安装；砂浆制作、运输；接头灌缝、养护。接头灌缝如图 5-105 所示。

10. 预制混凝土梁

预制混凝土梁包括矩形梁、异形梁、过梁、拱形梁、鱼腹式吊车梁、风道梁。

预制混凝土梁工程量按工程量按设计图示尺寸体积以“m^3”计算，或按设计图示

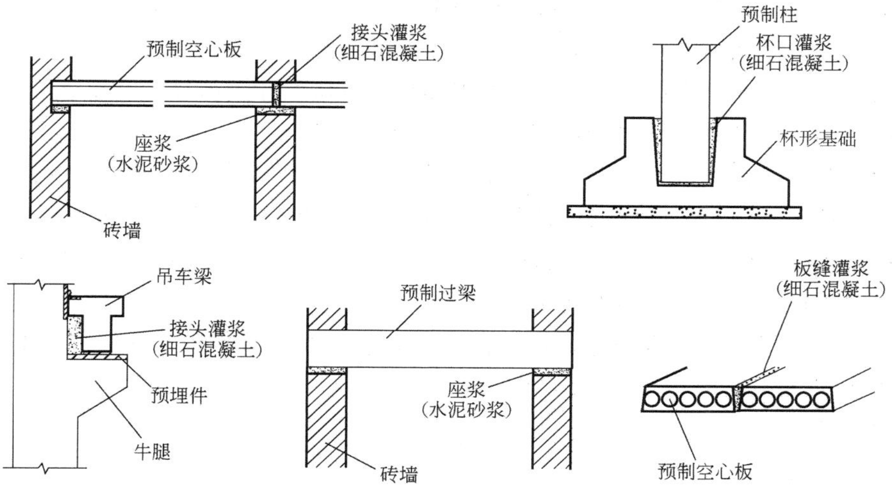

图 5-105　预制构件接头灌浆示意图

尺寸以数量“根”计算（以“根”计算时应按单根梁体积不同分别编列项目）。

预制混凝土梁的工作内容包括：模板制作、安装、拆除、堆放、运输及清理模内杂物、刷隔离剂等；混凝土制作、运输、浇筑、振捣、养护；构件运输、安装；砂浆制作、运输；接头灌缝、养护。

11. 预制混凝土屋架

预制混凝土屋架包括折线型屋架、三角形屋架、组合屋架、薄腹屋架、门式刚架、天窗架。如图 5-106 所示。

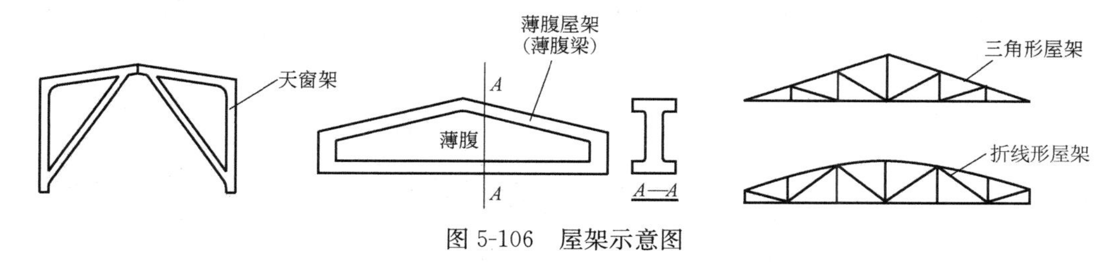

图 5-106　屋架示意图

预制混凝土屋架工程量按工程量按设计图示尺寸体积以“m^3”计算，或按设计图示尺寸以数量“榀”计算（以“榀”计算时应按单榀屋架体积不同分别编列项目）。

一般预制屋架及预制预应力屋架应分别编列项目编码；三角形屋架按按折线型屋架项目编码列项。

预制混凝土屋架的工作内容包括：模板制作、安装、拆除、堆放、运输及清理模内杂物、刷隔离剂等；混凝土制作、运输、浇筑、振捣、养护；构件运输、安装；砂浆制作、运输；接头灌缝、养护。

12. 预制混凝土板

预制混凝土板包括平板、空心板、槽形板、网架板、折线板、带肋板、大型板、沟盖板、井盖板、井圈。

（1）平板、空心板、槽形板、网架板、折线板、带肋板、大型板

平板、空心板、槽形板、网架板、折线板、带肋板、大型板的工程量，按设计图示尺寸体积以“m^3”计算。不扣除构件内钢筋、预埋铁件及单个尺寸 300mm×300mm 以内的孔洞所占体积，空心板应扣除空洞所占体积。或按设计图示尺寸以数量“块”计算（以“块”计算时应按单块板的体积不同分别编列项目）。

一般预制板及预制预应力板应分别编列项目编码。不带肋的预制遮阳板、雨篷板、栏板等，应按平板项目编码列项；预制 F 型板、双 T 型板、单肋板和带反挑檐板的雨篷板、挑檐板、遮阳板等，应按带肋板项目编码列项；预制大型墙板、大型楼板、大型屋面板等，应按大型板项目编码列项。

预制混凝土板工作内容包括：模板制作、安装、拆除、堆放、运输及清理模内杂物、刷隔离剂等；混凝土制作、运输、浇筑、振捣、养护；构件运输、安装；砂浆制作、运输；接头灌缝、养护。

（2）沟盖板、井盖板、井圈

沟盖板、井盖板、井圈的工程量，按设计图示尺寸体积以“m^3”计算。或按设计图示尺寸以数量“块”计算（以“块”或“套”计算时应按单件的体积不同分别编列项目）。

沟盖板指水沟或电缆沟等的盖板；井盖板、井圈指窨井的井圈、井盖。

沟盖板、井盖板、井圈的工作内容包括：模板制作、安装、拆除、堆放、运输及清理模内杂物、刷隔离剂等；混凝土制作、运输、浇筑、振捣、养护；构件运输、安装；砂浆制作、运输；接头灌缝、养护。

13. 预制混凝土楼梯

预制混凝土楼梯的工程量按设计图示尺寸体积以“m^3”计算，扣除空心踏步板空洞体积。或按设计图示数量以“段”计算（以“段”计算时应按单段的体积不同分别编列项目）。见图 5-107。

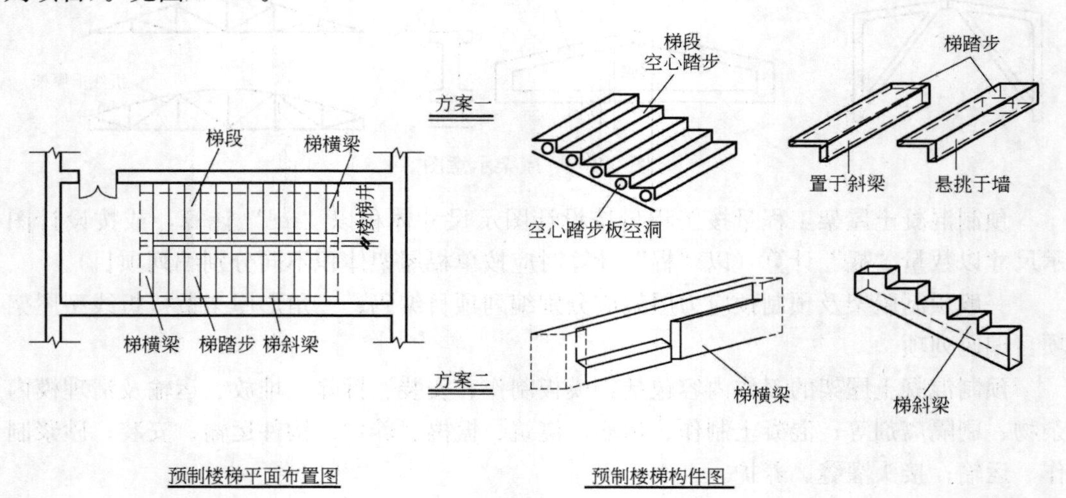

图 5-107　预制楼梯图

预制混凝土楼梯一般有梯段（一跑为一个整体）、梯踏步（一步为一个构件）、梯横梁、梯斜梁，应分别编列项目编码。

预制混凝土楼梯的工作内容包括：模板制作、安装、拆除、堆放、运输及清理模内杂物、刷隔离剂等；混凝土制作、运输、浇筑、振捣、养护；构件运输、安装；砂浆制作、运输；接头灌缝、养护。

14. 其他预制混凝土构件

其他预制混凝土构件包括烟道、垃圾道、通风道、其他构件（包括小型池槽、压顶、扶手、垫块、隔热板、花格、窗台板、各种水磨石构件等）。

（1）按体积计算。工程量按设计图示尺寸以体积“m^3”计算。不扣除单个尺寸≤300mm×300mm的孔洞所占体积，扣除烟道、垃圾道、通风道的孔洞所占体积。

（2）按面积计算。工程量按设计图示尺寸以体积“m^3”计算。不扣除单个尺寸≤300mm×300mm的孔洞所占面积。

（3）按数量计算。按设计图示尺寸以数量“根”（或“块”、“套”）计算。

其他预制混凝土构件的工作内容包括：模板制作、安装、拆除、堆放、运输及清理模内杂物、刷隔离剂等；混凝土制作、运输、浇筑、振捣、养护；构件运输、安装；砂浆制作、运输；接头灌缝、养护。

15. 钢筋工程

钢筋工程包括现浇构件钢筋、预制构件钢筋、钢筋网片、钢筋笼、先张法预应力钢筋、后张法预应力钢筋、预应力钢丝、预应力钢绞线、支撑钢筋（铁马）。

钢筋工程量按设计图示钢筋长度乘单位理论质量以“t”计算。

钢筋工程量＝Σ（钢筋长度×钢筋每米质量）

钢筋长度根据施工图纸及相关标准图集所规定的长度计算，钢筋每米质量直接查表5-10。

【例5-37】 计算图5-90所示某工程屋面梁WKL5的钢筋工程量。（为本例计算方便，假设②轴及③轴为端支座，混凝土强度等级C30，抗震等级二级，“Φ”为HPB235钢筋，“Φ”为HPB335钢筋）

根据图5-90屋面梁WKL5相关内容查标准图集11G101-1有：受拉钢筋锚固长度为33d，梁主筋的保护层20mm。

查表5-11箍筋弯钩长度190mm。查表5-10钢筋单位质量：ϕ8为0.395kg/m、Φ12为0.888kg/m、Φ16为1.578kg/m、Φ22为2.984kg/m。

钢筋长度如图5-108所示。钢筋计算式如下：

2Φ18上部通长筋：(7.075＋0.4×2＋0.27×2)×2×1.998＝33.63kg

1Φ18负筋：(2.358＋0.40＋0.27)×1.998＝6.05kg

1Φ16负筋：(2.358＋0.35＋0.24)×1.578＝4.65kg

4Φ22下部筋：(7.075＋0.38×2＋0.33×2)×4×2.984＝101.40kg

4Φ12构造筋：(7.5＋0.20＋0.225－0.02×2)×4×0.888＝28.01kg

ϕ8箍筋：[(0.65＋0.25)×2－(0.02－0.008)×8＋0.19]×45×0.395＝33.67kg

合计：207.49kg

（1）现浇混凝土钢筋、预制构件钢筋、钢筋网片、钢筋笼

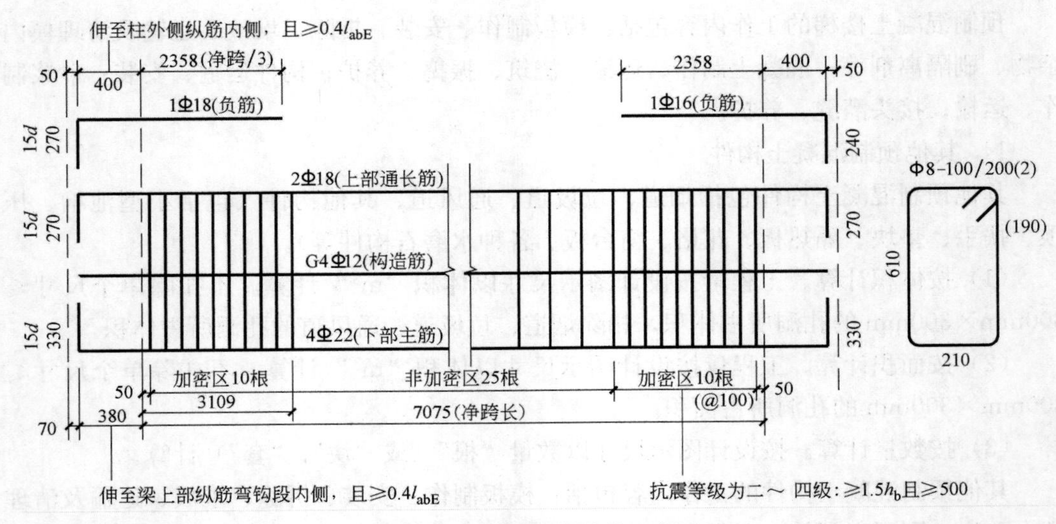

图 5-108　钢筋长度计算示意图

钢筋工程应按钢筋不同种类、规格分别编列项目编码。钢筋规格可按 ϕ10 以内、ϕ10 以上编码项目。例如"预制构件 ϕ10 以内圆钢"、"预制构件 ϕ10 以上圆钢"、"现浇构件 ϕ10 以内圆钢"、"现浇构件 ϕ10 以上圆钢"、" 现浇构件 ϕ10 以上螺纹钢"等。

工作内容包括钢筋（网、笼）制作、运输；钢筋（网、笼）安装。

(2) 先张法预应力钢筋

工程量按设计图示钢筋长度乘单位理论质量以"t"计算。

钢筋工程应按不同的钢筋种类、规格、锚具种类分别编列项目编码。

工作内容包括：钢筋制作、运输、钢筋张拉。

(3) 后张法预应力钢筋、预应力钢丝、预应力钢绞线

工程量按设计图示钢筋（丝束、绞线）长度乘单位理论质量以"t"计算。

1) 低合金钢筋两端均采用螺杆锚具时，钢筋长度按孔道长度减 0.35m 计算，螺杆另行计算；

2) 低合金钢筋一端采用镦头插片、另一端采用螺杆锚具时，钢筋长度按孔道长度计算，螺杆另行计算；

3) 低合金钢筋一端采用镦头插片、另一端采用帮条锚具时，钢筋增加 0.15m 计算；两端均采用帮条锚具时，钢筋长度按孔道长度增加 0.3m 计算；

4) 低合金钢筋采用后张混凝土自锚时，钢筋长度按孔道长度增加 0.35m 计算；

5) 低合金钢筋（钢绞线）采用 JM、XM、QM 型锚具，孔道长度在 20m 以内时，钢筋长度按孔道长度增加 1m 计算，孔道长度在 20m 以上时，钢筋长度按孔道长度增加 1.8m 计算；

6) 碳素钢丝采用锥型锚具，孔道长度在 20m 以内时，钢丝束长度按孔道长度增加 1m 计算，孔道长度在 20m 以上时，钢丝束长度按孔道长度增加 1.8m 计算；

7) 碳素钢丝束采用镦头锚具时，钢丝束长度按孔道长度增加 0.35m 计算。

工作内容包括：钢筋、钢丝束、钢绞线制作、运输、钢筋、钢丝束、钢绞线安装、预埋管孔道铺设、锚具安装、砂浆制作、运输、孔道压浆、养护。

16. 螺栓、铁件

螺栓、铁件的工程量按设计图示尺寸以质量“t”计算。

螺栓、铁件的工作内容包括：螺栓（铁件）制作、运输、安装。

17. 钢筋、钢板计算相关数据

钢筋计算相关数据系根据《混凝土结构施工图平面整体表示方法制图规则和构造》（11G101）图集介绍。

（1）钢筋、钢板单位质量（见表 5-10）

钢筋、钢板单位质量表 表 5-10

钢筋单位质量		钢板单位质量	
钢筋规格(mm)	单位质量(kg/m)	钢板规格(mm)	单位质量(kg/m^2)
4	0.099	1	7.85
5	0.154	2	15.70
6	0.222	3	23.55
6.5	0.260	4	31.40
8	0.395	5	39.25
10	0.617	6	47.10
12	0.888	7	54.95
14	1.208	8	62.80
16	1.578	9	70.65
18	1.998	10	78.50
20	2.466	11	86.35
22	2.984	12	94.20
24	3.551	13	102.05
25	3.853	14	109.90
26	4.168	15	117.75
28	4.834	16	125.60
30	5.549	17	133.45

注：钢筋单位质量=0.006165d^2（d—钢筋直径 mm）；钢板单位质量=7.85δ（δ—钢板厚度 mm）

（2）钢筋锚固长度

钢筋锚固长度见 11G101-1 第 53 页。

（3）钢筋保护层

受力钢筋的混凝土保护层最小厚度见 11G101-1 第 54 页。

（4）钢筋弯钩

1）180°弯钩

当 HPB235 钢筋为受拉时，其末端应做成 180°弯钩，弯钩平直段长度不应小于 3d，每个弯钩按 6.25d 计算，如图 5-109（a）所示。当为受压时，可不做弯钩。

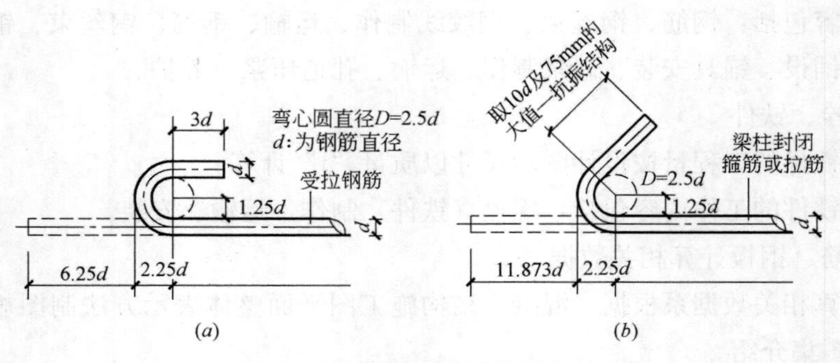

图 5-109　弯钩长度计算示意图

(*a*) 180°半圆弯钩；(*b*) 135°斜弯钩

2）135°弯钩

梁、柱、剪力墙的箍筋及拉筋末端应做成 135°弯钩，平直长度按 $10d$ 及 75mm 中较大值取定，见图 5-109（*b*）。每个弯钩（$\phi4$、$\phi6$ 除外）按 $11.873d$ 计算，参见表 5-11。

3）箍筋弯钩

箍筋弯钩长度可按表 5-11 计算。

箍筋弯钩长度计算表　　　　**表 5-11**

箍筋直径 d(mm)		4	6	6.5	8	10	12
箍筋弯钩长度(mm)	单钩	80	85	90	95	120	140
	双钩	160	170	180	190	240	280

注：本表除 $\phi4$、$\phi6$ 钢筋平直长度按 75mm 计算外，其余钢筋平直长度按 $10d$ 计算。

箍筋弯钩：$\phi8$、$\phi10$、$\phi12$ 箍筋的单钩长度 $11.873d$、双钩长度 $23.75d$。

箍筋长度＝构件周长－(保护层－箍筋直径)×8＋箍筋弯钩长度

（5）弯起钢筋

构件中弯起钢筋按构件长度减保护层加钢筋弯钩，再加弯起钢筋增加值计算，如图 5-110 所示。其计算公式如下：

$$弯起钢筋长度＝构件长度－保护层＋\Delta S$$

式中　ΔS——弯起钢筋增加值，见表 5-12。

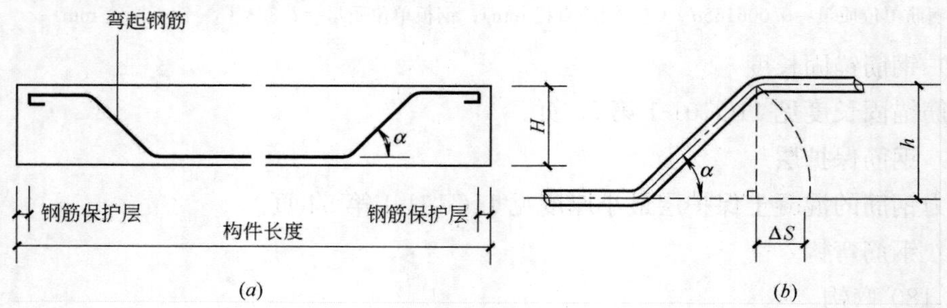

图 5-110　弯起钢筋计算示意图

(*a*) 弯起钢筋计算示意图；(*b*) ΔS 示意图

弯起钢筋增加值表　　　　表 5-12

弯起角度(α)	30°	45°	60°
增加值($\triangle S$)	$0.27h$	$0.41h$	$0.57h$

注：表中 h=梁高－保护层－钢筋直径。

梁高≤500mm，α=30°；500mm＜梁高≤800mm，α=45°；梁高＞800mm，α=60°。

【例 5-38】 计算图 5-110（a）所示单根弯起钢筋的质量。设梁的长度 6000mm，断面 250mm×650mm，钢筋保护层 25mm，弯起角度 45°，钢筋直径Φ 20。

弯起钢筋的质量=[6.0－0.05＋12.5×0.02＋(0.65－0.05－0.02)×0.41×2]×2.466
=16.46kg

（6）箍筋加密

在梁、柱相交区域的箍筋必须加密。见 11G10-1 相关规定。

（7）螺旋钢筋

螺旋钢筋主要用于桩、圆柱等。螺旋钢筋长度计算见公式（图 5-111）：

$$L=\sqrt{H^2+\left(\pi D\times\frac{H}{a}\right)^2}$$

式中　L——螺旋钢筋长度；

H——螺旋钢筋铅垂高度；

D——螺旋钢筋水平投影直径；

a——螺旋钢筋间距。

【例 5-39】 计算某工程圆柱（如图 5-111 所示）螺旋钢筋的长度。已知：圆柱直径 600mm，主筋保护层 30mm，螺旋钢筋铅垂高度 H=5.5m，螺旋钢筋直径 ϕ8，螺旋钢筋间距 a=200mm=0.20m。

螺旋钢筋水平投影直径 D=600－30×2＋8=548mm=0.548m，

$$L=\sqrt{5.50^2+\left(\pi\times0.548\times\frac{5.50}{0.20}\right)^2}+12.5\times0.08=47.76\text{m}$$

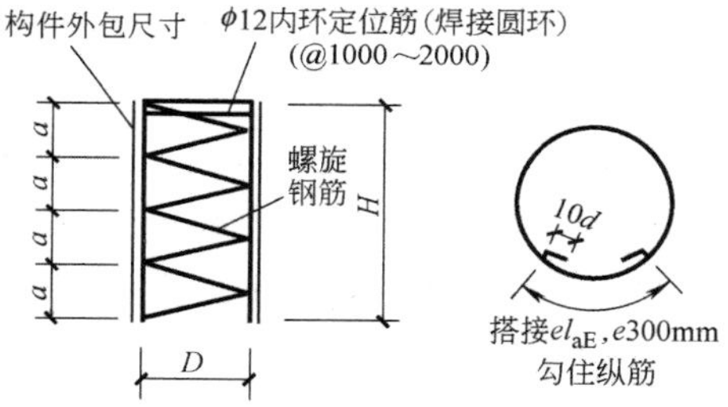

图 5-111　螺旋钢筋计算示意图

（8）措施钢筋

现浇构件中固定位置的支撑钢筋、双层钢筋用的“铁马”、伸出构件的锚固钢筋、预制构件的吊钩等，计入钢筋工程量内。如图 5-112 所示。

18. 混凝土模板及支撑

混凝土模板及支撑工程量可以构件体积以“m^3”计算，也可以按构件与模板的接触面积以“m^2”计算。

如果按构件体积以“m^3”计算，则包括在混凝土构件的内容中，不再计算混凝土模板及支撑的工程量。如果按构件与模板的接触面积以“m^2”计算，则应单独列制项目。下面介绍按面积以“m^2”计算的基本方法。

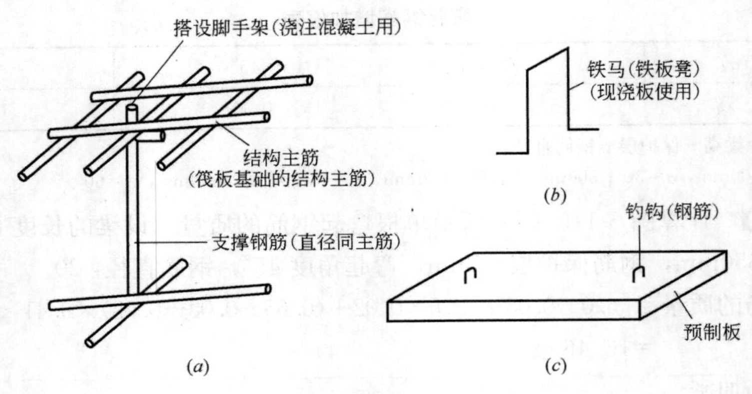

图 5-112 措施钢筋示意图

(*a*) 支撑钢筋；(*b*) 铁马；(*c*) 钓钩

混凝土模板及支撑的工程量，除楼梯、台阶、雨篷、悬挑板、阳台板按其水平投影面积以“m^2”计算外，其余构件均按构件与模板的接触面积以“m^2”计算。具体规则如下：

(1) 现浇钢筋混凝土墙、板单孔面积≤0.3m^2 的孔洞不予扣除，洞口侧壁模板亦不增加；单孔面积>0.3m^2 的孔洞应予扣除，但洞口侧壁模板面积并入墙、板工程量内计算。

(2) 现浇框架按梁、板、柱分别计算，附墙柱、暗梁、按柱并入工程量内计算。

(3) 柱、梁、墙、板相互连接的重叠部分，均不计算模板面积。

(4) 构造柱按图示外露部分计算模板面积。

(5) 楼梯，按楼梯（包括休息平台、平台梁、斜梁和楼层板的连接梁）的水平投影面积计算，不扣除宽度≤500mm 的楼梯井所占面积，楼梯踏步、踏步板、平台梁等侧面模板不另计算，伸入墙内部分亦不增加。

(6) 台阶，按台阶水平投影面积计算，台阶端头两侧不另计算模板面积。架空混凝土台阶按现浇楼梯计算。

(7) 雨篷、悬挑板、阳台板，按图示外挑部分尺寸的水平投影面积计算，挑出墙外的悬臂梁及板边不另计算。

如图 5-113 所示，基础（含基础垫层）、柱、框架梁、压顶按模板的接触面积计算混凝土模板及支撑的工程量，挑檐、楼梯按水平投影面积计算混凝土模板及支撑的工程量。

混凝土模板及支撑的工作内容包括：模板制作；模板安装、拆除、整理堆放及场内外运输；清理模板粘接物及模内隔离剂。

【例 5-40】 计算图 5-81 所示杯口基础的混凝土模板及支撑工程量。

(1) 垫层外侧模板：(2.2+2.7)×2×0.1=0.49m^2

(2) 基础外侧模板：(2.0+2.5)×2×0.2+(0.95+1.15)×2×0.25=2.85m^2

(3) 杯口内侧模板：0.45×0.652×2+0.65×0.652×2=1.43m^2

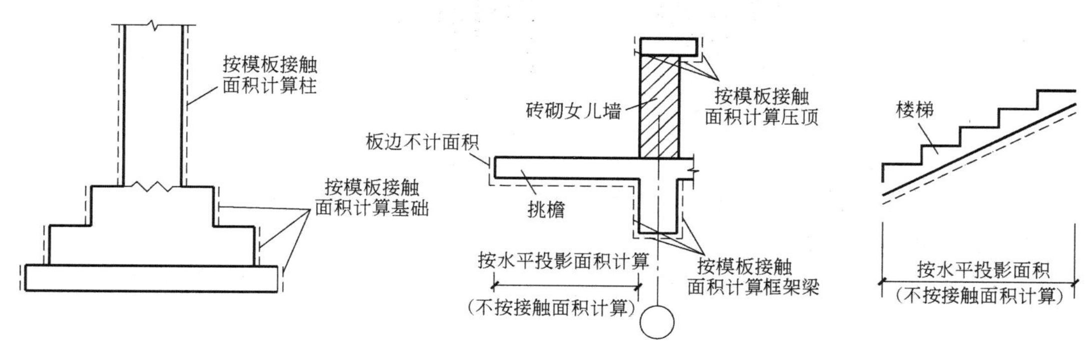

图5-113　模板工程量计算示意图

合计：0.49＋2.85＋1.43＝4.77m^2

【例5-41】 计算图5-84所示构造柱的混凝土模板及支撑工程量。(设构造柱总高19.56m)

构造柱模板工程量：(0.24×3＋马牙槎0.06×10)×19.56 ＝25.82m^2

【例5-42】 计算图5-99所示楼梯的混凝土模板及支撑工程量。

楼梯模板工程量：2.36×(1.6＋3.0＋0.25)×2＝22.89m^2

5.3.6　金属结构工程

1. 各种钢结构件

钢结构件结构包括钢网架、钢屋架、托架、桁架、钢柱、钢梁、钢支撑、钢檩条、钢零星构件等。

按设计图示尺寸以质量“t”计算。不扣除孔眼的质量，焊条、铆钉、螺栓等不另增加质量。金属构件的切边，不规则及多边形钢板发生的损耗在综合单价中考虑。

钢结构件的工作内容包括拼装、安装、探伤、补刷油漆。制作、运输、油漆包括在钢结构件的价格中。

计算公式：

型钢质量＝∑(型钢长度×单位质量)　　(单位质量指每米质量，kg/m)

钢板质量＝∑(钢板面积×单位质量)　　(单位质量指每平方米质量，kg/m^2)

公式中的型钢长度及钢板面积按图纸所示尺寸计算；单位质量查五金手册即可得到。

型钢包括角钢、槽钢、工字钢、H型钢、C型钢、圆钢等；钢板指各种钢板。

【例5-43】 计算图5-114所示钢支撑XG4的工程量(设钢支撑XG4共有16个)。

查五金手册，∠70×5等边角钢单位质量5.397kg/m，－6钢板单位质量47.10kg/m^2。

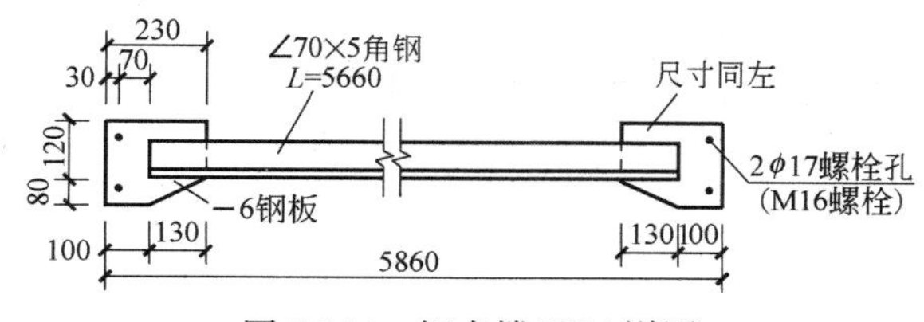

图5-114　钢支撑XG4详图

(1) 等边角钢(∠70×5)：5.66×5.397×16＝488.75kg

(2) 钢板(－8×200×230)：

（0.20×0.23－0.13×0.08÷2）×47.10×2×16＝61.49kg

小计：488.75＋61.49＝550.24kg＝0.55t

2. 钢板楼板、墙板

（1）钢板楼板

钢板楼板按设计图示尺寸以铺设水平投影面积“m^2”计算。不扣单个面积≤0.3m^2的柱、垛及孔洞所占面积。

压型钢板楼板上浇筑钢筋混凝土，混凝土和钢筋应按混凝土构件及钢筋相关项目编码列项。

（2）钢板墙板

压型钢板墙板工程量按设计图示尺寸铺挂展开面积以“m^2”计算。不扣除单个≤0.3m^2的梁、孔洞所占面积，包角、包边、窗台泛水等不另加面积。

3. 金属制品

（1）成品空调护栏、金属百叶护栏、成品栅栏

工程量按设计图示尺寸以框外围展开面积“m^2”计算。

工作内容包括：安装；校正；预埋铁件、安螺栓及金属立柱。

（2）成品雨篷

工程量按设计图示接触边（与墙的接触）以“m”计算，或按设计图示尺寸展开面积以“m^2”计算。

工作内容包括：安装；校正；预埋铁及安螺栓。

（3）金属网栏

工程量按设计图示尺寸以框外围展开面积“m^2”计算。金属网一般指羽毛球场或网球场等球场的围网。

工作内容包括：安装；校正；安螺栓及金属立柱。

（4）砌块墙钢丝网加固、后浇带金属网

工程量按设计图示尺寸以面积“m^2”计算。

工作内容包括：铺贴、锚固。

5.3.7 木结构工程

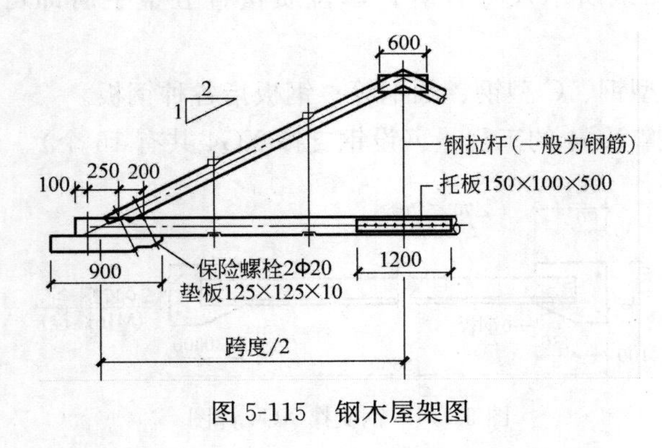

图 5-115 钢木屋架图

1. 木屋架

木屋架包括全木屋架和钢木屋架（见图 5-115）。

工程量按设计图示数量以“榀”计算。全木屋架可按设计图示尺寸以体积“m^3”计算。

工作内容包括：制作、运输、安装、刷防护材料。

木屋架应按不同的类型（全木屋

架或钢木屋架）、跨度、安装高度等不同分别编列项目编码。

2. 木构件

木构件包括木柱、木梁、木檩、木楼梯、其他木构件等。

（1）木柱、木梁、木檩

工程量按设计图示尺寸体积以“m^3”计算。

工作内容包括：制作、运输、安装、刷防护材料。

（2）木楼梯

木楼梯按设计图示尺寸的水平投影面积以“m^2”计算。不扣除宽度小于 300mm 的楼梯井，伸入墙内部分不计算。

木楼梯上的木栏杆（栏板）、木扶手另列项目计算。

工作内容包括：制作、运输、安装、刷防护材料。

（3）其他木构件

其他木构件按设计图示尺寸体积、面积以“m^3”、“m”计算。

3. 屋面木基层

屋面木基层指椽子、望板、顺水条和挂瓦条等内容，如图 5-116 所示。

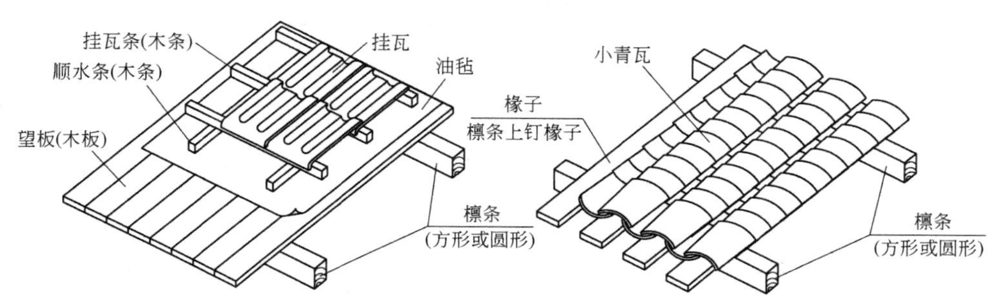

图 5-116 屋面木基层示意图

工程量按设计图示尺寸以斜面面积“m^2”计算。不扣除房上烟囱、风帽底座、风道、小气窗、斜沟等所占面积。小气窗的出檐部分不增加面积。如图 5-117 所示。

工作内容包括：椽子制作、安装；望板制作、安装；顺水条和挂瓦条制作、安装；刷防护材料。

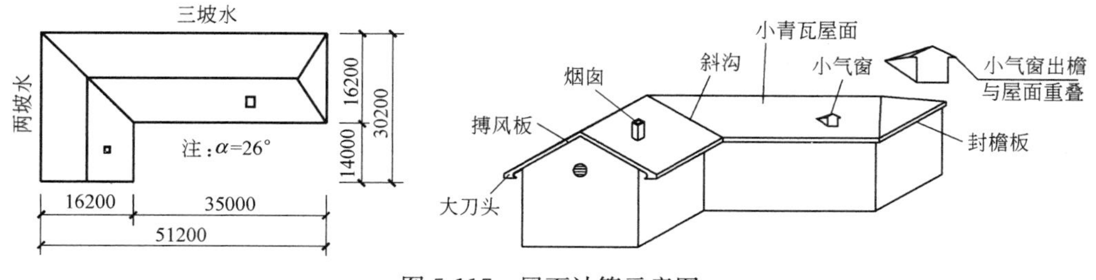

图 5-117 屋面计算示意图

斜屋面工程量＝屋面水平投影面积×屋面坡度系数

屋面坡度系数根据已知条件的不同，有两种不同的计算方法。屋面坡度系数见下列

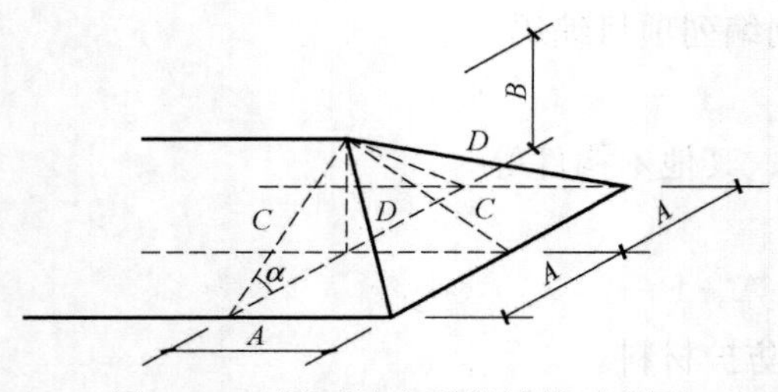

图 5-118　屋面坡度系数计算示意图

计算公式：

（1）已知水平面与斜面相交的夹角（α）（图 5-118）

屋面坡度系数$=\frac{1}{\cos\alpha}$　（式中 α——水平面与斜面相交的夹角）

若 $\alpha=45°$，则：屋面坡度系数$=\frac{1}{\cos45°}=$ 1.4142

（2）已知矢跨比（B/2A）

屋面坡度系数$=\frac{\sqrt{B^2+A^2}}{A}$

若矢跨比为$\frac{1}{2}$，即：$B=1$，$A=1$，则：屋面坡度系数$=\frac{\sqrt{1^2+1^2}}{1}=1.4142$

将计算结果制作成屋面坡度系数表，以备查用。见表 5-13。

屋面坡度系数表　　**表 5-13**

坡　度			坡 度 系 数	
坡度 $B(A=1)$	坡度 $B/2A$	坡度角度 α	延尺系数 $C(A=1)$	隅延尺系数 $D(A=1)$
1	1/2	45°	1.4142	1.7321
0.75		36°52′	1.2500	1.6008
0.70		35°	1.2207	1.5779
0.666	1/3	33°40′	1.2015	1.5620
0.65		33°01′	1.1926	1.5564
0.60		30°58′	1.1662	1.5362
0.577		30°	1.1547	1.5270
0.55		28°49′	1.1413	1.5170
0.50	1/4	26°34′	1.1180	1.5000
0.45		24°14′	1.0966	1.4839
0.40	1/5	21°48′	1.0770	1.4697
0.35		19°17′	1.0594	1.4569
0.30		16°42′	1.0440	1.4457
0.25		14°02′	1.0308	1.4362
0.20	1/10	11°19′	1.0198	1.4283
0.15		8°32′	1.0112	1.4221
0.125		7°8′	1.0078	1.4191
0.100	1/20	5°42′	1.0050	1.4177
0.083		4°45′	1.0035	1.4166
0.066	1/30	3°49′	1.0022	1.4157

【例 5-44】 计算图 5-117 屋面木基层的工程量。

设该屋面的做法为在木檩条上满钉 15mm 厚的望板，望板上满铺油毡，在油毡上钉 30mm×50mm 的压条，在压条上钉 30mm×40mm 的挂瓦条，在挂瓦条上挂瓦。本项目的木基层包括望板、压条、挂瓦条。

由图 5-117 知道水平面与斜面相交的夹角 $\alpha=26°$。

屋面坡度系数$=\dfrac{1}{\cos 26°}=1.1126$

若能从表 5-13 直接查找得到，则可直接查表即可。

屋面木基层的工程量＝屋面水平投影面积×屋面坡度系数

$=(51.20\times30.20-35.00\times14.00)\times1.1126$

$=1175.17\text{m}^2$

5.3.8 门窗工程

门窗工作内容如图 5-119 所示。

门窗工程
- 门窗（m^2、樘）
- 门窗套（m、m^2、樘）
- 窗台板（m^2）
- 窗帘、窗帘盒、窗帘轨（m、m^2）

图 5-119　门窗工程量计算图

1. 门窗

（1）工程量计算

各种门窗工程量按设计图示数量以“樘”计算（一个门窗洞口为一“樘”，一“樘”有可能是单个门窗扇，也有可能是多个门窗扇），或按设计图示洞口尺寸以面积“m^2”计算。门锁安装工程量按设计图示数量以“个”或“套”计算。

应按不同的材质、规格尺寸、制作方式、开启方式等分别列制项目计算工程量。

（2）工作内容

1）木门

木门包括木质门（包括镶板木门、企口木板门、实木装饰门、胶合板门、夹板装饰门、木纱门、木质全玻门、木质半玻门等）、木质门带套、木质连窗门、木质防火门、木门框、门锁安装等项目。部分木质门如图 5-120 所示。

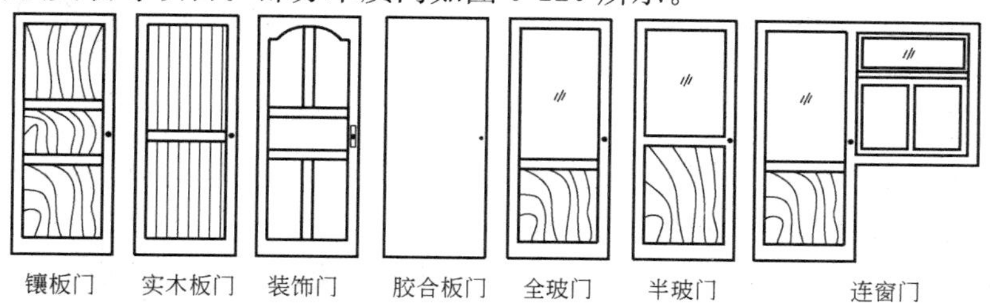

图 5-120　部分门示意图

工作内容包括：门安装；玻璃安装；五金安装；刷防护材料。

木门五金包括：折页（合页）、插销、风钩、门碰珠、弓背拉手、搭扣、木螺丝、弹簧折页（自动门）、管子拉手（自由门、地弹门）、地弹门（地弹簧）、角铁、门轧头（自由门、地弹门）等。

2）金属门

金属门包括金属（塑钢）门、彩板门、钢质防火门、防盗门。

工作内容包括：门安装；五金安装、玻璃安装。

铝合金门五金包括：地弹簧、门锁、拉手、门插、门铰、螺丝。

各种金属门五金包括：L型执手插锁（双舌）、执手锁（单舌）、门轨头、地锁、防盗门机、门眼（猫眼）、门碰珠、电子锁（磁卡锁）、闭门器、装饰拉手等。

3）金属卷帘（闸）门

金属卷闸门包括金属卷帘（闸）门、防火卷帘（闸）门。

工作内容包括：门运输、安装；启动装置、活动小门、五金安装。

4）厂库房大门、特种门

厂库房大门、特种门包括门板大门、钢木大门、全钢板大门、防护铁丝门、金属格栅门、钢质花饰大门、特种门等项目。

工作内容包括：门（骨架）制作、运输；门、五金配件安装；刷防护材料。

5）其他门

其他门包括电子感应门、旋转门、电子对讲门、电动伸缩门、全玻自由门、镜面不锈钢饰面门、复合材料门。

工作内容包括：门安装；启动装置、五金、电子配件安装。

6）木窗

木窗包括木质窗（包括木质百叶窗、木组合窗、木天窗、木固定窗、装饰空花木窗等）、木飘（凸）窗、木橱窗、木纱窗。

工作内容包括：窗安装；五金、玻璃安装；刷防护材料。

木窗五金包括：折页、风钩、插销、木螺钉、滑轮滑轨（推拉窗）等。

7）金属窗

金属窗包括：金属（塑钢、断桥）窗、金属防火窗、金属百叶窗、金属纱窗、金属格栅窗、金属（塑钢、断桥）橱窗、金属（塑钢、断桥）飘（凸）窗、彩板窗、复核材料窗。

工作内容包括：窗安装；五金、玻璃安装；刷防护材料。

金属窗五金包括折页、螺钉、执手、卡锁、铰拉、风撑、滑轮、滑轨、拉手、角码、牛角制等。

2. 门窗套

门窗套包括木门窗套、木筒子板、饰面夹板筒子板、金属门窗套、石材门窗套、门窗木贴脸、成品木门窗套。如图 5-121 所示。

工程量按设计图示尺寸以展开面积“m^2”计算，或按设计图示数量以“樘”计算，或按设计图示中心线以延长米“m”计算。

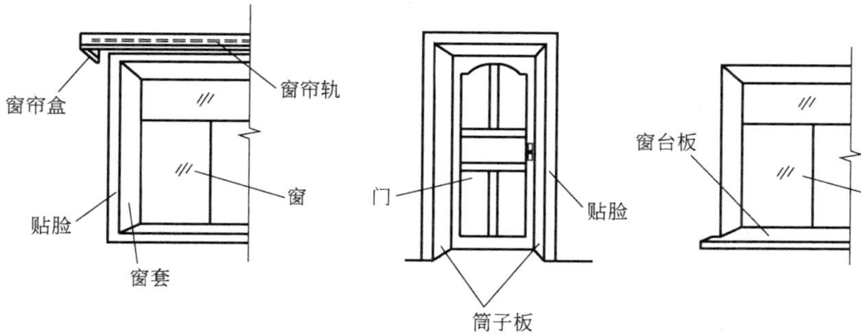

图 5-121 门窗套、窗帘轨示意图

工作内容包括：清理基层；立筋制作、安装；基层板安装；面层铺贴；线条安装；刷防护材料。

3. 窗台板

窗台板包括木窗台板、铝塑窗台板、金属窗台板、石材窗台板等。见图 5-121。

工程量按设计图示尺寸以面积“m^2”计算。

工作内容包括：基层清理；基层制作、安装（或砂浆找平）；窗台板制作、安装；刷防护材料。

4. 窗帘、窗帘盒、窗帘轨

窗帘盒包括窗帘、木窗帘盒、饰面夹板窗帘盒、塑料窗帘盒、铝合金窗帘盒、窗帘轨项目等。

窗帘工程量按设计图示尺寸以长度“m”计算，或按设计图示尺寸以成活后展开面积以“m^2”计算。

窗帘盒、窗帘轨工程量按设计图示尺寸以长度“m”计算。

工作内容包括：制作、运输、安装；刷防护材料。

5.3.9 屋面及防水工程

1. 瓦屋面、型材屋面及其他屋面

(1) 瓦屋面

瓦屋面包括小波石棉瓦屋面、镀锌铁皮屋面、GRC 屋面、彩色沥青瓦屋面等。

工程量按设计图示尺寸斜面积以“m^2”计算。不扣除房上烟囱、风帽底座、风道、小气窗、斜沟等所占面积。小气窗的出檐部分不增加面积。

工作内容包括：砂浆制作、运输、摊铺、养护；安瓦、制瓦脊。

(2) 型材屋面

型材屋面包括金属压型板屋面、彩色涂层钢板屋面、玻璃钢瓦屋面、阳光板屋面。

工程量按设计图示尺寸斜面积以“m^2”计算。不扣除房上烟囱、风帽底座、风道、小气窗、斜沟等所占面积。小气窗的出檐部分不增加面积。

瓦屋面工作内容包括：檩条制作、运输、安装；屋面型材安装；接缝、嵌缝。

(3) 阳光板屋面

工程量按设计图示尺寸斜面积以“m^2”计算。不扣除屋面面积≤0.3m^2 孔洞所占面积。

工作内容包括：骨架制作、运输、安装、刷防护材料、油漆，屋面型材安装，阳光板安装；接缝、嵌缝。

（4）玻璃钢屋面

工程量按设计图示尺寸斜面积以“m^2”计算。不扣除屋面面积≤0.3m^2 孔洞所占面积。

工作内容包括：骨架制作、运输、安装、刷防护材料、油漆；玻璃钢制作、安装；接缝、嵌缝。

（5）膜结构屋面

膜结构屋面指加强型 PVC 膜布做成的屋面。

膜结构屋面工程量按设计图示尺寸以需要覆盖的水平面积以“m^2”计算。如图5-122所示。

膜结构屋面工作内容包括：膜布热压胶接；支柱（网架）制作、安装；膜布安装；穿钢丝绳、锚头锚固；锚固基座、挖土、回填；刷防护材料、刷油漆。

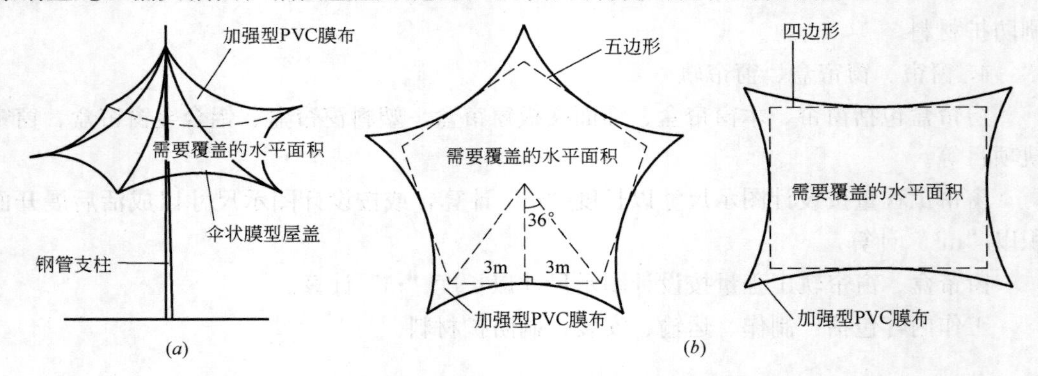

图 5-122　膜结构屋面计算示意图

（*a*）伞状膜型屋盖示意图；（*b*）膜型屋盖水平投影示意图

【例 5-45】 已知图 5-122（*b*）中正五边形膜结构屋面的边长 6m，计算该屋面工程量。

将正五边形分成 10 个直角三角形，每个直角三角形的圆心角为 36°，直角三角形中一个直角边为 3m，所以：

正五边形膜结构屋面工程量$=3.0\times ctg36°\times 3.0\times 5=61.94m^2$

2. 屋面防水及其他

屋面防水包括屋面卷材防水、屋面涂膜防水、屋面刚性防水、屋面排水管、屋面天沟、沿沟。

（1）屋面卷材防水

卷材防水包括石油沥青油毡防水卷材防水、APP 改性沥青卷材防水、ABS 改性沥青卷材防水、SBC120 聚乙烯丙纶复合卷材防水等。

屋面卷材防水工程量按设计图示尺寸面积以“m^2”计算。

A. 斜屋顶（不包括平屋顶找坡形成的屋面）按斜面面积计算，平屋顶按水平投影面积计算；

B. 不扣除房上烟囱、风帽底座、风道、屋面小气窗和斜沟所占面积，见图 5-117 所示；

C. 屋面的女儿墙、伸缩缝和天窗等处的弯起部分，并入屋面工程量内。见图 5-123。

工作内容包括：基层处理；刷底油；铺油毡卷材、接缝。

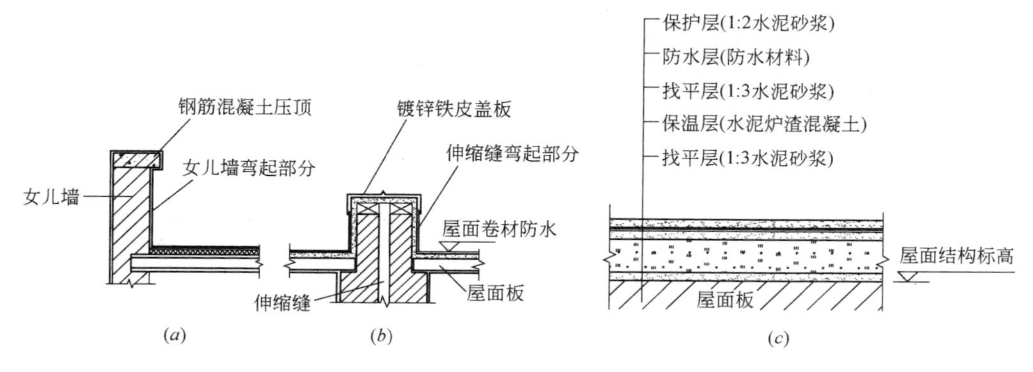

图 5-123　屋面防水示意图

(a) 女儿墙；(b) 伸缩缝；(c) 屋面防水构造

（2）屋面涂膜防水

屋面涂膜防水包括石油沥青玛蹄酯涂膜、塑料油膏涂膜、APP 改性沥青涂料、SBS 改性沥青涂料、水乳型橡胶沥青涂料等。

工程量计算规则同屋面卷材防水。

工作内容包括：基层处理，抹找平层，涂防水膜，铺保护层。

（3）屋面刚性防水

屋面刚性防水即钢筋混凝土防水。见图 5-124。

屋面刚性防水工程量按设计图示尺寸面积以“m^2”计算。不扣除房上烟囱、风帽底座、风道等所占面积。

屋面刚性防水工作内容包括：基层处理，混凝土制作、运输、铺筑、养护。

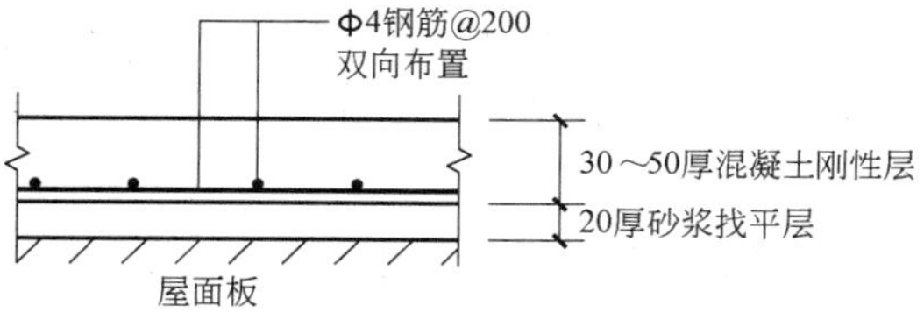

Φ4钢筋@200 双向布置

30～50厚混凝土刚性层

20厚砂浆找平层

屋面板

图 5-124　刚性屋面示意图

（4）屋面排水管

屋面排水管包括：塑料水落管排水、铁皮排水、石棉水泥排水、玻璃钢排水、阳台吐水管（钢管．塑料管）等。

屋面排水管工程量按设计图示尺寸长度以“m”计算。如设计未标注尺寸，以檐口至设计室外散水上表面垂直距离计算。如图 5-125 所示。

屋面排水管工作内容包括：排水管及配件安装、固定；雨水斗、雨水篦子等安装；接缝、嵌缝；刷漆。

（5）屋面排（透）气管

工程量按设计图示尺寸以长度“m”计算。如图 5-126 所示。

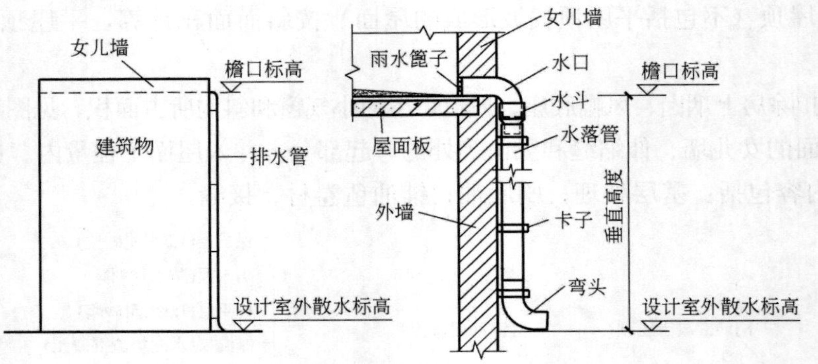

图 5-125　屋面排水管示意图

工作内容包括：排气（透）管及配件安装、固定；铁件制作、安装；接缝、嵌缝；刷漆。

（6）屋面泄水管（阳台、走廊）

工程量按设计图示数量以“根”或“个”计算。如图 5-127 所示。

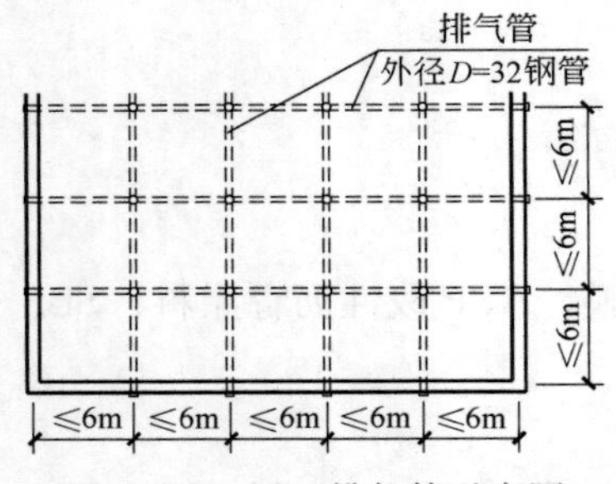

图 5-126　屋面排气管示意图

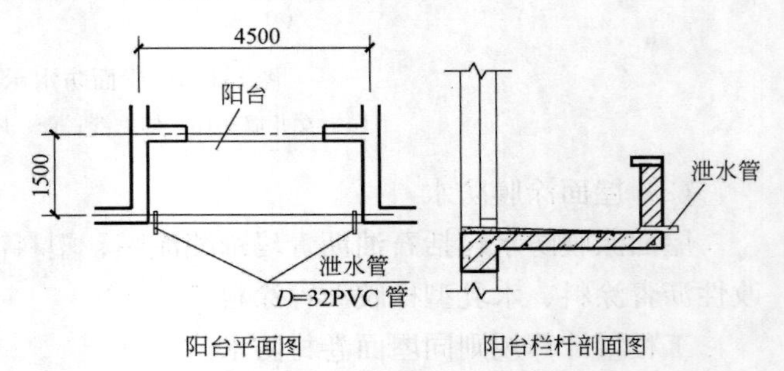

图 5-127　阳台泄水管示意图

工作内容包括：水管及配件安装、固定；接缝、嵌缝；刷漆。

（7）屋面天沟、檐沟

屋面天沟、沿沟包括铁皮排水、石棉水泥排水等。

屋面排水管工程量按设计图示尺寸面积以“m^2”计算。铁皮和卷材天沟按展开面积计算。

铁皮排水零件计算，如图纸没有注明尺寸时，可参照“铁皮排水单体零件展开面积折算表”表 5-14 折算，咬口和搭接等均包含在内，不另计算。

屋面排水管工作内容包括：天沟材料铺设，天沟配件安装，接缝、嵌缝，刷防护材料。

铁皮排水单体零件展开面积折算表　　**表 5-14**

单位：m^2

水落管（每米）	檐沟（每米）	水斗（每个）	漏斗（每个）	下水口（每个）	天沟（每米）
0.32	0.30	0.40	0.16	0.45	1.30
斜沟、天窗窗台、泛水（每米）	天窗侧面泛水（每米）	烟囱泛水（每米）	通气管泛水（每米）	滴水檐头泛水（每米）	滴水（每米）
0.50	0.70	0.80	0.22	0.24	0.11

注：表中数据指每米或每个单体零件的展开面积多少平方米。

（8）屋面变形缝

工程量按设计图示长度以“m”计算。

工作内容包括：清缝；填塞防水材料；止水带安装；盖缝制作、安装；刷防护材料。

3. 墙面防水、防潮

墙面防水包括墙面卷材防水、墙面涂膜防水、墙面砂浆防水（潮）、墙面变形缝等项目。

（1）卷材防水、涂膜防水、砂浆防水（潮）

墙面防水工程量按设计图示尺寸面积以“m^2”计算。墙面卷材防水搭接及附加层用量不另行计算，在综合单价中考虑。

墙面卷材防水工作内容包括：基层处理；刷粘接剂；铺防水卷材；接缝、嵌缝。

墙面涂膜防水工作内容包括：基层处理；刷基层处理剂；铺布、喷涂防水层。

墙面砂浆防水（潮）工作内容包括：基层处理；挂钢丝网片；设置分格缝；砂浆制作、运输、摊铺、养护。

（2）墙面变形缝

工程量按设计图示尺寸长度以“m”计算。

工作内容包括：清缝；填塞防水材料；止水带安装；盖缝制作、安装；刷防护材料。

4. 楼（地）面防水、防潮

（1）卷材防水、涂膜防水、砂浆防水（潮）

楼（地）面防水、防潮包括：楼（地）面卷材防水、楼（地）面涂膜防水、楼（地）面砂浆防水（潮）、楼（地）面变形缝等项目。

楼（地）面防水工程量按设计图示尺寸以面积“m^2”计算。楼（地）面卷材搭接及附加层用量不另行计算，在综合单价中考虑。

地（地）面防水按主墙间净空面积计算，扣除凸出地面的构筑物、设备基础等所占面积，不扣除柱、垛、间壁墙（厚度在120mm以内的墙可视为间壁墙）、烟囱及单个$\leqslant 0.3m^2$的孔洞所占面积。楼（地）面反边高度$\leqslant$300mm算作地面防水，反边高度$>$300mm按墙面防水计算。

卷材防水包括石油沥青油毡防水卷材防水、APP改性沥青卷材防水、ABS改性沥青卷材防水、SBC120聚乙烯丙纶复合卷材防水等。卷材防水的工作内容包括：基层处理；刷粘结剂；铺防水卷材；接缝、嵌缝。

涂膜防水包括石油沥青玛琋酯涂膜、塑料油膏涂膜、APP改性沥青涂料、SBS改性沥青涂料、水乳型橡胶沥青涂料等。涂膜防水的工作内容包括：基层处理；刷基层处理剂；铺布、喷涂防水层。

砂浆防水包括：砂浆防水（潮）防水砂浆（一层做法）、防水砂浆（五层做法）、隔热镇水粉防水、混凝土或砂浆盖面、水泥砂浆防水（掺无机铝盐防水剂）、素水泥浆防水（掺无机铝盐防水剂）。砂浆防水的工作内容包括：基层处理；砂浆制作、运输、摊铺、养护。

5. 楼（地）面变形缝

楼（地）面变形缝工程量按设计图示长度以“m”计算。

楼（地）面变形缝的工作内容包括：清缝；填塞防水材料；止水带安装；盖板制作、安装；刷防护材料。

变形缝指屋面、墙面、楼地面等的缝子处理。如图 5-128 所示。变形缝包括石灰麻刀、油浸麻丝、灌沥青、沥青砂浆、建筑油膏、丙烯酸酯、聚氯乙烯胶泥嵌缝，木板、铁皮、铝合金板、钢板盖面等。

止水带项目按变形缝项目编码列项。止水带包括橡胶止水带、塑料止水带、钢板止水带、预埋式紫铜片止水带等。

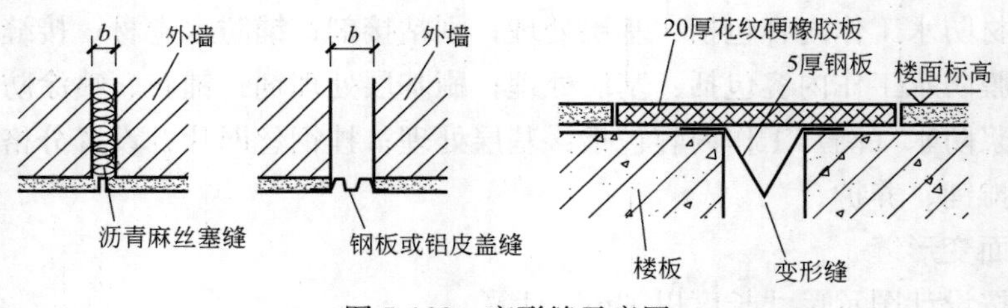

图 5-128　变形缝示意图

5.3.10　保温、隔热、防腐工程

1. 保温、隔热

(1) 保温隔热屋面

工程量按设计图示尺寸面积以“m^2”计算。扣除>0.3m^2 孔洞及占位面积。

工作内容包括：基层清理；刷粘材料；铺粘保温层；铺、刷（喷）防护材料。

(2) 保温隔热顶棚

工程量按设计图示尺寸面积以“m^2”计算。扣除>0.3m^2 的柱、垛、孔洞所占面积，与顶棚相连的梁保温隔热层按展开面积计算，并入顶棚工程量内。

工作内容包括：基层清理；刷粘材料；铺粘保温层；铺、刷（喷）防护材料。

(3) 保温隔热墙面

工程量按设计图示尺寸面积以“m^2”计算。扣除门窗洞口及面积>0.3m^2 的梁、孔洞所占面积；门窗洞口侧壁以及与墙相连接的柱，并入保温墙体工程量内。

工作内容包括：基层清理；刷界面剂；安装龙骨；填贴保温板安装；粘贴面层；铺设增强格网、抹抗裂防水砂浆面层；嵌缝；铺、刷（喷）防护材料。

(4) 保温柱、梁

工程量按设计图示尺寸以面积“m^2”计算。

柱按设计图示柱断面保温层中心线展开长度乘以保温层高度以面积计算，扣除面积>0.3m^2 的梁所占面积；梁按设计图示梁断面保温层中心线展开长度乘以保温层长度以面积计算。

保温柱、梁是指不与墙面、顶棚连接的独立柱、梁。与墙面连接的柱计入墙面工程量，与顶棚连接的梁计入顶棚工程量。

工作内容包括：基层清理；刷界面剂；安装龙骨；填贴保温板安装；粘贴面层；铺设增强格网、抹抗裂防水砂浆面层；嵌缝；铺、刷（喷）防护材料。

（5）保温隔热楼地面

工程量按设计图示尺寸以面积“m^2”计算。扣除>0.3m^2 的柱、垛、孔洞所占面积，门洞、空圈、暖气包槽、壁龛的开口部分不增加面积。

工作内容包括：基层清理，刷粘接材料；铺贴保温层；铺、刷（喷）防护材料。

（6）其他保温隔热

工程量按设计图示尺寸以展开面积“m^2”计算。扣除面积>0.3m^2 孔洞及占位面积。

工作内容包括：基层清理，刷界面剂；安装龙骨；填贴保温材料；保温板安装；粘贴面层；铺设增强网格、抹抗裂防水砂浆面层；嵌缝；铺、刷（喷）防护材料。

2. 防腐面层

防腐混凝土、砂浆面层、防腐胶泥面层、玻璃钢防腐面层、聚氯乙烯防腐、块料防腐面层

防腐混凝土包括耐酸沥青混凝土、水玻璃混凝土、硫磺混凝土、重晶石混凝土等。

防腐砂浆包括耐酸沥青砂浆、水玻砂浆、璃硫磺砂浆、不发火沥青砂浆、重晶石砂浆、金属屑砂浆等。

防腐胶泥指环氧树脂胶泥。

玻璃钢防腐包括环氧玻璃钢、环氧酚醛玻璃钢、酚醛玻璃钢、环氧煤焦油玻璃钢等。

聚氯乙烯防腐面层，指利用XY401粘接剂粘贴软聚氯乙烯塑料地板的防腐做法。

块料防腐面层，指用水玻璃耐酸胶泥等耐酸胶结料粘贴耐酸瓷砖、耐酸瓷板、铸石板的防腐做法。

工程量按设计图示尺寸面积以“m^2”计算。①平面防腐：扣除凸出地面的构筑物、设备基础等以及面积>0.3m^2 孔洞、柱、垛等所占面积，门洞、空圈、暖气包槽、壁龛的开口部分不增加面积；②立面防腐：扣除门、窗、洞口及面积>0.3m^2 孔洞、梁所占面积，门、窗、洞口侧壁、垛凸出部分按展开面积并入墙面积内。

防腐混凝土、防腐砂浆面层的工作内容包括：基层清理，刷基层面，砂浆制作、运输、摊铺、养护，混凝土制作、运输、摊铺、养护。

防腐胶泥面层工作内容包括：基层清理，胶泥调制、摊铺。

聚氯乙烯防腐面层的工作内容包括：基层清理，配料、涂胶，聚氯乙烯板铺设，铺贴踢脚板。

块料防腐面层的工作内容包括：基层清理，砌块料，胶泥调制、勾缝。

3. 其他防腐

（1）隔离层

工程量按设计图示尺寸面积以“m^2”计算。①平面防腐：扣除凸出地面的构筑物、设备基础等以及面积>0.3m^2 孔洞、柱、垛等所占面积，门洞、空圈、暖气包槽、壁龛的开口部分不增加面积；②立面防腐：扣除门、窗、洞口及面积>0.3m^2 孔洞、梁所占

面积，门、窗、洞口侧壁、垛凸出部分按展开面积并入墙面积内。

工作内容包括：基层清理、刷油，煮沥青，胶泥调制，隔离层铺设。

(2) 砌筑沥青浸渍砖

工程量按设计图示尺寸体积以“m^3”计算。

工作内容包括：基层清理，胶泥调制，浸渍砖铺砌。

(3) 防腐涂料

工程量按设计图示尺寸面积以“m^2”计算。①平面防腐：扣除凸出地面的构筑物、设备基础等以及面积>$0.3m^2$ 孔洞、柱、垛等所占面积，门洞、空圈、暖气包槽、壁龛的开口部分不增加面积；②立面防腐：扣除门、窗、洞口及面积>$0.3m^2$ 孔洞、梁所占面积，门、窗、洞口侧壁、垛凸出部分按展开面积并入墙面积内。

工作内容包括：基层清理，刷涂料。

5.3.11 楼地面装饰工程

楼地面装饰工程包括整体面层及找平层、块料面层、橡塑面层、其他材料面层、踢脚线、楼梯面层、台阶装饰、零星装饰项目等内容，如图 5-129 所示。

楼地面装饰工程
- 整体面层及找平层 m^2
- 块料面层 m^2
- 橡塑面层 m^2
- 其他材料面层 m^2
- 踢脚线 m^2、m
- 楼梯面层 m^2
- 台阶装饰 m^2
- 零星装饰项目 m^2

图 5-129 楼地面装饰工作内容组成图

1. 整体面层及找平层

(1) 整体面层

整体面层包括水泥砂浆楼地面、现浇水磨石楼地面、细石混凝土楼地面、菱苦土楼地面、自流平楼地面。

整体面层工程量按设计图示尺寸面积以“m^2”计算。扣除凸出地面构筑物、设备基础、室内铁道、地沟等所占面积，不扣除间壁墙（厚度在 120mm 的墙可视为间壁墙）及≤$0.3m^2$ 柱、垛、附墙烟囱及孔洞所占面积。门洞、空圈、暖气包槽、壁龛的开口部分不增加面积。

工作内容包括：

水泥砂浆楼地面工作内容包括：基层清理；抹找平层；抹面+层；材料运输。

现浇水磨石楼地面工作内容包括：基层清理；抹找平层；面层铺设；嵌缝条安装；磨光、酸洗打蜡；材料运输。

细石混凝土楼地面工作内容包括：基层清理；抹找平层；面层铺设；材料运输。

菱苦土楼地面工作内容包括：基层清理；抹找平层；面层铺设；打蜡；材料运输。

工作内容中的名称处理包括拉毛或压光。

由于楼面和地面的基本层次不同，所以楼地面应按楼面和地面分别列制项目，包括各种楼面、地面项目。如图 5-130 所示。

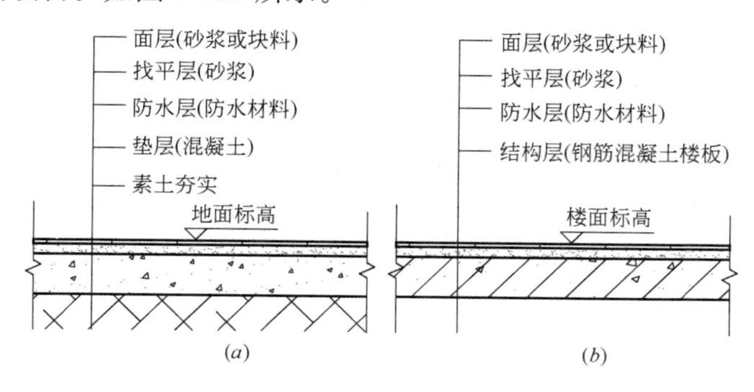

图 5-130 楼地面基本构造图

(a) 地面基本构造；(b) 楼面基本构造

(2) 平面砂浆找平层

找平层工程量按设计图示面积以“m^2”计算。

工作内容包括：基层清理；抹找平层；材料运输。

【例 5-46】 计算如图 5-131 所示某工程楼面抹水泥砂浆工程量。

工程量＝(3.0－0.24)×(4.8－0.24)×2＝25.17m^2

说明：本项计算根据工程量计算规则规定，未扣除间壁墙（120mm 的内隔墙）、垛 0.24×0.37＝0.09m^2＜0.3m^2 的面积，未增加门洞开口部分的面积。

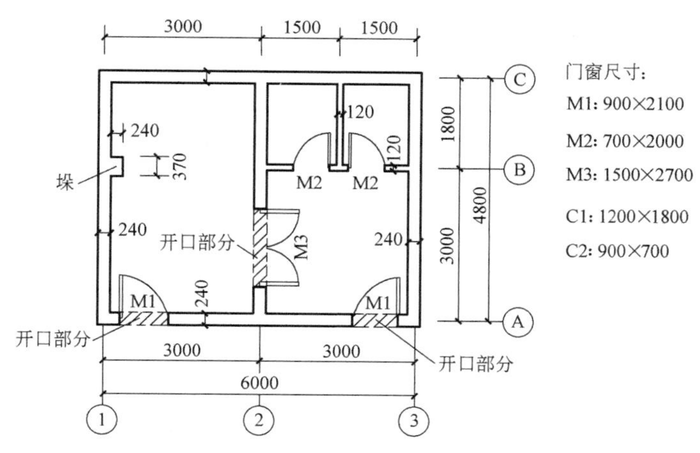

图 5-131 某工程平面图

2. 块料面层

块料面层包括石材（指花岗石、大理石、青石板等石材）楼地面、碎石材楼地面（碎拼）、块料楼地面（指各种地砖、广场砖、水泥砖等块料）。如图 5-132 所示。

块料面层工程量按设计图示尺寸面积以“m^2”计算。门洞、空圈、暖气包槽、壁龛的开口部分并入相应的工程量内。即按实际铺贴面积计算。

工作内容包括：基层清理；抹找平层；面层铺设、磨边；嵌缝；刷防护材料；酸

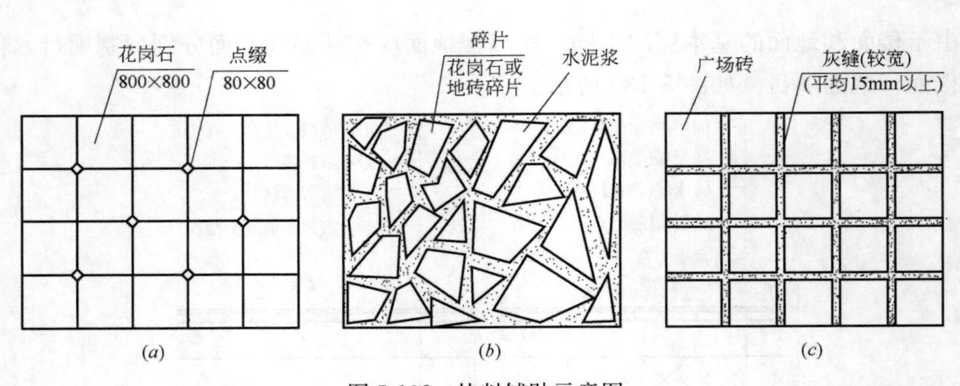

图 5-132　块料铺贴示意图

（a）花岗石铺贴；（b）块料碎片铺贴；（c）广场砖铺贴

洗、打蜡；材料运输。

【例 5-47】 计算如图 5-131 所示某工程楼面铺贴花岗石工程量。

工程量＝(3.0－0.24)×(4.8－0.24)×2－(2.76＋1.62)×0.12(120墙)＋0.9×2×0.24(M1)＋0.7×2×0.12(M2)＋1.5×0.24(M3)－0.24×0.37(垛)＝25.52m^2

说明：本项计算根据工程量计算规则规定，扣除间壁墙（120mm 的内隔墙）及垛所占面积，增加门洞开口部分的面积。

3. 橡塑面层

橡塑面层包括橡胶板楼地面、橡胶卷材楼地面、塑料板楼地面以及塑料卷材楼地面。

橡塑面层工程量按设计图示尺寸以面积以“m^2”计算。门洞、空圈、暖气包槽、壁龛的开口部分并入相应的工程量内。即按实际铺设面积计算。

工作内容包括：基层清理；面层铺贴；压缝条装钉；材料运输。

4. 其他材料面层

其他材料面层包括地毯、竹木（复合）地板、金属复合地板、防静电地板。

工程量按设计图示尺寸面积以“m^2”计算。门洞、空圈、暖气包槽、壁龛的开口部分并入相应的工程量内。

工作内容包括：基层清理；面层铺贴；铺设填充层；龙骨铺设（竹木地板、金属复合地板）或固定支架安装（防静电地板）；铺贴面层；刷防护材料；装钉压条（地毯）；材料运输。如图 5-133、图 5-134 所示。

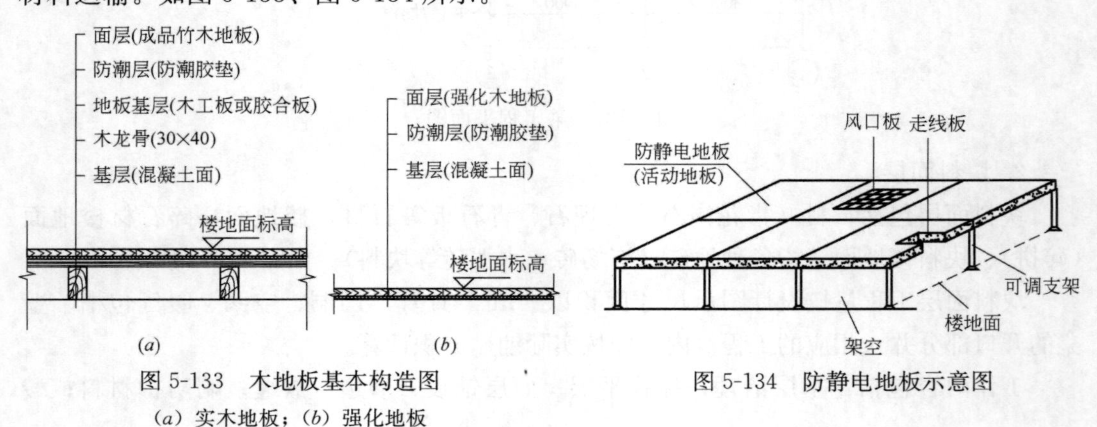

图 5-133　木地板基本构造图

（a）实木地板；（b）强化地板

图 5-134　防静电地板示意图

5. 踢脚线

踢脚线包括水泥砂浆踢脚线、石材踢脚线、块料踢脚线、塑料板踢脚线、木质踢脚线、金属踢脚线、防静电踢脚线等。

工程量按设计图示长度乘高度以面积"m^2"计算，或按长度以"m"计算。

水泥砂浆踢脚线的工作内容包括：基层清理；底层和面层抹灰；材料运输。

石材踢脚线、块料踢脚线的工作内容包括：基层清理；底层抹灰；面层铺贴、磨边；擦缝；磨光、酸洗、打蜡；刷防护材料；材料运输。

塑料板踢脚线、木质踢脚线、金属踢脚线、防静电踢脚线的工作内容包括：基层清理；基层铺贴；面层铺贴；材料运输。

6. 楼梯装饰

楼梯装饰包括石材楼梯面层、块料楼梯面层、拼碎块料面层、水泥砂浆楼梯面层、现浇水磨石楼梯面层、地毯楼梯面层、木板楼梯面层、橡胶板楼梯面层、塑料板楼梯面层。

工程量根据设计图示尺寸按楼梯（包括踏步、休息平台及≤500mm的楼梯井）水平投影面积以"m^2"计算。楼梯与楼地面相连时，算至最上一层踏步边沿加300mm。如图5-99所示。

工作内容同前面楼地面的相应内容。

【例5-48】 计算图5-99所示楼梯贴花岗石工程量。

$S=2.36\times(1.6+3.0+0.3)\times2=23.13m^2$

说明：楼梯间楼层平台未计算的部分，计入相应的楼地面相应项目内。

7. 台阶装饰

台阶装饰包括石材台阶面、块料台阶面、拼碎块台阶面、水泥砂浆台阶面、现浇水磨石台阶面、剁假石台阶面。

台阶装饰按设计图示尺寸以台阶（包括最上层踏步边沿加300mm）水平投影面积"m^2"计算。见图5-135。台阶翼墙装饰另按零星装饰项目计算。

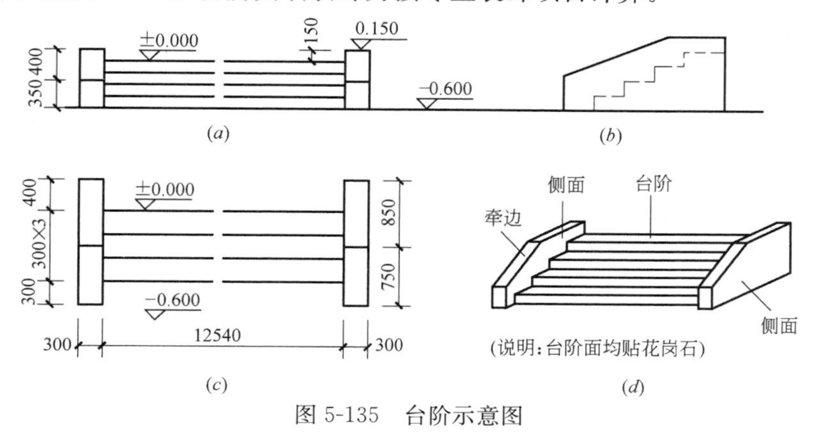

图5-135 台阶示意图

(*a*) 台阶正立面；(*b*) 台阶侧立面；(*c*) 台阶平面；(*d*) 台阶轴侧图

工作内容同相应楼地面的内容。

【例5-49】 计算如图5-135所示台阶贴花岗石的工程量。

台阶贴花岗石的工程量＝12.54×(0.90＋0.30)＝15.05m^2

说明：式中0.30是最上层踏步边沿加300mm；300mm以外与地面相连的部分计入地面相应项目内；台阶翼墙装饰属于“零星装饰项目”，未计入本项目。

8. 零星装饰项目

零星装饰项目包括石材零星项目、碎拼石材零星项目、块料零星项目、水泥砂浆零星项目等内容。

零星装饰项目工程量按设计图示尺寸面积“m^2”计算。

工作内容同相应楼地面的内容。

零星装饰系指楼梯、台阶侧面（图5-135）的装饰，以及0.5m^2以内少量分散的楼地面装饰。

【例5-50】 计算如图5-135所示零星装饰（台阶侧面贴花岗石）的工程量。

台阶零星装饰指台阶的内外侧立面及牵边，其工程量按展开面积计算。

（1）外侧立面

$S=[(0.85+0.75)\times(0.6+0.15)-0.75\times0.4\div2]\times2=2.10m^2$

（2）牵边（顶、斜面）

$S=(0.85+0.35+\sqrt{0.4^2+0.75^2})\times0.3\times2=1.23m^2$

（3）内侧立面

S＝[大矩形1.6×0.75－(三角形缺0.4×0.75÷2＋踏步0.15×0.3÷2×4＋三角形0.6×1.3÷2)]×2＝1.14m^2

合计：2.10＋1.23＋1.14＝4.47m^2

5.3.12 墙、柱面装饰工程

墙、柱面装饰工程包括墙面抹灰、柱（梁）面抹灰、零星抹灰、墙面块料面层、柱（梁）面块料面层、镶贴零星块料、墙饰面、柱（梁）饰面、幕墙、隔断等内容。

1. 墙面抹灰

墙、柱（梁）面抹灰包括一般抹灰、装饰抹灰、墙面勾缝、立面砂浆找平层。

一般抹灰是指墙柱面抹石灰砂浆、水泥砂浆、水泥石灰砂浆、聚合物水泥砂浆、麻刀石灰浆、纸筋石灰浆、石膏砂浆等。装饰抹灰是指墙柱面水刷石、斩假石（剁斧石、剁假石）、干粘石、假面砖等。勾缝包括砌体原浆勾缝（利用砌筑砌体的砂浆勾缝）和加浆勾缝（另用水泥砂浆勾缝）。

墙面抹灰工程量按设计图示尺寸以面积“m^2”计算。扣除墙裙、门窗洞口及单个面积＞0.3m^2的孔洞面积，不扣除踢脚线、挂镜线和墙与构件交接处的面积，门窗洞口和孔洞的侧壁及顶面不增加面积。附墙柱、垛、烟囱侧壁并入相应的墙面面积内。如图5-136所示。

外墙抹灰面积按外墙垂直投影面积计算。

外墙群抹灰面积按其长度乘以高度计算。

内墙抹灰面积按主墙间的净长乘以高度计算。①无墙裙的，高度按室内楼地面至顶

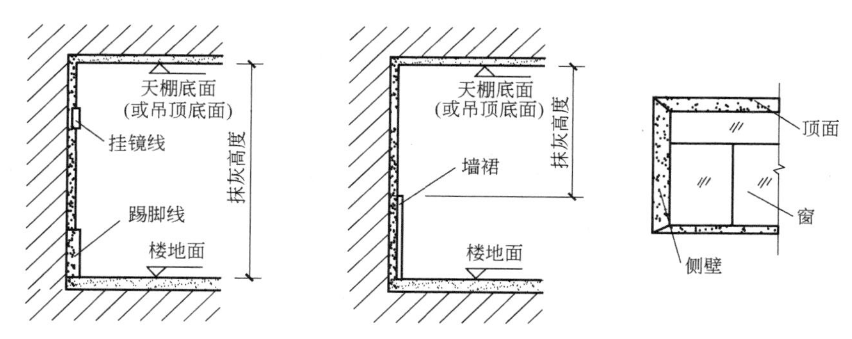

图 5-136 抹灰高度计算示意图

棚底面计算；②有墙裙的，高度按墙裙顶至顶棚底面计算。

内墙裙抹灰按内墙净长度乘以高度计算。

工作内容包括：基层清理；砂浆制作、运输；底层抹灰；抹面层；抹装饰面；勾分格缝。

【例 5-51】 计算如图 5-131 所示内墙面抹水泥石灰砂浆工程量。

设层高 3.3m，楼板厚度 120mm，M1 尺寸 900×2100，M2 尺寸 700×2000，M3 尺寸 1500×2700，C1 尺寸 1200×1800，C2 尺寸 900×700。

抹灰工程量＝(净宽2.76×6＋净长4.56×4－隔墙0.115×4＋隔墙1.62×2＋垛0.24×2)×净高(3.3－0.12)－(扣 M1)0.9×2.1×2－(扣 M2)0.7×2.0×4－(扣 M3)1.5×2.7×2－(扣 C1)1.2×1.8－(扣 C2)0.9×0.7×2＝100.13m^2

说明：按计算规则规定，垛侧面积并入墙面，不增加门窗洞口侧顶面积；门窗面积按洞口尺寸扣除。

2. 柱（梁）面抹灰

柱（梁）面抹灰包括：柱（梁）面一般抹灰、装饰抹灰、勾缝。

柱面抹灰工程量按设计图示柱断面周长乘高度以面积“m^2”计算。

工作内容包括：基层清理；砂浆制作、运输；底层抹灰；抹面层；勾分格缝。

3. 零星抹灰

零星抹灰包括一般零星抹灰及装饰零星抹灰，其工程量按设计图示尺寸面积以“m^2”计算。

零星抹灰范围包括：$\leqslant 0.5m^2$ 的少量分散的抹灰。

工作内容包括：基层清理；砂浆制作、运输；底层抹灰；抹面层；抹装饰面；勾分格缝。

墙、柱面抹灰工程量按结构尺寸计算，墙、柱面块料铺贴工程量按竣工尺寸计算。结构尺寸与竣工尺寸区别如图 5-137 所示。

4. 墙面贴块料面层

墙面贴块料包括石材墙面（花岗石、大理石、文化石等）、拼碎块墙面、块料墙面（瓷砖、外墙面砖）、干挂石材钢骨架等内容。

石材墙面有粘贴、挂贴和干挂三种方式，如图 5-138 所示。

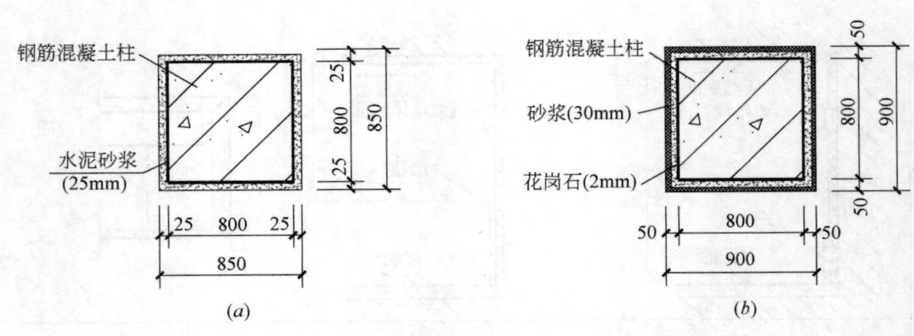

图 5-137　结构尺寸与竣工尺寸区别示意图

（a）外围结构尺寸：0.8×4＝3.20m；（b）外围竣工尺寸：0.9×4＝3.60m

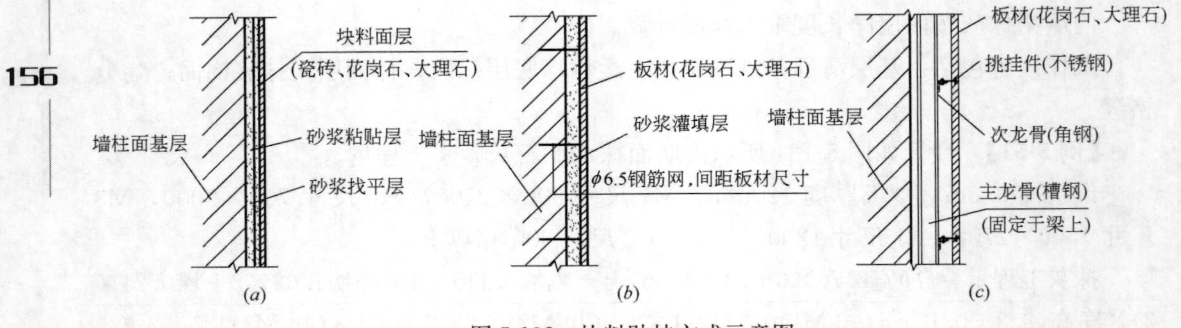

图 5-138　块料贴挂方式示意图

（a）粘贴；（b）挂贴；（c）干挂（有龙骨）

（1）石材墙面、拼碎块墙面、块料墙面

工程量按镶贴表面积以"m²"计算。

无论什么块料均按实际铺贴的表面积（即竣工面积）计算。如图 5-137 所示，柱结构周长 0.8×4＝3.2m，而块料面层的实际铺贴周长 0.9×4＝3.6m。可见，实际铺贴尺寸＞结构尺寸。各种抹灰面积按结构尺寸计算，而块料铺贴面积应按竣工铺贴面积计算。

墙柱面贴块料工作内容包括：基层清理；砂浆制作、运输；粘接层铺贴；面层安装（粘贴、挂贴、干挂）、嵌缝；刷防护材料；磨光、酸洗、打蜡。

（2）干挂石材钢龙骨

干挂石材钢龙骨是指干挂石材用的钢龙骨。见图 5-138（c），主龙骨槽钢固定于钢筋混凝土梁或墙上，次龙骨角钢固定于主龙骨上。

工程量按设计图示尺寸以质量"t"计算。计算方法见本书金属结构工程量的计算方法。

工作内容包括：骨架制作、运输、安装；刷漆。

5. 柱（梁）面镶贴块料

柱（梁）面镶贴块料包括石材柱面、块料柱面、拼碎块柱面、石材梁面、块料梁面等内容。

工程量按镶贴表面积以"m²"计算。

工作内容包括：基层清理；砂浆制作、运输；粘接层铺贴；面层安装（粘贴、挂贴、干挂)、嵌缝；刷防护材料；磨光、酸洗、打蜡。

6. 镶贴零星块料

工程量按镶贴表面积以“m^2”计算。

工作内容包括：基层清理；砂浆制作、运输；面层安装（粘贴、挂贴、干挂)、嵌缝；刷防护材料；磨光、酸洗、打蜡。

镶贴零星块料，是指墙柱面≤0.5m^2 的少量分散的镶贴块料面层。

7. 墙饰面

墙饰面包括墙面装饰板和墙面装饰浮雕。

墙面装饰板包括木质装饰墙面（榉木饰面板饰面、胡桃木饰面板、沙比利饰面板、实木薄板等)、玻璃板材装饰墙面、其他板材装饰墙面（石膏板饰面、塑料扣板饰面、铝塑板饰面、岩棉吸音板饰面等)、软包墙面、金属板材饰面（铝合金板材）等。如图 5-139。

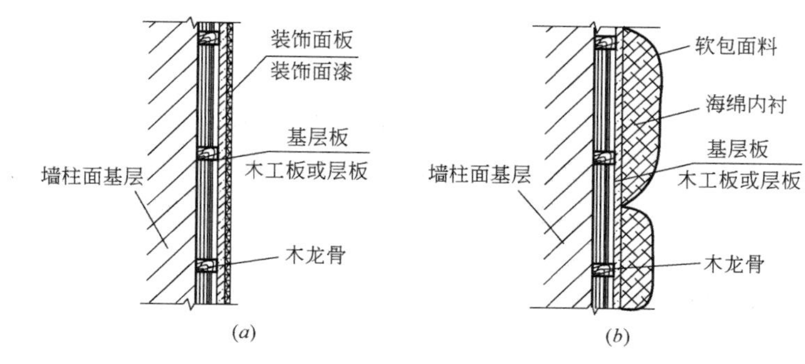

图 5-139　墙面装饰示意图

(a) 饰面板；(b) 软包墙面

工程量按设计图示墙净长乘净高以面积“m^2”计算。扣除门窗洞口及单个＞0.3m^2 的孔洞所占面积。

工作内容包括：基层清理；龙骨制作、运输、安装；钉隔离层；基层铺钉；面层铺贴；刷防护材料、油漆。

8. 柱（梁）饰面

(1) 柱（梁）装饰面

工程量按设计图示饰面外围尺寸以面积计算。柱帽、柱墩并入相应柱饰面工程量内。

工作内容包括：清理基层；龙骨制作、运输、安装；钉隔离层；基层铺钉；面层铺贴；刷防护材料、油漆。

(2) 成品装饰柱

工程量按柱数量以“根”计算，或按柱子设计长度以“m”计算。

工作内容包括：柱子运输、固定、安装。

9. 幕墙

幕墙有带骨架幕墙和全玻幕墙。

(1) 带骨架幕墙

带骨架幕墙有铝合金隐框幕玻璃墙、铝合金半隐框玻璃幕墙、铝合金明框玻璃幕墙、铝塑板幕墙。

工程量按设计图示框外围尺寸以面积“m^2”计算。与幕墙同种材质的窗所占面积不扣除。

工作内容包括：骨架制作、运输、安装；面层安装；隔离带、框边封闭；嵌缝、塞口；清洗。

（2）全玻（无框玻璃）幕墙

全玻幕墙有座装式幕墙、吊挂式幕墙、点支式幕墙。

工程量按设计图示尺寸以面积“m^2”计算。带肋全玻幕墙按展开面积计算。如图5-140所示。

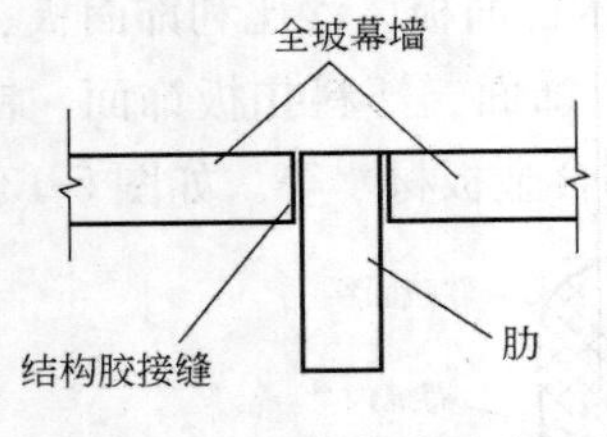

图 5-140　全玻幕墙示意图

工作内容包括：幕墙安装；嵌缝、塞口；清洗。

10. 隔断

隔断有木隔断、金属隔断、玻璃隔断、塑料隔断、成品隔断、其他隔断。

（1）木隔断、金属隔断

工程量按设计图示框外围尺寸以面积“m^2”计算。不扣除单个≤0.3m^2 的孔洞所占面积；浴厕门的材质与隔断相同时，门的面积并入隔断面积内。

工作内容包括：骨架及边框制作、运输、安装；隔板制作、运输、安装；嵌缝、塞口；装钉压条。

（2）玻璃隔断、塑料隔断

工程量按设计图示框外围尺寸以面积“m^2”计算。不扣除单个≤0.3m^2 的孔洞所占面积。

工作内容包括：边框及边框（塑料隔断）制作、运输、安装；玻璃（塑料）制作、运输、安装；嵌缝、塞口。

（3）成品隔断

工程量按设计图示框外围尺寸以面积“m^2”计算，或按隔断数量以“间”计算。

工作内容包括：隔断运输、安装；嵌缝、塞口。

（4）其他隔断

工程量按设计图示框外围尺寸以面积“m^2”计算。不扣除单个≤0.3m^2 的孔洞所占面积。

工作内容包括：骨架及边框安装；隔断安装；嵌缝、塞口。

5.3.13　天棚工程

天棚工程包括天棚抹灰、天棚吊顶、采光天棚及天棚其他装饰。

1. 天棚抹灰

天棚装饰工程分直接式天棚和间接式天棚，直接式天棚指直接在结构板底抹灰或刷白的天棚，间接式天棚指吊顶天棚。见图 5-141。

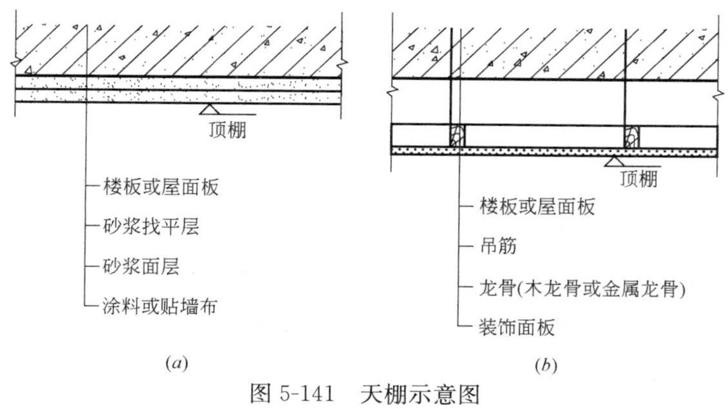

(a)　　(b)

图 5-141　天棚示意图

(a) 天棚抹灰 (直接式)；(b) 天棚吊顶 (间接式)

天棚抹灰工程量按设计图示尺寸以水平投影面积"m^2"计算。不扣除间壁墙、垛、柱、附墙烟囱、检查口和管道所占的面积，带梁天棚、梁两侧抹灰面积（见图 5-142a）并入天棚面积内，板式楼梯底面抹灰按斜面积计算（可按水平投影面积乘以 1.3 计算），锯齿形楼梯底板抹灰按展开面积计算（可按水平投影面积乘以 1.5 计算）。如图 5-142 (b) 所示。

工作内容包括：基层清理；底层抹灰；抹面层。

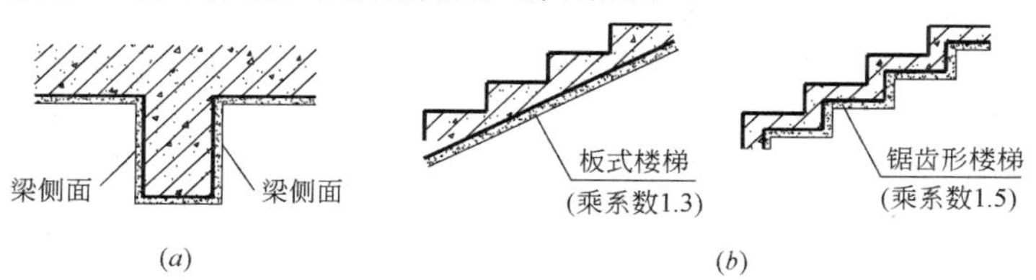

(a)　　(b)

图 5-142　天棚抹灰展开面积计算示意图

(a) 梁侧面展开面；(b) 楼梯底面展开

【例 5-52】 计算图 5-131 天棚抹灰工程量

设该图左边房间墙垛处有一根梁，除去板厚梁的净高 300mm。

工程量＝2.76×4.56×2＋梁侧增加 0.3×2.76×2＝26.83m^2

2. 天棚吊顶

(1) 吊顶天棚

工程量按设计图示尺寸以水平投影面积"m^2"计算。天棚面中的灯槽及跌级、锯齿形（见图 5-143）、吊挂式、藻井式天棚面积不展开计算。不扣除间壁墙、检查口、附墙烟囱、柱垛和管道所占面积，扣除单个＞0.3m^2 的孔洞、独立柱及与天棚相连的窗帘盒所占的面积。

从上面的规定可以看出，吊顶天棚的工程量系按室内净面积（即水平投影面积）计算，无论天棚是否有造型或造型有多复杂均不展开，造型增加的内容在计价时考虑。

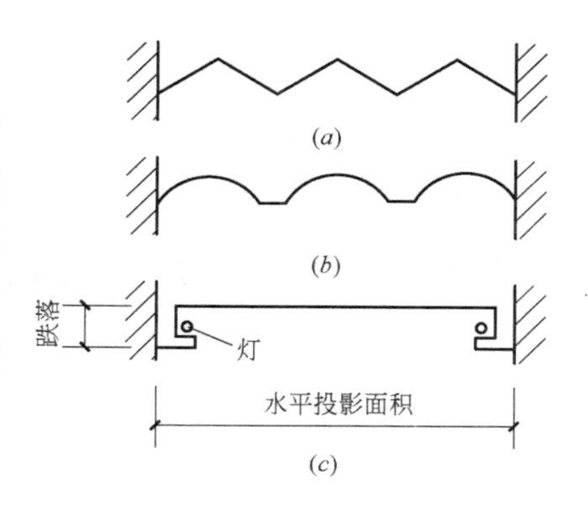

图 5-143　各种造型天棚示意图

(a) 锯齿形吊顶天棚；(b) 弧形吊顶天棚；(c) 平顶跌级造型天棚

工作内容包括：基层清理、吊杆安装；龙骨安装；基层板铺贴；面层铺贴；嵌缝；刷防护材料。

（2）隔栅吊顶

工程量按设计图示尺寸以水平投影面积“m^2”计算。

工作内容包括：基层清理；安装龙骨；基层板铺贴；面层铺贴；刷防护材料。

（3）吊筒吊顶

工程量按设计图示尺寸以水平投影面积“m^2”计算。

工作内容包括：基层清理；吊筒制作安装；刷防护材料。

（4）藤条造型悬挂吊顶

工程量按设计图示尺寸以水平投影面积“m^2”计算。

工作内容包括：基层清理；龙骨安装；刷防护材料。

（5）织物软雕吊顶

工程量按设计图示尺寸以水平投影面积“m^2”计算。

工作内容包括：基层清理；龙骨安装；铺贴面层。

（6）装饰网架吊顶

工程量按设计图示尺寸以水平投影面积“m^2”计算。

工作内容包括：基层清理；网架制作安装。

3. 采光天棚

工程量按框外围展开面积以“m^2”计算。

工作内容包括：基层清理；面层制安；嵌缝、塞口；清洗。

4. 天棚其他装饰

天棚其他装饰包括灯带（槽）、送风口、回风口。

工作内容：安装、固定。

（1）灯带（槽）

工程量按设计图示尺寸以框外围面积“m^2”计算。

工作内容包括：安装、固定。

（2）送风口、回风口

工程量按设计数量以“个”计算。

工作内容包括：安装、固定；刷防护材料。

5.3.14 油漆、涂料、裱糊工程

1. 门油漆

（1）木门油漆

工程量按设计图示洞口尺寸面积以“m^2”计算，或按设计图示数量以“樘”计算。

工作内容包括：基层清理；刮腻子；刷防护材料、油漆。

木门油漆应区分单层木门、双层（一玻一纱）木门、双层（单裁口）木门、全玻自由门、半玻自由门、装饰门及有框无框门等，分别编码列项。

(2) 金属门油漆

工程量按设计图示洞口尺寸面积以“m^2”计算，或按设计图示数量以“樘”计算。

工作内容包括：除锈、基层清理；刮腻子；刷防护材料、油漆。

金属门油漆应区分平开门、推拉门、钢制防火门等项目，分别编码列项。

2. 窗油漆

(1) 木窗油漆

工程量按设计图示洞口尺寸面积以“m^2”计算，或按设计图示数量以“樘”计算。

工作内容包括：基层清理；刮腻子；刷防护材料、油漆。

木窗油漆应区分单层木窗、双层（一玻一纱）木窗、双层框扇（单裁口）木窗、双层框三层（二玻一纱）木窗、单层组合窗、双层组合窗、木百叶窗、木推拉窗等，分别编码列项。

(2) 金属门油漆

工程量按设计图示洞口尺寸面积以“m^2”计算，或按设计图示数量以“樘”计算。

工作内容包括：除锈、基层清理；刮腻子；刷防护材料、油漆。

金属窗油漆应区分平开窗、推拉窗、固定窗、组合窗、金属隔栅窗等项目，分别编码列项。

3. 木扶手及其他板条线条油漆

包括木扶手油漆、窗帘盒油漆、封檐板、顺水板油漆、挂衣板、黑板框油漆、挂镜线、窗帘棍油漆、单独木线油漆。

工程量按设计图示尺寸以长度“m”计算。木扶手应区分带托板不带托板（图 5-144），分别编码列项。

工作内容包括：基层清理；刮腻子；刷防护材料、油漆。

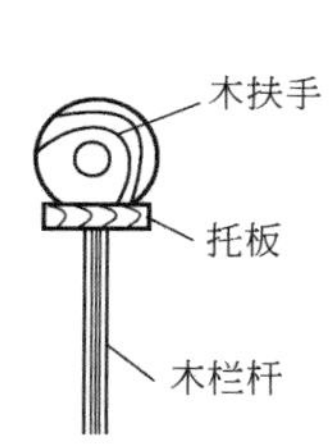

图 5-144 带托板木扶手示意图

4. 木材面油漆

木材面油漆包括各种板材面、木栅栏、栏杆、木地板等油漆。

工程量按设计图示尺寸以面积“m^2”计算。

工作内容包括：基层清理；刮腻子；刷防护材料、油漆。

5. 金属面油漆

工程量按设计图示尺寸以质量“t”计算，或按设计展开面积以“m^2”计算。

工作内容包括：基层清理；刮腻子；刷防护材料、油漆。

6. 抹灰面油漆

(1) 工程量计算

1) 抹灰面油漆：按设计图示尺寸以面积“m^2”计算。

2) 抹灰线条油漆：按设计图示尺寸以长度“m”计算。

(2) 工作内容

工作内容包括：基层清理；刮腻子；刷防护材料、油漆。

7. 喷刷涂料

(1) 墙面、顶棚喷刷涂料

工程量按设计图示尺寸以面积“m^2”计算。

工作内容包括：基层清理；刮腻子；刷、喷涂料。

（2）空花格、栏杆刷涂料

工程量按设计图示尺寸以单面外围面积“m^2”计算。

工作内容包括：基层清理；刮腻子；刷、喷涂料。

（3）线条刷涂料：按设计图示尺寸以长度“m”计算。

工程量按设计图示尺寸以长度“m”计算。

工作内容包括：基层清理；刮腻子；刷、喷涂料。

（4）金属构件刷防火漆

工程量按设计图示尺寸以质量“t”计算，或按设计图示尺寸展开面积以“m^2”计算。

工作内容包括：基层清理；刮腻子；刷防护材料、油漆。

（5）木材构件喷刷防护涂料

工程量按设计图示尺寸展开面积以“m^2”计算。

工作内容包括：基层清理；刷防护材料、油漆。

8. 裱糊

裱糊包括墙纸裱糊、织锦缎裱糊。

工程量按设计图示尺寸以面积“m^2”计算。

工作内容包括：基层清理；刮腻子；面层铺贴；刷防护材料。

5.3.15 其他装饰工程

1. 柜类、货架

柜类、货架包括柜台、酒柜、衣架、服务台等各种柜架。

工程量按设计图示数量以“个”、“m”、“m^3”计算。

工作内容包括：台柜制作、运输、安装（安放）；刷防护材料、油漆；五金配件。

2. 压条、装饰线

压条、装饰线包括各种金属装饰线、木质装饰线、石材装饰线、石膏装饰线、镜面玻璃线、铝塑装饰线、塑料装饰线、GRC 装饰线等。

工程量按设计图示尺寸以长度“m”计算。

工作内容包括：线条制作、安装；刷防护材料。

3. 扶手、栏杆、栏板装饰

扶手、栏杆、栏板装饰包括：金属扶手带栏杆栏板、硬木扶手带栏杆栏板、塑料扶手带栏杆栏板、GRC 栏杆扶手、金属靠墙扶手、硬木靠墙扶手、塑料靠墙扶手、玻璃栏板。如图 5-145 所示。

工程量按设计图示扶手中心线长度（包括弯头长度）以“m”计算。

工作内容包括：制作；运输；安装；刷防护材料；刷油漆。

扶手及栏杆栏板的材料选用各有不同、栏杆栏板形式的不同，应分别列制项目。

螺旋楼梯栏杆的计算公式：（参见图 5-100）

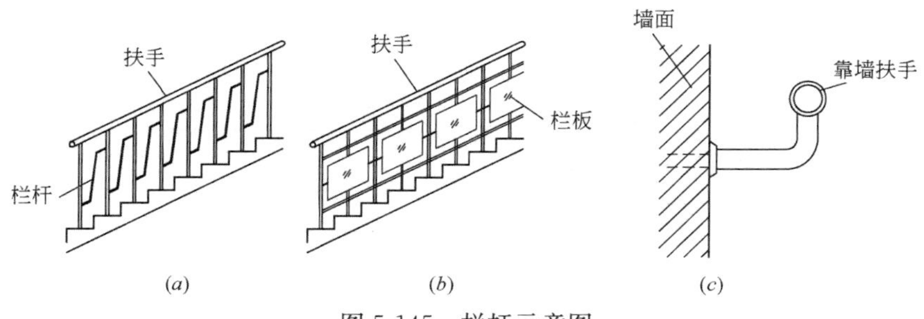

图5-145　栏杆示意图

(a) 扶手带栏杆；(b) 扶手带栏板；(c) 靠墙扶手

$$L=\sqrt{H^2+\left(\pi D\times\frac{\alpha}{360}\right)^2}$$

式中　L——螺旋楼梯栏杆长度；

H——螺旋楼梯栏杆铅垂高度；

D——螺旋楼梯栏杆水平投影直径；

α——螺旋楼梯栏杆旋转角度。

【例5-53】 计算如图5-100所示螺旋楼梯栏杆的工程量。

设栏杆竖杆距楼梯边缘50mm。由图5-104知道 H＝3.9m、$D_{内}$＝(4.0＋0.05)×2＝8.10m、$D_{外}$＝(6.0－0.05)×2＝11.90m、α＝90°。

$$L_{内}=\sqrt{3.9^2+\left(8.10\pi\times\frac{90}{360}\right)^2}=7.46\text{m}$$

$$L_{外}=\sqrt{3.9^2+\left(11.90\pi\times\frac{90}{360}\right)^2}=10.13\text{m}$$

合计：7.46＋10.13＝17.59m

4. 暖气罩

暖气罩包括各种饰面板暖气罩、塑料板暖气罩、金属暖气罩等。

工程量按设计图示尺寸以垂直投影面积（不展开）“m^2”计算。

工作内容包括：暖气罩制作、运输、安装；刷防护材料。

5. 浴厕配件

（1）洗漱台

工程量按设计图示尺寸以台面外接矩形面积“m^2”计算。不扣除孔洞、挖弯、削角所占面积，挡板、吊沿板面积并入台面面积内。或按设计图示数量“个”计算。

工作内容包括：台面及支架制作、运输、安装。

【例5-54】 计算如图5-146所示洗漱台的工程量。

S＝水平面1.5×0.68＋吊边(1.5＋0.68)×0.15＝1.35m^2

（2）晒衣架、帘子杆、浴缸拉手、卫生间扶手：工程量按设计图示数量以“个”计算。

（3）毛巾杆（架）：工程量按设计图示数量以“套”计算。

（4）毛巾环：工程量图示数量以“副”计算。工作内容包括配件安装。

（5）卫生纸盒、肥皂盒：工程量按设计图示数量以“个”计算。

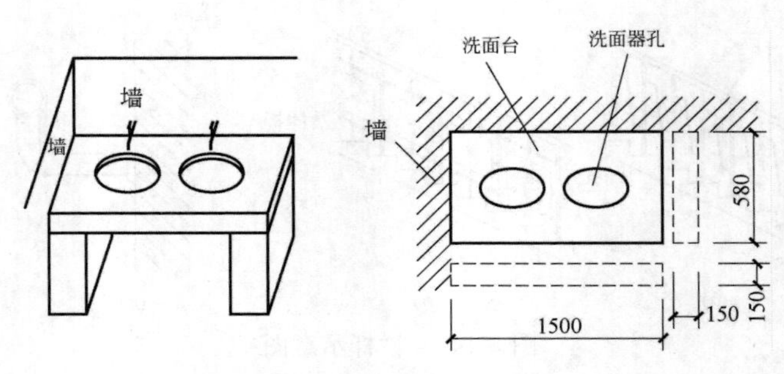

图 5-146　洗面台示意图

（6）镜面玻璃

工程量按设计图示尺寸以边框外围面积“m²”计算。如图 5-147 所示。

工作内容包括：基层安装；玻璃及框制作、运输、安装；刷防护材料、油漆。

（7）镜箱

工程量按设计图示数量以“个”计算。如图 5-147 所示。

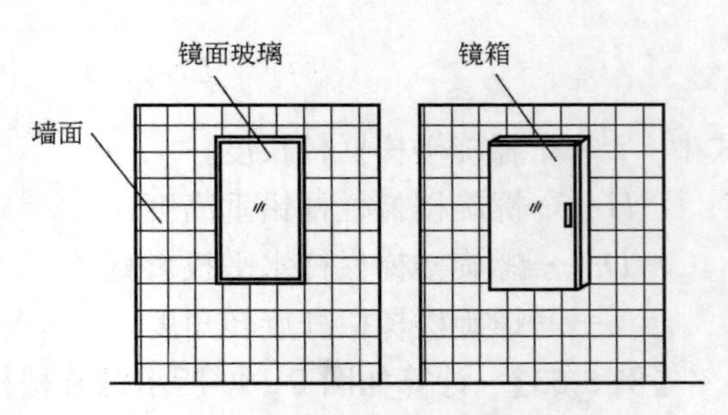

图 5-147　镜面玻璃、镜箱示意图

工作内容包括：基层安装；箱体制作、运输、安装；玻璃安装；刷防护材料、油漆。

6. 雨篷、旗杆

（1）雨篷吊挂饰面

工程量按设计图示尺寸以水平投影面积“m²”计算。

工作内容包括：底层抹灰；龙骨基层安装；面层安装；刷防护材料、油漆。

（2）金属旗杆

工程量按设计图示数量以“根”计算。

工作内容包括：土石挖填；基础混凝土浇筑；旗杆制作、安装；旗杆台座制作、饰面。

7. 招牌、灯箱

招牌、灯箱包括：平面招牌、箱式招牌、竖式标箱、灯箱。如图 5-148 所示。

（1）平面招牌、箱式招牌

工程量按设计图示尺寸以正立面边框外围面积“m²”计算。复杂形的凸凹造型部分不增加面积。

工作内容包括：基层安装；箱体及支架制作、运输、安装；面层制作、安装；刷防护材料、油漆。

（2）竖式标箱、灯箱

工程量按设计图示数量以“个”计算。

工作内容包括：同平面招牌。

8. 美术字

美术字有泡沫塑料字、有机玻璃字、木质字、金属字、吸塑字等。

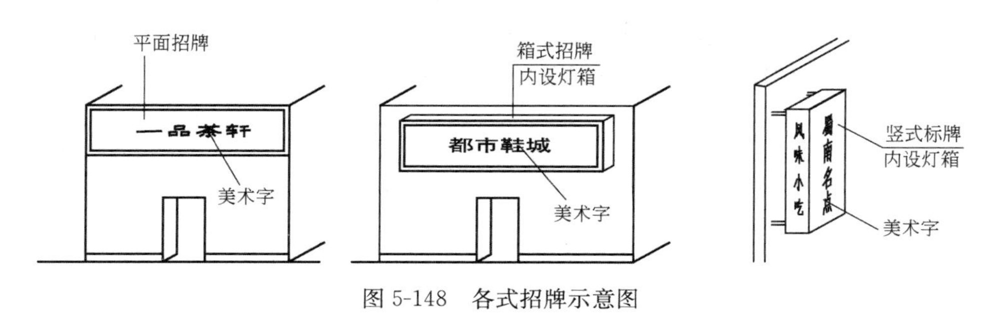

图 5-148　各式招牌示意图

工程量按设计图示数量以“个”计算。应按不同材质、字体大小分别列制项目编码。

工作内容包括：字制作、运输、安装；刷油漆。

5.4　工程量清单编制

工程量清单是载明建设工程的分部分项工程项目、措施项目、其他项目名称和相应数量，以及规费项目、税金项目等内容的明细清单。

工程量清单应由具有编制招标文件能力的招标人，或受其委托具有相应资质的中介机构（造价咨询机构或招标代理机构）进行编制。

工程量清单是招标文件的组成部分。

5.4.1　工程量清单的内容

工程量清单应按《建设工程工程量清单计价规范》统一要求的格式进行编制。工程量清单由封面、总说明、分部分项工程量清单、措施项目清单（单价措施项目清单、总价措施项目清单）、其他项目清单、规费和税金项目清单等组成。如图 5-149 所示。

5.4.2　工程量清单编制依据

1. 工程量清单计量与计价规范

工程量清单必须根据工程量清单计量与计价规范编制。现行的工程量清单计量与计价规范是由中华人民共和国住建部及国家质量监督检验检疫总局 2013 年 7 月 1 日开始实施的《建设工程工程量清单计价规范》(GB 50500—2013)、《房屋建筑与装饰工程工程量计算规范》(GB 50854—2013)，简称《计量计价规范》。

2. 工程施工图纸

工程施工图纸包括设计单位设计的工程施工图纸，以及施工图纸所涉及的相应标准图。

3. 施工组织设计或施工方案

依据施工组织设计或施工方案计算措施费。一般情况下在编制工程量清单时没有施工组织设计或施工方案，只能按常规考虑各项措施费。

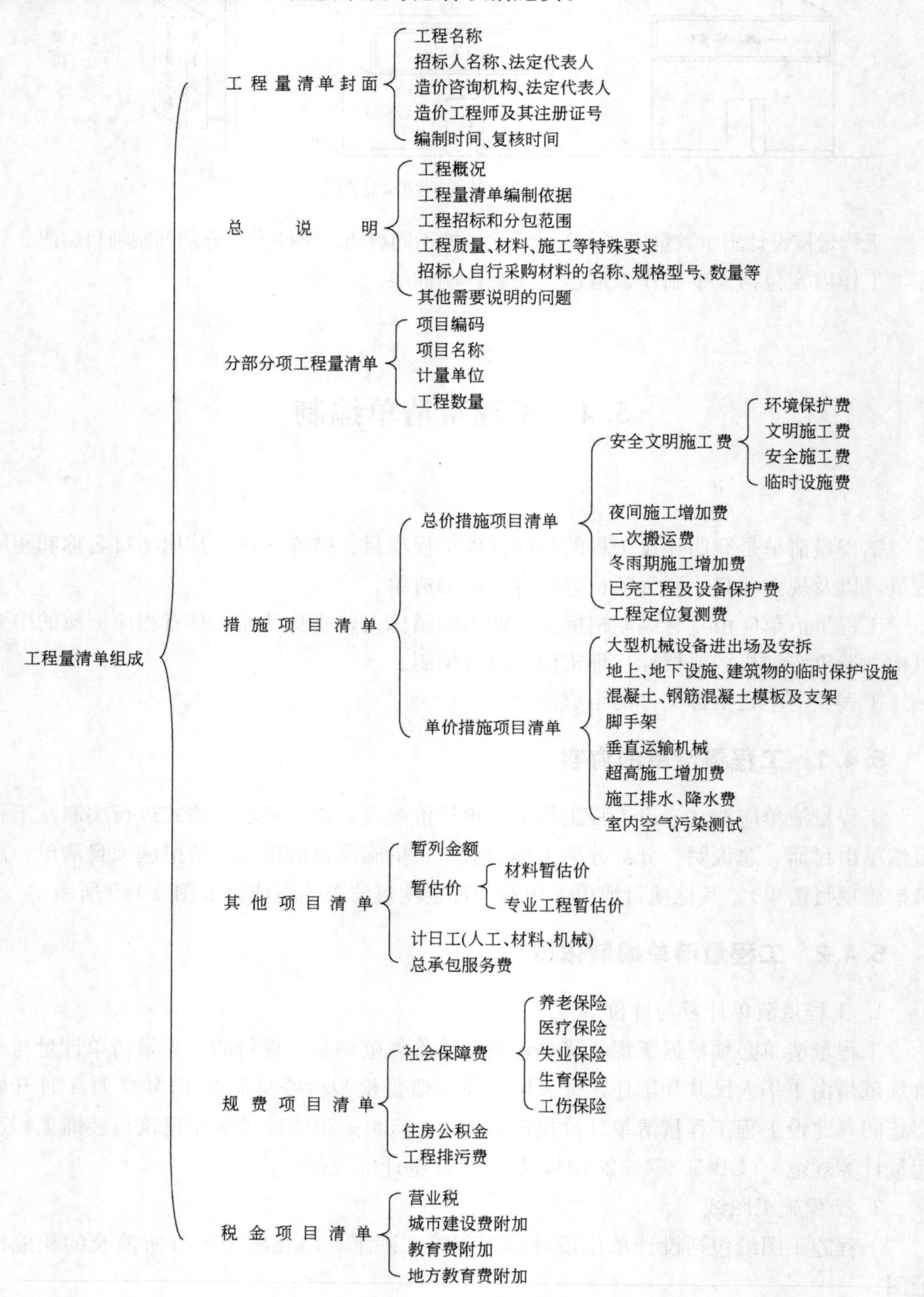

图 5-149　工程量清单组成图

4. 招标人的要求

招标人是否有甲方供应材料和对工程分包的要求，工程量清单应反映这些内容。

5.4.3　工程量清单编制步骤

工程量清单编制步骤是：计算工程量→编制工程量清单。

1. 计算工程量

工程量应按计价规范以及施工图纸等相关资料进行计算。

工程量计算的基本知识和基本方法详本章第三节房屋建筑与装饰工程工程量计算，工程量计算的实例见表 5-17 工程量计算表、表 5-18 钢筋工程量计算汇总表。

2. 编制工程量清单

根据工程量计算结果（表 5-17 工程量计算表）以及相关资料编制工程量清单，其步骤如下：编制分部分项工程量清单→措施项目清单→其他项目清单→规费、税金项目清单→总说明→封面。

（1）编制分部分项工程量清单

分部分项工程量清单包括序号、项目编码、项目名称、计量单位、工程数量五部分内容。

编制分部分项工程量清单应注意以下三个方面：

1）工程量应力求尽量准确，以防止投标报价的投机。

2）分部分项工程量清单应遵守“四统一”原则编制

分部分项工程量清单的编制，应按《计量计价规范》的格式，满足统一项目名称、统一项目编码、统一计量单位和统一工程量计算规则的“四统一”要求。

3）分部分项工程量清单应认真描述工程的项目特征和工作内容

分部分项工程量清单格式（即表格要求），除应满足“四统一”的原则外，还应注意在“项目名称”中写明项目特征和工作内容。项目特征和工作内容应根据施工图纸等资料，按《计量计价规范》的要求描述。

（2）编制措施项目清单

措施项目清单根据具体的施工图纸，按《计量计价规范》中措施项目清单的内容编制列项。措施项目清单根据《计量计价规范》的规定包括总价措施项目清单和单价措施项目清单两个部分。

1）总价措施项目清单

总价措施项目清单包括以下项目：

A. 安全文明施工费（包括：环境保护费、文明施工费、安全施工费、临时设施费）。

B. 夜间施工费增加费。

C. 二次搬运费。

D. 冬雨期施工费。

E. 已完工程及设备保护费。

F. 工程定位复测费。

2）单价措施项目清单

单价措施项目清单包括以下项目：

A. 大型机械设备进出场及安拆费。

B. 地上、地下设施、建筑物的临时保护设施费。

C. 混凝土、钢筋混凝土模板及支架费。

D. 脚手架费。

E. 垂直运输机械费。

F. 超高施工增加费。

G. 施工排水、降水费。

H. 室内空气污染测试。

（3）其他项目清单

其他项目清单应根据拟建工程的具体情况列项。主要内容包括暂列金额、暂估价、计日工和总承包服务费四个部分。

1）暂列金额

暂列金额应列出暂列金额明细表，暂列金额明细表的内容包括序号、项目名称、计量单位、暂定金额和备注等内容。

2）暂估价

暂估价，包括专业暂估价和材料暂估价两个部分。

A. 专业工程暂估价

根据工程具体情况列出专业工程暂估价表，专业暂估价表的内容包括序号、工程名称、工作内容、工程数量、工程单价、金额等内容。

B. 材料暂估价

根据工程具体情况列出材料暂估单价表，材料暂估价表的内容包括序号、材料名称、规格、型号、计量单位、单价、备注等内容。

3）计日工

计日工根据工程具体情况列出计日工表，具体包括项目名称、单位、暂定数量、综合单价、合价等内容。

4）总承包服务费

总承包服务费包括发包人发包专业工程服务费和发包人供应材料服务费两个部分。

A. 发包人发包专业工程服务费：一般可按专业工程暂估总价的3%～5%计算。

B. 发包人供应材料服务费：一般可按招标人供应材料明细表总费用的1%计算。

根据工程具体情况列出总承包服务费计价表，总承包服务费计价表包括序号、项目名称、项目价值、服务内容、费率、金额等内容。

（4）规费清单

1）社会保障费（包括：养老保险费、失业保险费、医疗保险费、工伤保险费、生育保险费）。

2）住房公积金。

3）工程排污费。

（5）税金项目清单

税金项目清单内容包括：营业税、城市维护建设税、教育费附加。

（6）总说明

工程量清单的总说明包括以下内容：

1）工程概况：建设规模、工程特征、计划工期、施工现场实际情况、交通运输情况、自然地理条件、环境保护要求等。

2）工程量清单编制依据：包括施工图纸及相应的标准图、图纸答疑或图纸会审纪要、地质勘探资料、计价规范等。

3）工程质量、材料、施工等的特殊要求：工程质量应达到“合格”、对某些材料使用的要求（为使工程质量具有可靠保证，如有的工程要求使用大厂钢材、大厂水泥）、施工时不影响环境等。

4）材料暂估价

材料暂估价在招标文件中给出“材料暂估价表”，以便于办理工程竣工结算时根据双方确定的单价进行调整，计入竣工结算造价。

5）专业工程暂估价

6）其他需要说明的问题：有则写出，没有则可不写。

（7）封面

工程量清单封面的内容包括工程名称、招标人名称及其法定代表人、中介机构名称及其法定代表人、造价工程师及其注册证号、编制日期等。

5.4.4　工程量清单编制实例

为便于理解和掌握工程量清单编制的基本知识和基本方法，下面以“××学院综合楼工程”为例，介绍工程量清单编制。

××学院综合楼工程建筑面积 1228.13m^2，4 层（局部 3 层）、一、二层层高 4.2m、三、四层层高 3.3m，总高 15m。框架结构、钢筋混凝土独立柱基础、空心砖墙，楼地面地砖、内墙面刷乳胶漆、天棚轻钢龙骨石膏板吊顶及抹水泥砂浆面刷乳胶漆，外墙贴浅灰色外墙面砖，胶合板门、铝合金窗。

1. 计算工程量

根据××建筑设计研究院设计的××学院综合楼工程全套施工图（建施 10 张、结施 12 张，共 22 张，见图 5-150～图 5-171），以及《计量计价规范》，计算房屋建筑与装饰工程的全部工程量。计算结果见表 5-17“工程量计算表”和表 5-18“钢筋工程量汇总表”。

2. 工程量清单编制

根据表 5-17“工程量计算表”、《计量计价规范》以及下列资料，编制××学院综合楼工程的工程量清单。

（1）相关资料

1）工程招标和分包范围。金属门窗为分包项目，其余内容均为本次招标范围。

2）工程质量、材料、施工等特殊要求。工程质量、材料、施工等无特殊要求。

3）暂列金额按分部分项工程费的10%考虑，计入其他项目清单。

4）金属门窗由招标人另行分包，计入专业工程暂估价。具体内容包括：金属地弹门、金属推拉窗及固定窗。见表5-15。

5）部分材料实行材料暂估价，具体内容详见表5-16。

专业工程暂估价表　　表5-15

序号	工程名称	单位	数量	单价	合计	备注
1	铝合金地弹门	m^2	39.78	360	14320.80	
2	铝合金推拉窗	m^2	212.22	280	59421.60	
3	铝合金固定窗	m^2	6.21	180	1117.80	
	合计				74860.20	

材料暂估价表　　表5-16

序号	材料名称、规格、型号	单位	单价	备注
1	300×300地砖(厨卫间)	m^2	36.00	
2	600×600地砖(办公室、会议室等)	m^2	68.00	
3	面砖 150×200(餐厅、走廊墙裙)	m^2	30.00	
4	白色瓷砖 200×300(厨卫间墙面)	m^2	30.00	
5	豆绿色面砖(窗套)	m^2	38.00	
6	浅灰色面砖(外墙面)	m^2	36.00	

（2）工程量清单编制实例

1）封面　详见后

2）总说明　详见表5-19。

3）分部分项工程量清单　详见表5-20。

分部分项工程量清单的顺序，是按照计价规范中项目编码的顺序排列，而不是按照工程量计算表的顺序排列。

项目名称应包括项目特征，项目特征应根据计价规范的规定和工程的具体情况描述。

4）措施项目清单

措施项目清单包括“总价措施项目清单”和“单价措施项目清单”。

总价措施项目清单详见表5-21，单价措施项目清单详见表5-22。

5）其他项目清单　详见表5-23。

其他项目清单对应的表格有暂列金额明细表、材料暂估价表、专业暂估价表、计日工表。暂列金额明细表详见表5-24，材料暂估价表详见表5-25，专业暂估价表详见表5-26，计日工表详见表5-27。

6）规费项目清单　详见表5-28。

××学院综合楼工程建筑施工图

建筑设计说明:

一.本工程为XX学院综合楼工程，建筑面积为1128m²。

二.本工程的设计是依据甲方提供的设计任务书、规划部门的意见、本工程的岩土工程勘察报告》及国家现行设计规范进行的。

三.本单体建筑消防等级为2级。

四.高程系统采用当地规划部门规定的绝对标高系统，±0.000相当于当地规划部门规定的绝对标高+26.600m（详建施3）。

五.图中尺寸以毫米为单位,标高以米为单位，除顶层屋面为结构标高外，其他均为建筑标高。

六.本工程外填充墙采用300厚硅酸盐砌块，内填充墙采用180厚硅酸盐砌块，M5混合砂浆砌筑，120和 60厚的内隔墙采用MU10烧结页岩砖，M10水泥砂浆砌筑。地下室填充墙采用粘土空心砖，M5混合砂浆砌。

七.±0.000以下墙体采用MU5烧结页岩砖，M5水泥砂浆砌筑；低于室内地坪0.100处墙身增铺20厚1:2防水砂浆防潮层。

八.建筑构造用料及作法：

1.室内装饰:

地1：a.防滑地砖铺实拍平,水泥浆擦缝；
b.水泥砂浆1:2结合成，厚度15mm；
c.水泥砂浆1:3找平层20mm；
d.素水泥浆结合层一遍；
e.80厚C10混凝土；
f.素土夯实。

地2：a.防滑地砖铺实拍平，水泥浆擦缝；
b.c.同地1
d.SBS卷材防水层（3mm厚），翻边300mm高；
e.1:3水泥砂浆找平层（15mm厚）；
f.素水泥浆结合层一遍；
g.80厚C10混凝土；

楼1：a.防滑地砖铺实拍平,水泥浆擦缝；
b.水泥砂浆1:2结合成，厚度20mm；
c.水泥砂浆1:3找平层，厚度15mm；
d.素水泥浆结合层一遍；
e.钢筋混凝土楼板。

楼2：a.防滑地砖铺实拍平,水泥浆擦缝；
b.水泥砂浆1:2结合层，厚度15mm；
c.水泥砂浆1:3找平层，厚度15mm；
d.素水泥浆结合层一遍；
e.SBS卷材防水层（3mm厚），翻边300mm高；
f.1:3水泥砂浆找平层（15mm厚）；
g.钢筋混凝土楼板。

踢1（150高）
a.17厚1:3水泥砂浆；
b.3～4厚1:1水泥砂浆加水重20%108胶镶贴；
c.8～10厚黑色面砖,水泥浆擦缝。

裙1：a.20厚1:3水泥砂浆；
b.10厚1:1水泥砂浆；
c.4-5厚面砖,水泥浆擦缝。

墙1：a.15厚1:3水泥砂浆；
b.5厚1:2水泥砂浆；
c.满刮腻子；
d.刷或滚乳胶漆二遍。

顶1：
a.钢筋混凝土板底面清理干净；
b.7厚1:3水泥砂浆；
c.5厚1:2水泥砂浆；
d.满刮腻子；
e.刷或滚乳胶漆二遍。

顶2：
a.轻钢龙骨标准骨架:主龙骨中距900～1000,次龙骨中距600，横龙骨中距600；
b.满刮腻子；
c.600X600厚12石膏装饰板，自攻螺钉拧牢，孔眼用腻子填平 ；
d.刷或滚乳胶漆二遍。

（注:卫生间：一层吊顶高度为3000；二、三吊顶高度为2500，一层餐厅、走道、厨房吊顶高度为3400， 二、三层走道吊顶高度为2500）

××建筑设计研究院			工程名称	××学院综合楼	
证书号			图　名	平面位置图	
电　话					
单位负责人		审　核		设计编号	
技术负责人		校　对		图　号	建施-01
工程负责人		设　计		比　例	1:300
专业负责人		描　图		日　期	2006.8.6
		档案号			

图 5-150　设计说明　建施-01

2.外墙面：

贴墙面砖 (a) 7厚1:0.5:2混合砂浆 贴面砖

(b) 15厚1:3水泥砂浆　找平

刷涂料 (a) 刷外墙无光乳胶漆2遍

(b) 5厚1:1:3水泥石灰砂浆面层

(c) 13厚1:1:5水泥石灰砂浆打底找平

其他室外装饰详见立面图。

3.台阶：C15混凝土台阶，面层同相邻地面做法。见建施2节点1。

4.散水：C15混凝土150mm厚散水；与墙连接处及转角处沥青灌缝，散水纵向每隔50m灌缝。见建施2节点2。

5.坡道：面层做80厚C20混凝土提浆抹光，划痕防滑，垫层做100厚连砂石，基层素土夯实。坡度≤8%。

6.屋面做法：（上人屋面）

(1)40厚C20混凝土防水层,表面压光，砼内配φ4钢筋双向中距300；

(2)20厚1:2.5水泥砂浆找平层；

(3)40厚(最薄处)1:8水泥珍珠岩找2%坡；

(4)钢筋混凝土屋面板,板面清扫干净。

九.楼梯做法：

1.梯面：同走廊楼面；

2.楼梯底板：同顶棚；

3.楼梯扶手栏杆：不锈钢扶手栏杆。

十.门窗：

1.预埋在墙或柱中的木（铁）件均应作防腐（防锈）处理。

2.除特别标注外，所有门窗均按墙中线定位。

3.室内门详见图集98ZJ　，木门刷底漆2遍，乳白色调和漆2遍。

4.窗采用成品铝合金窗，选用70系列框料。

5.门窗按设计要求由厂家加工，构造节点做法及安装均由厂家负责提供图纸，

经甲方看样认可后方可施工。

十一.防潮层：在-0.100处作20厚1：2水泥砂浆加5%防水粉。

十二.其他：

1.墙体每500高设2φ6拉筋与相邻钢筋混凝土柱（墙）拉筋接通，如墙体上

有门窗时钢筋混凝土带设在门窗洞上；

2.凡要求排水找坡的地方，找坡厚度大于30时，均用C20细石混凝土找坡，厚度小于30时，用1：2水泥砂浆找坡；

3.所有外露铁件均应先刷防锈漆一道，再刷调合漆两道；

4.凡入墙木构件均应涂防腐油；

5.厕所间，淋浴间，厨房内墙面及隔墙面均贴瓷砖到顶。

6.餐厅内卖饭窗口采用铝合金制作，镶白色玻璃，形式要求由厂家加工，经甲方认可后方可使用。

7. 一切管道穿过墙体时，在施工中预留孔洞，预埋套管并用砂浆堵严。

8. 本设计按七度抗震烈度设计，未尽事宜均严格遵守国家各项技术规程和验收规范。

十三.凡图中未注明和本说明未提及者，均按国家现行规范执行。

部位＼名称	地面	楼面	踢脚	墙裙	墙面	天棚
楼梯间	300X300楼梯砖)	300X300楼梯砖)	踢1 (150X300)		墙1	顶1
教室、办公室活动室		楼1 (600X600地砖)	踢1 (150X300)		墙1	顶1
餐厅、走道	地1 (600X600地砖)	楼1 (600X600地砖)		裙1 200X300瓷砖(1.5m高)	墙1	顶2
厨房	地2 300X300地砖)				裙1 150X200面砖)	顶2
卫生间	地2 300X300地砖)	楼2 300X300地砖)			裙1 150X200面砖)	顶2
地下室	地1 (600X600地砖)		踢1 (150X300)		墙1	顶1

××建筑设计研究院			工程名称	××学院综合楼	
证书号			图　名	平面位置图	
电　话					
单位负责人	审　核			设计编号	
技术负责人	校　对			图　号	建施-02
工程负责人	设　计			比　例	1：300
专业负责人	描　图			日　期	2006.8.6
	档案号				

图 5-151　设计说明　建施-02

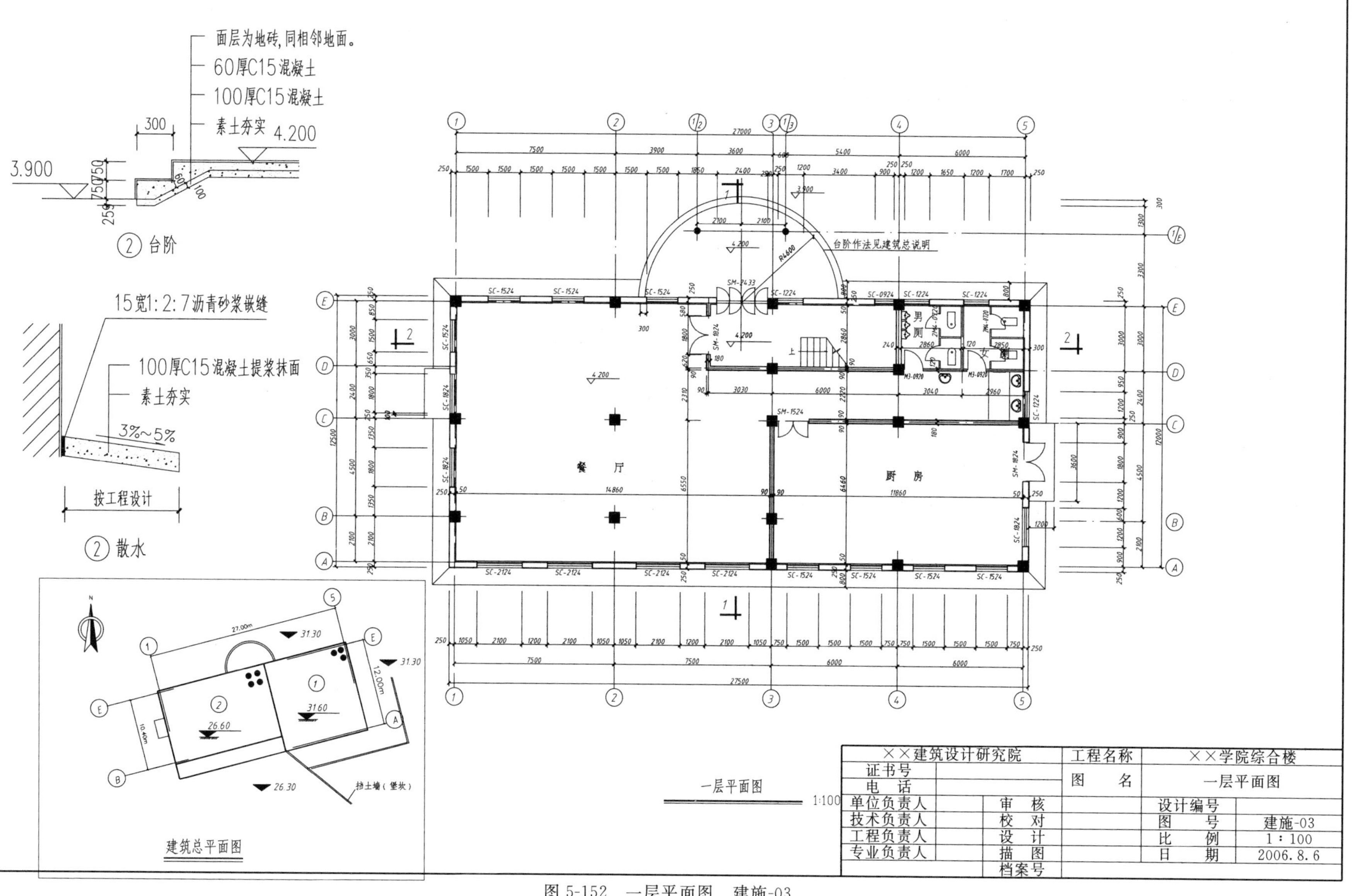

图 5-152 一层平面图 建施-03

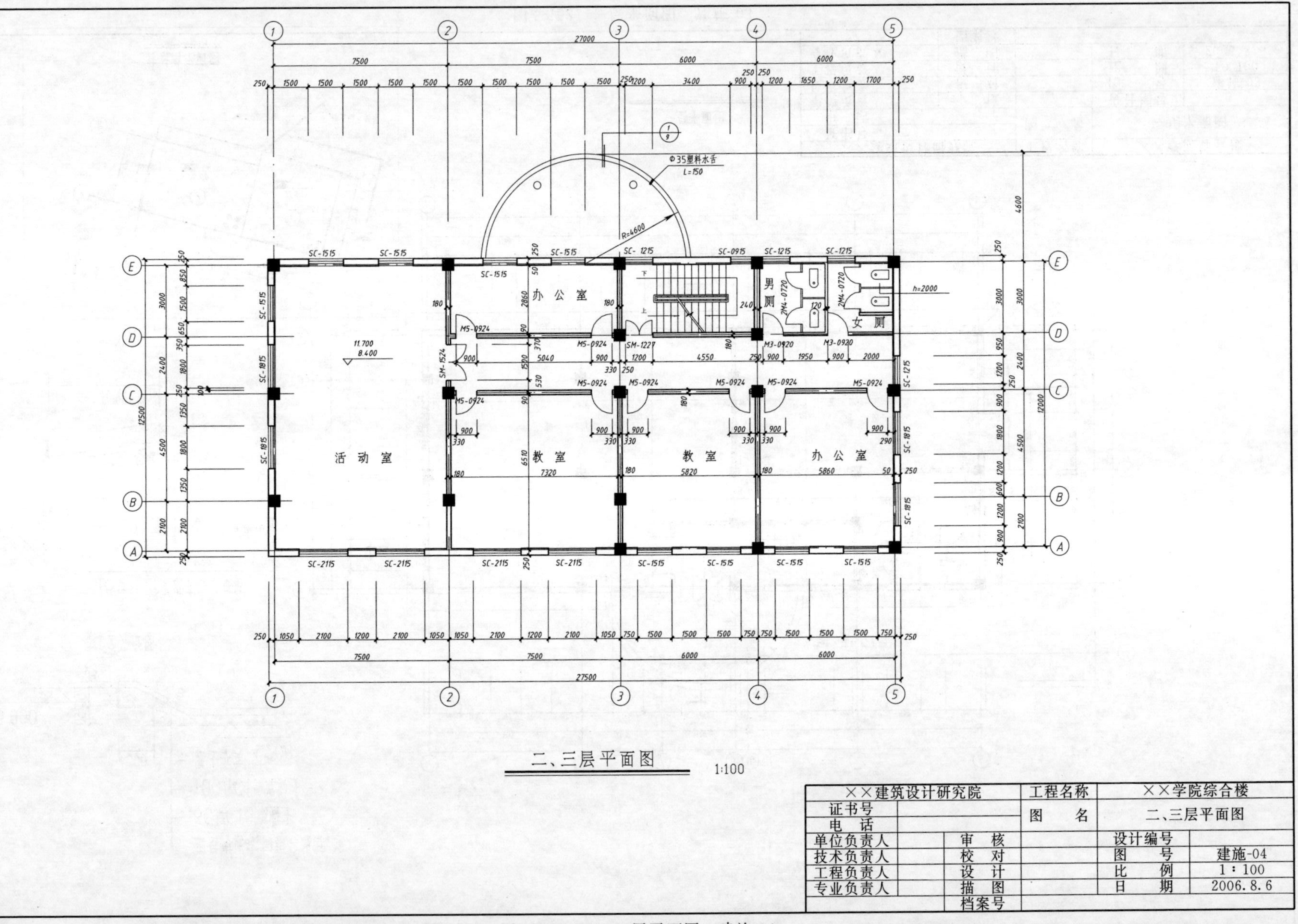

图 5-153 二、三层平面图 建施-04

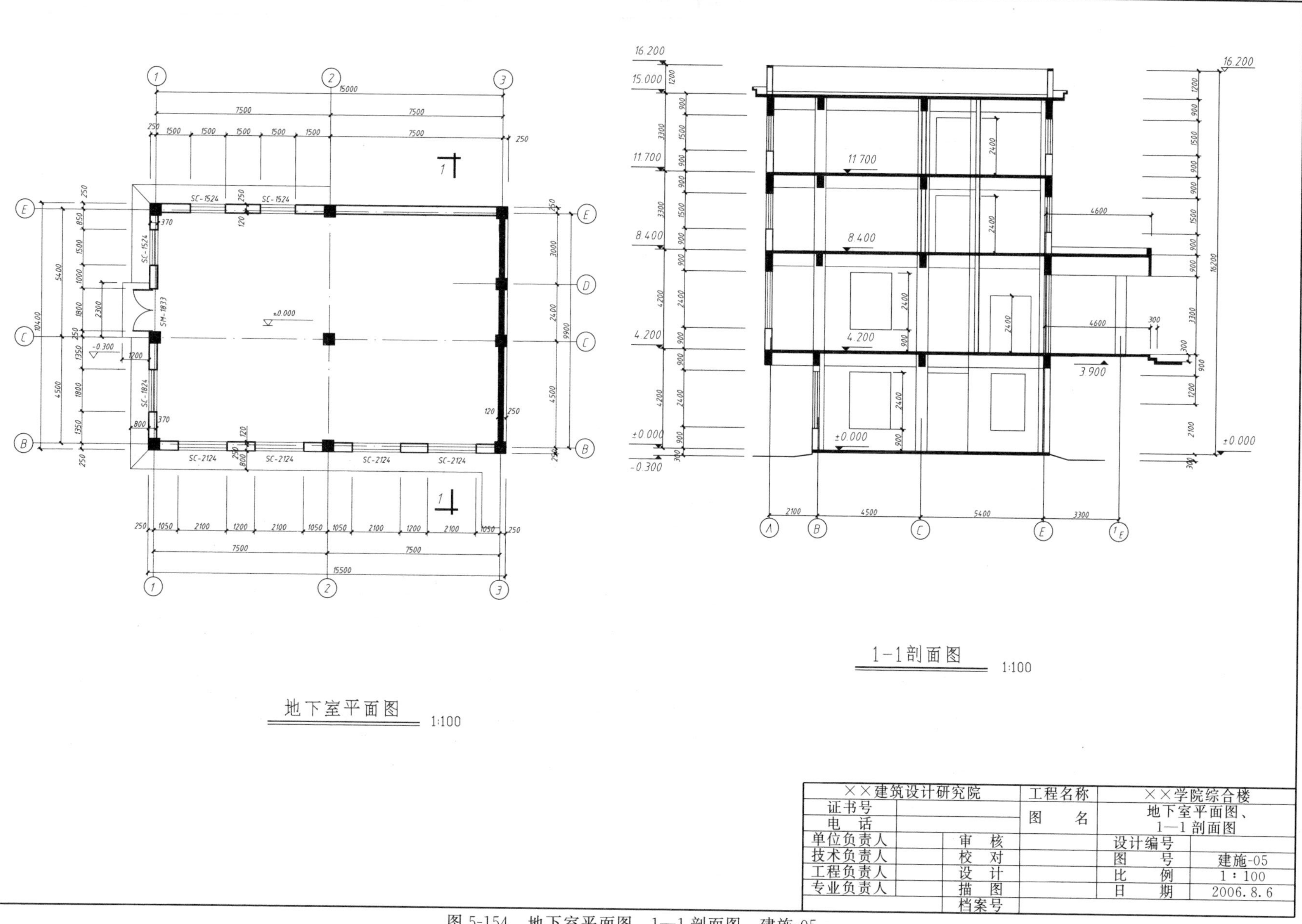

图 5-154 地下室平面图、1—1剖面图 建施-05

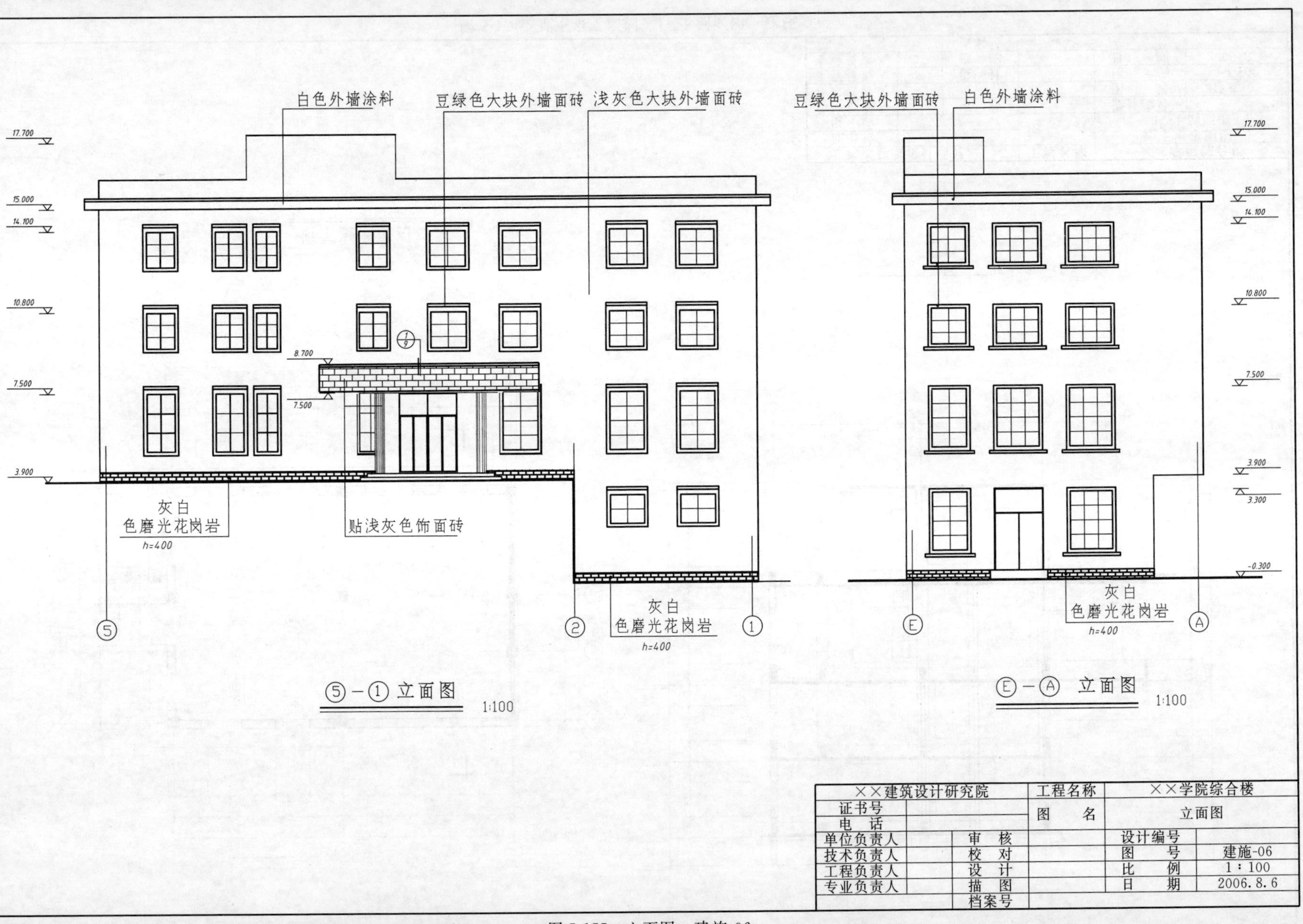

××建筑设计研究院				工程名称	××学院综合楼	
证书号				图　名	立面图	
电　话						
单位负责人		审　核			设计编号	
技术负责人		校　对			图　号	建施-06
工程负责人		设　计			比　例	1：100
专业负责人		描　图			日　期	2006.8.6
		档案号				

图 5-155　立面图　建施-06

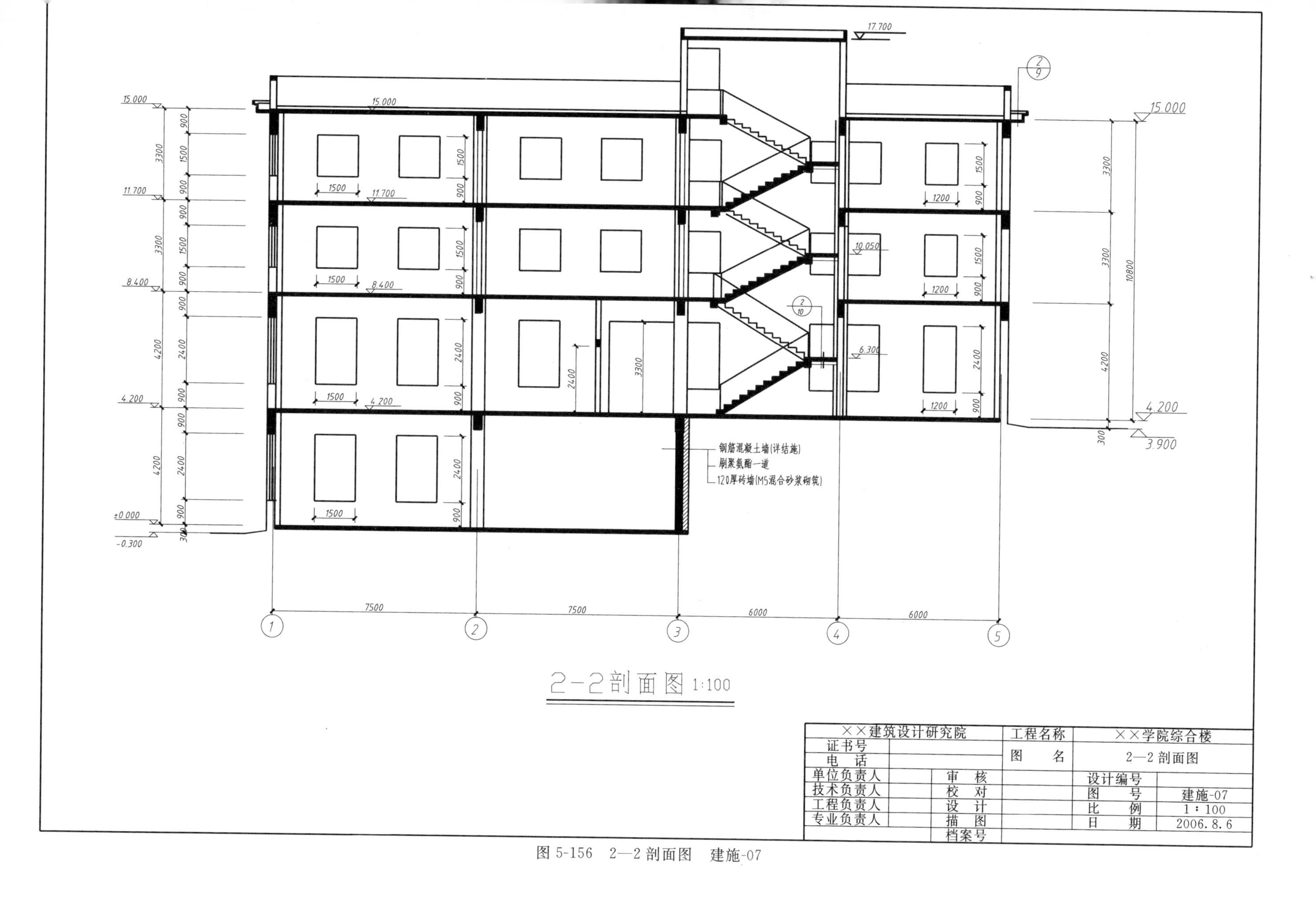

图 5-156 2—2 剖面图 建施-07

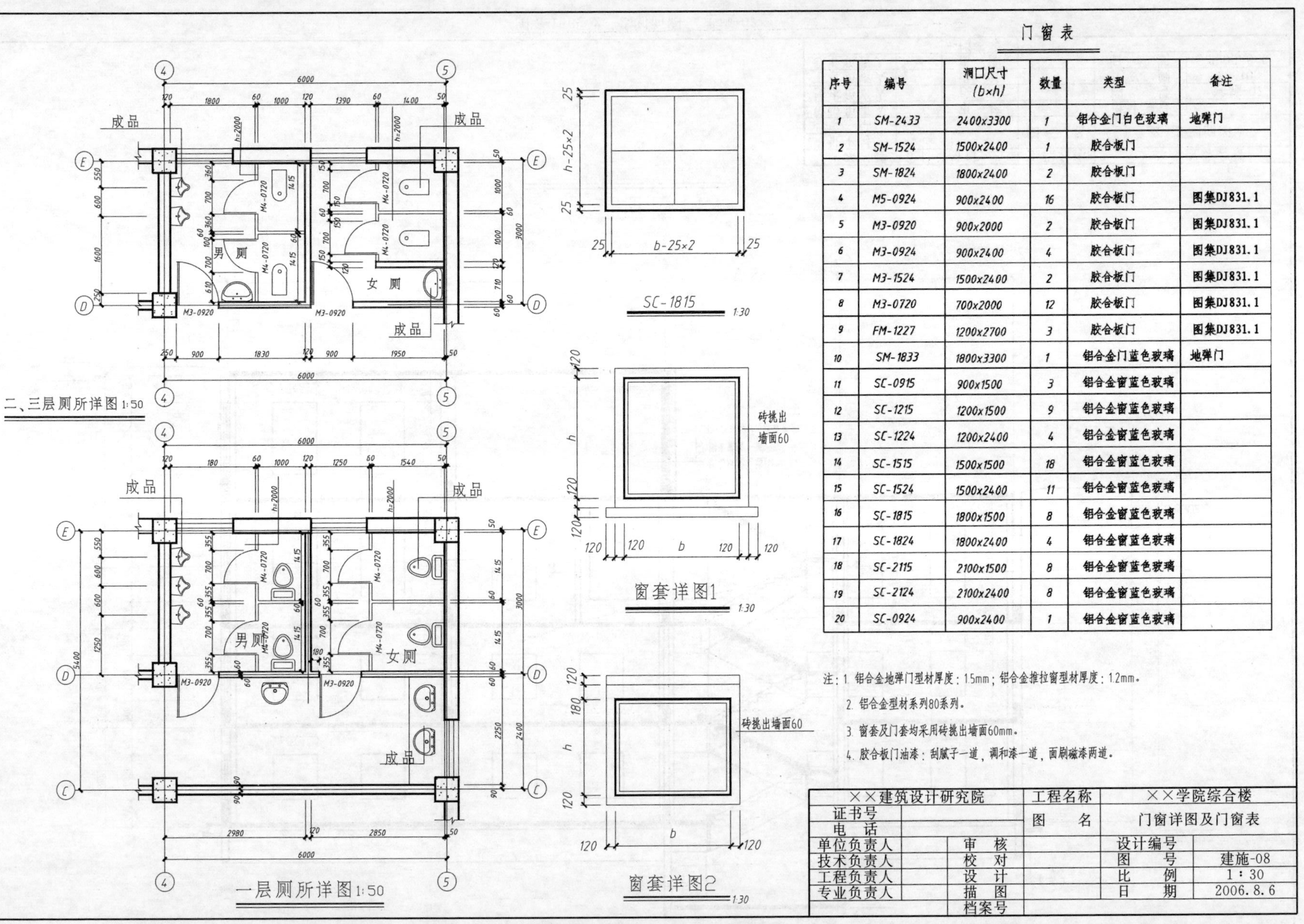

门窗表

序号	编号	洞口尺寸 (b×h)	数量	类型	备注
1	SM-2433	2400x3300	1	铝合金门白色玻璃	地弹门
2	SM-1524	1500x2400	1	胶合板门	
3	SM-1824	1800x2400	2	胶合板门	
4	M5-0924	900x2400	16	胶合板门	图集DJ831.1
5	M3-0920	900x2000	2	胶合板门	图集DJ831.1
6	M3-0924	900x2400	4	胶合板门	图集DJ831.1
7	M3-1524	1500x2400	2	胶合板门	图集DJ831.1
8	M3-0720	700x2000	12	胶合板门	图集DJ831.1
9	FM-1227	1200x2700	3	胶合板门	图集DJ831.1
10	SM-1833	1800x3300	1	铝合金门蓝色玻璃	地弹门
11	SC-0915	900x1500	3	铝合金窗蓝色玻璃	
12	SC-1215	1200x1500	9	铝合金窗蓝色玻璃	
13	SC-1224	1200x2400	4	铝合金窗蓝色玻璃	
14	SC-1515	1500x1500	18	铝合金窗蓝色玻璃	
15	SC-1524	1500x2400	11	铝合金窗蓝色玻璃	
16	SC-1815	1800x1500	8	铝合金窗蓝色玻璃	
17	SC-1824	1800x2400	4	铝合金窗蓝色玻璃	
18	SC-2115	2100x1500	8	铝合金窗蓝色玻璃	
19	SC-2124	2100x2400	8	铝合金窗蓝色玻璃	
20	SC-0924	900x2400	1	铝合金窗蓝色玻璃	

注：1. 铝合金地弹门型材厚度：1.5mm；铝合金推拉窗型材厚度：1.2mm。
2. 铝合金型材系列80系列。
3. 窗套及门套均采用砖挑出墙面60mm。
4. 胶合板门油漆：刮腻子一道，调和漆一道，面刷磁漆两道。

××建筑设计研究院			工程名称	××学院综合楼	
证书号			图　名	门窗详图及门窗表	
电　话					
单位负责人	审　核			设计编号	
技术负责人	校　对			图　号	建施-08
工程负责人	设　计			比　例	1：30
专业负责人	描　图			日　期	2006.8.6
	档案号				

图 5-157　门窗详图及门窗表　建施-08

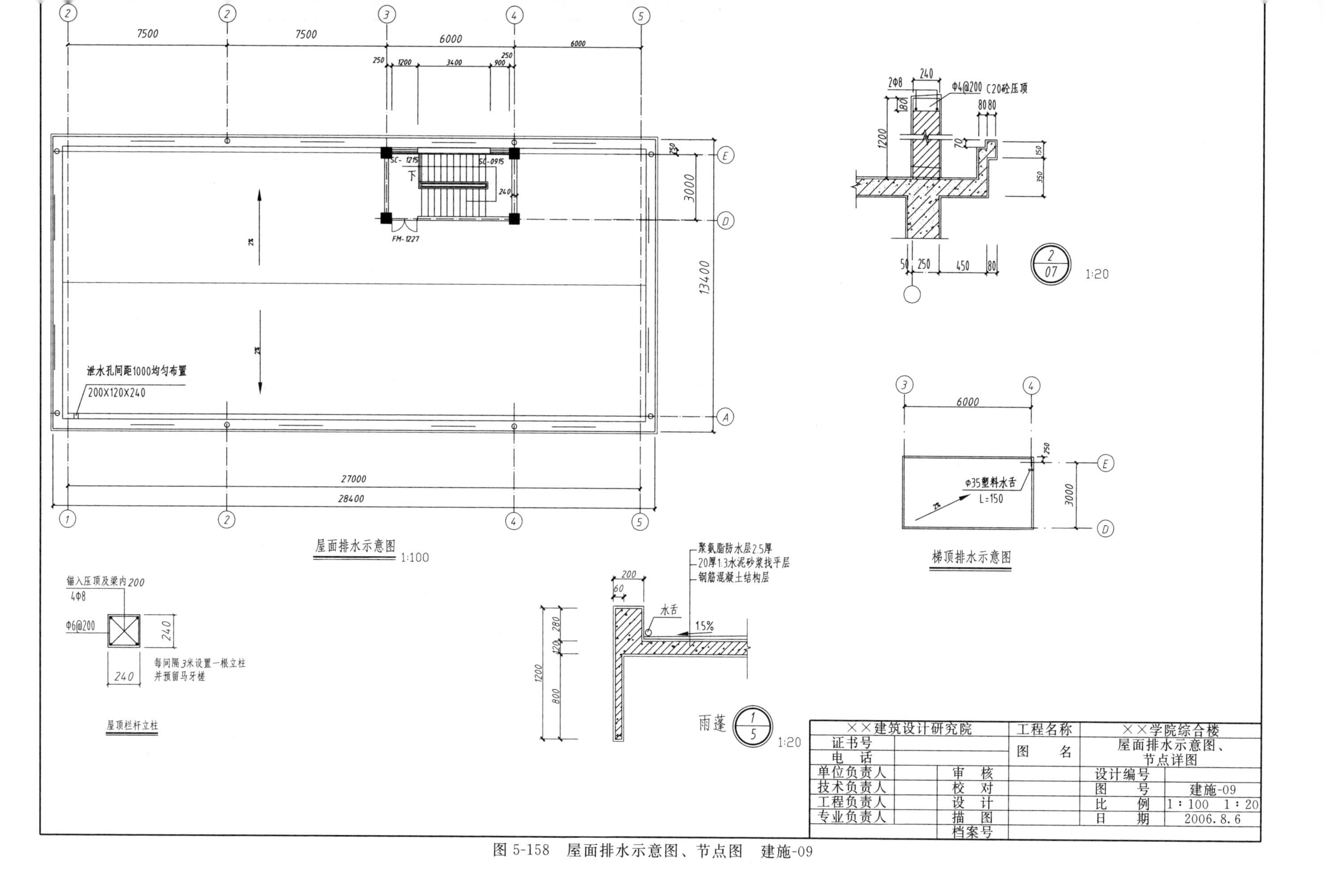

图 5-158 屋面排水示意图、节点图 建施-09

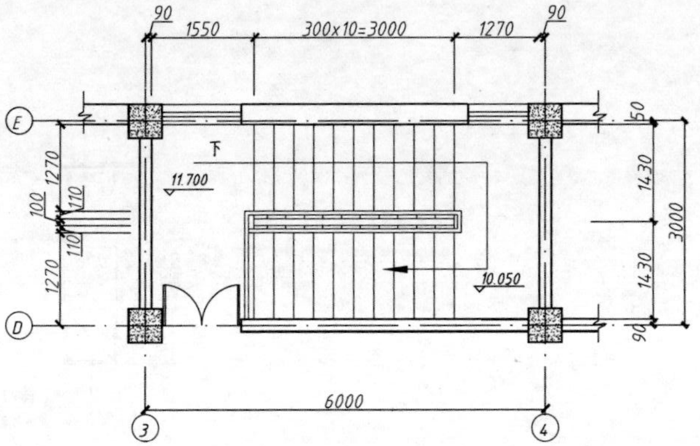

二层楼梯详图 1:50

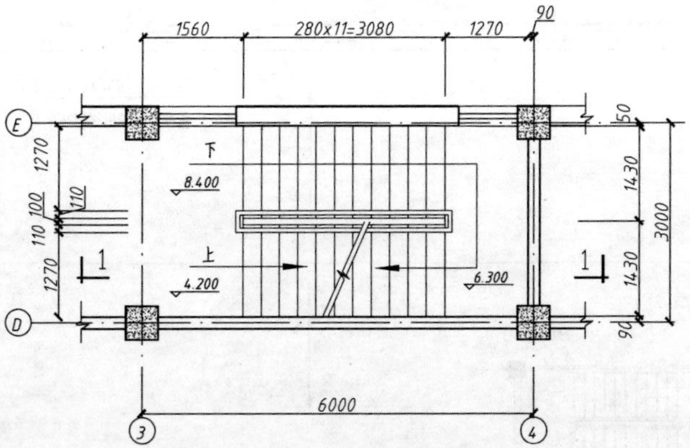

下 11.700 10.050

一层楼梯详图 1:50

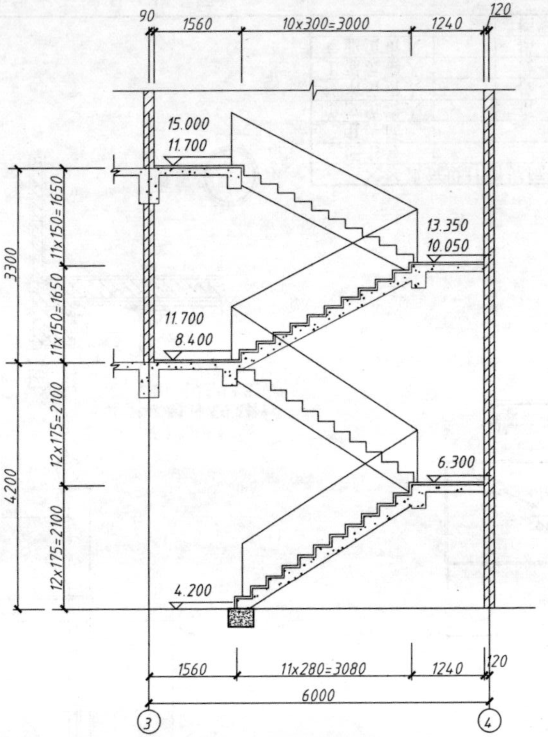

下 8.400 上 4.200 6.300

1—1 1:50

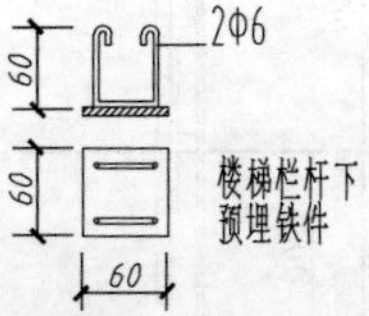

15.000 11.700 13.350 10.050 11.700 8.400 6.300 4.200

预埋铁件

2Φ6

楼梯栏杆下预埋铁件

××建筑设计研究院			工程名称	××学院综合楼	
证书号			图　名	楼梯详图	
电　话					
单位负责人		审　核		设计编号	
技术负责人		校　对		图　号	建施-10
工程负责人		设　计		比　例	1：100
专业负责人		描　图		日　期	2006.8.6
		档案号			

图 5-159　楼梯详图　建施-10

××学院综合楼工程 结构施工图

结构设计说明:

一.一般说明:

1.本设计尺寸以毫米计，标高以米计；

2.本工程±0.000同建筑。

二.设计依据

本结构设计依据本工程的《岩土工程勘察报告》以及国家现行设计规范实施设计，设计规范包括：

1、建筑结构设计荷载规范《GBJ9-87》

2、建筑抗震设计规范《GBJ11-89》

3、砌体结构设计规范《GBJ3-88》

4、混凝土结构设计规范《GBJ10-89》

5、建筑地基基础设计规范《GBJ7-89》

三.自然条件：

1.基本雪压为0.40KN/m\s<0,100>2^\s;

2.基本风压为0.6KN/m\s<0,100>2^\s;

3.抗震设防烈度为7度，建筑场地类别为II类，抗震等级为四级（框架）；

4.冻结深度为0.7m；

四.基础与地下部分:

1.根据××地质工程勘察施工集团沈阳勘察院金州分院提供的《岩土工程勘察报告》2000-10-07进行基础设计，本工程采用钢筋混凝土独立基础，持力层为强风化板岩，地基承载力标准值fk≥300Kpa,基槽开挖后如与实际不符须通知我院进行修改。

2.基槽开挖后经有关人员验收合格方可施工基础。

3.基础放线时应严格校对，如发现地基土与勘察报告不符，须会同勘察.监理.设计和建设单位商研处理后，方可继续施工，施工过程中应填写隐蔽工程记录。

4.独立基础及JL采用C20混凝土，钢筋采用ϕ-I级，ϕ-II级；混凝土保护层：基础为35mm，JL为25mm，JL纵筋需搭接时上部筋在跨中搭接，下部筋在支座处搭接，搭接长度为500mm。

5.一层地下室填充墙采用粘土空心砖,M5水泥砂浆砌筑。

五.本工程采用现浇全框架结构体系。

六.钢筋混凝土工程:

1.钢筋搭接长度除注明外均为36d，锚固长度除注明外为20d(I级钢筋)、30d(II级钢筋)；次梁内上下纵筋锚入柱或主梁内30d；

2.柱和梁钢筋弯钩角度为135.弯钩尺寸10d；

3.柱中纵向钢筋直径大于20均采用电渣压力焊，同一截面的搭接根数少于总根数的50%，柱子与内外墙的连接设拉结墙筋，自柱底+0.5m至柱顶预埋2ϕ6@500筋，锚入柱内≥200mm，深入墙中≥1000mm；

4.梁支座处不得留施工缝，混凝土施工中要振捣密实，确保质量；

5.钢筋保护层厚度：板15mm，梁柱25mm，剪力墙25mm，基础梁35mm；

6.现浇板中未注明的分布筋为ϕ6@200;

7.现浇板洞按设备电气图预留，施工时应按所定设备核准尺寸，除注明的楼板预留孔洞边附加钢筋外，小于或等于300x300mm的洞口，钢筋绕过不剪断，洞口大于300x300mm时，在四周设加固钢筋，补足截断的钢筋面积，并长出洞边20d；

8.楼面主次梁相交处抗剪吊筋及箍筋做法见梁节点大样图；

9.框架梁柱作法及要求均见《03G101》图集；

10.各楼层中门窗洞口需做过梁的，过梁两端各伸出洞边250mm；

11.楼梯构造柱的钢筋上下各伸入框架梁或地梁内450mm；

12.预埋件钢材为Q235b，焊条采用E4301，钢筋采用电弧焊接时，按下表采用：

钢筋种类	搭接焊	帮条焊
I级钢	E4301	E4303
II级钢	E5001	E5003

七.材料：

1.混凝土：梁、板、柱均采用C30；

2.钢筋：I级、II级

3.墙体材料见建筑说明；

八.其他：

1.本工程施工时，所有孔洞及预埋件应预留预埋，不得事后剔凿，具体位置及尺寸详见各有关专业图纸，施工时各专业应密切配合，以防遗漏；

2.设计中采用标准图集的，均应按图集说明要求进行施工；

3.本工程避雷引下线施工要求详见电气施工图；

4.材料代换应征得设计方同意；

5.本说明未尽事宜均按照国家现行施工及验收规范执行。

××建筑设计研究院			工程名称	××学院综合楼	
证书号			图 名	结构设计说明	
电 话					
单位负责人		审 核		设计编号	
技术负责人		校 对		图 号	结施-01
工程负责人		设 计		比 例	
专业负责人		描 图		日 期	2006.8.6
		档案号			

图 5-160 结构设计说明 结施-01

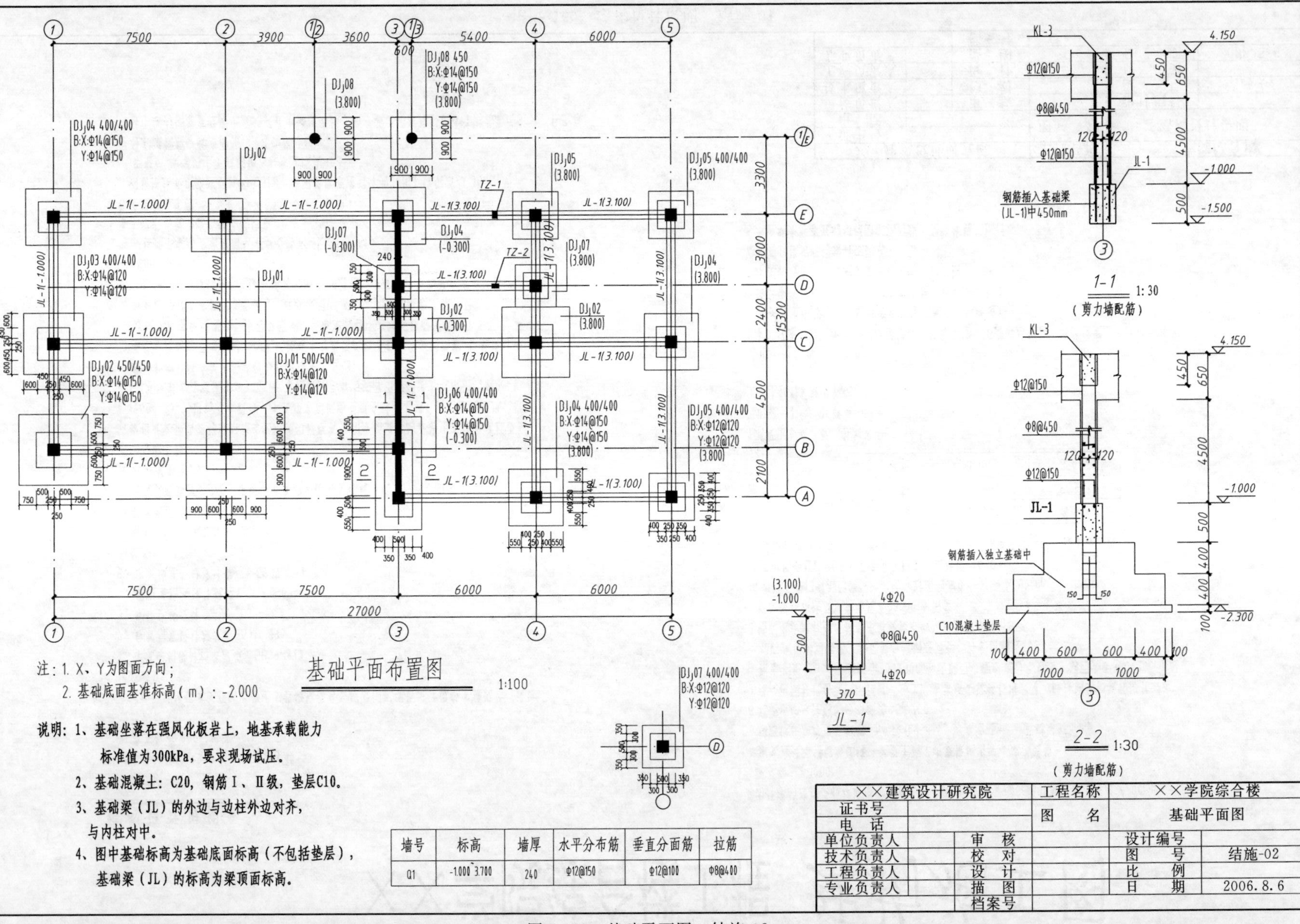

墙号	标高	墙厚	水平分布筋	垂直分面筋	拉筋
Q1	-1.000 3.700	240	Φ12@150	Φ12@100	Φ8@400

××建筑设计研究院		工程名称	××学院综合楼	
证书号		图　名	基础平面图	
电　话				
单位负责人	审　核		设计编号	
技术负责人	校　对		图　号	结施-02
工程负责人	设　计		比　例	
专业负责人	描　图		日　期	2006.8.6
	档案号			

图 5-161　基础平面图　结施-02

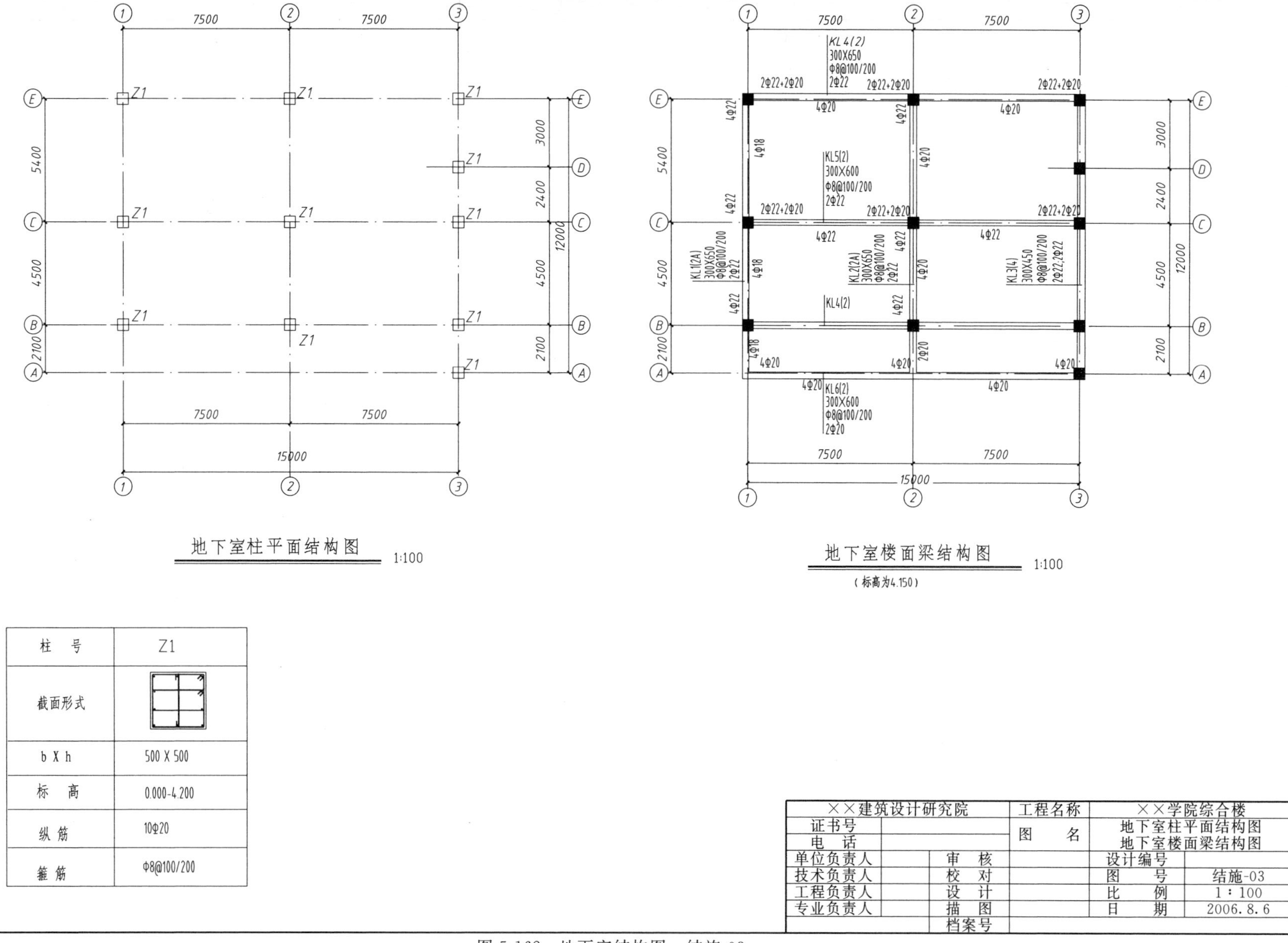

柱　号	Z1
截面形式	
b X h	500 X 500
标　高	0.000-4.200
纵　筋	10Φ20
箍　筋	Φ8@100/200

××建筑设计研究院		工程名称	××学院综合楼	
证书号		图　名	地下室柱平面结构图 地下室楼面梁结构图	
电　话				
单位负责人	审　核		设计编号	
技术负责人	校　对		图　号	结施-03
工程负责人	设　计		比　例	1：100
专业负责人	描　图		日　期	2006.8.6
	档案号			

图 5-162　地下室结构图　结施-03

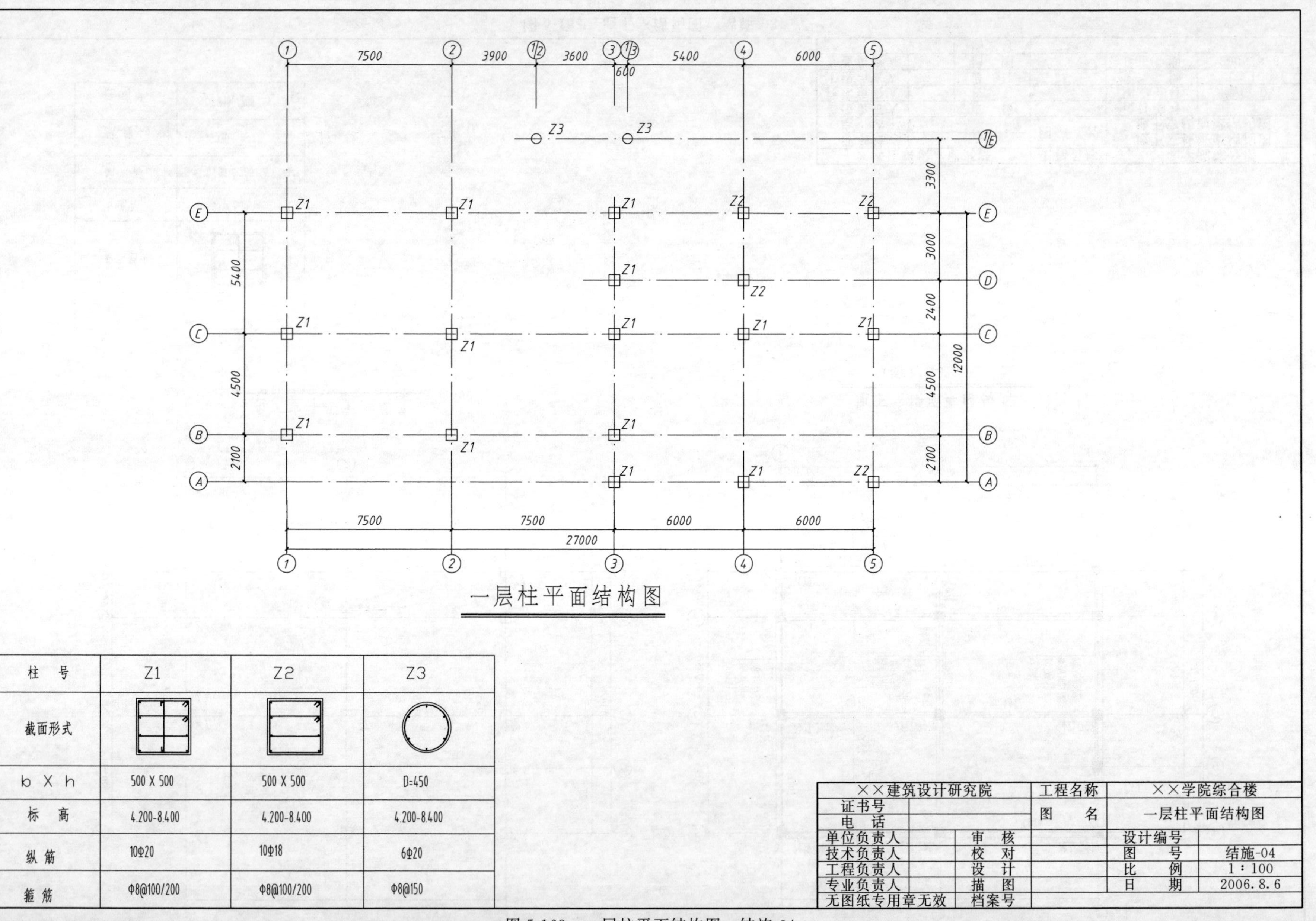

图 5-163　一层柱平面结构图　结施-04

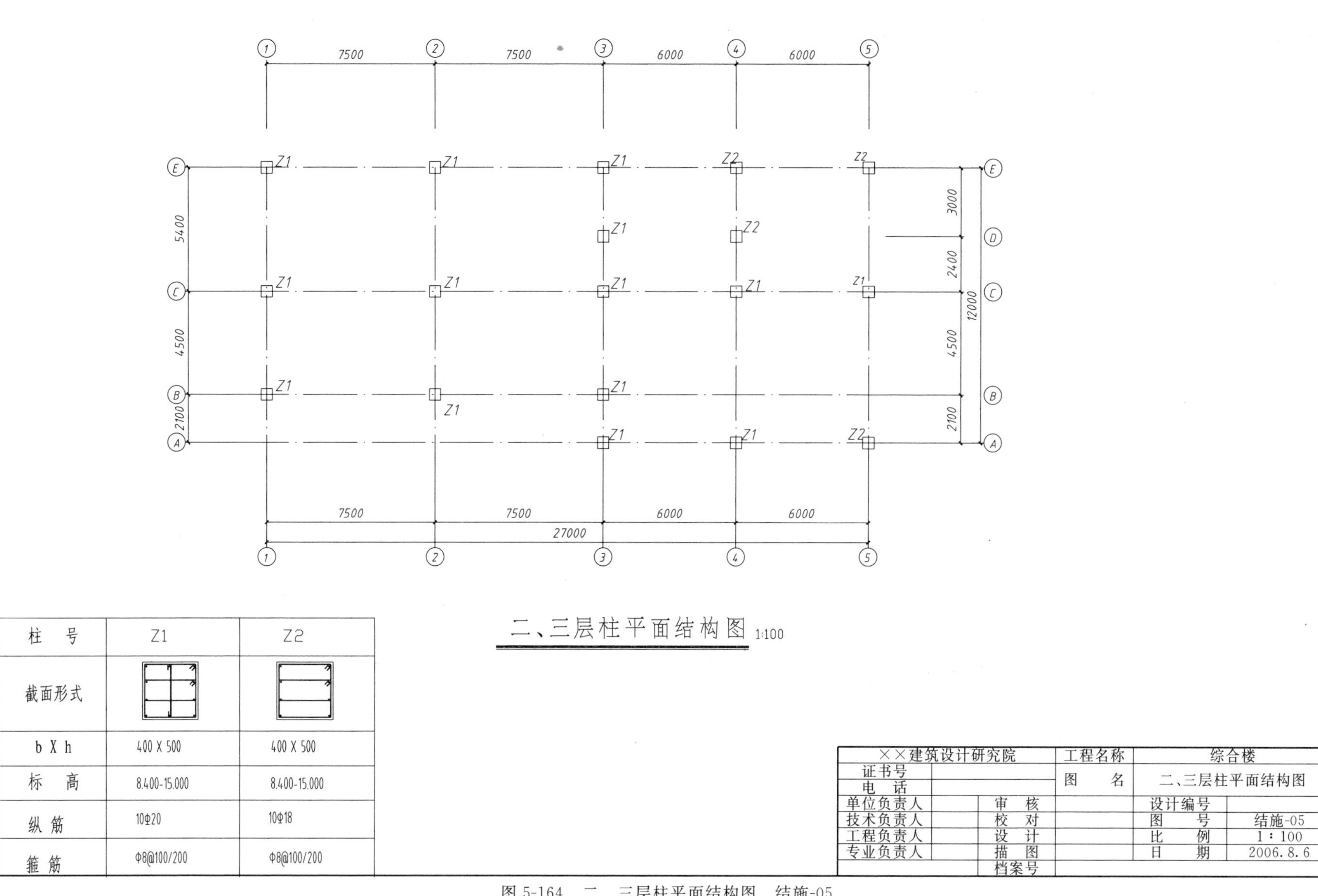

图 5-164 二、三层柱平面结构图 结施-05

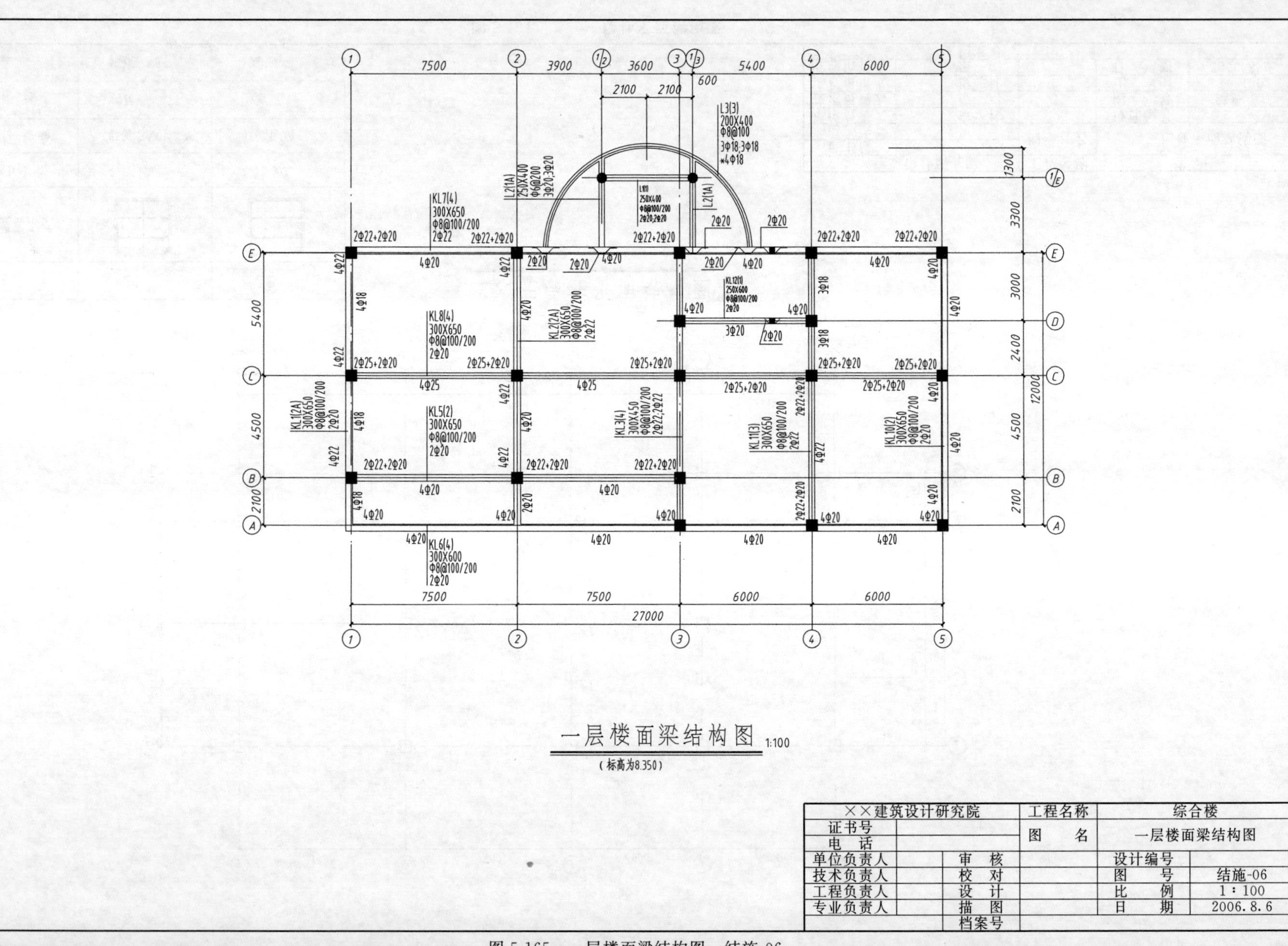

图 5-165 一层楼面梁结构图 结施-06

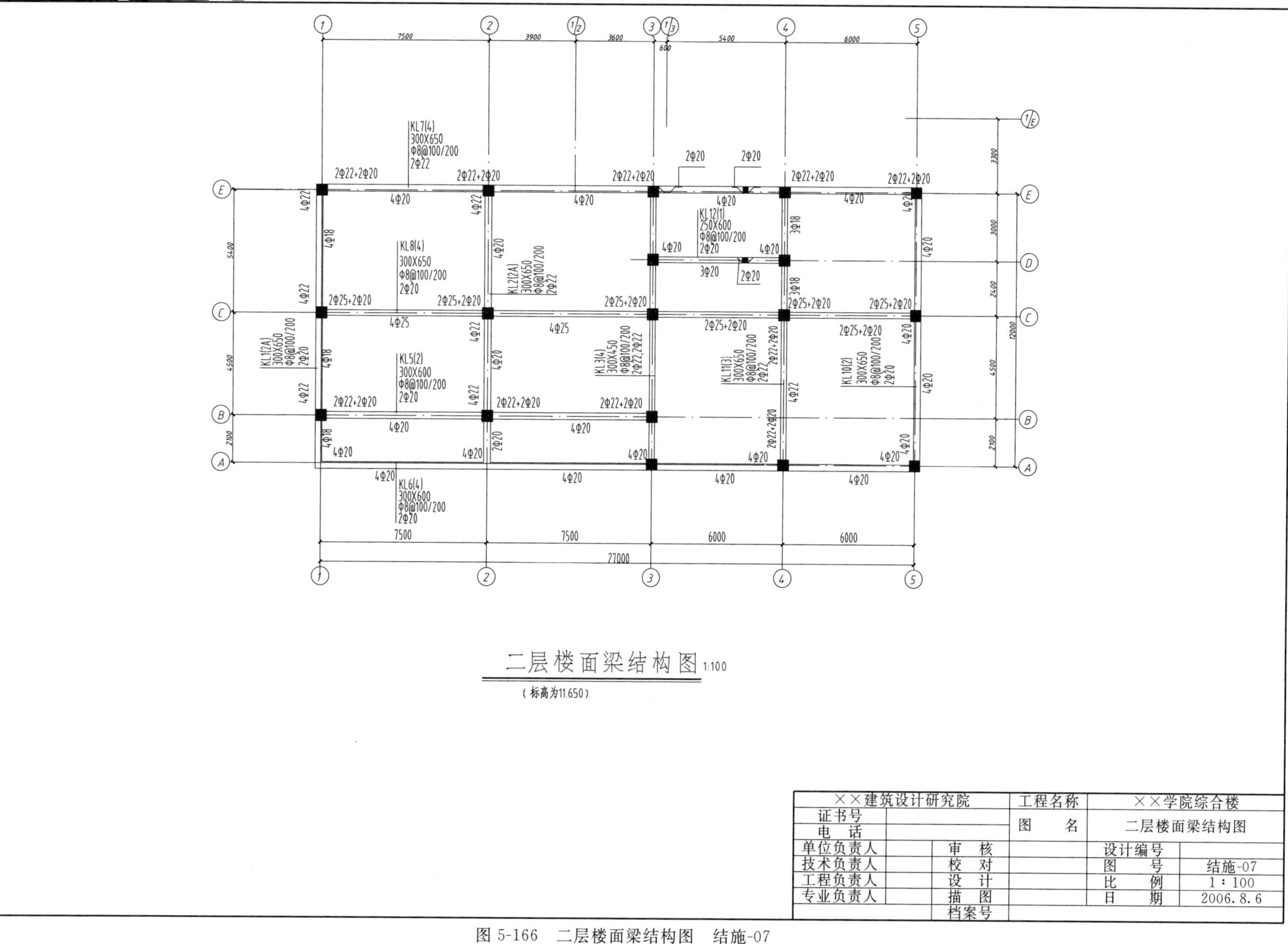

图 5-166　二层楼面梁结构图　结施-07

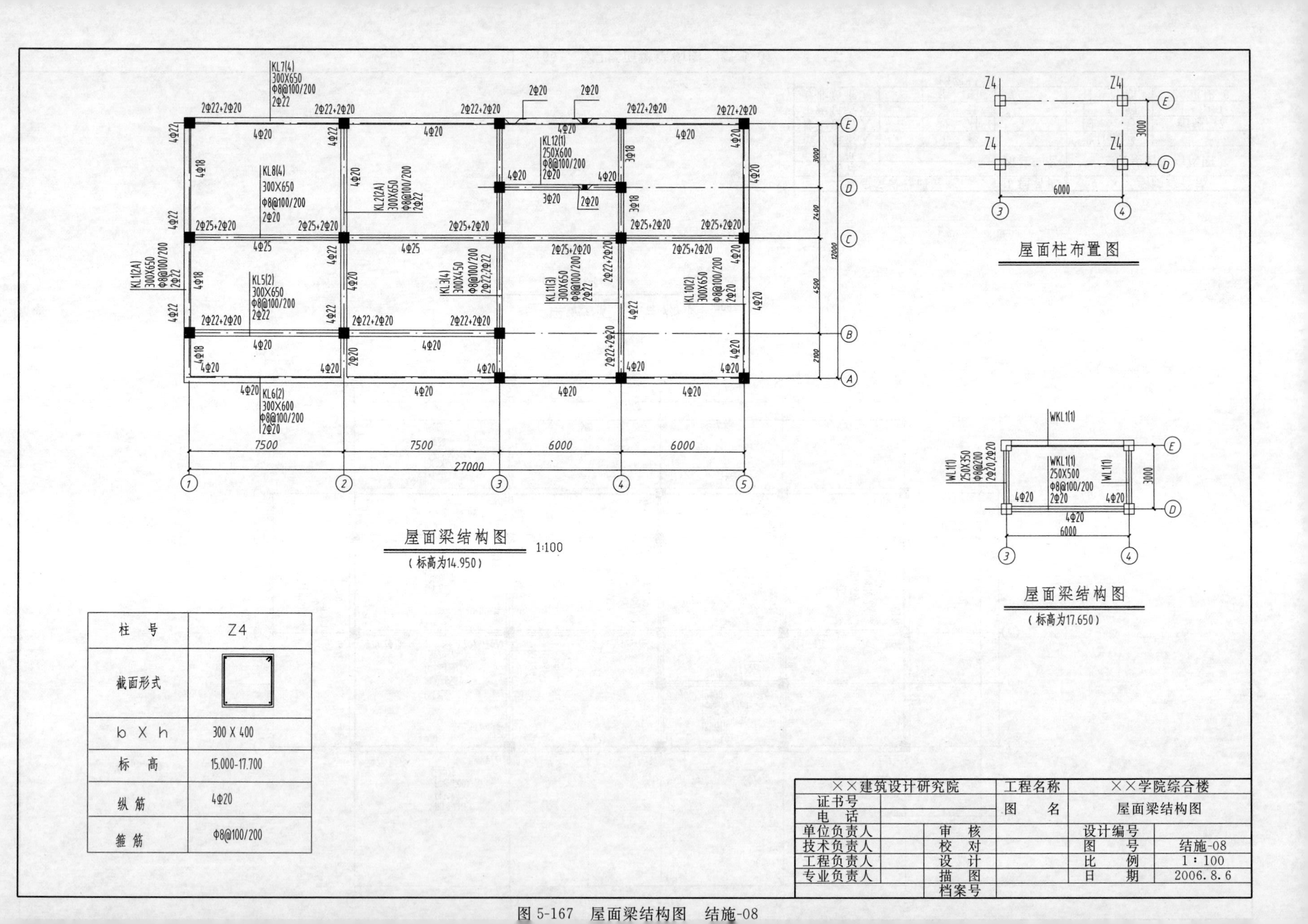

图 5-167 屋面梁结构图 结施-08

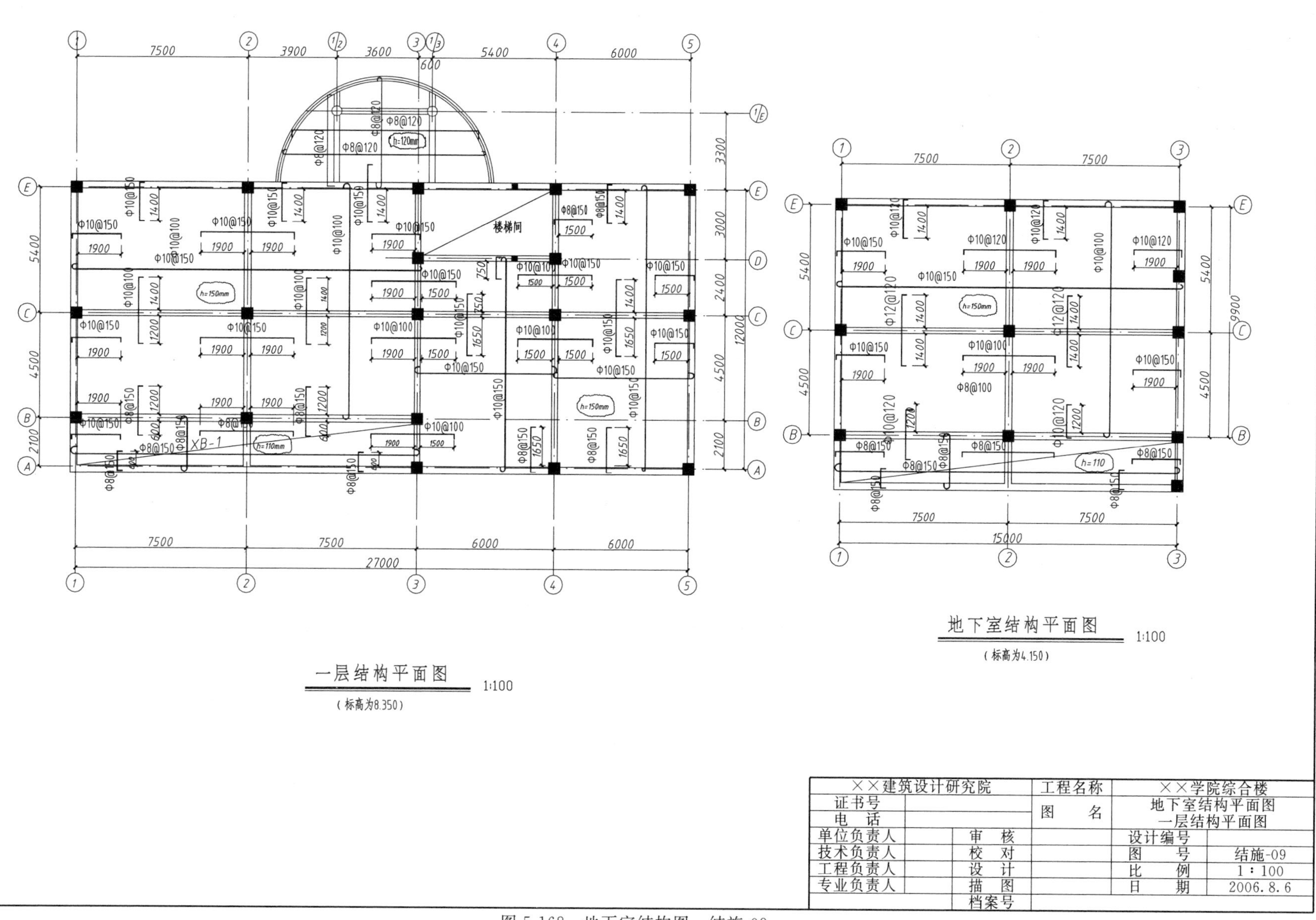

××建筑设计研究院			工程名称	××学院综合楼	
证书号			图　名	地下室结构平面图 一层结构平面图	
电　话					
单位负责人		审　核		设计编号	
技术负责人		校　对		图　号	结施-09
工程负责人		设　计		比　例	1：100
专业负责人		描　图		日　期	2006.8.6
		档案号			

图 5-168　地下室结构图　结施-09

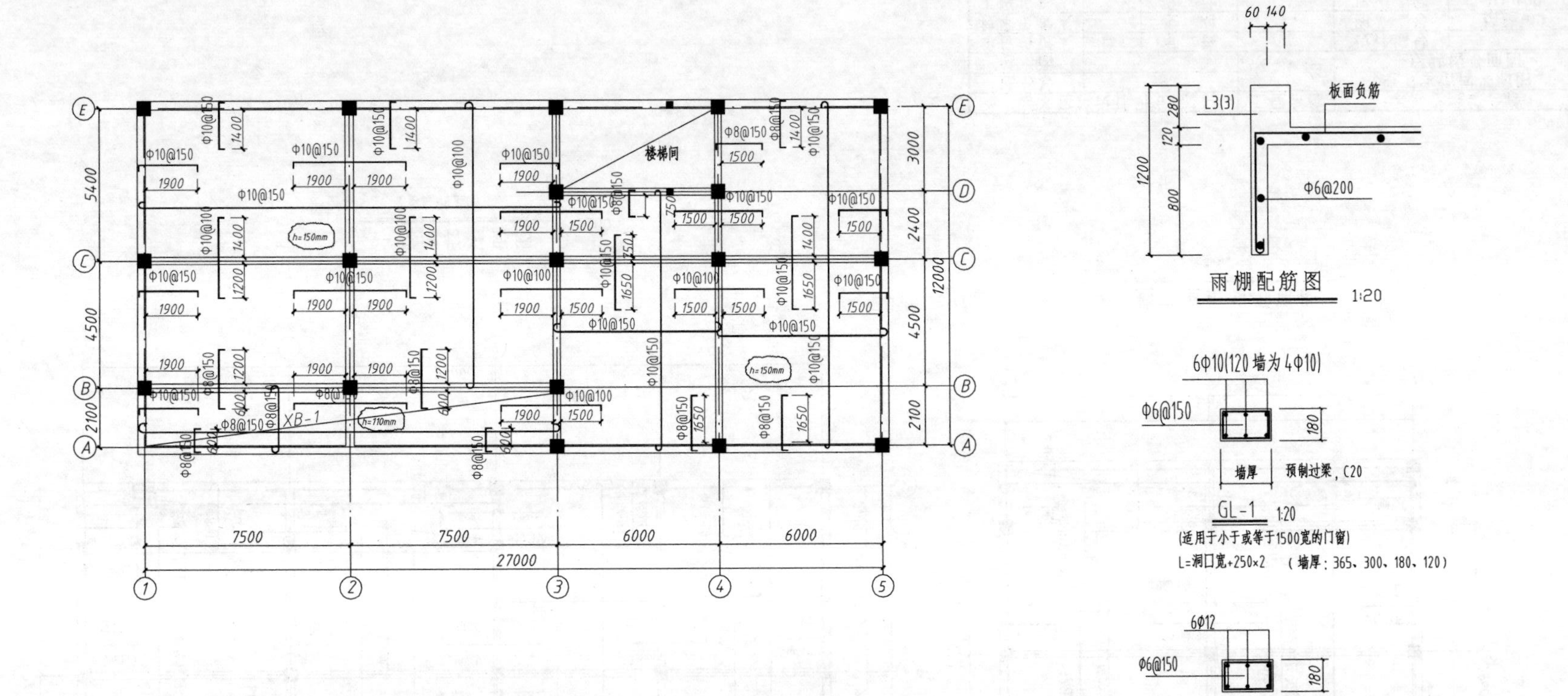

××建筑设计研究院				工程名称	××学院综合楼	
证书号				图 名	二层结构平面图	
电 话						
单位负责人		审 核			设计编号	
技术负责人		校 对			图 号	结施-10
工程负责人		设 计			比 例	1：100
专业负责人		描 图			日 期	2006.8.6
		档案号				

图 5-169 二层结构平面图 结施-10

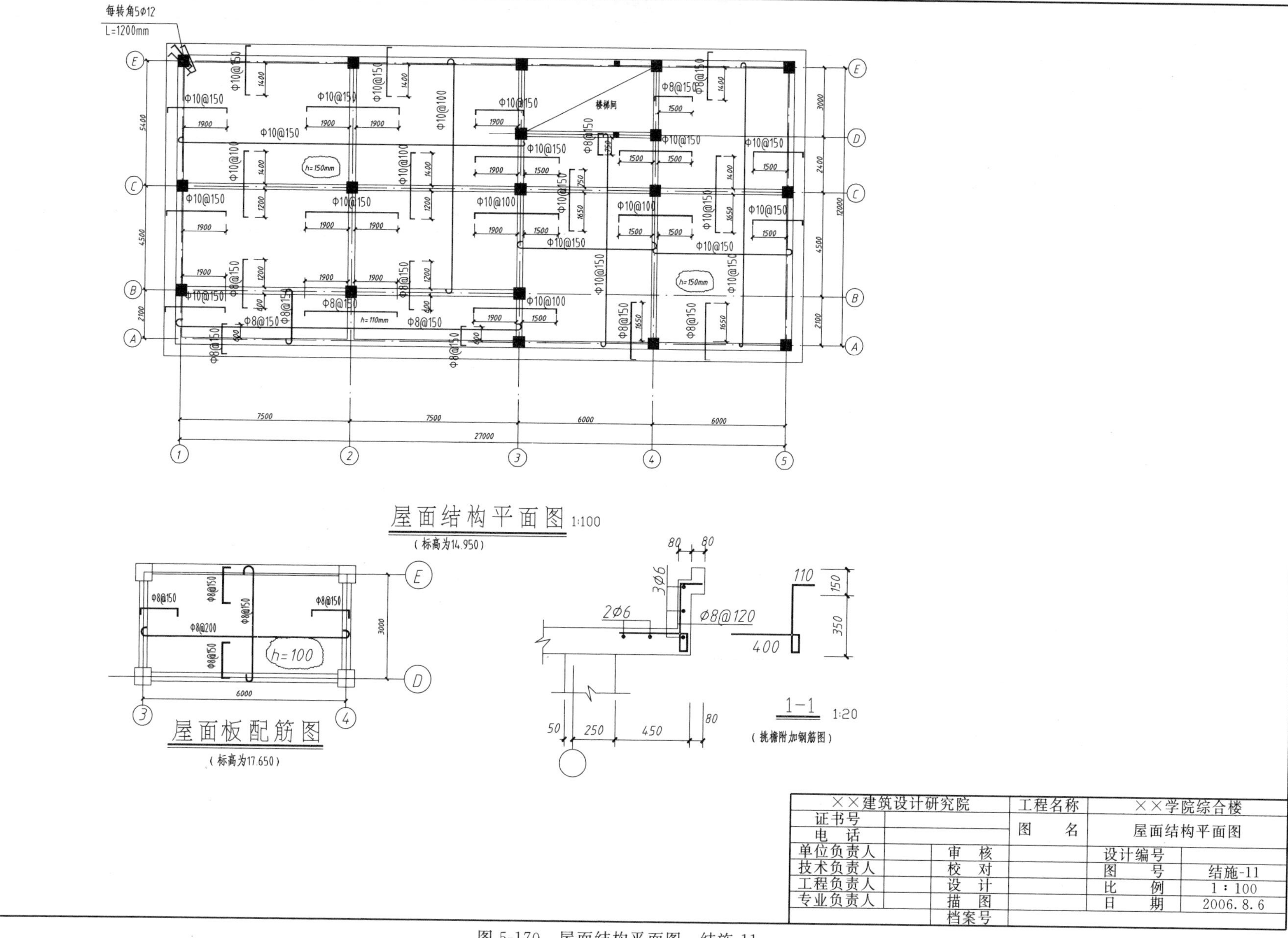

图 5-170 屋面结构平面图 结施-11

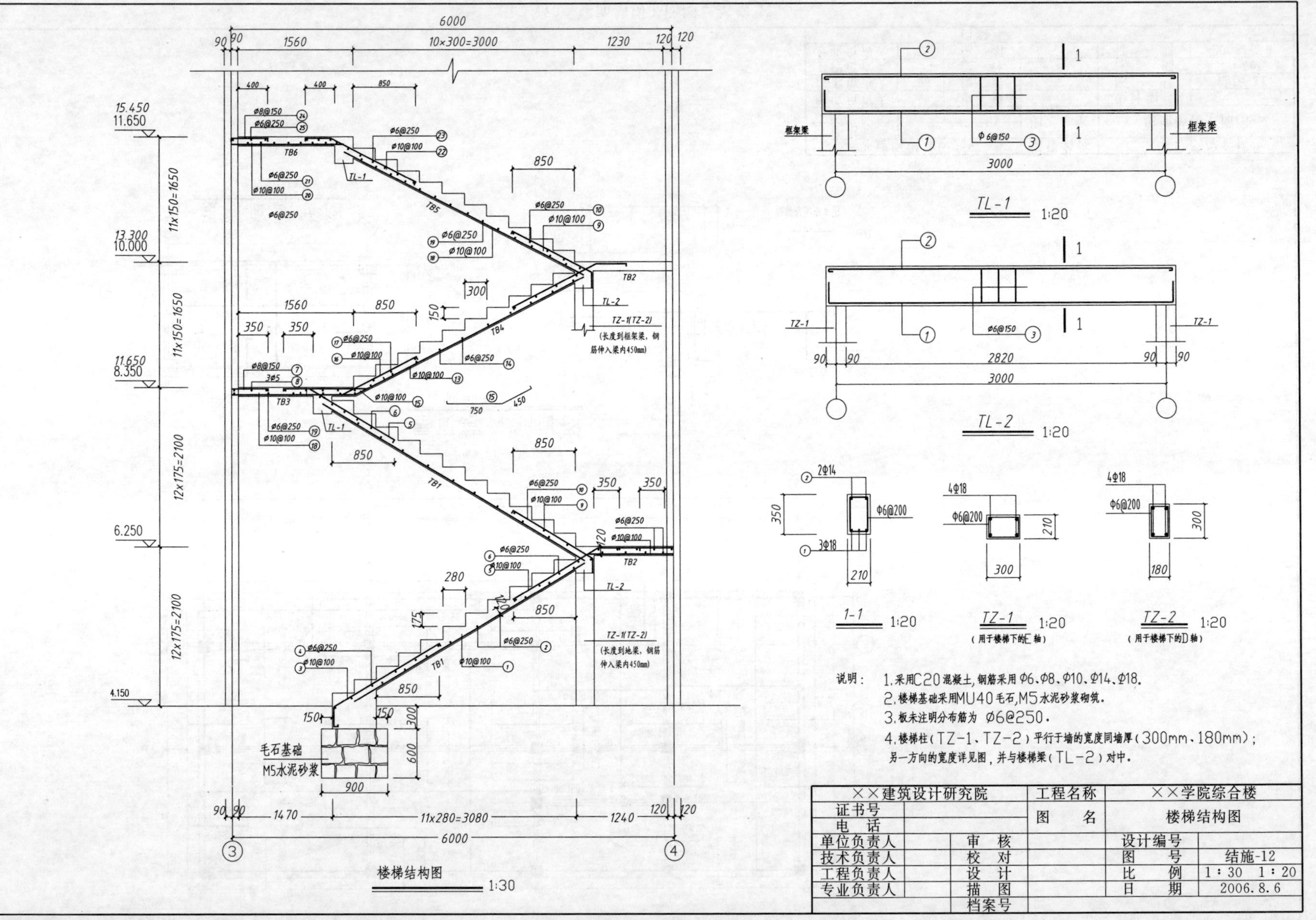

图 5-171 楼梯结构图 结施-12

工程量计算表 表 5-17

工程名称：××学院综合楼工程 第1页（共15页）

序号	项目编码	项目名称	单位	工程量	计 算 式
		建筑面积	m^2	1228.13	(1)地下室:15.50×10.40=161.20m^2 (2)一～三层:27.50×12.50×3=1031.25m^2 (3)屋顶楼梯间:6.24×3.24=20.22m^2 (4)雨篷:(4.60^2×3.14÷2−9.20×0.25)÷2=15.46m^2 合计:1228.13m^2
1	010101001001	平整场地	m^2	343.75	建筑物首层面积:27.50×12.50=343.75m^2
2	010101004001	挖基坑土方(柱基础)	m^3	538.24	挖基坑土方体积(按实体积计算)$V_{挖}=(a+2c+KH)(b+2c+KH)H+\frac{1}{3}K^2H^3$ (从建施-02建筑总平面图知道，自然地坪比室内地坪低0.3m，挖土深度H=垫层底标高−0.3。设:工作面c=0.3m，放坡系数K=0.33人工挖土、三类土) 2J-1:a=b=3.7m，c=0.3，K=0.33，H=1.8m，n=2。 $V_{挖}$=[(3.7+0.3+1.8×0.33)×(3.7+0.3+1.8×0.33)×1.8+0.33^2×1.8^3÷3]×2=76.40m^3 4J-2:$a=b$=3.2m，c=0.3，K=0.33，H=1.8m、2.1m、2.2m，n=2、1、1。$V_{挖}$=137.70m^3 1J-3:$a=b$=2.8m，c=0.3，K=0.33，H=1.8m，n=1。$V_{挖}$=24.77m^3 4J-4:$a=b$=2.6m，c=0.3，K=0.33，H=1.8m、2.1m、2.2m，n=1、1、2。$V_{挖}$=108.26m^3 3J-5:$a=b$=2.2m，c=0.3，K=0.33，H=2.2m，n=3。$V_{挖}$=69.85m^3 1J-6:a=5，b=2.2m，c=0.3，K=0.33，H=2.1m，n=1。$V_{挖}$=40.52m^3 2J-7:$a=b$=2.0m，c=0.3，K=0.33，H=2.1m、2.2m，n=1、1。$V_{挖}$=39.68m^3 2J-8:$a=b$=2.0m，c=0.3，K=0.33，H=2.2m，n=2。$V_{挖}$=41.06m^3 合计:538.24m^3
3	010501003001	C20混凝土独立基础	m^3	69.43	2-DJJ01:(3.5×3.5×0.50+1.7×1.7×0.5)×2=15.14m^3 4-DJJ02:(3.0×3.0×0.45+1.5×1.5×0.45)×4=20.25m^3 1-DJJ03:(2.6×2.6×0.40+1.4×1.4×0.4)×1=3.49m^3 4-DJJ04:(2.4×2.4×0.40+1.3×1.3×0.4)×4=11.92m^3 3-DJJ05:(2.0×2.0×0.40+1.2×1.2×0.4)×3=6.53m^3 1-DJJ06:(4.8×2.0×0.40+3.7×1.2×0.4)×1=5.62m^3 2-DJJ07:(1.8×1.8×0.40+1.1×1.1×0.4)×2=3.56m^3 2-DJJ08:1.8×1.8×0.45×2=2.92m^3 合计：69.43m^3

续表

第 2 页（共 15 页）

序号	项目编码	项目名称	单位	工程量	计 算 式
4	010501001001	C10 混凝土基础垫层	m^3	14.47	2-DJJ01：3.7×3.7×0.1×2=2.74m^3 4-DJJ02：3.2×3.2×0.1×4=4.10m^3 1-DJJ03：2.8×2.8×0.1×1=0.78 m^3 4-DJJ04：2.6×2.6×0.1×4=2.70m^3 3-DJJ05：2.2×2.2×0.1×3=1.45m^3 1-DJJ06：5.0×2.2×0.1×1=1.10m^3 2-DJJ07：2.0×2.0×0.1×2=0.80m^3 2-DJJ08：2.0×2.0×0.1×2=0.80m^3 合计：14.47m^3
5	010503001001	现浇 C20 混凝土基础梁	m^3	24.01	[(27.0－0.5×4)×3＋(9.9－0.5×2)×2＋12.0×3－0.5×9＋5.5)]×0.37×0.5＝24.01m^3
6	010103001001	基础回填土	m^3	484.91	(1)基坑回填土 序 2　序 3　序 4　序 5 538.24 － 69.43 － 14.47 － 24.01 ＝430.33m^3 (2)室内回填土 主墙间净面积：地下室 14.76×9.66＋首层(11.86×11.90 － 11.86×0.18 － 5.50×0.18 －2.50×0.24)＝279.91m^2(注：不扣柱子及 120mm 以内的墙体所占面积) 填土深度：0.30－0.105(地砖按 5mm 厚计算)＝0.195m 填土体积：279.91×0.195＝54.58m^3 合计：430.33＋54.58＝484.91m^3
7	010103002001	余方弃置(外运)	m^3	53.33	序 2　序 6 538.24 － 484.91 ＝53.33m^3
8	010504001001	现浇 C20 混凝土墙	m^3	11.28	10.00×0.24×4.70＝11.28m^3
9	010502003001	现浇 C30 混凝土异形柱	m^3	1.94	圆柱(雨蓬下)：0.45×0.45×0.7854×6.1×2＝1.94m^3
10	010502001001	现浇 C30 混凝土矩形柱	m^3	61.61	(1)地下室柱 0.5×0.5×(5.2×2＋5.3×2＋5.4×2＋5.7×4＋5.6)＝15.05m^3 (2)一层柱　0.5×0.5×(4.2×11＋5.7＋5.8×6)＝21.68m^3 (3)二．三层柱　0.4×0.5×6.55×18＝23.58m^3 (4)顶层楼梯间柱　0.3×0.4×2.7×4＝1.30m^3 合计 (1)＋(2)＋(3)＋(4)＝61.61m^3

续表

第3页（共15页）

序号	项目编码	项目名称	单位	工程量	计算式
11	010502001002	现浇C20混凝土矩形柱	m^3	0.75	楼梯梁下柱TZ-1、TZ-2 0.3×0.21×(3.15+1.65×2)+0.3×0.18×(3.15+1.65×2)=0.75m^3
12	010505001001	现浇C30混凝土有梁板	m^3	253.08	(1)地下室楼板40.15m^3 板0.15×15.5×10.25+0.11×15.5×2.25=27.67m^3(含梁，后同；单根柱断面积未超过0.3m^2，所以未扣除柱子所占体积，后同) 梁0.3×0.5×14.0×2(Ⓑ.Ⓔ轴)+0.3×0.45×14.0(Ⓒ轴)+0.3×0.49×14.4(Ⓐ轴)+0.3×0.5×8.9×2(①.②轴BE段)+0.3×0.3×8.4(③轴BE段)+0.3×0.54×2.1×2(①.②轴AB段)+0.3×0.34×1.6(③轴AB段)=12.48m^3(算梁的体积时扣除板的厚度，后同) (2)一层楼板69.86m^3 板0.15×(27.5×12.5−5.7×2.725(楼梯间)−15.0×2.1)+0.11×15.0×2.1=48.29m^3 梁0.30×0.5×(7.0×6+5.5×3+8.9×2+6.1×2+4.9+4.4)+0.25×0.45×5.5×3+0.3×0.54×2.1×2+0.3×0.42×14.4+0.3×0.34×1.6+0.3×0.3×10.0+0.3×0.45×5.5×2=21.57m^3 (3)二层楼板　同一层楼板69.86−B轴梁减少14.5×0.3×0.05=69.64m^3 (4)屋面板　同一层楼板69.86m^3 (5)楼梯间顶板　板6.35×3.325×0.1+梁0.25×0.4×5.6×2+2.7×0.25×0.25×2=3.57m^3 合计(1)+(2)+(3)+(4)+(5)= 253.08m^3
13	010503002001	现浇C30混凝土矩形梁	m^3	3.22	楼梯间梁(Ⓔ轴交③～④轴)：0.30×0.65×5.50×3=3.22m^3
14	010505008001	现浇C30混凝土雨蓬	m^3	5.45	板(4.6×4.6×3.14÷2−9.2×0.25)×0.12=3.71m^3 梁(3.17×2+3.75)×0.25×0.28+(4.5×3.14÷2−0.25×2)×0.2×0.28=1.07m^3 吊边0.06×0.8×(4.6×3.14−0.25×2)=0.67m^3 合计(1)+(2)+(3)=5.45m^3
15	010505007001	现浇C20混凝土挑檐	m^3	8.40	屋顶四周(28.4×13.4−27.5×12.5)×0.15+(28.4+13.4)×2×(0.08×0.28+0.08×0.15)=8.40m^3(梁外部分均属挑檐)

续表

第 4 页（共 15 页）

序号	项目编码	项目名称	单位	工程量	计算式
16	010507005001	现浇 C20 混凝土压顶	m^3	1.52	(27.26+12.26)×2×0.24×0.08=1.52m^3
17	010506001001	现浇 C20 混凝土直形楼梯	m^2	49.68	5.79×2.86×3=49.68m^2
18	010403001001	M5 水泥砂浆砌毛石基础	m^3	0.75	楼梯基础 0.9×0.6×1.38=0.75m^3 （1.38m 详结施-12）
19	010510003001	预制 C20 混凝土过梁	m^3	10.07	详结施-10：梁长=洞口宽+0.5；梁宽=墙厚；梁高=0.18m 120 墙：1.4×6×0.12×0.18=0.18m^3 180 墙：(2.0×3+2.3+1.4×16+1.7×2)×0.18×0.18=1.10m^3 300 墙：(2.6×12+2×26+2.3×12+1.4×3+2.9+1.7×12)×0.3×0.18=7.47m^3 370 墙：(2.6×4+2.3×2+2.0×3)×0.365×0.18=1.32m^3 合计：10.07m^3
20	010507001001	现浇 C10 混凝土坡道	m^2	7.08	(2.3+3.6)×1.2=7.08m^2（详建施-03、建施-05）
21	010507001002	现浇 C10 混凝土散水	m^2	54.00	[(27.5+12.5)×2+0.8×4－2.3－3.6－9.8]×0.8=67.5×0.8=54.00m^2 伸缩缝灌沥青长度：67.5+0.8×1.41×4（转角处）+0.8×9（相交处）=84.75 m
22	010507004001	现浇 C10 混凝土台阶	m^2	8.37	(4.6×3.14－0.25×2)×0.6=8.37m^2（详建施-03）
23	010515001001	现浇构件钢筋（ϕ10 以内）	t	25.717	见"钢筋统计汇总表"（表 5-18）。
24	010515001002	现浇构件钢筋（ϕ10 以上）	t	0.676	见"钢筋统计汇总表"（表 5-18）。
25	010515001003	现浇构件钢筋（螺纹钢）	t	26.72	见"钢筋统计汇总表"（表 5-18）。
26	010515002001	预制构件钢筋（综合）	t	1.162	见"钢筋统计汇总表"（表 5-18）。
27	010516002001	预埋铁件	t	0.026	－8 钢板：0.06×0.06×62.8＊×79=17.86 kg ϕ6 钢筋：(0.06×2+0.04+0.075)×2×0.222×79=8.24 kg 合计 26.10 kg
28	010802001001	铝合金地弹门	m^2	39.78	洞口尺寸 1800mm×3300mm：1.8×3.3=5.94m^2 洞口尺寸 2400mm×3300mm：2.4×3.3=7.92m^2 洞口尺寸 1800mm×2400mm：1.8×2.4×2=8.64m^2 洞口尺寸 1500mm×2400mm：1.5×2.4=3.60m^2 洞口尺寸 1200mm×2700mm：1.2×2.7×2=6.48m^2 洞口尺寸 1500mm×2400mm：1.5×2.4×2=7.20m^2 合计：39.78m^2

续表

第5页（共15页）

序号	项目编码	项目名称	单位	工程量	计算式
29	010807001001	铝合金固定窗	m^2	6.21	洞口尺寸900mm×1500mm:0.9×1.5×3=4.05m^2 洞口尺寸900mm×2400mm:0.9×2.4×1=2.16m^2 合计:6.21m^2
30	010807001002	铝合金推拉窗	m^2	212.22	洞口尺寸1200mm×1500mm:1.2×1.5×9=16.20m^2 洞口尺寸1200mm×2400mm:1.2×2.4×4=11.52m^2 洞口尺寸1500mm×1500mm:1.5×1.5×18=40.50m^2 洞口尺寸1500mm×2400mm:1.5×2.4×11=39.60m^2 洞口尺寸1800mm×1500mm:1.8×1.5×8=21.60m^2 洞口尺寸1800mm×2400mm:1.8×2.4×4=17.28m^2 洞口尺寸2100mm×1500mm:2.1×1.5×8=25.20m^2 洞口尺寸2100mm×2400mm:2.1×2.4×8=40.32m^2 合计：212.22m^2
31	010801001001	胶合板门(有亮)	m^2	34.56	洞口尺寸900mm×2400mm:0.9×2.4×16=34.56m^2
32	010801001002	胶合板门(无亮)	m^2	27.60	洞口尺寸900mm×2000mm:0.9×2.0×6=10.80m^2 洞口尺寸700mm×2000mm:0.7×2.0×12=16.80m^2 合计:27.60m^2
33	011401001001	胶合板门油漆	m^2	62.16	同前34.56+27.60=62.16m^2。
34	011503001001	不锈钢栏杆扶手	m	24.98	第1跑　第2跑　2、3楼　弯头　安全栏杆 $\sqrt{3.08^2+2.10^2}+\sqrt{3.36^2+2.10^2}+\sqrt{3.30^2+1.65^2}\times4+0.2\times5+1.53=24.98$m 附算面积:(3.08+3.36+3.3×4+0.2×5+1.53)×(栏杆高)0.90=19.95m^2(算综合单价用)
35	010401003001	M5水泥砂浆砌砖墙(±0.000以下部分)	m^3	13.47	0.365×(7.0×4+8.9)×1.00=13.47m^3(地梁至±0.000部分的砌体)
36	010401005001	M5混合砂浆砌空心砖墙(地下室)	m^3	30.60	墙长　墙高　扣门窗面积 [(7.0×4+8.9)×3.5−(2.1×2.4×4+1.8×2.4+1.8×3.3+1.5×2.4 墙厚　扣过梁体积 ×3)]×0.365−(2.6×4+2.3×2+2.0×3)×0.365×0.18=30.60m^3

续表

第 6 页（共 15 页）

序号	项目编码	项目名称	单位	工程量	计算式
37	010401012001	M5 混合砂浆砌 120 砖墙（剪力墙贴砖）	m^3	6.50	0.125×5.00×10.40=6.50m^3 （基础梁顶-1.000 至板底:4.15+1.00—0.15=5.00m）
38	010903002001	聚氨酯防水层一道（剪力墙外侧）	m^2	52.00	5.00×10.40=52.00m^2
39	010402001001	M5 混合砂浆砌煤渣空心砌块墙	m^3	206.03	(1)一层 300 厚外墙 [(8.9+2.1+11.0×2+14.0)×3.55+Ⓐ轴(14.8+11.0)×3.6+③～⑤增加(4.2−3.1)×11.0×3.0−扣门窗面积(2.1×2.4×4+1.5×2.4×8+1.8×2.4×4+0.9×2.4+2.4×3.3+1.2×2.4×4)]×0.3−扣过梁体积(2.6×4+2.0×8+2.3×4+1.4+2.9+1.7×4)×0.3×0.18=59.89m^3 (2)二．三层 300 厚外墙 {[(8.9+2.1+11.0×2+14.0)×2.65+(14.8+11.0)×2.7−扣门窗面积(2.1×1.5×4+1.5×1.5×9+1.8×1.5×4+1.2×1.5×4+0.9×1.5)]×0.3−扣过梁体积(2.6×4+2.0×9+2.3×4+1.7×4+1.4)×0.3×0.18}×2 层=80.26m^3 (3)一层 180 内墙 [②轴 5.6×2.85+Ⓒ轴 11.0×2.65+④轴 3.5×2.65+Ⓓ板上 5.5×2.7+5.73×3.15−扣门窗面积(1.5×2.4+1.8×2.4)]×0.18−扣过梁体积(2.0+2.3)×0.18×0.18=14.15m^3 (4)二三层 180 内墙 {[②轴 10.95×2.65+③轴 10.25×2.85+④轴 10.25×2.65+Ⓒ板上 7.16×3.15+Ⓓ轴梁上 5.5×2.7−扣门窗面积(0.9×2.4×8+1.5×2.4+1.2×2.7)]×0.18−扣过梁体积(1.4×8+2.0+1.7)×0.18×0.18}×2=51.73m^3 合计(1)+(2)+(3)+(4)=206.03m^3
40	010401003002	M10 水泥砂浆砌页岩砖墙（厕所隔墙）	m^3	8.82	一层 120 墙:[(5.7+2.89)×4.05−0.9×2.0×2]×0.115=3.59m^3 二三层 120 墙:[(5.7+2.89)×3.15−0.9×2.4×2]×0.115×2=5.23m^3 合计 8.82m^3

续表

第 7 页（共 15 页）

序号	项目编码	项目名称	单位	工程量	计 算 式
41	010502002001	屋顶栏杆 C20 混凝土立柱	m^3	1.85	0.24×(0.24＋马牙槎 0.06)×1.12×23＝1.85m^3
42	010401012001	M2.5 水泥砂浆零星砌砖	m^3	21.29	(1)屋顶栏杆(27.26＋12.26)×2×0.24×1.12－混凝土立柱 1.85＝19.40m^3 (2)一层厕所隔断:[(2.89×2＋1.54＋1.0)×2.0－0.7×2.0×4]×0.053＝0.59m^3 (3)二三层厕所隔断:[(2.89＋2.06＋1.0＋1.4)×2.0－0.7×2.0×4]×0.053×2＋1.46×2.0×0.115＝1.30m^3 合计 21.29m^3
43	010515001001	砌体内钢筋加固	t	0.444	(1)地下室 2.65×11 处×8 层×0.222＝51.77 kg 注:见结施-01 说明六.2 条:从-1.000 开始至＋3.500 共设 8 层(上下各留 500mm),ϕ6@500 拉结钢筋伸墙入 1m,每根长＝0.2×2＋0.25＋1.0×2＋12.5×0.006＝2.65 m/根。 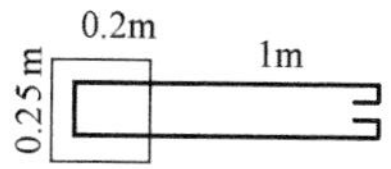 0.2m　1m　0.25m (2)其余(略)　392.86 kg 合计　444.63kg＝0.444t
44	011106002001	300×300 楼梯砖贴楼梯面	m^2	49.68	5.79×2.86×3＝49.68m^2
45	011102003001	600×600 地砖楼、地面	m^2	920.47	(1)地下室：14.76×9.66＝142.58m^2 (2)一层餐厅走道:12.04×2.22＝26.73m^2 (3)雨篷下：4.3×4.3×3.14÷2－8.6×0.25＝26.88m^2 (4)餐厅：14.86×11.90－0.18×5.73(墙)＝175.80m^2 (5)活动室：7.36×11.90×2＝175.17m^2 (6)教室：(7.32＋5.82)×6.46×2＝169.77m^2 (7)办公室：(7.32×2.86＋5.86×6.46)×2＝117.58m^2 (8)走道：19.36×2.22×2＝85.96m^2 合计　920.47m^2
46	011102003002	300×300 地砖楼、地面	m^2	174.39	(1)厨房(一层)：11.86×6.46＝76.62m^2 (2)卫生间(一～三层)：(2.86＋2.85)×2.89×3 ＝49.50m^2 (3)梯间底(一层)：5.63×2.86－0.6×1.38＝15.27m^2 合计　174.39m^2

续表

第 8 页（共 15 页）

序号	项目编码	项目名称	单位	工程量	计 算 式
47	010501001002	C10 混凝土地面垫层	m^3	22.22	(1)一层楼梯间：5.63×2.86－0.6×1.38＝15.27m^2 (2)一层餐厅走道：12.04×2.22＝26.73m^2 (3)一层厨房：11.86×6.46＝76.62m^2 (4)一层卫生间：(2.86＋2.85)×2.89 ＝16.50m^2 (5)地下室：14.76×9.66＝142.58m^2 （(1)～(5)）合计 277.70m^2 垫层体积＝277.7×0.08＝22.22m^3
48	011101006001	1∶3 水泥砂浆找平层(15mm)	m^2	49.50	卫生间：(2.86＋2.85)×2.89×3 ＝49.50 m^2
49	010902001001	SBS 卷材防水层(3mm)	m^2	45.71	卫生间(二～三层)：33.00＋翻边(2.89×4＋5.71×2－0.9×2)×0.3×2＝45.71m^2
50	011107002001	台阶面贴地砖	m^2	8.37	(4.6×3.14－2×0.25)×0.6 ＝ 8.37m^2
51	011204003001	200×300 瓷砖墙裙	m^2	99.21	(1)餐厅[(14.86＋11.90)×2－门洞(1.9＋1.8×2]×1.5－窗洞 0.6×(2.1×4＋1.5×4＋1.8×2)＋垛侧(0.16×4＋0.2×6)×1.5＝63.99m^2 (2)走道(12.2×2＋2.22－1.5－0.9×2)×1.5－窗洞 1.2×0.6＋0.16×4×1.5＝35.22m^2 合计　99.21m^2
52	011204003002	150×200 面砖墙面	m^2	450.58	(1)厨房 (14.86＋6.46)×2×4.05－门窗(0.9×2.0×2＋1.8×2.4×2)＋(0.2×2＋0.16×4)×4.05＝164.66m^2 (2)卫生间 一层：(5.59×2＋2.89×4)×4.05－门窗(0.9×2.0×2＋1.2×2.4×2)＋(2.89×4＋1.0×2＋1.54×2－0.7×8)×2＝104.82m^2 二．三层：[(5.59×2＋2.89×4)×3.15－门窗(0.9×2.4×2＋1.2×1.5×2)＋2m 隔断(2.89×2＋1.0×2＋1.46＋1.4×4＋2.18＋1.0×2－0.7×8)×2.0]×2＝181.10m^2 合计 450.58m^2
53	011105003001	150×300 踢脚线（楼梯间）	m^2	13.40	(1)一层 [(8.82＋2.86)×2－1.8－2.4＋垛 0.2×2＋0.16×2]×0.15＝3.00m^2 (2)二三层 [(5.79＋2.86)×2－1.2]×0.15×3＋0.25×0.175×24＋0.3×0.15×44＝10.4m^2 合计 13.40m^2

续表

第9页（共15页）

序号	项目编码	项目名称	单位	工程量	计 算 式
54	011105003002	150×500踢脚线	m^2	55.91	(1)地下室[(14.76+9.66)×2−1.8+垛侧0.2×2+0.13×8]×0.15=7.29m^2 (2)活动室[(7.36+11.9)×2−门1.5+垛侧0.2×4+0.16×4)]×0.15×2层=11.54m^2 (3)走道[(19.36+2.22)×2−门1.5−0.9×10−1.2+垛侧0.16×8]×0.15×2=9.82m^2 (4)教室．办公室[7.32×4+6.46×6+2.86×2+5.82×2+5.86×2−0.9×8+0.16×6]×0.15×2=27.26m^2 合计 55.91m^2
55	011201001001	水泥砂浆抹内墙面	m^2	1510.83	(1)地下室 [(14.83+9.66)×2+0.2×2+0.13×8]×4.05−门1.8×3.3−1.5×2.4×2−2.1×2.4×4=170.90m^2 (2)餐厅,走道 [(26.9+11.9)×2+垛侧0.16×12+0.2×6]×2.55−门窗(1.5×0.9+1.5×1.8×4+0.9×0.5×2+1.8×0.9+1.8×1.8×2+2.1×1.8×4+1.2×1.8)=167.41m^2 (3)活动室 {[(7.36+11.9)×2+0.2×4+0.16×4]×3.15−门窗(1.5×2.4+1.5×1.5×3+1.8×1.5×2+2.1×1.5×2)}×2=207.65m^2 (4)走道 {[(19.36+2.22)×2+0.16×8]×3.15−门窗(1.5×2.4+1.2×1.5+0.9×2.4×10+1.2×2.7)}×2=219.49m^2 (5)教室．活动室 {[(7.32×4+6.46×6+2.86×2+(5.82+5.86)×2)]×3.15−门窗(0.9×2.4×8+1.5×1.5×8+1.8×1.5×2)}×2=530.50m^2 (6)楼梯间 一层:[(8.82+2.86)×2+0.2×2+0.16×2]×4.05−门窗(1.8×2.4+2.4×3.3+1.2×2.4+0.9×2.4)=80.24m^2 二三层:[(5.79+2.86)×2×3.15(平均高度)−门窗(1.2×1.5+1.2×2.7+0.9×1.5)]×2=96.21m^2 四层:(5.76+2.86)×2×2.6−(1.2×1.5+1.2×2.7+0.9×1.5)=38.43m^2 合计 1510.83m^2

续表

第 10 页（共 15 页）

序号	项目编码	项目名称	单位	工程量	计算式
56	011301001001	顶棚板底抹水泥砂浆	m^2	773.63	(1)楼梯间 5.76×2.86+5.79×2.86×2+8.82×2.86+49.68×0.3=89.72m^2 (2)活动室 7.36×11.9×2+0.5×7×4×2=203.17m^2 (3)教室．活动室 [(7.32＋5.82＋5.86)×6.46＋7.32×2.86＋0.5×7.0×2]×2＝301.35m^2 (4)挑檐 28.4×13.4−27.5×12.5=36.81m^2 (5)地下室 14.76×9.66=142.58m^2 合计 773.63m^2
57	011302001001	顶棚吊顶(轻钢龙骨、石膏板吊顶)	m^2	437.09	(1)卫生间 5.71×2.89×3=49.51m^2 (2)厨房 11.86×6.46=76.62m^2 (3)餐厅 14.86×11.9−3.12×3.04=167.35m^2 (4)走道 (12.04+19.36×2)×2.22=112.69m^2 (5)雨篷底 4.6×4.6×3.14÷2−9.2×0.25=30.92m^2 合计 437.09m^2
58	011406001002	墙面、天棚刷乳胶漆	m^2	2721.68	1510.83+773.63+437.09=2721.68m^2。
59	010902002001	屋面聚氨酯涂膜防水	m^2	230.22	(1)雨篷 4.6×4.6×3.14÷2−0.25×9.2+0.28×(4.4×3.14−0.25×2)=34.65m^2 (2)挑檐 28.56×13.56－27.5×12.5＋(27.5＋12.5)×2×1.2＋(28.4＋13.4)×2×0.35＝168.78m^2 (3)梯间顶 3.37×6.24+(3.37+6.24)×2×0.3=26.79m^2 合计 230.22m^2
60	010902003001	屋面刚性防水	m^2	324.78	27.02×12.02=324.78 m^2
61	011101006002	1∶2.5 水泥泥砂浆找平层(20mm 厚)	m^2	324.78	刚性屋面找平层:324.78m^2(同上)
62	011101006003	1∶3 水泥砂浆找平层(20mm 厚)	m^2	230.22	雨篷、挑檐、梯间顶:230.22m^2(同前)
63	011001001001	屋面保温层(1∶8 水泥珍珠岩)	m^2	324.78	27.02×12.02=324.78m^2 (附:平均厚度=0.04+6.0×2%÷2=0.10m。计算综合单价用)

续表

第11页（共15页）

序号	项目编码	项目名称	单位	工程量	计　算　式
64	011206002001	雨篷外侧贴浅灰色面砖	m^2	17.57	(4.6×3.14−0.25×2)×(1.2+0.06)=17.57m^2
65	011204001001	外墙贴灰白色磨光花岗石	m^2	26.88	[(27.5+12.5)×2−1.8×2−9.2]×0.4=26.88m^2
66	011407001001	挑檐刷白色外墙涂料	m^2	48.86	(28.56+13.56)×2×0.58=48.86m^2
67	011203001001	水泥砂浆零星抹灰	m^2	161.30	(1)涂料底　48.86m^2(同上) (2)屋面栏杆内侧　(27.02+12.02)×2×(1.2+0.24)=112.44m^2 合计 161.30m^2
68	011206002002	豆绿色大块外墙面砖贴窗套	m^2	262.52	窗套1计算公式：$S_1=[(b+h)\times$内宽$\times 2+(b+0.24)\times 0.12+(b+0.48)\times 0.12+(b+h+0.84)\times 2\times 0.06]\times n$ 窗套2计算公式：$S_2=[(b+h)\times$内宽$\times 2+(b+0.24)\times(h+0.42)-b\times h+(b+h+0.66)\times 2\times 0.06]\times n$ 内宽=墙厚0.3+内墙面抹灰厚0.02+外墙面贴砖厚0.03−窗框0.07=0.28m 窗套1： SC1524：2樘　贴砖面积6.97m^2　墙面扣除面积9.60m^2 SC1824：4樘　贴砖面积15.05m^2　墙面扣除面积22.52m^2 SC1224：1樘　贴砖面积3.21m^2　墙面扣除面积3.97m^2 SC1515：2樘　贴砖面积5.53m^2　墙面扣除面积6.47m^2 SC1815：8樘　贴砖面积24.35m^2　墙面扣除面积30.36m^2 SC1215：2樘　贴砖面积4.98m^2　墙面扣除面积5.36m^2 窗套2： SC1524：9樘　贴砖面积36.34m^2　墙面扣除面积44.16m^2 SC2124：8樘　贴砖面积37.58m^2　墙面扣除面积52.79m^2 SC1224：3樘　贴砖面积11.12m^2　墙面扣除面积12.18m^2 SC0924：1樘　贴砖面积3.38m^2　墙面扣除面积3.21m^2 SC1515：16樘　贴砖面积51.36m^2　墙面扣除面积53.45m^2 SC1215：7樘　贴砖面积20.16m^2　墙面扣除面积19.35m^2 SC0915：3樘　贴砖面积7.65m^2　墙面扣除面积6.57m^2 SC2115：8樘　贴砖面积30.96m^2　墙面扣除面积35.94m^2 370墙增加(0.07)：　3.61m^2 合　计　262.52m^2　305.93m^2

续表

第12页（共15页）

序号	项目编码	项目名称	单位	工程量	计算式
69	011204003001	浅灰色大块外墙面砖贴外墙面	m^2	805.21	(27.5＋12.5)×2×(10.95＋1.2)＋(15.5×2＋10.4)×(3.9＋0.3—0.4)—扣门(2.4×3.3＋1.8×2.4＋1.8×3.3)—扣窗 305.93＝805.21m^2
70	011205002001	圆柱面贴浅灰色外墙面砖	m^2	1.65	(0.45＋0.03×2)2×0.7854×4.03×2＝1.65m^2
		单价措施项目工程量：			
		(一)脚手架费			
1	011701001001	综合脚手架(多层，H＝9m内)	m^2	15.46	15.46m^2　（H表示建筑物檐口高度）
2	011701001002	综合脚手架(H＝15m内)	m^2	567.87	1228.13－644.80＝567.87m^2　（H表示建筑物檐口高度）
3	011701001003	综合脚手架(H＝24m内)	m^2	644.80	161.20×4＝644.80m^2　（H表示建筑物檐口高度）
4	011701002001	单排外脚手架	m^2	1278.40	外脚手架按外墙外边线长乘以外墙高度计算。 (1)地下室：(15.50×2＋10.40)×4.2＝173.88m^2 (2)一～三层：(27.50＋12.50)×2×12.30＝984.00m^2 (3)雨篷：4.6×3.14×4.8＝69.33m^2 (4)屋顶楼梯间：(3.24＋6.24)×2×2.70＝51.19m^2 合计：1278.40m^2
5	011701003001	里脚手架	m^2	2181.14	里脚手架按内墙净长乘以内墙净高计算。 (1)地下室：(14.83＋9.66)×2×4.05＝216.76m^2 (2)餐厅 [(14.86＋11.90)×2]×4.05＝216.76m^2 (3)走道 (12.2×2＋2.22)×4.05＝107.81m^2 (4)厨房 (14.86＋6.46)×2×4.05＝172.69m^2 (5)卫生间 一层：(5.59×2＋2.89×4)×4.05＝104.82m^2 二，三层：[(5.59×2＋2.89×4)×3.15]×2＝181.10m^2 (6)活动室：(7.36＋11.9)×2×3.15×2＝242.68m^2 (7)走道 (19.36＋2.22)×2×3.15×2＝271.91m^2 (8)教室．活动室 [(7.32×4＋6.46×6＋2.86×2]×3.15×2＝464.69m^2 (9)楼梯间 一层：(8.82×2.86)×2×4.05＝81.50m^2 二三层：(5.79×2.86)×2×3.15(平均高度)＝98.91m^2 四层：(5.76＋2.86)×2×2.6＝39.90m^2 合计：2181.14m^2

续表

第13页（共15页）

序号	项目编码	项目名称	单位	工程量	计　算　式
		（二）混凝土、钢筋混凝土模板及支架			混凝土构件模板工程量除楼梯、雨棚、挑檐、台阶按水平投影面积计算和压顶按延长米计算外，其余构件模板工程量均按模板接触面积计算。
1	011702001001	现浇混凝土基础模板	m^2	122.18	2-DJJ01：[(3.5+3.5)×2×0.50+(1.7+1.7)×2×0.50]×2=20.80m^2 4-DJJ02：[(3.0+3.0)×2×0.45+(1.5+1.5)×2×0.45×4=32.40m^2 1-DJJ03：[(2.6+2.6)×2×0.40+(1.4+1.4)×2×0.40]×1=6.40m^2 4-DJJ04：[(2.4+2.4)×2×0.40+(1.3+1.3)×2×0.40]×4=23.68m^2 3-DJJ05：[(2.0+2.0)×2×0.40+(1.2+1.2)×2×0.40]×3=15.36m^2 1-DJJ06：[(4.8+2.0)×2×0.40+(3.7+1.2)×2×0.40]×1=9.36m^2 2-DJJ07：[(1.8+1.8)×2×0.40+(1.1×1.1)×2×0.40]×2=7.70m^2 2-DJJ08：(1.8+1.8)×2×0.45×2=6.48m^2 合计：122.18m^2
2	011702001002	现浇混凝土基础垫层模板	m^2	20.32	2-DJJ01：(3.7+3.7)×2×0.1×2=2.92m^2 4-DJJ02：(3.2+3.2)×2×0.1×4=5.12m^2 1-DJJ03：(2.8+2.8)×2×0.1×1=1.12m^2 4-DJJ04：(2.6+2.6)×2×0.1×4=4.16m^2 3-DJJ05：(2.2+2.2)×2×0.1×3=2.64m^2 1-DJJ06：(5.0+2.2)×2×0.1×1=1.44m^2 2-DJJ07：(2.0+2.0)×2×0.1×2=1.60m^2 2-DJJ08：(2.0+2.0)×2×0.1×2=1.60m^2 合计：20.32m^2
3	011702005001	现浇混凝土基础梁模板	m^2	24.01	①-③轴：(15×3+9.9×2−1.85×7−1.6×8−1.4×3−1.3×5−1.1)×0.37=10.08m^2 ③-⑤轴：(6×7+12×2−1.6×5 − 1.3×7−1.1×7−1.1−1.0×4)×0.37=13.36m^2 合计：23.44m^2
4	011702011001	现浇混凝土墙(直型墙)模板	m^2	94.00	10.00×4.70×2=94.00m^2
5	011702002001	现浇混凝土矩形柱模板（层高4.2m）	m^2	285.10	(1)地下室柱：(0.5+0.5)×2×(5.05×2+5.15×2+5.25×2+5.55×4+5.45)=117.10m^2 (2)一层柱：(0.5+0.5)×2×(4.05×11+5.55+5.65×6)=168.00m^2 合计 (1)+(2)=285.10m^2

续表

第 14 页 (共 15 页)

序号	项目编码	项目名称	单位	工程量	计算式
6	011702002001	现浇混凝土矩形柱模板(层高 3.3m)	m^2	222.58	(1)二.三层柱:(0.4+0.5)×2×6.40×18=207.36m^2 (2)顶层楼梯间柱 (0.3×0.4)×2×2.55×4=2.45m^2 (3)楼梯梁下柱 TZ-1、TZ-2 (0.3+0.21)×2×(3.15+1.65×2)+(0.3+0.18)×2×(3.15+1.65×2)=12.77m^2 合计 (1)+(2)+(3)=222.58m^2
7	011702004001	现浇混凝土异形柱模板	m^2	17.04	雨棚下圆形柱:0.45×3.14×6.03×2=17.04m^2
8	011702015001	现浇混凝土有梁板模板(3.3m 层高)	m^2	751.42	(1)地下室顶板 276.93m^2 板 15.5×10.25+15.5×2.25=193.75m^2(含梁底,后同) 梁侧:2×0.5×14.0×2(Ⓑ.Ⓔ轴)+2×0.45×14.0(Ⓒ轴)+2×0.49×14.4(Ⓐ轴)+2×0.5×8.9×2(①.②轴 BE 段)+2×0.3×8.4(③轴 BE 段)+2×0.54×2.1×2(①.②轴 AB 段)+2×0.34×1.6(③轴 AB 段)=83.18m^2 (2)一层顶板 474.49m^2 板底:(27.5×12.5−5.7×2.725(楼梯间)−15.0×2.1)+15.0×2.1=328.22m^2 梁侧:2×0.5×(7.0×6+5.5×3+8.9×2+6.1×2+4.9+4.4)+2×0.45×5.5×3+2×0.54×2.1×2+2×0.42×14.4+2×0.34×1.6+2×0.3×10.0+2×0.45×5.5×2=146.27m^2 合计:276.93+474.49=751.42m^2
9	011702015002	现浇混凝土有梁板模板(4.2m 层高)		948.65	(1)二层顶板 同一层楼板 474.49m^2 (2)屋面板(三层顶板) 同一层顶板 474.49m^2 合计:474.49+474.49=948.98m^2
10	011702006001	现浇混凝土矩形梁模板(层高 4.2m)	m^2	8.80	楼梯间梁(Ⓔ轴交③~④轴):(0.30+0.65×2)×5.50=8.80m^2
11	011702006002	现浇混凝土矩形梁模板(层高 3.3m)	m^2	17.60	楼梯间梁(Ⓔ轴交③~④轴):(0.30+0.65×2)×5.50×=17.60m^2
12	011702023001	现浇混凝土雨蓬模板	m^2	30.92	雨棚水平投影面积:(4.6×4.6×3.14÷2−9.2×0.25)=30.92m^2
13	011702023002	现浇混凝土挑檐模板	m^2	36.78	挑檐水平投影面积:(28.4+13.4)×(0.53+0.35)=36.78m^2

续表

第15页（共15页）

序号	项目编码	项目名称	单位	工程量	计算式
14	011702025001	现浇混凝土压顶模板	m^2	12.65	压顶长度:79.04×0.08×2=12.65m^2
15	011702024002	现浇混凝土直形楼梯模板	m^2	49.68	见本表序18
16	011702009001	预制混凝土过梁模板	m^2	112.85	详结施-12:梁长=洞口宽+0.5;梁宽=墙厚;梁高=0.18m 120墙:1.4×6×(0.12+0.18×2)=4.03m^2 180墙:(2.0×3+2.3+1.4×16+1.7×2)×(0.18×0.18×2)=2.21m^2 300墙:(2.6×12+2×26+2.3×12+1.4×3+2.9+1.7×12)×(0.30+0.18×2)=91.28m^2 370墙:(2.6×4+2.3×2+2.0×3)×(0.37+0.18×2)=15.33m^2 合计:112.85m^2
17	011702027001	台阶	m^2	8.37	水平投影面积:8.37m^2
		（三）垂直运输费			
1	011703001001	垂直运输 檐高≤20m(6层) 现浇框架	m^2	1228.13	建筑面积:1228.13m^2
		（四）超高施工增加费			本工程檐口高度未超过20m,所以无此费用。
		（五）大型机械设备 进出场及安拆			
1	011705001001	塔吊进出场费 （60kN·m以内）	台次	1	
2	011705001002	塔吊一次安拆费 （60kN·m以内）	台次	1	
3	011705001003	塔吊固定式基础(带配重)	台次	1	

钢筋计算汇总表

表 5-18

工程名称：××学院综合楼工程

第 1 页

序号	构件名称	合计	圆钢(kg)					螺纹钢(kg)					
			4	6	8	10	12	12	14	18	20	22	25
	一、现浇构件钢筋												
1	现浇板	19905		1500	1661	16069	676						
2	独立基础	1795						47	1748				
3	梁	20024		32	3349					664	10712	3354	1913
4	楼梯	985		107	27	553			53	245			
5	剪力墙	1587			27			1560					
6	柱	8788	10	45	2309					478	5946		
	合计(kg)	53113	25717				676	26720					
	合计(t)	53.113	25.717				0.676	26.720					
	二、预制构件钢筋												
1	预制过梁	1162		249		11	672	230					
	合计(kg)	1162	260				672	230					
	合计(t)	1.162	0.26				0.672	0.23					
	总计(t)	54.275	25.977				1.348	26.95					

注：本表根据钢筋工程量计算表汇总而成（由于篇幅所限钢筋工程量计算表省略）。

××学院综合楼工程

工 程 量 清 单

招 标 人：____________ 工程造价咨 询 人：____________
（单位盖章） （单位资质专用章）

法定代表人
或其授权人：____________
（签字或盖章）

法定代表人
或其授权人：____________
（签字或盖章）

编 制 人：____________
（造价人员签字或盖专用章）

或其授权人：____________
（造价人员签字或盖专用章）

编制时间： 年 月 日 复核时间： 年 月 日

总 说 明

表 5-19

工程名称：××学院综合楼工程 第 1 页（共 1 页）

1. 工程概况

××学院综合楼工程建筑面积 1228.13m²，4 层（局部 3 层）、一、二层层高 4.2m、三、四层层高 3.3m，总高 15m。框架结构、钢筋混凝土独立柱基础、空心砖墙，地面地砖、内墙面刷乳胶漆、天棚轻钢龙骨石膏板吊顶及抹水泥砂浆面刷乳胶漆，外墙贴浅灰色外墙面砖，胶合板门、铝合金窗。施工现场的"三通一平"工作已经完成，交通运输方便，周围环境保护无特殊要求。计划工期 110 天。

2. 工程量清单编制依据

(1)《建设工程工程量清单计价规范》(GB 50500—2013)、《房屋建筑与装饰工程工程量计算规范》(GB 50854—2013)

(2)××建筑设计研究院设计的××学院综合楼工程全套施工图(建施 10 张、结施 12 张，共 22 张)。

3. 工程质量、材料、施工等特殊要求

所以混凝土均使用商品混凝土，砂浆采用干混砂浆。

4. 暂估价

(1)材料暂估价：详"材料暂估价表"。

(2)专业工程暂估价：详"专业工程暂估价表"。

分部分项工程量清单 表 5-20

工程名称：××学院综合楼工程（房屋建筑与装饰工程） 第 1 页（共 3 页）

	0101	土石方工程			
1	010101001001	平整场地	1. 土壤类别：三类 2. 弃土运距：100m 3. 取土运距：100m	m^2	343.75
2	010101004001	挖基坑土方	1. 土壤类别：三类 2. 挖土深度：2m 以内 3. 弃土运距：	m^3	538.24
3	010103001001	回填方	1. 密实度要求：按规范 2. 填方材料品种：现场挖出的土 3. 填方粒径要求：现场挖出的土 4. 填方来源、运距：现场挖出的土、就近	m^3	484.910
4	010103002001	余方弃置	1. 废弃料品种：一般土 2. 运距：5300m	m^3	53.33
	0104	砌筑工程			
5	010401003001	实心砖墙	1. 砖品种、规格、强度等级：页岩砖 240×115×53 2. 墙体类型：±0.000 以下部位，370mm 墙 3. 砂浆强度等级、配合比：M5 水泥砂浆	m^3	13.47
6	010401003002	实心砖墙	1. 砖品种、规格、强度等级：240mm×115mm×53mm 页岩砖 2. 墙体类型：厕所隔墙 3. 砂浆强度等级、配合比：M10 水泥砂浆	m^3	8.82
7	010401005001	空心砖墙	1. 砖品种、规格、强度等级：烧结空心砖 2. 墙体类型：地下室砖墙 3. 砂浆强度等级、配合比：M5 混合砂浆	m^3	30.6
8	010401012001	零星砌砖	1. 零星砌砖名称、部位：剪力墙贴砖 2. 砖品种、规格、强度等级 3. 砂浆强度等级、配合比：M5 水泥砂浆	m^3	6.5
9	010401012002	零星砌砖	1. 零星砌砖名称、部位：厕所隔断 2. 砖品种、规格、强度等级：240mm×115mm×53mm 页岩砖 3. 砂浆强度等级、配合比：M5 水泥砂浆	m^3	21.29
10	010402001001	砌块墙	1. 砌块品种、规格、强度等级：硅酸盐砌块 2. 墙体类型：内外墙 3. 砂浆强度等级：M5 混合砂浆	m^3	206.03
11	010403001001	石基础	1. 石料种类、规格： 2. 基础类型：楼梯基础 3. 砂浆强度等级：M5 水泥砂浆	m^3	0.75
	0105	混凝土及钢筋混凝土工程			
12	010501001001	垫层(基础)	1. 混凝土种类：商品混凝土 2. 混凝土强度等级：C10	m^3	14.47

续表

	0105	混凝土及钢筋混凝土工程			
13	010501001002	垫层(地面)	1. 混凝土种类:商品混凝土 2. 混凝土强度等级:C10	m^3	22.22
14	010501003001	独立基础	1. 混凝土种类:商品混凝土 2. 混凝土强度等级:C20	m^3	69.43
15	010502001001	矩形柱	1. 混凝土种类:商品混凝土 2. 混凝土强度等级:C30	m^3	61.61
16	010502001002	矩形柱	1. 混凝土种类:商品混凝土 2. 混凝土强度等级:C20	m^3	0.75
17	010502002001	构造柱	1. 混凝土种类:商品混凝土 2. 混凝土强度等级:C20	m^3	1.85
18	010502003001	异形柱	1. 柱形状:直径450mm圆柱 2. 混凝土种类:商品混凝土 3. 混凝土强度等级:C30	m^3	1.94
19	010503001001	基础梁	1. 混凝土种类:商品混凝土 2. 混凝土强度等级:C20	m^3	24.01
20	010503002001	矩形梁	1. 混凝土种类:商品混凝土 2. 混凝土强度等级:C30	m^3	3.22
21	010504001001	直形墙	1. 混凝土种类:商品混凝土 2. 混凝土强度等级:C20	m^3	11.28
22	010505001001	有梁板	1. 混凝土种类:商品混凝土 2. 混凝土强度等级:C30	m^3	253.08
23	010505007001	挑檐板	1. 混凝土种类:商品混凝土 2. 混凝土强度等级:C20	m^3	8.4
24	010505008001	雨篷	1. 混凝土种类:商品混凝土 2. 混凝土强度等级:C30	m^3	5.45
25	010506001001	直形楼梯	1. 混凝土种类:商品混凝土 2. 混凝土强度等级:C20	m^2	49.69
26	010507001001	散水	1. 垫层材料种类、厚度:素土夯实 2. 面层厚度:100mm 3. 混凝土种类:商品混凝土 4. 混凝土强度等级:C10 5. 变形缝填塞材料种类:1∶2∶7沥青砂浆嵌缝	m^2	54
27	010507001002	坡道	1. 垫层材料种类、厚度:素土夯实 2. 面层厚度:120mm 3. 混凝土种类:商品混凝土 4. 混凝土强度等级:C15 5. 变形缝填塞材料种类:无	m^2	7.08

续表

	0105	混凝土及钢筋混凝土工程			
28	010507004001	台阶	1. 踏步高、宽：150mm×300mm 2. 混凝土种类：商品混凝土 3. 混凝土强度等级：C15	m^2	8.37
29	010507005001	压顶	1. 断面尺寸：240mm×80mm 2. 混凝土种类：商品混凝土 3. 混凝土强度等级：C20	m^3	1.52
30	010510003001	预制过梁	1. 图代号：GL-1、GL-2 2. 单件体积：小于 0.16m^3 3. 安装高度：3m 以内 4. 混凝土强度等级：C20 5. 砂浆（细石混凝土）强度等级、配合比：1∶2水泥砂浆	m^3	10.07
31	010515001001	现浇构件钢筋	钢筋种类、规格：直径≤10mm	t	25.717
32	010515001002	现浇构件钢筋	钢筋种类、规格：≥12mm	t	0.676
33	010515001003	现浇构件钢筋	钢筋种类、规格：螺纹钢直径 ϕ12～ϕ25	t	26.72
34	010515001004	现浇构件钢筋	钢筋种类、规格：ϕ6 砌体加固钢筋	t	0.444
35	010515002001	预制构件钢筋	钢筋种类、规格：综合各种规格	t	1.162
36	010516002001	预埋铁件	1. 钢材种类 2. 规格 3. 铁件尺寸	t	0.026
	0108	门窗工程			
37	010801001001	木质门	1. 门代号及洞口尺寸：胶合板门、有亮 2. 镶嵌玻璃品种、厚度：	m^2	34.56
38	010801001002	木质门	1. 门代号及洞口尺寸：胶合板门、无亮 2. 镶嵌玻璃品种、厚度：	m^2	27.6
	0109	屋面及防水工程			
39	010902001001	卫生间卷材防水	1. 卷材品种、规格、厚度：SBS 改性沥青防水卷材 聚酯胎Ⅰ型 3mm 2. 防水层数：一层 3. 防水层做法：（卫生间）冷底子油一道、面铺 SBS 防水卷材一层	m^2	45.71
40	010902002001	屋面涂膜防水	1. 防水膜品种：聚氨酯 2. 涂膜厚度、遍数：涂膜厚 2.5mm 3. 增强材料种类	m^2	230.22
41	010902003001	屋面刚性层	1. 刚性层厚度：40mm 2. 混凝土种类：商品混凝土 3. 混凝土强度等级：C20 4. 嵌缝材料种类：建筑油膏嵌缝 5. 钢筋规格、型号：ϕ4 钢筋双向中距 150mm	m^2	324.78
42	010903002001	墙面涂膜防水	1. 防水膜品种：聚氨酯 2. 涂膜厚度、遍数：涂膜一道，厚 1.5mm 3. 增强材料种类：	m^2	52

续表

	0110	保温、隔热、防腐工程			
43	011001001001	保温隔热屋面	保温隔热材料品种、规格、厚度：1:8水泥珍珠岩，100mm	m^2	324.78
	0111	楼地面装饰工程			
44	011101006001	平面砂浆找平层	找平层厚度、砂浆配合比：1∶3水泥砂浆，15mm厚	m^2	49.50
45	011101006002	平面砂浆找平层	找平层厚度、砂浆配合比：刚性屋面找平层1∶2.5水泥砂浆20mm厚	m^2	324.78
46	011101006003	平面砂浆找平层	找平层厚度、砂浆配合比：雨棚、挑檐、梯间顶1∶3水泥砂浆20mm厚	m^2	230.22
47	011102003001	块料楼地面	1. 找平层厚度、砂浆配合比：1∶3水泥砂浆15mm厚 2. 贴结层厚度、材料种类：1∶2水泥砂浆15mm厚 3. 结合层：素水泥浆一道 4. 面层材料品种、规格、颜色：600×600彩釉砖 5. 嵌缝材料种类 6. 防护层材料种类 7. 酸洗、打蜡要求	m^2	920.47
48	011102003002	块料楼地面	1. 找平层厚度、砂浆配合比：1∶3水泥砂浆15mm厚 2. 贴结层厚度、材料种类：1∶2水泥砂浆15mm厚 3. 面层材料品种、规格、颜色：300×300彩釉砖	m^2	174.39
49	011105003001	块料踢脚线	1. 踢脚线高度：150mm 2. 粘贴层厚度、材料种类：1∶1水泥砂浆20mm 3. 面层材料品种、规格、颜色：踢脚砖150×300 4. 防护材料种类：	m^2	13.4
50	011105003002	块料踢脚线	1. 踢脚线高度：150mm 2. 粘贴层厚度、材料种类：砂浆粘贴 3. 面层材料品种、规格、颜色：踢脚砖150×300 4. 防护材料种类	m^2	55.91
51	011106002001	块料楼梯面层	1. 找平层厚度、砂浆配合比：1∶3水泥砂浆 2. 贴结层厚度、材料种类：1∶2水泥砂浆 3. 面层材料品种、规格、颜色：300×300彩釉砖	m^2	49.68
52	011107002001	块料台阶面	1. 找平层厚度、砂浆配合比：1∶3水泥砂浆 2. 贴结层厚度、材料种类：1∶2水泥砂浆 3. 面层材料品种、规格、颜色：300×300彩釉砖	m^2	8.37

续表

	0112	墙、柱面装饰与隔断、幕墙工程			
53	011201001001	墙面一般抹灰	1. 墙体类型:砌块墙 2. 底层厚度、砂浆配合比:1∶3水泥砂浆15mm 3. 面层厚度、砂浆配合比:1∶2水泥砂浆5mm	m^2	1510.83
54	011203001001	零星项目一般抹灰	1. 基层类型、部位:挑檐外侧、女儿墙内侧 2. 底层厚度、砂浆配合比:1∶3水泥砂浆15mm 3. 面层厚度、砂浆配合比:1∶2水泥砂浆5mm	m^2	161.3
55	011204001001	石材墙面	1. 墙体类型:外墙 2. 安装方式:砂浆粘贴 3. 面层材料品种、规格、颜色:灰白色磨光花岗石	m^2	26.88
56	011204003001	块料墙面	1. 墙体类型:餐厅、走廊墙面 2. 安装方式:砂浆粘贴 3. 面层材料品种、规格、颜色:白色瓷砖200×300 4. 缝宽、嵌缝材料种类: 5. 防护材料种类: 6. 磨光、酸洗、打蜡要求	m^2	99.21
57	011204003002	块料墙面	1. 墙体类型:厨房、卫生间墙裙 2. 安装方式:砂浆粘贴 3. 面层材料品种、规格、颜色:150×200面砖 4. 缝宽、嵌缝材料种类 5. 防护材料种类 6. 磨光、酸洗、打蜡要求	m^2	450.58
58	011204003003	块料墙面	1. 墙体类型:外墙面 2. 安装方式:砂浆粘贴 3. 面层材料品种、规格、颜色:浅灰色面砖 4. 缝宽、嵌缝材料种类 5. 防护材料种类 6. 磨光、酸洗、打蜡要求	m^2	805.21
59	011205002001	块料柱面	1. 柱截面类型、尺寸:圆柱直径450mm 2. 安装方式:砂浆粘贴 3. 面层材料品种、规格、颜色:贴浅灰色外墙面砖	m^2	1.65
60	011206002001	块料零星项目	1. 基层类型、部位:雨篷外侧 2. 安装方式:砂浆粘贴 3. 面层材料品种、规格、颜色:浅灰色面砖	m^2	17.57
61	011206002002	块料零星项目	1. 基层类型、部位:窗套 2. 安装方式:砂浆粘贴 3. 面层材料品种、规格、颜色:豆绿色面砖	m^2	262.52

续表

	0113	顶棚工程			
62	011301001001	顶棚抹灰	1. 基层类型:钢筋混凝土板底 2. 砂浆配合比、厚度:1∶3 水泥砂浆 15mm 打底,1∶2 水泥砂浆 5mm 抹面	m^2	773.76
63	011302001001	吊顶顶棚	1. 吊顶形式、吊杆规格、高度:8mm 钢筋 2. 龙骨材料种类、规格、中距:600mm×600mm 3. 基层材料种类、规格:无 4. 面层材料品种、规格:600mm×600mm×12mm 石膏板	m^2	437.09
	0114	油漆、涂料、裱糊工程			
64	011401001001	木门油漆	1. 门类型:胶合板门 2. 门代号及洞口尺寸 3. 腻子种类 4. 刮腻子遍数 5. 防护材料种类 6. 油漆品种、刷漆遍数	m^2	62.160
65	011406001001	抹灰面油漆	1. 基层类型:顶棚及墙面抹灰面 2. 腻子种类:成品腻子 3. 刮腻子遍数:两道 4. 防护材料种类 5. 油漆品种、刷漆遍数:乳胶漆底漆一遍、乳胶漆面漆两遍 6. 部位	m^2	2721.680
66	011407001001	墙面喷刷涂料	1. 基层类型:抹灰面 2. 喷刷涂料部位:挑檐外侧 3. 腻子种类:成品腻子 4. 刮腻子要求:两遍 5. 涂料品种、喷刷遍数:底漆一遍、中涂二遍、面涂一遍	m^2	48.86
	0115	其他装饰工程			
67	011503001001	金属扶手、栏杆、栏板	1. 扶手材料种类、规格、品牌:50mm×1.5mm 2. 栏杆材料种类、规格、品牌:25mm×1.0mm	m	24.98

总价措施项目清单 表 5-21

工程名称：××学院综合楼工程【房屋建筑与装饰工程】

序号	项目编码	项目名称	备注
1	011707001001	安全文明施工费	
1.1		环境保护费	
1.2		文明施工费	
1.3		安全施工费	
1.4		临时设施费	
2	011707002001	夜间施工增加费	
3	011707004001	二次搬运费	
4	011707005001	冬雨期施工增加费	
5	011707007001	已完工程及设备保护费	
6	011707008001	工程定位复测费	

单价措施项目清单 表 5-22

工程名称：××学院综合楼工程【房屋建筑与装饰工程】

序号	项目编码	项目名称	项目特征描述	计量单位	工程量
	011701	脚手架工程			
1	011701001001	综合脚手架	1. 建筑结构形式 2. 檐口高度	m^2	1228.13
2	011701003002	里脚手架	1. 搭设方式 2. 搭设高度 3. 脚手架材质	m^2	2181.140
3	011701002001	外脚手架	1. 搭设方式 2. 搭设高度 3. 脚手架材质	m^2	1278.400
	011702	混凝土模板及支架(撑)			
4	011702001001	基础	基础类型:独立基础	m^2	122.18
5	011702001001	基础垫层	基础类型:基础垫层	m^2	20.32
6	011702002001	矩形柱	支撑高度:层高 4.2m	m^2	285.10
7	011702002001	矩形柱	支撑高度:层高 3.3m	m^2	222.58
8	011702004001	异形柱	柱截面形状:直径 450mm 圆柱	m^2	17.04
9	011702005001	基础梁	梁截面形状:370mm×500mm	m^2	24.01
10	011702006001	矩形梁	支撑高度:层高 4.2m	m^2	8.80
11	011702006002	矩形梁	支撑高度:层高 3.3m	m^2	17.60
12	011702009001	过梁		m^2	112.85
13	011702011001	直形墙		m^2	94.00
14	011702014001	有梁板	支撑高度:层高 4.2m	m^2	751.42
15	011702014001	有梁板	支撑高度:层高 3.3m	m^2	948.98
16	011702023001	雨篷	1. 构件类型:雨篷(弧形) 2. 板厚度:120mm	m^2	26.40
17	011702023001	悬挑板	1. 构件类型:悬挑板 2. 板厚度:140mm	m^2	26.40
18	011702024001	楼梯	类型:直形楼梯	m^2	49.68
19	011702025001	其他现浇构件	构件类型:压顶	m^3	12.65
20	011702027001	台阶	台阶踏步宽:300mm	m^2	8.37
	011703	垂直运输			
21	011703001001	垂直运输	1. 建筑物建筑类型及结构形式 2. 地下室建筑面积 3. 建筑物檐口高度、层数	m^2	1228.13
		分部小计			
	011705	大型机械设备进出场及安拆			
22	011705001001	大型机械设备进出场及安拆		台次	1

其他项目清单

表5-23

工程名称：××学院综合楼工程【房屋建筑与装饰工程】

序号	项目名称	金额(元)	备注
1	暂列金额	125533.02	
2	暂估价	74860.20	
2.1	材料(工程设备)暂估价	—	
2.2	专业工程暂估价	74860.20	
3	计日工		
4	总承包服务费		
合　计		200393.22	

暂列金额明细表

表5-24

工程名称：××学院综合楼工程（建筑工程）　　第1页　共1页

序号	项 目 名 称	计量单位	暂列金额(元)	备注
1	预留金额		125533.02	
2				
3				
合　计			125533.02	

注：此表由招标人填写，如不能详列，也可只列暂定金额总额，投标人应将上述暂列金额计入投标总价中。

材料暂估价表

表5-25

工程名称：××学院综合楼工程【房屋建筑与装饰工程】

序号	材料(工程设备)名称、规格、型号	计量单位	单价	备注
1	300×300地砖(厨卫间)	m^2	36.00	
2	600×600地砖(办公室、会议室等)	m^2	68.00	
3	面砖150×200(餐厅、走廊墙裙)	m^2	30.00	
4	白色瓷砖200×300(厨卫间墙面)	m^2	30.00	
5	豆绿色面砖(窗套)	m^2	38.00	
6	浅灰色面砖(外墙面)	m^2	36.00	

专业工程暂估价表 表 5-26

序号	工程名称	工程内容	暂估金额（元）	结算金额（元）	差额（元）	备注
1	铝合金地弹门	制作、运输、安装	14320.80			铝合金型材厚 1.5mm，玻璃：10mm 钢化玻璃
2	铝合金推拉窗	制作、运输、安装	59421.60			铝合金型材厚 1.2mm，玻璃：5+12A+5 中空玻璃
3	铝合金固定窗	制作、运输、安装	1117.80			铝合金型材厚 1.2mm，玻璃：5+12A+5 中空玻璃
	合计		74860.20			

注：此表“暂估金额”由招标人填写，投标人应将“暂估金额”计入投标总价中。结算时按合同约定结算金额填写。

计日工表 表 5-27

工程名称：××学院综合楼工程（装饰工程） 第 1 页 共 1 页

编号	项目名称	单位	暂定数量	备注
一	人 工			
1	建筑普工	工日	—	
2	建筑技工	工日	—	
3	装饰细木工	工日	—	
二	材 料		—	
三	施 工 机 械		—	

注：此表项目名称、数量由招标人填写，编制招标控制价时，单价由招标人按有关计价规定确定；投标时，单价由投标人自主报价，计入投标总价。

规费项目清单 表 5-28

工程名称：××学院综合楼工程【房屋建筑与装饰工程】

序号	项目名称	计算基础
1.1	社会保险费	
(1)	养老保险费	
(2)	失业保险费	
(3)	医疗保险费	
(4)	工伤保险费	
(5)	生育保险费	
1.2	住房公积金	
1.3	工程排污费	

本章小结

1. 工程量计算概述

(1) 工程量概念 是指以物理计量单位或自然计量单位所表示各分项工程或结构、构件的实物数量。

(2) 工程量计算的依据 计量计价规范、施工图纸及相关标准图。

(3) 工程量计算的“四统一”原则 统一项目名称、项目编码、计量单位、计算规则。

2. 建筑面积计算

(1) 建筑面积概念 建筑面积是指建筑物各层水平投影面积的总和。

(2) 建筑面积计算意义 建筑面积是确定建筑工程规模的重要指标、是计算各种技术经济指标的重要依据、是计算相关工程量的基础。

(3) 建筑面积计算规则及方法 包括单层建筑、多层建筑、坡屋顶内和场馆看台、地下室、门大厅及回廊、架空走廊、舞台灯光控制室、橱窗、门斗、挑廊、走廊、檐廊、屋顶楼梯间水箱间电梯机房、斜墙建筑、电梯井管道井、雨棚、室外楼梯、阳台、车棚、货棚、站台、加油站、收费站、高低联跨的建筑物、幕墙、外墙保温层、变形缝的建筑面积计算规则及方法，以及不计算建筑面积的范围。

3. 建筑工程工程量计算

(1) 土石方工程 包括平整场地、挖方（挖土方、挖基础土方、挖管沟土方）和回填方（基础回填土、室内回填土、场地回填土）的工程量计算规则及计算方法。

(2) 地基处理与边坡支护工程 包括地基处理与边坡支护的工程量计算规则及计算方法。

(3) 桩基工程 包括打预制桩、现浇混凝土桩灌注桩的工程量计算规则及计算方法。

(4) 砌筑工程 包括砖砌体、砌块砌体、石砌体、垫层的工程量计算规则及计算方法。

(5) 混凝土及钢筋混凝土工程 包括混凝土工程、钢筋工程两部分。混凝土工程包括现浇混凝土基础、柱、梁、墙、板、楼梯等构件，和各种预制构件的工程量计算规则及计算方法；钢筋工程量的计算规则及计算方法。

(6) 金属结构工程 包括各种金属构件的计算规则及计算方法。

(7) 木结构工程 包括木屋架、木构件、屋面木基层的工程量计算规则及计算方法。

(8) 门窗工程 包括木门窗、金属门窗、门窗套、窗台板等的工程量计算规则及计算方法。

(9) 屋面及防水工程 瓦屋面及型材屋面、屋面防水排水、墙地面防水防潮的计算规则及计算方法。

(10) 保温、隔热、防腐工程 包括保温、隔热、防腐的工程量计算规则及计算方法。

(11) 楼地面工程 包括整体面层、块料面层、橡塑面层、踢脚线、楼梯面层、台阶面层、零星装饰项目的工程量计算规则及计算方法。

(12) 墙、柱面工程 包括墙柱面抹灰、块料铺贴、幕墙、隔断的工程量计算规则及计算方法。

(13) 顶棚工程 包括顶棚抹灰、吊顶等的工程量计算规则及计算方法。

(14) 油漆、涂料、裱糊工程 包括门窗油漆、木扶手及板条油漆、金属面及抹灰面油漆、涂料、裱糊等的工程量计算规则及计算方法。

(15) 其他装饰工程 包括柜类货架、压条、扶手栏杆等的工程量计算规则及计算方法。

4. 工程量清单编制

(1) 工程量清单概念 工程量清单是表现拟建工程的分部分项工程项目、措施项目、其他项目名称和相应数量的明细清单。

(2) 工程量清单组成 由封面、填表须知、总说明、分部分项工程量清单、措施项目清单、其他项目清单和零星工作项目表等七部分组成。

（3）工程量计算及工程量清单编制实例（××学院综合楼工程）。

复习思考题

1. 什么是工程量，常用工程量的计量单位有哪些？

2. 工程量计算依据有哪些？

3. 工程量计算有哪“四统一”原则？项目编码怎样编列？

4. 为什么计算工程量时必须遵守计价规范中的工程量计算规则？

5. 什么是建筑面积，计算建筑面积有什么作用？什么是容积率？

6. 逐条理解建筑面积计算规则（根据《建筑工程建筑面积计算规范》的规定）。

（1）单层建筑及多层建筑各怎样计算建筑面积？

（2）体育场看台怎样及计算建筑面积？

（3）地下室、半地下室怎样计算建筑面积？

（4）建筑物的门厅、大厅及其回廊怎样计算建筑面积？

（5）屋顶楼梯间、水箱间、电梯机房怎样计算建筑面积？

（6）电梯井、管道井怎样计算建筑面积？

（7）阳台、雨棚各怎样计算建筑面积？

（8）不计算建筑面积的范围有哪些？

7. 平整场地、挖基础土方、回填土的工程量怎样计算？各自的项目编码是什么？

8. 计价规范中的“挖土方”、“挖基础土方”有什么区别？按计价规范计算的挖基础土方量是否等于实际挖方量，为什么？

9. 预制预应力管桩的工程量怎样计算？项目编码是什么？

10. 人工挖孔桩、振冲灌注碎石的工程量各怎样计算？项目编码是什么？

11. 根据计价规范判断“锚杆支护”属于措施费项目还是分部分项工程费？

12. 砖基础与砖墙柱的划分界线是什么？砖基础的工程量怎样计算？

13. 砖混结构的砖墙长度怎样计算？在计算砖墙工程量时哪些体积应扣除，哪些体积不扣除，哪些体积不增加？框架结构的砌体工程量怎样计算？

14. 什么是“实心砖墙”、“空斗墙”、“空花墙”、“填充墙”，各自的项目编码是什么？“填充墙”与施工图中表述的框架间填充墙是同一概念吗？

15. 砖砌台阶、散水、明沟工程量怎样计算？各自的项目编码是什么？

16. 区别现浇混凝土“带型基础”、“独立基础”，什么样的基础是现浇混凝土“满堂基础”？它们的工程量怎样计算？箱式基础的工程量怎样计算？

17. 矩形柱和异形柱，矩形梁和异形怎样区别？

18. 柱高及梁长各怎样计算？现浇混凝土梁、柱工程量各怎样计算？

19. 区别现浇混凝土有梁板、无梁板、平板。各自的工程量怎样计算？

20. 天沟、挑檐、雨篷、阳台板与墙柱怎样划分？

21. 现浇混凝土螺旋楼梯的工程量怎样计算？

22. 现浇混凝土扶手、压顶、台阶、门框、散水、坡道的工程量这样计算？各执行什么项目编码？

23. 现浇混凝土后浇带的工程量怎样计算？执行什么项目编码？

24. 各类预制钢筋混凝土构件的工程量怎样计算，各执行什么项目编码？

25. 预制楼梯、预制空心板的工程量是否扣除空洞所占体积？

26. 预制楼梯斜梁、梯踏步、楼梯段的工程量怎样计算，各执行什么项目编码？

27. 现浇构件钢筋的工程量怎样计算？怎样编列项目编码？

28. 计算××学院综合楼工程钢筋混凝土基础的钢筋工程量。

29. 计算××学院综合楼工程第二层楼面钢筋混凝土有梁板（标高 11.650 处）的工程量。

30. 计算××学院综合楼工程圆柱螺旋钢筋的长度。计算××学院综合楼工程一层楼面结构 1/2 轴交 E 轴处的吊筋长度。

31. 哪些钢筋属于措施钢筋，措施钢筋是否计入钢筋工程量？

32. 熟悉金属构件的工程量计算规则。工程量内是否应该包括焊缝、螺栓、钢材损耗的量？

33. 说出钢筋和钢板的单位质量计算公式。各种型钢的单位质量怎样查找？

34. 屋面找平层、找坡层、保温层、防水层、保护层怎样编列项目编码？并根据计价规范查出相关项目编码。

35. 什么是膜结构屋面，其工程量怎样计算？执行什么项目编码？

36. 屋面排水管工程量怎样计算？

37. 变形缝的工程量怎样计算？

38. 楼地面的工程量怎样计算？为什么楼面和地面要分开编列项目编码？

39. 某工程地面做法是：100mm 厚 C10 混凝土垫层、1：3 水泥砂浆找平层 20mm 厚、1：1 水泥砂浆粘贴层 15mm 厚、中国红花岗石面层 15mm 厚度；楼面做法是：1：3 水泥砂浆找平层 20mm 厚、1：1 水泥砂浆粘贴层 15mm 厚、中国红花岗石面层 15mm 厚度。请问该内容应编列几个项目，其项目编码是多少？

40. 水泥砂浆踢脚线和花岗石踢脚线各怎样计算工程量？

41. 楼梯和台阶装饰的工程量怎样计算？

42. 扶手、栏杆、栏板装饰的工程量怎样计算？螺旋楼梯扶手、栏杆、栏板装饰的工程量怎样计算？

43. 墙面抹灰、墙面镶贴块料的工程量各怎样计算？

44. 什么部位的抹灰是“零星抹灰”、什么是部位的镶贴块料是“零星镶贴块料”？工程量怎样计算，项目编码是多少？

45. 顶棚抹灰和顶棚吊顶的工程量各怎样计算？项目编码是多少？

46. 实木装饰门、铝合金窗、金属卷闸门的工程量各怎样计算？项目编码各是多少？

47. 木门窗油漆的工程量怎样计算？项目编码是多少？

48. 什么是工程量清单？工程量清单由几部分组成，各包括哪些内容？

49. 脚手架、施工电梯、基础开挖支挡土板，各应列入什么清单的什么项目？

50. 工程量清单包括工程数量，还包括金额吗？

教学单元6

建筑工程费用计算

【教学目标】 建筑安装工程费用计算的一般方法及实例。具体内容包括分部分项工程费、措施费、其他项目费、规费、税金，以及单位工程费、单项工程费用各种费用计算。

建筑安装工程费用按其计算顺序由分部分项工程费、措施费、其他项目费、规费、税金五部分组成。建筑安装工程费用计算如图 6-1 所示。

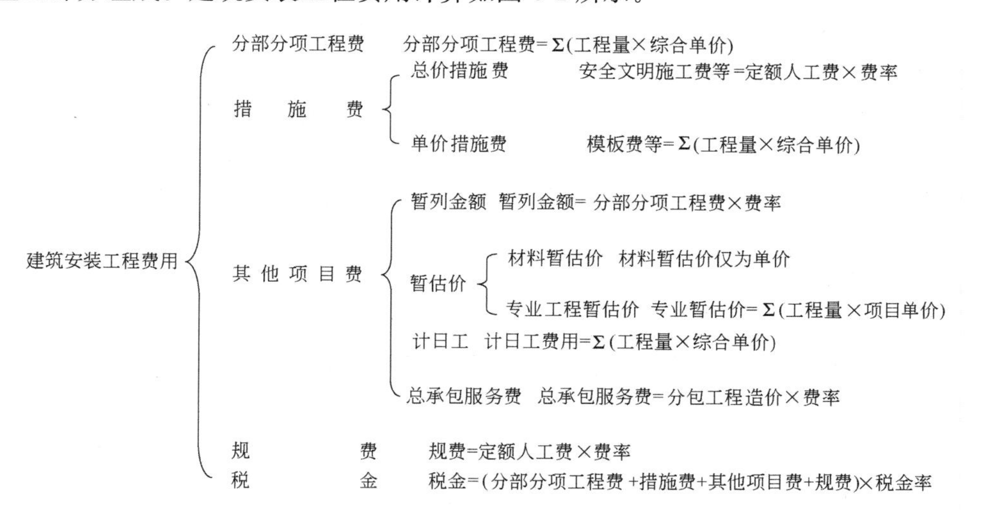

图 6-1　建筑安装工程费用计算程序图

6.1　分部分项工程费计算

6.1.1　概述

1. 分部分项工程费的计算

分部分项工程费由分项工程数量乘以综合单价汇总而成，其计算公式为：

$$分部分项工程费=\sum(工程数量\times综合单价)$$

2. 综合单价的概念

（1）综合单价的组成

综合单价的内容由人工费、材料费、机械费、管理费和利润五部分组成。

（2）综合单价的确定依据

综合单价的确定依据有工程量清单、定额、工料单价、费用及利润标准、施工组织设计、招标文件、施工图纸及图纸答疑、现场踏勘情况、计价规范等。

1）工程量清单

工程量清单是由招标人提供的工程数量清单，综合单价应根据工程量清单中提供的项目名称，及该项目所包括的工程内容来确定。

2）定额

定额是指消耗量定额或企业定额。

消耗量定额是由建设行政主管部门根据合理的施工组织设计，按照正常施工条件下制定的，生产一个规定计量单位工程合格产品所需人工、材料、机械台班的社会平均消耗量的定额。消耗量定额是在编制标底时确定综合单价的依据。

企业定额是根据本企业的施工技术和管理水平，以及有关工程造价资料制定的，供本企业使用的人工、材料、机械台班消耗量的定额。企业定额是在编制投标报价时确定综合单价的依据。若投标企业没有企业定额时可参照消耗量定额确定综合单价。

定额的人工、材料、机械消耗量是计算综合单价中人工费、材料费、机械费的基础。

3）工料单价

工料单价是指人工单价、材料单价（即材料预算价格）、机械台班单价。综合单价中的人工费、材料费、机械费，是由定额中工料消耗量乘以相应的工料单价计算得到的，见下列各式：

人工费＝∑(工日数×人工单价)

材料费＝∑(材料数量×材料单价)

机械费＝∑(机械台班数×机械台班单价)

4）管理费费率、利润率

除人工费、材料费、机械费外的管理费及利润，是根据管理费费率和利润率乘以其基础计算的。

5）计量规范

分部分项工程费的综合单价所包括的范围，应符合计量规范中项目特征及工程内容中规定的要求。

6）招标文件

综合单价包括的内容应满足招标文件的要求，如工程招标范围、甲方供应材料的方式等。例如，某工程招标文件中要求钢材、水泥实行政府采购，由招标方组织供应到工程现场。在综合单价中就不能包括钢材、水泥的价，否则综合单价无实际意义。

7）施工图纸及图纸答疑

在确定综合单价时，分部分项工程包括的内容除满足工程量清单中给出的内容外，还应注意施工图纸及图纸答疑的具体内容，才能有效地确定综合单价。

8）现场踏勘情况、施工组织设计

现场踏勘情况及施工组织设计，是计算措施费的重要资料。

6.1.2 综合单价的确定

综合单价，即分部分项工程的单价。

综合单价的确定是一项复杂的工作。需要在熟悉工程的具体情况、当地市场价格、各种技术经济法规等的情况下进行。

由于计价规范与定额中的工程量计算规则、计量单位、项目内容不尽相同，综合单价的确定有直接套用定额组价和重新计算工程量组价两种方法。

不论哪种确定方法，必须弄清以下两个问题：

（1）拟组价项目的内容

用计价规范规定的内容与相应定额项目的内容作比较，看拟组价项目应该用哪几个定额项目来组合单价。如“楼地面花岗石铺贴”项目，计量规范该项目的项目特征及工作内容中均包括找平层、结合层、面层，则找平层、结合层、面层均组合在该综合单价中。

（2）计价规范与定额的工程量计算规则是否相同

在组合单价时要弄清具体项目包括的内容，各部分内容是直接套用定额组价，还是需要重新计算工程量组价。能直接套用定额组价的项目，用“直接套用定额组价”方法进行组价；若不能直接套用定额组价的项目，用“重新计算工程量组价”方法进行组价。

1．直接套用定额组价

根据单项定额组价，指一个分项工程的单价仅用一个定额项目组合而成。这种组价较简单，在一个单位工程中大多数的分项工程均可利用这种方法组价。

（1）项目特点

1）内容比较简单；

2）计价规范与所使用定额中的工程量计算规则相同。

（2）组价方法，直接使用相应的定额中消耗量组合单价，具体有以下几个步骤：

第一步：直接套用相应的计价定额；

第二步：计算材料费。材料单价按当地市场价计算，其计算公式如下：

$$材料费=\sum(材料消耗量\times材料单价)$$

第三步：调整人工费

根据当地造价管理站发布的人工费调整系数计算，计算公式如下：

$$人工费=定额人工费\times(1+人工费调整系数)$$

第四步：汇总形成综合单价

$$综合单价=人工费+材料费+机械费+管理费+利润$$

综合单价用“工程量清单综合单价分析表”计算。见表6-1～表6-3。为便于理解，将本章所使用的定额及其相应的工程量计算规则摘录于后，详见表6-4～表6-7。下面分别举例说明综合单价的计算方法。

（3）组价举例

组价均用“××学院综合楼工程”中的项目举例。后同。

【例6-1】 计算××学院综合楼工程M5混合砂浆硅酸盐砌块墙的综合单价（砂浆采用干混砂浆）

项目编码：010402001001；计量单位：m^3

根据AD0154定额直接组合综合单价，AD0154定额见表6-3。

用“工程量清单综合单价分析表”计算，计算结果见表6-1。

第一步：直接套用相应的计价定额。根据当地计价定额套用相应的定额项目，套用定额编号为 AD0154。见表 6-3。

第二步：计算材料费。材料单价按当地市场价计算，计算结果见下式：

材料费＝0.1566×275＋0.91×200＋0.1483×4.50＋0.164＝225.90 元/m^3

第三步：调整人工费

根据当地造价管理站发布的人工费调整系数 20.72%计算，计算公式如下：

人工费＝101.897×(1＋20.72%)＝123.01 元/m^3

第四步：汇总形成综合单价

综合单价＝123.01＋225.90＋0.567＋365.36＝365.36 元/m^3

2. 重新计算工程量组价

重新计算工程量组价，是指工程量清单给出的分项工程项目的单位，与所用的计价定额的单位不同或工程量计算规则不同，需要按定额的计算规则重新计算工程量来组价综合单价。

(1) 特点

1) 内容比较复杂；

2) 计价规范与所使用定额中计量单位或工程量计算规则不相同。

(2) 组价方法

第一步：重新计算工程量。即根据所使用定额中的工程量计算规则计算工程量。

第二步：求工料消耗系数。即用重新计算的工程量除以工程量清单（按计价规范计算）中给定的工程量，得到工料消耗系数。

$$工料消耗系数=\frac{定额工程量}{规范工程量}$$

式中：

定额工程量，指根据所使用定额中的工程量计算规则计算的工程量。

规范工程量，指根据计价规范计算出来的工程量，即工程量清单中给定的工程量。

第三步：再用该系数去乘以定额中消耗量，得到组价项目的工料消耗量。

工料消耗量＝定额消耗量×工料消耗系数

以后步骤同“直接套用定额组价”的第二步～第三步。

(3) 组价举例

【例 6-2】 计算××学院综合楼工程现浇 C15 混凝土散水的综合单价

项目编码：010507001001；计量单位：m^2

根据规范的规定，混凝土散水项目包括混凝土散水和灌缝两部分，所以要套用散水和灌缝两个定额。散水定额见表 6-4，灌缝定额见表 6-5。

由于混凝土散水的定额单位（见表 6-4）是体积单位 m^3，沥青灌缝的定额单位（见表 6-5）是长度单位 m，与规范的单位 m^2 不同，所以均应重新工程量后再计算出工料消耗系数。其步骤如下：

第一步：求工料消耗系数

××学院综合楼工程现浇 C15 混凝土散水工程量为 54.00m^2，散水的厚度为

100mm。散水变形缝的定额工程量为 84.75m（见表 5-15“工程量计算表”序号 21）。

散水工料消耗系数$=\frac{\text{定额工程量}}{\text{规范工程量}}=\frac{54.00\times0.10}{54.00}=0.10$（$m^3/m^2$）。即每 m^2 散水需要混凝土 0.1m^3。

灌缝工料消耗系数$=\frac{\text{定额工程量}}{\text{规范工程量}}=\frac{84.75}{54.00}=1.5694$（$m/m^2$）。即每 m^2 散水需要灌缝 1.5694m。

第二步：根据工料消耗系数计算各种工料的消耗量

根据表 6-4 中相应的定额 AE0341 和表 6-5 中相应的定额 AJ0127 消耗量，计算每 m^2 混凝土散水的工料消耗量，计算结果见表 6-2。

定额人工费$=31.55\times0.1+4.65\times1.5694=3.16+7.30=10.46$ 元/m^2

人工费单价$=10.46\times1.2072=12.63$ 元/m^2

30 号石油沥青消耗量$=1.29\times1.5694=2.02$ kg/m^2

30 号石油沥青费用$=2.02\times4.20=8.48$ 元/m^2

余类推。

第四步：计算综合单价。

综合单价$=12.63+48.76+0.26+2.35=64.00$ 元/m^2。

6.1.3　分部分项工程费计算

$$\text{分部分项工程费}=\sum(\text{工程量}\times\text{综合单价})$$

其中：工程量见“分部分项工程量清单”中给定的工程量（见表 5-20），综合单价举例见“工程量清单综合单价分析表”（见表 6-1、表 6-2）的单价。计算结果见“分部分项工程清单与计价表”（表 6-11）。

如：表 6-11 中序号 10，M5 混合砂浆硅酸盐砌块墙项目

工程量见表 5-20 序号 10“分部分项工程量清单”中工程量 206.03m^3，综合单价见表 6-1 中综合单价 365.36 元/m^3，定额人工费 101.90 元/m^3。

分部分项工程费$=206.03\times365.36=75275.12$ 元

定额人工费$=206.03\times101.90=20994.46$ 元

计算的结果填入表 6-11。

又如：表 6-20 中序号 26，C10 混凝土散水项目

工程量见表 5-20 序号 26“分部分项工程量清单”中工程量 54.00m^2，综合单价见表 6-2 中综合单价 64.00 元/m^2，定额人工费 10.46 元/m^2。

分部分项工程费$=54.00\times64.00=3456.00$ 元

定额人工费$=54.00\times10.46=564.84$ 元

计算的结果填入表 6-11。

逐项计算完成后进行汇总，汇总后的分部分项工程费（见表 6-11 最后一栏）是 1255330.19 元，其中定额人工费是 299285.58 元（为便于后面计算总价措施项目费和规费，计算分部分项工程费的同时要计算出相应的定额人工费）。

工程量清单综合单价分析表 **表 6-1**

项目名称：M5 混合砂浆砌硅酸盐砌块墙 计量单位：m^3

项目编码：010402001001 综合单价：365.36 元

细目名称		单位	消耗量			单价	合价
			砌块墙 AD0154		小计		
人工费		元	101.90		101.90	1.2072	123.01
材料费		元	223.18		223.18		225.90
机械费		元	0.57		0.57		0.567
综合费		元	15.88		15.88		15.882
合计		元	341.52		341.52		365.36
材料费	M5 干混砌筑砂浆	t	0.1566			275	43.07
	硅酸盐砌块	m^3	0.91			200	182.00
	水	m^3	0.148			4.50	0.67
	其他材料费	元	0.164				0.164
	小 计						225.90

注：1. 人工费调整系数根据当地造价站发布的系数 1.2072 计算。

2. 材料单价为当地市场价。

工程量清单综合单价分析表 **表 6-2**

项目名称：现浇 C15 混凝土散水 计量单位：m^2

项目编码：010507001001 综合单价：64.00 元

细目名称		单位	消耗量			单价	合价
			AE0341	AJ0127	小计		
			散水	沥青砂浆			
人工费		元	31.55/3.16	4.65/7.30	10.46	1.2072	12.63
材料费		元	325.35/32.54	10.22/16.04	48.58		48.76
机械费		元	2.58/0.26	—	0.26		0.26
综合费		元	8.87/0.89	0.93/1.46	2.35		2.35
合计		元	368.34/36.83	15.80/24.80	61.63		64.00
材料费	商品混凝土 C10	m^3	1.005/0.10		0.10	320.00	32.00
	水	m^3	0.75/0.08		0.08	4.50	0.34
	30 号石油沥青			1.29/2.02	2.02	4.20	8.48
	汽油			0.12/0.19	0.19	9.00	1.71
	滑石粉			2.39/3.75	3.75	0.35	1.31
	中砂			0.06/0.01	0.01	80.00	0.80
	其他材料费	元	2.25/0.23	2.48/3.89	4.12		4.12
	小计						48.76

注：1. 人工费调整系数根据当地造价站发布的系数 1.2072 计算。

2. 材料单价为当地市场价。

3. 散水工料消耗系数=0.10（m^3/m^2），灌缝工料消耗系数=$\frac{84.75}{54.00}$=1.5694（m/m^2）。

《××建筑与装饰工程计价定额》摘录（见表 6-3～表 6-5）。

D. 2. 1 砌块墙（编码 010402001） 表 6-3

工程内容：调、运、铺砂浆，运砌块（砖），安放木砖、铁件，砌砖，外墙单面原浆勾缝。

单位：10m^3

定额编号				AD0152	AD0153	AD0154
项目				硅酸盐砌块墙		
				混合砂浆(细砂)		干混砂浆
				M5	M7.5	
基价(综合单价)				3190.68	3202.79	3415.23
其中	人工费(元)			1050.10	1050.10	1018.97
	材料费(元)			1968.02	1980.13	2231.77
	机械费(元)			8.48	8.48	5.67
	综合费(元)			164.08	164.08	158.82
名称		单位	单价(元)	数量		
材料	M5 混合砂浆	m^3	159.40	0.910		
	M7.5 混合砂浆	m^3	172.70		0.910	
	干混砌筑砂浆	t	260.00			1.566
	硅酸盐砌块	m^3	200.00	9.100	9.100	9.100
	32.5 水泥	kg		(162.89)	202.02	
	细砂	m^3		(1.056)	1.056	
	石灰膏	m^3		0.127	0.100	
	水	m^3	2.00	1.483	1.483	1.483
	其他材料费	元		—	—	1.640

注：表中“综合费”包括“管理费”和“利润”。

E. 7. 1 散水、坡道（编码 010507001） 表 6-4

工程内容：1. 将送到浇灌点的商品混凝土进行捣固、养护。2. 安拆、清洗输送管道。

单位：10m^3

定额编号				AE0340	AE0341	AE0342
项目				C10	C15	C20
				商品混凝土		
基价(综合单价)				3582.93	3683.43	3783.93
其中	人工费(元)			315.45	315.45	315.45
	材料费(元)			3153.01	3253.51	3354.01
	机械费(元)			25.76	25.76	25.76
	综合费(元)			88.71	88.71	88.71
名称		单位	单价(元)	数量		
材料	商品混凝土 C10	m^3	310	10.050		
	商品混凝土 C15	m^3	320		10.050	
	商品混凝土 C20	t	330			10.050
	水	m^3	2.00	7.500	7.500	7.500
	其他材料费	元		22.510	22.510	22.510

注：表中“综合费”包括“管理费”和“利润”。

J.2.8 变形缝（编码010902008） 表6-5

工程内容：1. 清理变形缝。2. 制作沥青砂浆。3. 填塞沥青砂浆等。 单位：10m

定额编号				AJ0126	AJ0127	AJ0128
项目				灌沥青	沥青砂浆	石油沥青玛蹄脂
基价(综合单价)				132.04	158.00	91.27
其中	人工费(元)			13.78	46.49	14.03
	材料费(元)			115.50	102.21	74.43
	机械费(元)			—	—	—
	综合费(元)			2.76	9.30	2.81
名称		单位	单价(元)	数量		
材料	冷底子油 30：70	kg	8.27	1.600	1.600	1.600
	石油沥青玛蹄脂	m^3	4125.10	—	—	0.010
	沥青砂浆 1：2：7	m^3	1284.50	—	0.050	—
	30号石油沥青	kg	4.20	19.65	—	—
	30号石油沥青	kg		(0.512)	(12.862)	(9.912)
	汽油	kg		(1.232)	(1.232)	(1.232)
	滑石粉	kg		—	(23.900)	(5.060)
	中砂	m^3		—	(0.057)	—
	其他材料费	元		19.74	24.760	19.950

注：表中“综合费”包括“管理费”和“利润”。

6.2 措施项目费计算

措施项目费包括单价措施项目费和总价措施项目费。

6.2.1 单价措施项目费

单价措施项目包括：脚手架费、垂直运输费、混凝土模板及支架（撑）费、大型机械设备进出场及安装拆除费、施工排水降水费等。单价措施项目费按工程量乘以综合单价计算。即：

$$单价措施项目费=\sum(工程量\times综合单价)$$

1. 脚手架

脚手架有综合脚手架和单项脚手架之分。凡是能按“建筑面积计算规则”计算建筑面积的建筑工程，均按“综合脚手架”计算脚手架的费用，否则按“单项脚手架”计算脚手架的费用。“单项脚手架”的适用于附属工程（如围墙等）、构筑物、房屋加层等不能计算建筑面积的工程，以及单独的装饰工程所使用的脚手架。

（1）综合脚手架

综合脚手架应按檐口高度、结构类型和单层多层的不同划分项目。

综合脚手架综合了砌筑、浇筑、吊装、抹灰、油漆、涂料等的脚手架费用。此外如果某工程由干挂花岗石，则干挂花岗石应另计算干挂花岗石的脚手架费用。

当同一建筑有不同檐口高度时，竖直划分项目。檐口高度划分：

单层建筑：≤6m、≤9m、≤15m、≤24m、≤30m。

多层建筑：≤9m、≤15m、≤24m、≤30m、≤50m、≤100m、>100m。

檐口高度：指滴水高度，即屋面至室外地坪的高度。凸出主体建筑屋顶的电梯机房、楼梯出口间、水箱间、瞭望塔、排烟机房以及地下室等，不计算檐口高度，但要计算面积。

【例 6-3】 如图 6-2 所示某工程为多层建筑，框架结构，计算该工程综合脚手架工程量。

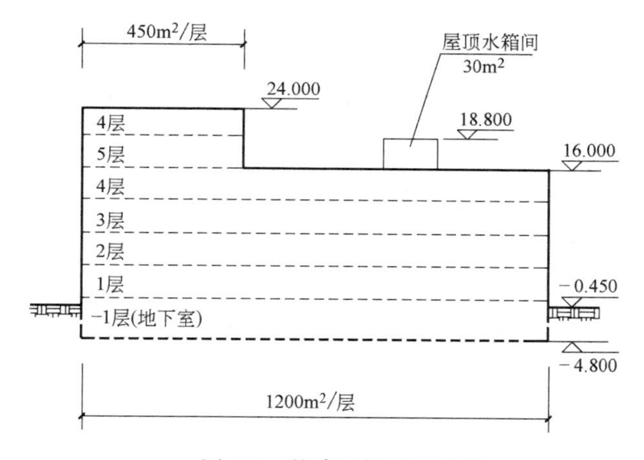

图 6-2 某建筑外观示意图

1）综合脚手架（多层、框架结构、檐高 24.45m）

项目编码：011701001001，工程量＝450×7＝3150m²

2）综合脚手架（多层、框架结构、檐高 16.45m）

项目编码：011701001002，工程量＝(1200－450)×5＋30＝3780m²

凡是按综合脚手架计算了脚手架费用后，除满堂基础要另计“满堂脚手架”费用（用于混凝土浇筑）外，均不得再计算单项脚手架费用。满堂基础按“满堂脚手架”基本层费用乘以 50％计算，当使用泵送混凝土时则按满堂计算基本层乘以 40％计算。

（2）单项脚手架

单项脚手架包括外脚手架、里脚手架、悬空脚手架、挑脚手架、满堂脚手架、整体提升架、外装饰吊篮等。

1）外脚手架

外脚手架分为单排外架和双排外架两种，应分别列制项目。其工程量按所服务的对象的垂直投影面积以“m^2”计算。垂直投影面积不扣除门窗及洞口所占面积。

2）里脚手架

里脚手架工程量计算同外脚手架的工程量计算。

3）悬空脚手架

悬空脚手架工程量按搭设的水平投影面积以“m^2”计算。

4）挑脚手架

挑脚手架工程量按搭设长度乘以搭设层数以延长米“m”计算。

5）满堂脚手架

满堂脚手架的工程量按搭设的水平投影面积以“m^2”计算。如果是满堂基础则按满堂基础的水平面积计算。

6）整体提升架

整体提升架工程量按所服务对象的垂直投影面积以“m^2”计算，不扣除门窗及洞口所占面积。

7）外装饰吊篮

外装饰吊篮工程量按所服务对象的垂直投影面积以“m^2”计算，不扣除门窗及洞口所占面积。

在房屋建筑工程中，除计算综合脚手架费用（包括砌筑、浇筑、吊装、抹灰、油漆、涂料等费用）外，可按单项脚手架计算脚手架费用。如吊顶、干挂花岗石等内容。

2. 垂直运输费

垂直运输费工程量按建筑面积以“m^2”计算，或按日历天数以“天”计算。

（1）按建筑面积计算

其工程量及项目划分同综合脚手架。

（2）按日历天数计算

日历天数系指按国家发布的工期定额计算的正常工期。垂直运输费按日历天数乘以设备租金计算。

$$垂直运输费=\sum(日历天数\times相应设备租金)$$

3. 混凝土模板及支架（撑）费

混凝土模板及支架（撑）费的工程量，除楼梯、台阶以及雨棚、悬挑板、阳台板按水平投影面积以“m^2”计算外，其余构件均按模板与混凝土构件的接触面积以“m^2”计算。具体计算方法及项目划分见本教材第五章。

4. 大型机械设备进出场及安装拆除费

中、小型机械设备进出场及安装拆除费包含在分部分项费的机械费内，不需另行计算。大型机械设备进出场及安装拆除费需在措施项目费中计算。

大型机械设备包括：履带式挖掘机、履带式推土机、履带式起重机、强夯机械、柴油打桩机、压路机、静力压桩基、塔式起重机、自升式塔式起重机、施工电梯、混凝土搅拌站、潜水钻孔机、转盘钻井机、旋挖钻孔机等。凡是施工机械台班定额中注有“大”或“特”型的机械，均属大型机械设备。

大型机械设备的工程量按“台次”计算。若定额中有的机械按定额计算，若定额中没有的机械可按社会台班单价计算。计算公式如下：

（1）定额中有的机械

大型机械设备进出场及安装拆除费＝Σ(台次×综合单价)

（2）定额中没有的机械

大型机械设备进出场及安装拆除费＝Σ（台班×社会台班单价）

5. 施工排水、降水费

施工排水、降水费按排水、降水方案的相关内容计算。

【例 6-4】 某工程根据降水方案如图 6-3，计算该工程的降水费用。

分析：从施工降水方案图可见，该工程采用的是深井降水方案，包括钻孔成井、安放混凝土井管、安放混凝土井滤管、潜水泵抽水等费用。

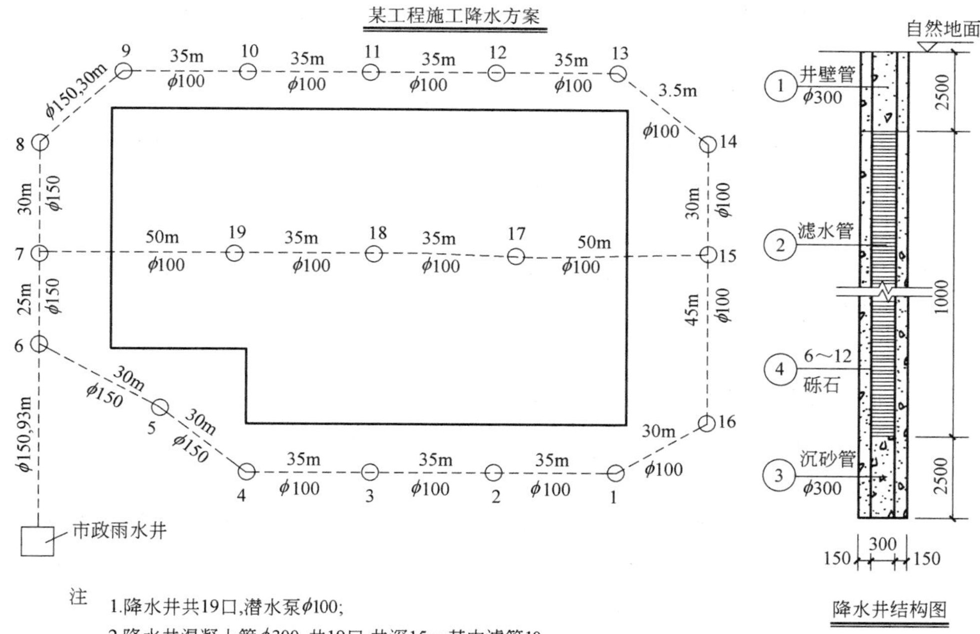

图 6-3 某工程施工降水方案图

相关信息：该工程降水时间设定为 110 天。根据地质勘探资料知道该工程土层类别为二类土。根据施工降水方案知道：共 19 口井，每口井深 15m（其中滤管 10m），管径 ϕ300，ϕ80 无缝钢管 235.5m，ϕ100 无缝钢管 385m，ϕ150 无缝钢管 235m。

根据相关定额计算降水费用如下：

1. 孔径 ϕ300 深井降水井成井（二类土）：

成井费用＝19×15×226.26＝64586.70 元

说明：19 口井，每口井深 15m，根据定额计算成井单价 226.26 元/m。

2. 井管安装

（1）ϕ300 普通混凝土管安装

混凝土管安装费用＝19×5×218.51＝20758.45 元

说明：19 口井，每口井的普通混凝土管 5m，根据定额计算：ϕ300 普通混凝土管安装单价 218.51 元/m。

（2）ϕ300 混凝土滤管安装

费用＝19×10×254.17＝24146.15 元

说明：19 口井，每口井的混凝土滤管 10m，根据定额计算：ϕ300 混凝土滤管安装单价 254.17 元/m。

3. 深井降水水泵安装（出口口径 ϕ100）

工程量＝19×110×26.49＝55364.10 元(不含电费及人工费)

根据定额计算：深井降水水泵安装（出口口径 ϕ100）单价 26.49 元/昼夜。

4. 电费

电费＝19×110×7.5×24×0.9＝338580.00 元

说明：19 口井，降水时间 110 昼夜，出口口径为 ϕ100 的潜水泵额定功率为 7.5kW，电价 0.9 元/kW·h，每昼夜按 24h 计算。

5. 人工费：110×6×100＝66000 元

说明：降水时间 110 昼夜，定额规定单位工程在 20 口井以内时按每昼夜 6 个工日计算，每工日单价 100 元。

6. 钢管安拆及摊销费

ϕ80 钢管安拆及摊销费：235.5×55.26＝13124.25 元

ϕ100 钢管安拆及摊销费：385×71.36＝27473.60 元

ϕ150 钢管安拆及摊销费：235×105.47＝24785.45 元

说明：钢管长度按降水方案计算；安拆及摊销费的单价按定额计算分别为 ϕ80 钢管 55.26 元/m、ϕ100 钢管 71.36 元/m、ϕ150 钢管 105.47 元/m。

总计：634708.20 元（1～6 项合计）

6.2.2 总价措施项目费

总价措施项目费包括：安全文明施工费（包括环境保护费、文明施工费、安全施工费、临时设施费）、夜间施工增加费、二次搬运费、冬雨期施工增加费、已完工程及设备保护费、工程定位复测费等。

总价措施项目费的计算公式如下：

总价措施项目费＝定额人工费×费率

或：总价措施项目费＝(定额人工费＋定额机械费)×费率

1. 总价措施项目费的计算基数

总价措施项目费的计算基数可以是人工费，也可以是定额人工费+定额机械费。

总价措施项目费的计算基数应以当地造价管理的具体规定为准。

2. 措施费的费率

根据我国目前的实际情况，措施费的费率有按当地行政主管部门规定计算和企业自行确定两种情况。

(1) 按当地行政主管部门规定计算

为防止建筑市场的恶性竞争，确保安全生产、文明施工，以及安全文明施工措施的落实到位，切实改善施工从业人员的作业条件和生产环境，防止安全事故发生，安全文明施工费为“不可竞争费”，所以安全文明施工费按当地行政主管部门规定计算。

某地行政主管部门规定，房屋建筑与装饰工程的费率如下：

1) 环境保护费：(分部分项工程量清单定额人工费+单价措施项目定额人工费)×0.2%～0.4%计算。

2) 文明施工费：(分部分项工程量清单定额人工费+单价措施项目定额人工费)×2.5%～5.0%计算。

3) 安全施工费：(分部分项工程量清单定额人工费+单价措施项目定额人工费)×4.8 %～9.6%计算。

4) 临时设施费：(分部分项工程量清单定额人工费+单价措施项目定额人工费)×3.6%～7.2%计算。

5) 夜间施工增加费：(分部分项工程量清单定额人工费+单价措施项目定额人工费)×0.8%计算。

6) 二次搬运费：(分部分项工程量清单定额人工费+单价措施项目定额人工费)×0.4%计算。

7) 冬雨期施工增加费：(分部分项工程量清单定额人工费+单价措施项目定额人工费)×0.6%计算。

8) 工程定位复测费：(分部分项工程量清单定额人工费+单价措施项目定额人工费)×0.15%计算。

环境保护费、文明施工费、安全施工费、临时设施费为“不可竞争费”，当编制标底和投标报价时按最高限计算，在办理工程竣工结算时按现场测评表打分计算，最低不低于底线。

××学院综合楼工程计算结果，见表 6-13。

(2) 企业自行确定

企业根据本自己的情况并结合工程实际自行确定措施费的计算费率。费用包括夜间施工费、二次搬运费、冬雨期施工费、工程定位复测费等。

措施费本应是市场竞争费用，待我国建筑市场竞争秩序逐步走上正轨后，措施费都应由企业自行确定。

6.3 其他项目费计算

其他项目费包括暂列金额、暂估价、计日工和总承包服务费四部分。它是招标过程中出现的费用，在编制标底或投标报价时计算，在竣工结算时没有其他项目费，因这些费用将分散计入相关费用中。

6.3.1 暂列金额

暂列金额即预留金。计价规范规定按分部分项工程费的10%～15%计算，有的地区规定按总造价的5%计算。具体按多少计算暂列金额，应根据工程的具体实际情况确定。

暂列金额＝分部分项工程×费率

或：暂列金额＝总造价×费率

计算实例见表6-15。

6.3.2 暂估价

暂估价包括材料暂估价和专业工程暂估价两部分。

（1）材料暂估价

材料暂估价不计算具体金额，只列出“材料暂估价表”，见表6-16。材料暂估价表中的材料费计入“分别分项工程费”。

材料暂估价表中的材料单价，要求投标人在投标报价时按该表中所列出的材料单价计入分别分项工程费，结算时这些材料根据实际单价调整结算时的“分别分项工程费”。

比如：××学院综合楼工程“厨卫间300×300地砖”的材料暂估价为36元/m^2，材料耗用量178.75m^2，实际单价为32元/m^2，则在结算时调整价为178.75×(32－36)＝－715.00元，即减少715.00元，若实际单价为38元/m^2 则在结算时调整价为178.75×(38－36)＝357.50元，即增加357.50元。

（2）专业工程暂估价

专业工程暂估价是指需要单独资质的工程项目，实行专业工程暂估，这些项目由招标人另行分包。投标人在投标报价时按该价计入报价中。

$$专业工程暂估价＝\sum(工程量×工程单价)$$

计算实例见表6-17。

6.3.3 计日工

指施工过程中应招标人要求，而发生的不是以实物计量和定价的零星项目所发生的费用。零星工作费在工程竣工结算时按实际完成的工程量所需费用结算。计算方法是：

人工费＝∑(人工工日数×人工单价)

材料费＝∑(材料数量×材料单价)

机械费＝∑(机械台班数×台班单价)

计算实例见表6-18。

6.3.4 总承包服务费

指投标人配合协调招标人分包工程和招标人采购材料（即“甲供材料”）所发生的费用。即：

总承包服务费＝分包工程配合协调费＋甲供材料配合协调费

1. 分包工程配合协调费

对于工程分包，总包单位应计算分包工程的配合协调费，费用包括分包工程的施工现场协调和统一管理、对竣工资料进行统一汇总整理，以及分包工程需要的脚手架、用水用电、垂直运输等费用。

当招标人仅要求总承包人对其发包专业工程进行施工现场协调和统一管理、对竣工资料进行统一汇总整理等服务时，总承包服务费可按发包的专业工程估价的1.5%计算。

当招标人仅要求总承包人对其发包专业工程既进行施工现场管理协调，又要求提供相应配套服务时（如分包工程需要的脚手架、用水用电、垂直运输），总承包服务费可按发包的专业工程估价的1%～3%计算。即：

工程分包配合协调费＝分包工程造价×费率

计算实例见表6-19。

2. 甲供材料配合协调费

对于甲供材料，总包单位应计算甲方采购材料的协调配合费用，费用包括材料的卸车费、市内短途运输费和材料的工地保管费等。甲供材料的配合协调费可按甲供材料费用的1%计算。即：

甲供材料配合协调费＝甲供材料费×费率

6.4 规费及税金计算

6.4.1 规费计算

规费包括社会保障费（医疗保险费、失业保险费、医疗保险费、工伤保险费、生育保险费）、住房公积金、工程排污费。规费按当地有关权力部门的规定计算。

某地规费的规定如下：

1. 社会保障费

（1）养老保险费：按定额人工费的3.80%～7.50%计算；

（2）失业保险费：按定额人工费的0.30%～0.60%计算；

（3）医疗保险费：按定额人工费的1.80%～2.70%计算；

（4）工伤保险费：按定额人工费的0.40%～0.70%计算；

（5）生育保险费：按定额人工费的0.10%～0.20%计算。

2. 住房公积金：按定额人工费的1.30%～3.30%计算。

社会保障费、住房公积金在计算招标标底时按最高限计算，投标报价及工程竣工结算是按本企业取费证核定的费率计算。

3. 工程排污费

按工程所在地环保部门规定按实计算。如某地环保部门规定：工程排污费按每平方米建筑面积1.50元。××学院综合楼工程建筑面积1228.13m^2，则：工程排污费＝1228.13×1.50＝1842.20元。

计算实例见表6-20。

6.4.2 税金计算

1. 税金规定

根据我国现行税法规定，建筑安装工程的税金包括增值税、城市维护建设税、教育费附加及地方教育附加四部分。税金率如下：

（1）增值税（增值税率11%）

增值税＝税前造价×11%

（2）城市维护建设税（城市维护建设税率7%、5%、1%）

城市维护建设税＝增值税×7%(工程所在地在市区)

城市维护建设税＝增值税×5%(工程所在地在县城、镇)

城市维护建设税＝增值税×1%(工程所在地不在市区、县城、镇)

（3）教育费附加

教育费附加＝增值税×3%

（4）地方教育费附加

教育费附加＝增值税×2%

总税金率＝增值税×(1＋城市维护建设税率＋教育费附加率＋地方教育附加率)

总税金率＝11%×(1＋7%＋3%＋2%)＝12.32%(工程所在地在市区)

总税金率＝11%×(1＋5%＋3%＋2%)＝12.10%(工程所在地在县城、镇)

总税金率=11%×(1+1%+3%+2%)=11.66%(工程所在地不在市区、县城、镇)

2. 税金计算

税金=税前造价×总税金率

=(分部分项工程费+措施项目费+其他项目费+规费)×总税金率

税金计算实例见表6-10。

6.4.3 工程总费用计算

1. 单位工程费

单位工程费=分部分项工程+措施项目费+其他项目费+规费+税金

计算实例见表6-10。

2. 单项工程费计算

单项工程费将“建筑与装饰工程费”、“安装工程费”等各个单位工程费汇总即可。计算实例见表6-9。

6.4.4 封面

工程总费用计算完成之后，应书写封面。封面应按计价规范的要求格式书写。见实例。

6.5 建筑工程费用计算实例

为便于理解和掌握建筑工程费用计算的基本知识和基本方法，下面以“××学院综合楼工程”为例，介绍该工程“招标控制价”的基本方法。

××学院综合楼工程建筑面积1228.13m^2，4层（局部3层），一、二层层高4.2m，三、四层层高3.3m，总高15m。框架结构、钢筋混凝土独立柱基础、硅酸盐砌块墙，楼地面地砖、内墙面刷乳胶漆、顶棚轻钢龙骨石膏板吊顶及抹水泥砂浆面刷乳胶漆，外墙贴浅灰色外墙面砖，实木夹板门、铝合金窗。

6.5.1 费用计算依据

1. 工程量清单（详见第五章第五节工程量清单编制实例）。

2. ××学院综合楼工程全套施工图。

3.《建设工程工程量清单计价规范》(GB 50500—2013)、《房屋建筑与装饰工程工程量计算规范》(GB 50854—2013)。

4. 2015年《××省建设工程工程量清单计价定额》。

5. 建筑材料的市场材料价格（见表 6-6）。

6. 相关资料

（1）工程在市区内。

（2）垂直运输采用塔式起重机一台（起重力矩在 60kN·m 以内）。

（3）本工程不存在排水及降水。

（4）人工费调整系数：1.2072，即调增 20.72％。

7. 材料暂估价及专业工程暂估价

（1）材料暂估价　见表 6-6 中序号 11～16 的相应的材料。

（2）专业工程暂估价　见表 6-7 中相应项目。

主要材料价格表（不含税单价）　　**表 6-6**

序号	材料名称	规格、型号及特殊要求	单位	单价	备　注
1	水泥	32.5	kg	0.40	
2	水泥	42.5	kg	0.45	
3	白水泥		kg	0.50	
4	硅酸盐砌块		m^3	200.00	
5	标准砖		千匹	360.00	
6	烧结空心砖		m^3	150.00	
7	中砂		m^3	80.00	
8	砾石	5～40mm	m^3	60.00	
9	纸面石膏板	12mm 厚	m^2	12.00	
10	花岗石板	厚 20mm	m^2	100.00	
11 *	地砖	300×300			厨卫间
12 *	地砖	600×600			办公室、会议室等
13 *	面砖	150×200			餐厅、走廊墙裙
14 *	白色瓷砖	200×300			厨卫间墙面
15 *	豆绿色面砖				窗套
16 *	浅灰色面砖				外墙面
17	踢脚砖	150×300	m^2	33.00	
18	SBS 改性沥青防水卷材	聚酯胎Ⅰ型 3mm	m^2	20.00	
19	水		m^3	4.50	
20	组合钢模板	包括附件	kg	5.00	
21	脚手架钢材		kg	4.50	

续表

序号	材料名称	规格、型号及特殊要求	单位	单价	备　　注
22	复合模板		m^2	25.00	
23	二等锯材		m^3	1100.00	
24	胶合板门带框(有亮)		m^2	280.00	
25	胶合板门带框(无亮)		m^2	300.00	
26	商品混凝土	C10	m^3	310.00	
27	商品混凝土	C15	m^3	320.00	
28	商品混凝土	C20	m^3	330.00	
29	商品混凝土	C30	m^3	360.00	
30	干混砌筑砂浆 M5		t	275.00	
31	干混砌筑砂浆 M10		t	278.00	
32	干混砌筑砂浆 M15		t	296.00	
33	干混抹灰砂浆 M5		t	275.00	
34	干混抹灰砂浆 M10		t	313.00	
35	干混抹灰砂浆 M15		t	336.00	
36	干混抹灰砂浆 M20		t	356.00	
37	干混地面砂浆 M15		t	303.00	
38	干混地面砂浆 M20		t	315.00	
39	干混地面砂浆 M25		t	330.00	
40	珍珠岩		m^3	120.00	
41	石油沥青	30#	kg	4.20	
42	钢筋	直径≤ϕ10	t	3000.00	
43	钢筋	直径ϕ12～ϕ16	t	3100.00	
44	钢筋	直径ϕ12～ϕ16 螺纹	t	3200.00	
45	钢筋		t	3000.00	
46	钢筋	综合	t	4000.00	
47	圆钢	≤ϕ10	t	3000.00	
48	摊销卡具和支撑钢材		kg	4.50	
49	汽油		kg	9.00	
50	柴油		kg	8.50	

注：序号11～16所列材料为给定的材料暂估价，其余材料均为市场价格。

专业工程暂估价项目及单价　　表 6-7

序号	工程名称	规格、型号	单位	单价
1	铝合金地弹门	铝合金型材厚 1.5mm，玻璃：10mm 钢化玻璃	m^2	360
2	铝合金推拉窗	铝合金型材厚 1.2mm，玻璃：5+12A+5 中空玻璃	m^2	280
3	铝合金固定窗	铝合金型材厚 1.2mm，玻璃：5+12A+5 中空玻璃	m^2	180

6.5.2 建筑工程费用计算

1. 计算分部分项工程费

（1）计算综合单价

综合单价利用“清单项目综合单价组成表”计算，见表 6-1～表 6-2 举例。

（2）计算分部分项工程费

分部分项工程费＝Σ（工程量×综合单价），利用“分部分项工程量清单计价表”计算。

分部分项定额人工费＝Σ（工程量×定额人工费），利用“分部分项工程量清单计价表”计算，见表 6-11。

2. 计算措施费

单价措施项目费利用“单价措施项目清单与计价表”计算，见表 6-12，总价措施项目费利用“总价措施项目清单与计价表”计算，见表 6-13。

3. 计算其他项目费

其他项目费包括暂列金额、暂估价、计日工、总承包服务费四部分。

（1）暂列金额

暂列金额按分部分项工程费的 10％计算，见表 6-15。

（2）暂估价

暂估价包括材料暂估价和专业工程暂估价。材料暂估价见表 6-16，专业工程暂估价见表 6-17。

（3）计日工

计日工包括清单以外的零星用工和零星工程费用。见表 6-18。

（4）总承包服务费

总承包服务费包括分包工程服务费和甲供材料服务费，本工程仅有分包工程服务费。分包工程服务费计算见表 6-19。

最后将表 6-15～表 6-19 计算的数据汇总到其他项目费总表，见表 6-14。

4. 规费计算

规费计算见表 6-20。

5. 税金计算

税金按税前造价计算。即税金＝(分部分项工程费＋措施项目费＋其他项目费＋规费)×总税金率，由于工程在市区，其税金率为 12.32％。建筑工程税金计算见表 6-10。

6. 单位工程费用计算

单位工程费用计算见表表 6-10。

7. 工程总费用计算

工程总费用计算见表 6-9。

8. 写编制说明

编制说明包括工程概况、编制依据、需要说明的问题等。见表 6-8。

9. 填写封面

封面内容根据计价规范要求的格式填写。内容包括工程名称、总造价（招标控制价)、招标人、法人代表、编制人、编制时间等内容。

6.5.3 材料用量计算

在计算工程造价的同时，还应计算工程的各种材料耗用量并汇总，其计算方法见表 6-21、表 6-22。经计算本工程的标准砖用量 27248 匹，C30 商品混凝土用量 326.93m^3。

仅以标准砖用量和 C30 商品混凝土用量计算举例，其余材料用量计算方法相同。

×× 学院综合楼 工程

招 标 控 制 价

招标控制价(小写)：2078287 元

(大写)：贰佰零柒万捌仟贰佰捌拾柒元整

招 标 人：××学院
(单位盖章)

造价咨询人：
(单位资质专用章)

法定代表人
或其授权人：
(签字或盖章)

法定代表人
或其授权人：

编 制 人：
(造价人员签字盖专用章)

复 核 人：
(造价工程师签字盖专用章)

编 制 时 间：2016 年 11 月 15 日

复 核 时 间： 年 月 日

总 说 明

表6-8

工程名称：××学院综合楼工程　　　　第1页（共1页）

1. 工程概况

××学院综合楼工程建筑面积1228.13m^2，4层、一、二层层高4.2m、三、四层层高3.3m，总高15m。框架结构、钢筋混凝土独立柱基础、空心砖墙，地面地砖、内墙面刷乳胶漆、天棚轻钢龙骨石膏板吊顶及抹水泥砂浆面刷乳胶漆，外墙贴浅灰色外墙面砖，胶合板门、铝合金窗。施工现场的"三通一平"工作已经完成，交通运输方便，周围环境保护无特殊要求。计划工期110天。

2. 工程量清单编制依据

(1)《建设工程工程量清单计价规范》(GB 50500—2013)、《房屋建筑与装饰工程工程量计算规范》(GB 50854—2013)

(2)××建筑设计研究院设计的××学院综合楼工程全套施工图(建施10张、结施12张，共22张)。

(3)2015年《××省建设工程工程量清单计价定额》

3. 工程质量、材料、施工等特殊要求

所以混凝土均使用商品混凝土，砂浆采用干混砂浆。

4. 暂估价

(1)材料暂估价：详“材料暂估价表”。

(2)专业工程暂估价：详“专业工程暂估价表”。

5. 安全文明施工费及定额人工费

(1)安全文明施工费89523.41元。

(2)定额人工费403258.60元。其中：分部分项工程量清单定额人工费299285.58元，单价措施项目定额人工费103973.02元。

单项工程费计算表　　表 6-9

工程名称：××学院综合楼工程（单项工程）　　第 1 页　共 1 页

序号	单位工程名称	金额(元)	其中(元)		
			暂估价	安全文明施工费	规费
1	房屋建筑与装饰工程	2078286.97	74860.20	89523.41	60488.79
2	安装工程(略)				
3	……				
合计		2078286.97	74860.20	89523.41	60488.79

注：本表适用于单项工程招标控制价或投标报价的汇总。暂估价包括分部分项工程中的暂估价和专业工程暂估价。评标价＝总金额－规费－安全文明施工费。

单位工程计算表 **表 6-10**

工程名称：××学院综合楼工程【房屋建筑与装饰工程】 第 1 页 共 1 页

序号	汇 总 内 容	金额(元)	备 注
1	分部分项工程费	1255330.19	见表 6-11
1.1	土石方工程	17862.97	
1.2	砌筑工程	110956.38	
1.3	混凝土及钢筋混凝土工程	454029.27	
1.4	门窗工程	19603.12	
1.5	屋面及防水工程	24673.23	
1.6	保温、隔热、防腐工程	100194.63	
1.7	楼地面装饰工程	169659.10	
1.8	墙、柱面装饰与隔断、幕墙工程	202675.20	
1.9	天棚工程	52913.40	
1.10	油漆、涂料、裱糊工程	95750.50	
1.11	其他装饰工程	7012.39	
2	措施项目费	332991.62	
2.1	单价措施项目费	235604.67	见表 6-12
2.2	总价措施项目费	97386.95	见表 6-13
	其中:安全文明施工费	89523.41	见表 6-13
3	其他项目费	201516.12	见表 6-14
3.1	其中:暂列金额	125533.02	见表 6-15
3.2	其中:专业工程暂估价	74860.20	见表 6-17
3.3	其中:计日工	—	见表 6-18
3.4	其中:总承包服务费	1122.90	见表 6-19
4	规费	60488.79	见表 6-20
5	税金(1+2+3+4)×12.32%	227960.25	
招标控制价合计=1+2+3+4+5		2078286.97	
每平方米造价(元/m^2)		1692.24	建筑面积 1228.13m^2

分部分项工程清单与计价表

表 6-11

工程名称：××学院综合楼工程【房屋建筑与装饰工程】

第 1 页　共　页

序号	项目编码	项目名称	项目特征描述	计量单位	工程量	金额（元）		
						综合单价	合价	其中：定额人工费
	0101	土石方工程						
1	010101001001	平整场地	1. 土壤类别：三类 2. 弃土运距：100m 3. 取土运距：100m	m^2	343.75	1.26	433.13	158.13
2	010101004001	挖基坑土方	1. 土壤类别：三类 2. 挖土深度：2m 以内 3. 弃土运距	m^3	538.24	22.75	12244.96	9295.40
3	010103001001	回填方	1. 密实度要求：按规范 2. 填方材料品种：现场挖出的土 3. 填方粒径要求：现场挖出的土 4. 填方来源、运距：现场挖出的土、就近	m^3	484.910	9.42	4567.85	2705.80
4	010103002001	余方弃置	1. 废弃料品种：一般土 2. 运距：5300m	m^3	53.33	11.57	617.03	74.13
		分部小计					17862.97	12233.46
	0104	砌筑工程						
5	010401003001	实心砖墙	1. 砖品种、规格、强度等级：240mm×115mm×53mm 页岩砖 2. 墙体类型：±0.000 以下部位，370mm 墙 3. 砂浆强度等级、配合比：M5 水泥砂浆	m^3	13.47	466.86	6288.60	1666.51
6	010401003002	实心砖墙	1. 砖品种、规格、强度等级：240mm×115mm×53mm 页岩砖 2. 墙体类型：厕所隔墙 3. 砂浆强度等级、配合比：M10 水泥砂浆	m^3	8.82	468.02	4127.94	1091.21
7	010401005001	空心砖墙	1. 砖品种、规格、强度等级：烧结空心砖 2. 墙体类型：地下室砖墙 3. 砂浆强度等级、配合比：M5 混合砂浆	m^3	30.6	340.02	10404.61	3270.83

续表

序号	项目编码	项目名称	项目特征描述	计量单位	工程量	金额(元)		
						综合单价	合价	其中：定额人工费
8	010401012001	零星砌砖	1. 零星砌砖名称、部位：剪力墙贴砖 2. 砖品种、规格、强度等级 3. 砂浆强度等级、配合比：M5 水泥砂浆	m^3	6.5	504.51	3279.32	788.00
9	010401012002	零星砌砖	1. 零星砌砖名称、部位：厕所隔断 2. 砖品种、规格、强度等级：240mm×115mm×53mm 页岩砖 3. 砂浆强度等级、配合比：M5 水泥砂浆	m^3	21.29	531.46	11314.78	3610.15
10	010402001001	砌块墙	1. 砌块品种、规格、强度等级：硅酸盐砌块 2. 墙体类型：内外墙 3. 砂浆强度等级：M5 混合砂浆	m^3	206.03	365.36	75275.12	20994.46
11	010403001001	石基础	1. 石料种类、规格 2. 基础类型：楼梯基础 3. 砂浆强度等级：M5 水泥砂浆	m^3	0.75	354.68	266.01	70.19
		分部小计					110956.38	31491.35
	0105	混凝土及钢筋混凝土工程						
12	010501001001	垫层(基础)	1. 混凝土种类：商品混凝土 2. 混凝土强度等级：C10	m^3	14.47	348.53	5043.23	322.83
13	010501001002	垫层(地面)	1. 混凝土种类：商品混凝土 2. 混凝土强度等级：C10	m^3	22.22	348.53	7744.34	495.73
14	010501003001	独立基础	1. 混凝土种类：商品混凝土 2. 混凝土强度等级：C20	m^3	69.43	368.67	25596.76	1619.80
15	010502001001	矩形柱	1. 混凝土种类：商品混凝土 2. 混凝土强度等级：C30	m^3	61.61	405.69	24994.56	1681.95
16	010502001002	矩形柱	1. 混凝土种类：商品混凝土 2. 混凝土强度等级：C20	m^3	0.75	375.54	281.66	20.48

续表

序号	项目编码	项目名称	项目特征描述	计量单位	工程量	金额（元）		
						综合单价	合价	其中：定额人工费
17	010502002001	构造柱	1. 混凝土种类：商品混凝土 2. 混凝土强度等级：C20	m^3	1.85	383.56	709.59	60.61
18	010502003001	异形柱	1. 柱形状：直径 450mm 圆柱 2. 混凝土种类：商品混凝土 3. 混凝土强度等级：C30	m^3	1.94	405.69	787.04	52.96
19	010503001001	基础梁	1. 混凝土种类：商品混凝土 2. 混凝土强度等级：C20	m^3	24.01	375.05	9004.95	640.83
20	010503002001	矩形梁	1. 混凝土种类：商品混凝土 2. 混凝土强度等级：C30	m^3	3.22	405.20	1304.74	85.94
21	010504001001	直形墙	1. 混凝土种类：商品混凝土 2. 混凝土强度等级：C20	m^3	11.28	376.50	4246.92	315.95
22	010505001001	有梁板	1. 混凝土种类：商品混凝土 2. 混凝土强度等级：C30	m^3	253.08	406.97	102995.97	6785.07
23	010505007001	挑檐板	1. 混凝土种类：商品混凝土 2. 混凝土强度等级：C20	m^3	8.4	376.82	3165.29	225.20
24	010505008001	雨篷	1. 混凝土种类：商品混凝土 2. 混凝土强度等级：C30	m^3	5.45	406.97	2217.99	146.11
25	010506001001	直形楼梯	1. 混凝土种类：商品混凝土 2. 混凝土强度等级：C20	m^2	49.69	192.72	9576.26	1523.00
26	010507001001	散水	1. 垫层材料种类、厚度：素土夯实 2. 面层厚度：100mm 3. 混凝土种类：商品混凝土 4. 混凝土强度等级：C10 5. 变形缝填塞材料种类：1：2：7 沥青砂浆嵌缝	m^2	54	64.00	3456.00	564.84

续表

序号	项目编码	项目名称	项目特征描述	计量单位	工程量	金额(元)		
						综合单价	合价	其中：定额人工费
27	010507001002	坡道	1. 垫层材料种类、厚度：素土夯实 2. 面层厚度：120mm 3. 混凝土种类：商品混凝土 4. 混凝土强度等级：C15 5. 变形缝填塞材料种类：无	m^2	7.08	45.21	320.09	26.83
28	010507004001	台阶	1. 踏步高、宽：150mm×300mm 2. 混凝土种类：商品混凝土 3. 混凝土强度等级：C15	m^2	8.37	91.37	764.77	58.26
29	010507005001	压顶	1. 断面尺寸：240mm×80mm 2. 混凝土种类：商品混凝土 3. 混凝土强度等级：C20	m^3	1.52	386.80	587.94	47.96
30	010510003001	预制过梁	1. 图代号：GL-1、GL-2 2. 单件体积：小于 0.16m^3 3. 安装高度：3m 以内 4. 混凝土强度等级：C20 5. 砂浆(细石混凝土)强度等级、配合比：1：2 水泥砂浆	m^3	10.07	1238.19	12468.57	427.17
31	010515001001	现浇构件钢筋	钢筋种类、规格：直径≤10mm	t	25.717	4477.33	115143.50	21024.93
32	010515001002	现浇构件钢筋	钢筋种类、规格：≥12mm	t	0.676	4139.20	2798.10	306.94
33	010515001003	现浇构件钢筋	钢筋种类、规格：螺纹钢直径 ϕ12～ϕ25	t	26.72	4245.70	113445.10	12132.22
34	010515001004	现浇构件钢筋	钢筋种类、规格：ϕ6 砌体加固钢筋	t	0.444	4477.33	1987.93	362.99
35	010515002001	预制构件钢筋	钢筋种类、规格：综合各种规格	t	1.162	4447.31	5167.77	957.31
36	010516002001	预埋铁件	1. 钢材种类 2. 规格 3. 铁件尺寸	t	0.026	8323.99	216.42	45.84

续表

序号	项目编码	项目名称	项目特征描述	计量单位	工程量	金额（元）		
						综合单价	合价	其中：定额人工费
			分部小计				454029.27	49931.21
	0108		门窗工程					
37	010801001001	木质门	1. 门代号及洞口尺寸：胶合板门、有亮 2. 镶嵌玻璃品种、厚度	m^2	34.56	308.35	10656.58	553.31
38	010801001002	木质门	1. 门代号及洞口尺寸：胶合板门、无亮 2. 镶嵌玻璃品种、厚度	m^2	27.6	324.15	8946.54	450.71
			分部小计				19603.12	1004.02
	0109		屋面及防水工程					
39	010902001001	卫生间卷材防水	1. 卷材品种、规格、厚度：SBS改性沥青防水卷材 聚酯胎I型 3mm 2. 防水层数：一层 3. 防水层做法：（卫生间）冷底子油一道、面铺 SBS 防水卷材一层	m^2	45.71	36.99	1690.81	285.23
40	010902002001	屋面涂膜防水	1. 防水膜品种：聚氨酯 2. 涂膜厚度、遍数：涂膜厚 2.5mm 3. 增强材料种类	m^2	230.22	50.08	11529.42	1583.91
41	010902003001	屋面刚性层	1. 刚性层厚度：40mm 2. 混凝土种类：商品混凝土 3. 混凝土强度等级：C20 4. 嵌缝材料种类：建筑油膏嵌缝 5. 钢筋规格、型号：ϕ4 钢筋双向中距 150mm	m^2	324.78	30.15	9792.12	2279.96
42	010903002001	墙面涂膜防水	1. 防水膜品种：聚氨酯 2. 涂膜厚度、遍数：涂膜一道，厚 1.5mm 3. 增强材料种类	m^2	52	31.94	1660.88	239.72
			分部小计				24673.23	4388.82
	0110		保温、隔热、防腐工程					

续表

序号	项目编码	项目名称	项目特征描述	计量单位	工程量	金额(元)		
						综合单价	合价	其中：定额人工费
43	011001001001	保温隔热屋面	保温隔热材料品种、规格、厚度:1∶8 水泥珍珠岩,100mm	m^2	324.78	308.50	100194.63	22091.54
		分部小计					100194.63	22091.54
	0111	楼地面装饰工程						
44	011101006001	平面砂浆找平层	找平层厚度、砂浆配合比:1∶3 水泥砂浆,15mm 厚	m^2	49.50	13.87	686.57	180.68
45	011101006002	平面砂浆找平层	找平层厚度、砂浆配合比:刚性屋面找平层 1∶2.5 水泥砂浆 20mm 厚	m^2	324.78	18.06	5865.53	1471.25
46	011101006003	平面砂浆找平层	找平层厚度、砂浆配合比:雨棚、挑檐、梯间顶 1∶3 水泥砂浆 20mm 厚	m^2	230.22	18.06	4157.77	1042.90
47	011102003001	块料楼地面	1. 找平层厚度、砂浆配合比:1∶3 水泥砂浆 15mm 厚 2. 贴结层厚度、材料种类:1∶2 水泥砂浆 15mm 厚 3. 结合层:素水泥浆一道 4. 面层材料品种、规格、颜色:600×600 彩釉砖 5. 嵌缝材料种类 6. 防护层材料种类 7. 酸洗、打蜡要求	m^2	920.47	135.71	124916.98	28856.73
48	011102003002	块料楼地面	1. 找平层厚度、砂浆配合比:1∶3 水泥砂浆 15mm 厚 2. 贴结层厚度、材料种类:1∶2 水泥砂浆 15mm 厚 3. 面层材料品种、规格、颜色:300×300 彩釉砖	m^2	174.39	98.11	17109.40	5235.19
49	011105003001	块料踢脚线	1. 踢脚线高度:150mm 2. 粘贴层厚度、材料种类:1∶1 水泥砂浆 20mm 3. 面层材料品种、规格、颜色:踢脚砖 150×300 4. 防护材料种类	m^2	13.4	108.96	1460.06	577.67
50	011105003002	块料踢脚线	1. 踢脚线高度:150mm 2. 粘贴层厚度、材料种类:砂浆粘贴 3. 面层材料品种、规格、颜色:踢脚砖 150×300 4. 防护材料种类	m^2	55.91	108.96	6091.95	2410.28

续表

序号	项目编码	项目名称	项目特征描述	计量单位	工程量	金额（元）		
						综合单价	合价	其中：定额人工费
51	011106002001	块料楼梯面层	1. 找平层厚度、砂浆配合比：1∶3 水泥砂浆 2. 贴结层厚度、材料种类：1∶2 水泥砂浆 3. 面层材料品种、规格、颜色：300×300 彩釉砖	m²	49.68	162.53	8074.49	2909.76
52	011107002001	块料台阶面	1. 找平层厚度、砂浆配合比：1∶3 水泥砂浆 2. 贴结层厚度、材料种类：1∶2 水泥砂浆 3. 面层材料品种、规格、颜色：300×300 彩釉砖	m²	8.37	154.88	1296.35	458.93
		分部小计					169659.10	43143.39
	0112	墙、柱面装饰与隔断、幕墙工程						
53	011201001001	墙面一般抹灰	1. 墙体类型：砌块墙 2. 底层厚度、砂浆配合比：1∶3 水泥砂浆 15mm 3. 面层厚度、砂浆配合比：1∶2 水泥砂浆 5mm	m²	1510.83	29.04	43874.50	15924.15
54	011203001001	零星项目一般抹灰	1. 基层类型、部位：挑檐外侧、女儿墙内侧 2. 底层厚度、砂浆配合比：1∶3 水泥砂浆 15mm 3. 面层厚度、砂浆配合比：1∶2 水泥砂浆 5mm	m²	161.3	41.00	6613.30	3271.16
55	011204001001	石材墙面	1. 墙体类型：外墙 2. 安装方式：砂浆粘贴 3. 面层材料品种、规格、颜色：灰白色磨光花岗石	m²	26.88	193.12	5191.07	1426.79
56	011204003001	块料墙面	1. 墙体类型：餐厅、走廊墙面 2. 安装方式：砂浆粘贴 3. 面层材料品种、规格、颜色：白色瓷砖 200×300 4. 缝宽、嵌缝材料种类 5. 防护材料种类 6. 磨光、酸洗、打蜡要求	m²	99.21	73.64	7305.82	2588.39

续表

序号	项目编码	项目名称	项目特征描述	计量单位	工程量	金额(元)		
						综合单价	合价	其中：定额人工费
57	011204003002	块料墙面	1. 墙体类型:厨房、卫生间墙裙 2. 安装方式:砂浆粘贴 3. 面层材料品种、规格、颜色:150×200 面砖 4. 缝宽、嵌缝材料种类 5. 防护材料种类 6. 磨光、酸洗、打蜡要求	m^2	450.58	73.64	33180.71	11755.63
58	011204003003	块料墙面	1. 墙体类型:外墙面 2. 安装方式:砂浆粘贴 3. 面层材料品种、规格、颜色:浅灰色面砖 4. 缝宽、嵌缝材料种类 5. 防护材料种类 6. 磨光、酸洗、打蜡要求	m^2	805.21	95.94	77251.85	28496.38
59	011205002001	块料柱面	1. 柱截面类型、尺寸:圆柱直径 450mm 2. 安装方式:砂浆粘贴 3. 面层材料品种、规格、颜色:贴浅灰色外墙面砖	m^2	1.65	123.28	203.41	86.20
60	011206002001	块料零星项目	1. 基层类型、部位:雨篷外侧 2. 安装方式:砂浆粘贴 3. 面层材料品种、规格、颜色:浅灰色面砖	m^2	17.57	95.11	1671.08	664.50
61	011206002002	块料零星项目	1. 基层类型、部位:窗套 2. 安装方式:砂浆粘贴 3. 面层材料品种、规格、颜色:豆绿色面砖	m^2	262.52	104.31	27383.46	9928.51
			分部小计				202675.20	74141.71
	0113		顶棚工程					
62	011301001001	顶棚抹灰	1. 基层类型:钢筋混凝土板底 2. 砂浆配合比、厚度：1∶3 水泥砂浆 15mm 打底,1∶2 水泥砂浆 5mm 抹面	m^2	773.76	23.99	18562.50	7149.54

续表

序号	项目编码	项目名称	项目特征描述	计量单位	工程量	金额(元)		
						综合单价	合价	其中：定额人工费
63	011302001001	吊顶顶棚	1. 吊顶形式、吊杆规格、高度:8mm 钢筋 2. 龙骨材料种类、规格、中距:600mm×600mm 3. 基层材料种类、规格:无 4. 面层材料品种、规格:600×600×12mm 石膏板	m^2	437.09	78.59	34350.90	9454.26
		分部小计					52913.40	16603.80
	0114	油漆、涂料、裱糊工程						
64	011401001001	木门油漆	1. 门类型:胶合板门 2. 门代号及洞口尺寸 3. 腻子种类 4. 刮腻子遍数 5. 防护材料种类 6. 油漆品种、刷漆遍数	m^2	62.160	50.83	3159.59	1527.27
65	011406001001	抹灰面油漆	1. 基层类型:顶棚及墙面抹灰面 2. 腻子种类:成品腻子 3. 刮腻子遍数:两道 4. 防护材料种类 5. 油漆品种、刷漆遍数:乳胶漆底漆一遍、乳胶漆面漆两遍 6. 部位	m^2	2721.680	33.39	90876.90	40280.86
66	011407001001	墙面喷刷涂料	1. 基层类型:抹灰面 2. 喷刷涂料部位:挑檐外侧 3. 腻子种类:成品腻子 4. 刮腻子要求:两遍 5. 涂料品种、喷刷遍数:底漆一遍、中涂两遍、面涂一遍	m^2	48.86	35.08	1714.01	694.30
		分部小计					95750.50	42502.43
	0115	其他装饰工程						
67	011503001001	金属扶手、栏杆、栏板	1. 扶手材料种类、规格、品牌:50mm×1.5mm 2. 栏杆材料种类、规格、品牌:25mm×1.0mm	m	24.98	280.72	7012.39	1753.85
		分部小计					7012.39	1753.85
合计							1255330.19	299285.58

单价措施项目清单与计价表

表 6-12

工程名称：××学院综合楼工程【房屋建筑与装饰工程】　　第 1 页　共 2 页

序号	项目编码	项目名称	项目特征描述	计量单位	工程量	金额(元)		
						综合单价	合价	其中：定额人工费
	011701	脚手架工程						
1	011701001001	综合脚手架	1. 建筑结构形式：框架结构 2. 檐口高度：20m 以内	m^2	1228.13	24.06	29548.81	11998.83
2	011701003002	里脚手架	1. 搭设方式：内墙装饰 2. 搭设高度：4.2m 以内 3. 脚手架材质：钢管架	m^2	2181.14	6.06	13217.71	7743.05
3	011701002001	外脚手架	1. 搭设方式：外墙面装饰 2. 搭设高度：20m 以内 3. 脚手架材质：钢管架	m^2	1278.40	14.45	18472.88	7938.86
		分部小计					61239.40	27680.74
	011702	混凝土模板及支架(撑)						
4	011702001001	基础	基础类型：独立基础	m^2	122.18	39.86	4870.09	2013.53
5	011702001001	基础垫层	基础类型：基础垫层	m^2	20.32	32.05	651.26	220.27
6	011702002001	矩形柱	支撑高度：层高 4.2m	m^2	285.10	50.53	14406.10	6317.82
7	011702002001	矩形柱	支撑高度：层高 3.3m	m^2	222.58	46.79	10414.52	4429.34
8	011702004001	异形柱	柱截面形状：直径 450mm 圆柱	m^2	17.04	54.55	929.53	524.49
9	011702005001	基础梁	梁截面形状：370mm×500mm	m^2	24.01	35.91	862.20	429.06
10	011702006001	矩形梁	支撑高度：层高 4.2m	m^2	8.8	52.22	459.54	215.69
11	011702006002	矩形梁	支撑高度：层高 3.3m	m^2	17.6	45.25	796.40	349.01
12	011702009001	预制过梁		m^2	112.85	38.99	4400.02	1925.22
13	011702011001	直形墙		m^2	94.00	40.90	3844.60	1702.34
14	011702014001	有梁板	支撑高度：层高 4.2m	m^2	751.42	49.06	36864.67	19093.58
15	011702014001	有梁板	支撑高度：层高 3.3m	m^2	948.98	40.71	38632.98	18865.72
16	011702023001	雨篷	1. 构件类型：雨篷(弧形) 2. 板厚度：120mm	m^2	26.40	94.33	2490.31	1477.08
17	011702023001	悬挑板	1. 构件类型：悬挑板 2. 板厚度：140mm	m^2	26.40	86.93	2294.95	1342.18
18	011702024001	楼梯	类型：直形楼梯	m^2	49.68	129.34	6425.61	3713.08
19	011702025001	其他现浇构件	构件类型：压顶	m^2	12.65	64.94	821.23	427.56
20	011702027001	台阶	台阶踏步宽：300mm	m^2	8.37	58.52	489.81	160.29
		分部小计					129653.82	63206.26
	011703	垂直运输						

续表

序号	项目编码	项目名称	项目特征描述	计量单位	工程量	金额（元）		
						综合单价	合价	其中：定额人工费
21	011703001001	垂直运输	1. 建筑物建筑类型及结构形式 2. 地下室建筑面积：1228.13m² 3. 建筑物檐口高度、层数：20m 内，四层	m²	1228.13	15.66	19232.52	5895.02
		分部小计					19232.52	5895.02
	011705	大型机械设备进出场及安拆						
22	011705001001	大型机械设备进出场及安拆		台次	1	25478.93	25478.93	7191.00
		分部小计					25478.93	7191.00
		本页小计					95866.34	39071.93
		合　计					235604.67	103973.02

注：本表适用于以综合单价形式计价的措施项目。本表结果汇入表 6-11。

总价措施项目清单与计价表 **表 6-13**

工程名称：××学院综合楼工程【房屋建筑与装饰工程】

序号	项目编码	项 目 名 称	计算基础	费率（%）	金额（元）
1	011707001001	安全文明施工费			89523.41
1.1		环境保护费	403258.60	0.4	1613.03
1.2		文明施工费	403258.60	5.0	20162.93
1.3		安全施工费	403258.60	9.6	38712.83
1.4		临时设施费	403258.60	7.2	29034.62
2	011707002001	夜间施工增加费	403258.60	0.8	3226.07
3	011707004001	二次搬运费	403258.60	0.4	1613.03
4	011707005001	冬雨期施工增加费	403258.60	0.6	2419.55
5	011707007001	已完工程及设备保护费			
6	011707008001	工程定位复测费	403258.60	0.15	604.89
		合计			97386.95

注：计算基础＝分部分项工程量清单定额人工费（见表 6-11）299285.58 元＋单价措施项目定额人工费（见表 6-12）103973.02 元＝403258.60 元。

其他项目清单与计价汇总表 **表 6-14**

工程名称：××学院综合楼工程【房屋建筑与装饰工程】　　第 1 页　共 1 页

序号	项目名称	金额（元）	备　注
1	暂列金额	125533.02	明细详见 表 6-15
2	暂估价	74860.20	
2.1	材料（工程设备）暂估价	—	明细详见 表 6-16
2.2	专业工程暂估价	74860.20	明细详见 表 6-17
3	计日工		明细详见 表 6-18
4	总承包服务费	1122.90	明细详见 表 6-19
合　计		201516.12	1＋2＋3＋4

注：材料（工程设备）暂估单价进入清单项目综合单价，此处不汇总。

暂列金额明细表 表 6-15

工程名称：××学院综合楼工程【房屋建筑与装饰工程】 第1页 共1页

序号	项目名称	计量单位	暂定金额（元）	备注
1	暂列金额（按分部分项工程费的10%计列）	项	125533.02	
2				
3				
4				
合计			125533.02	—

注：此表由招标人填写，如不能详列，也可只列暂定金额总额，投标人应将上述暂列金额计入投标总价中。

材料暂估价表 表 6-16

工程名称：××学院综合楼工程【房屋建筑与装饰工程】 第1页 共1页

序号	材料（工程设备）名称、规格、型号	计量单位	数量	单价	合价	备注
1	300×300 地砖（厨卫间）	m^2	285.91	36.00	10292.76	
2	600×600 地砖（办公室、会议室等）	m^2	943.48	68.00	64156.64	
3	面砖 150×200（餐厅、走廊墙裙）	m^2	424.79	30.00	12743.70	
4	白色瓷砖 200×300（厨卫间墙面）	m^2	466.35	30.00	13990.50	
5	豆绿色面砖（窗套）	m^2	301.9	38.00	11472.20	
6	浅灰色面砖（外墙面）	m^2	823.08	36.00	29630.88	
7						
8						
9						
10						
11						
合计					142286.68	

注：此表由招标人填写“暂估单价”，并在备注栏说明暂估价的材料、工程设备拟用在那些清单项目上，投标人应将上述材料、工程设备暂估单价计入工程量清单综合单价报价中。工程结算时，依据承发包双方确认价调整差额。

专业工程暂估价表 表 6-17

序号	工程名称	工程内容	暂估金额（元）	结算金额（元）	差额（元）	备注
1	铝合金地弹门	制作、运输、安装	14320.80			铝合金型材厚1.5mm，玻璃：10mm钢化玻璃
2	铝合金推拉窗	制作、运输、安装	59421.60			铝合金型材厚1.2mm，玻璃：5+12A+5中空玻璃
3	铝合金固定窗	制作、运输、安装	1117.80			铝合金型材厚1.2mm，玻璃：5+12A+5中空玻璃
	合计		74860.20			

注：此表“暂估金额”由招标人填写，投标人应将“暂估金额”计入投标总价中。结算时按合同约定结算金额填写。

计日工表 表 6-18

工程名称：××学院综合楼工程【房屋建筑与装饰工程】 第 1 页 共 1 页

编号	项目名称	单位	暂定数量	综合单价	合价
一	人 工				
1					
2					
	人工小计				
二	材 料				
1					
2					
	材料小计				
三	施工机械				
1					
2					
	施工机械小计				
	总 计				

总承包服务费计价表 表 6-19

工程名称：××学院综合楼工程【房屋建筑与装饰工程】 第 1 页 共 1 页

序号	项目名称	项目价值（元）	服务内容	费率（%）	金额（元）
1	发包人发包专业工程	74860.20	施工现场管理、竣工资料汇总整理	1.50	1122.90
2	发包人提供材料	—	—		
	合 计	—	—	—	1122.90

规费项目清单与计价表 表 6-20

工程名称：××学院综合楼工程【房屋建筑与装饰工程】 第 1 页 共 1 页

序号	项目名称	计算基础	计算基数	计算费率(%)	金额(元)
1	社会保险费				47181.26
1.1	养老保险费	分部分项清单定额人工费＋单价措施项目清单定额人工费	403258.60	7.5	30244.40
1.2	失业保险费	分部分项清单定额人工费＋单价措施项目清单定额人工费	403258.60	0.6	2419.55

续表

序号	项目名称	计算基础	计算基数	计算费率(%)	金额(元)
1.3	医疗保险费	分部分项清单定额人工费＋单价措施项目清单定额人工费	403258.60	2.7	10887.98
1.4	工伤保险费	分部分项清单定额人工费＋单价措施项目清单定额人工费	403258.60	0.7	2822.81
1.5	生育保险费	分部分项清单定额人工费＋单价措施项目清单定额人工费	403258.60	0.2	806.52
2	住房公积金	分部分项清单定额人工费＋单价措施项目清单定额人工费	403258.60	3.3	13307.53
3	工程排污费	按工程所在地环境保护部门收取标准，按实计入	1228.13	1.5	1842.20
合计					60488.79

注：1. 计算基础＝分部分项工程量清单定额人工费 103973.02 元＋单价措施项目定额人工费 299285.58 元＝403258.60 元。
2. 工程排污费：建筑面积×1.5 元/m^2＝1228.13×1.5＝1842.20 元。

标准砖材料用量分析表 **表 6-21**

工程名称：××学院综合楼工程【房屋建筑与装饰工程】 第 1 页 共 1 页

序号	项目编码	定额编号	项目名称	单位	工程量	定额耗量	材料用量(匹)
5	010401003001	AD0026	实心砖墙 干混砌筑砂浆 M5	m^3	13.47	531	7153
6	010401003002	AD0026	实心砖墙 干混砌筑砂浆 M10	m^3	8.82	531	4683
8	010401012001	AD0146	零星砌砖-贴砖 1/2 厚干混砌筑砂浆 M5	m^3	6.50	563	3660
9	010401012002	AD0140	零星砌砖 干混砌筑砂浆 M5	m^3	21.29	552	11752
			合计				27248

注：1. 材料用量＝工程量×定额耗量。
2. 本表序号系表 6-11“分部分项工程清单与计价表”的序号。

C30 商品混凝土材料用量分析表 **表 6-22**

工程名称：××学院综合楼工程【房屋建筑与装饰工程】 第 1 页 共 1 页

序号	项目编码	定额编号	项目名称	单位	工程量	定额耗量	材料用量(m^3)
15	010502001001	AE0083	C30 商品混凝土矩形柱	m^3	61.61	1.005	61.92
18	010502003001	AE0083	C30 商品混凝土异形柱	m^3	1.94	1.005	1.95
20	010503002001	AE0113	C30 商品混凝土矩形梁	m^3	3.22	1.005	3.24
22	010505001001	AE0233	C30 商品混凝土有梁板	m^3	253.08	1.005	254.35
24	010505008001	AE0233	C30 商品混凝土雨篷板	m^3	5.45	1.005	5.48
			合计				326.93

注：1. 材料用量＝工程量×定额耗量。
2. 本表序号系表 6-11“分部分项工程清单与计价表”的序号。

本章小结

1. 分部分项工程费计算　分部分项工程费＝$\sum$（工程量×综合单价），综合单价的计算方法有直接套用定额组价、重新计算工程量组价和复合组价三种方法。

2. 措施费计算　措施费有按费率计算、按综合单价计算和根据经验计算三种方法。

3. 其他费用计算　其他费用包括招标人部分和投标人部分两个内容。

4. 规费计算　根据当地有权部门的规定计算。

5. 税金计算　税金按税前造价乘以税金率计算。

6. 单位工程费计算　单位工程费等分部分项工程费、措施费、其他费用、规费、税金之和。

7. 单项工程费计算　单项工程费等于各单位工程费之和。

复习思考题与习题

1. 分部分项工程费包括哪些内容？分部分项工程费怎样计算？

2. 什么是综合单价？综合单价包括哪些内容？计算综合单价的依据有哪些？

3. 确定综合单价有哪几种方法？

4. 为什么要重新计算工程量组合单价？工料消耗系数有什么作用？

5. 根据建设工程工程量清单计价规范和本地区建设行政主管部门制定的消耗量定额和当地市场材料价格，计算第五章“××学院综合楼工程”综合单价，以及相应的分部分项工程费。

6. 什么是措施项目费？措施项目费包括哪些内容？

7. 措施项目费有哪几种计算方法？

8. 根据本地区建设行政主管部门制定的消耗量定额，确定“××学院综合楼工程”的脚手架费用和垂直运输费。

9. 什么是其他项目费？工程结算时是否还存在此费用，为什么？

10. 其他项目费招标人部分及投标人部分各怎样计算？

11. 规费包括哪些内容？怎样计算？结合本地实际计算“××学院综合楼工程”的相关规费。

12. 税金怎样计算？

13. 单位工程费及工程总费用怎样计算？

《建筑工程计量与计价》实训附图

为了工程计量与计价实训方便，特提供××化工厂化工库工程施工图一套。其中建施图 4 页，结施图 4 页，标准图摘录 2 页，共 10 页。

新建化工库建筑施工图

建施设计说明：

一.本施工图依据经批准的《**化工厂新建化工库建筑方案》进行设计.

二.项目概况

1.本工程为单层框架结构；建筑高度5.55m；建筑面积620.88m²；±0.00标高为现有室外地面提高300mm；平面位置详见区域总平面图。

2.本工程建筑物耐久年限为二级；防火等级为二级；结构安全等级为二级；抗震设防分类为乙类，抗震设防烈度为7度。

3.本工程屋面防水等级为II级，防水层耐久年限为十五年；屋面防水类型为卷材防水屋面，防水材料为SBC聚乙烯丙纶复合防水卷材和SBS改性沥青防水卷材.其中，聚乙烯丙纶复合防水卷材厚度应大于等于1.2mm，SBS改性沥青防水卷材厚度应大于等于3mm；具体防水做法详屋面设计说明。

三.建筑说明

(一)区域总平面

1. 本工程新建道路及连接化工库支道的做法详标准图《西南J812》第11页第1a节点和第13页第1.B节点。

2. 化工库四周道路的转弯半径不应小于9m；如原有道路转弯半径不能满足要求，应扩至9m；原有道路净宽不应小于3.5m，如不能满足要求，应扩宽至3.5m。

(二)室内外装修

1.本施工图中的墙体厚度均为240mm；砌体材料为页岩砖。

2.本施工图中的塑钢百叶窗PYC-1512. PYC-2112. PYC-2412为60系列，厂家定制；门M1为木门，平开门SPM-2025为甲级防火门；推拉门DTM单-2533-Y. 平开门SPM-2025均选自标准图《铝合金.彩钢.不锈钢夹芯板大门》(03J611-4)；钢大门YMA110-3033选自标准图《特种门窗》(04J610-1)；大门油漆作法详标准图《西南J312》--3283。

3. 地面为水泥石屑不发火地面，做法详标准图《西南J312》-3120b，其中，防水层改为SBC聚乙烯丙纶复合防水卷材，卷材厚度不小于1.2mm；防水层应沿四周墙体向上铺设300mm，1:2水泥砂浆踢脚线150mm高。

4. 内墙面及顶棚分别为混合砂浆乳胶漆墙面和混合砂浆乳胶漆顶棚；做法详标准图《西南J515》-N05，《西南J515》-P06和《西南J312》--3291；乳胶漆面漆为白色。

5. 外墙面为涂料墙面；做法详标准图《西南J516》-5313；面层涂料的品种及颜色由业主自定。

(三)屋面

1. 本工程屋面防水施工及验收应严格遵照《屋面工程质量验收规范》(GB50207-2002)的规定执行.

2. 本施工图屋顶平面图中所有构造节点(女儿墙. 压顶. 泛水. 雨水口等)及本说明述及的其它屋面做法，除屋顶平面图中已注明的外，均选自标准图《西南03J212-1》；承包商在施工屋面防水前，应仔细阅读该图集第2-6页和第15页的说明，并遵照执行。

3.屋面防水做法（做法自上至下）：

(1)架空隔热板，西南03J201-2401a(图集第35页)；(2)20厚1:2.5水泥砂浆保护层，分格缝间距小于或等于1.0m；(3)SBC聚乙烯丙纶复合防水卷材一道（1.2mm厚）；同材性胶粘剂二道；(4)SBS改性沥青防水卷材（3mm厚）一道，胶粘剂二道；(5)刷底胶剂一道(材性同上)；(6) 25厚1:3水泥砂浆找平层；(7) 1:8现浇水泥膨胀珍珠岩保温层(兼作找坡层，最薄处厚100)；(8)氯丁胶乳沥青隔汽层二道；(9)15厚1:3水泥砂浆找平层；(10) 结构层。(女儿墙满做)

4.屋面设置排气道，屋面保温层上面一层的水泥砂浆找平层分格缝兼作排气道，排气道纵横间距按不大于6米 的原则设置，但应设置在板支承边接缝处或其它轴线处；具体做法详标准图第42页第2节点；排气孔做法详标准图第43页第2b节点，排气孔间距双向6米

5. 屋面雨水管的安装方法选用标准图西南J212-1第49页第1节点，雨水管采用ϕ100PVC塑料管。

四.本工程自然地坪标高相当于绝对高程496.56m，室内地坪标高±0.000相当于绝对高程496.86m。

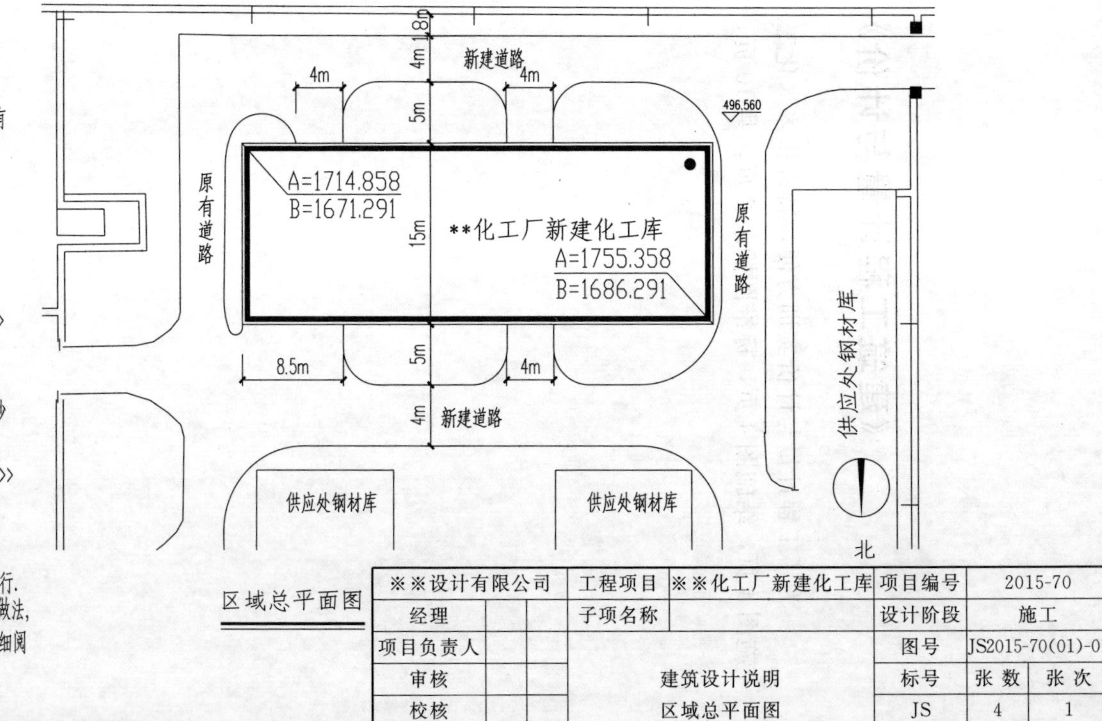

区域总平面图

※※设计有限公司	工程项目	※※化工厂新建化工库	项目编号	2015-70	
经理	子项名称		设计阶段	施工	
项目负责人			图号	JS2015-70(01)-01	
审核	建筑设计说明		标号	张数	张次
校核	区域总平面图		JS	4	1
设计			日期	2015年2月	

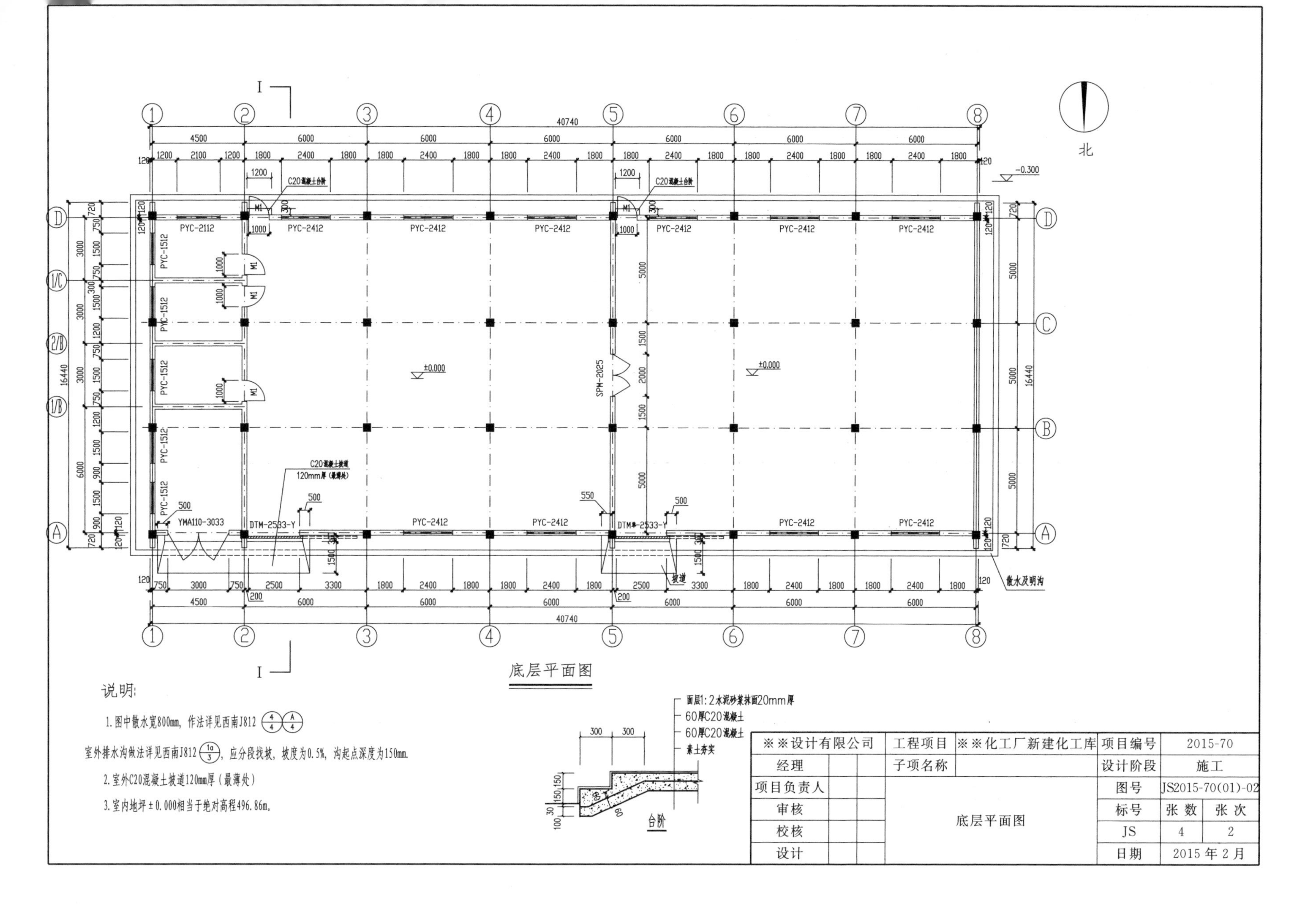

底层平面图

说明：

1. 图中散水宽800mm，作法详见西南J812 (4/4)(A/4)

室外排水沟做法详见西南J812 (1a/3)，应分段找坡，坡度为0.5%，沟起点深度为150mm。

2. 室外C20混凝土坡道120mm厚（最薄处）

3. 室内地坪±0.000相当于绝对高程496.86m。

※※设计有限公司			工程项目	※※化工厂新建化工库	项目编号	2015-70	
经理			子项名称		设计阶段	施工	
项目负责人			底层平面图		图号	JS2015-70(01)-02	
审核					标号	张数	张次
校核					JS	4	2
设计					日期	2015年2月	

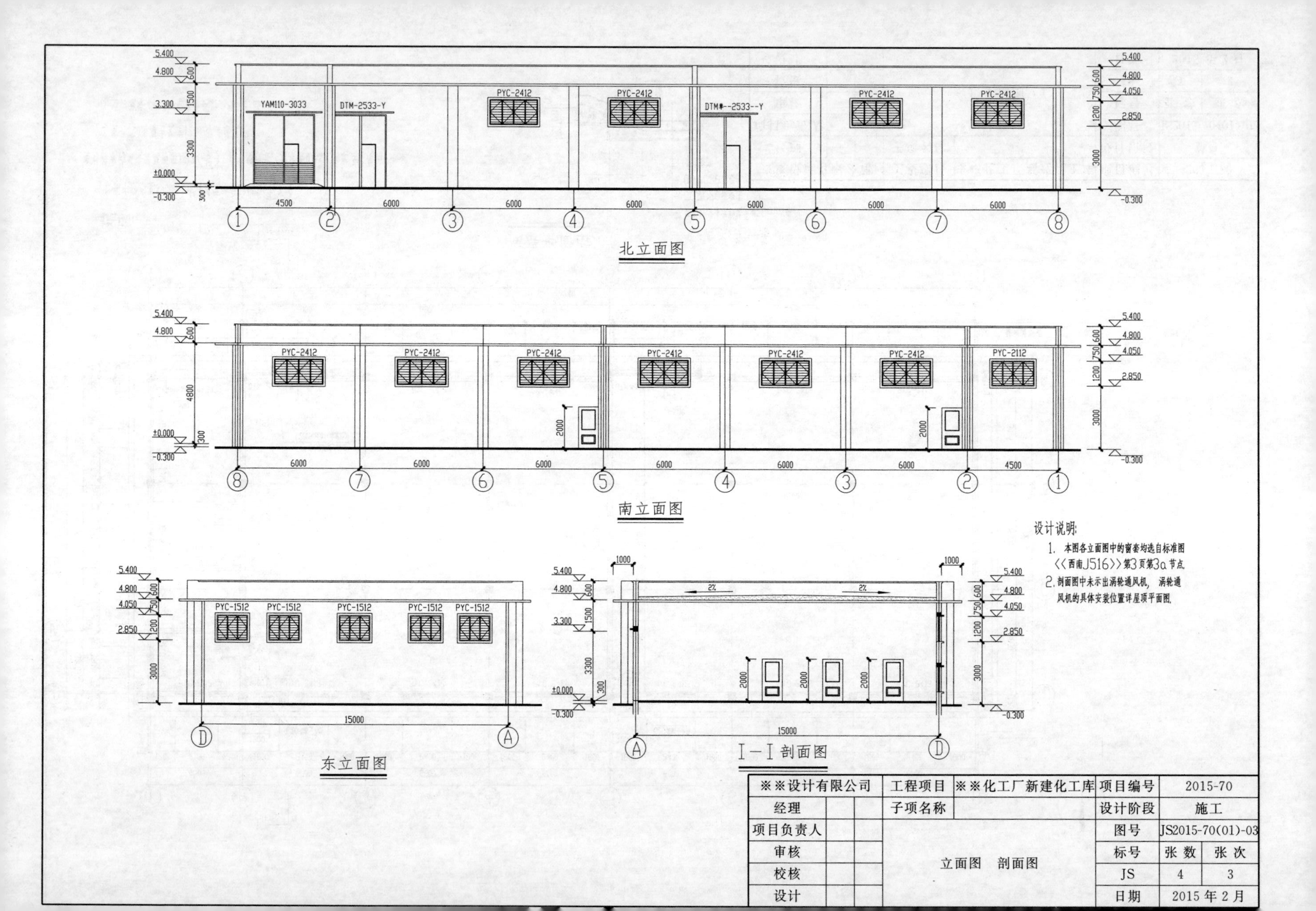

YAM110-3033
DTM-2533-Y
PYC-2412
DTM#--2533--Y
北立面图
PYC-2112
南立面图
PYC-1512
东立面图
I—I 剖面图
设计说明：
1. 本图各立面图中的窗套均选自标准图《〈西南J516〉》第3页第3a节点.
2. 剖面图中未示出涡轮通风机，涡轮通风机的具体安装位置详屋顶平面图.
※※设计有限公司
工程项目
※※化工厂新建化工库
项目编号
2015-70
经理
子项名称
设计阶段
施工
项目负责人
图号
JS2015-70(01)-03
审核
标号
张数
张次
校核
立面图 剖面图
JS
4
3
设计
日期
2015年2月

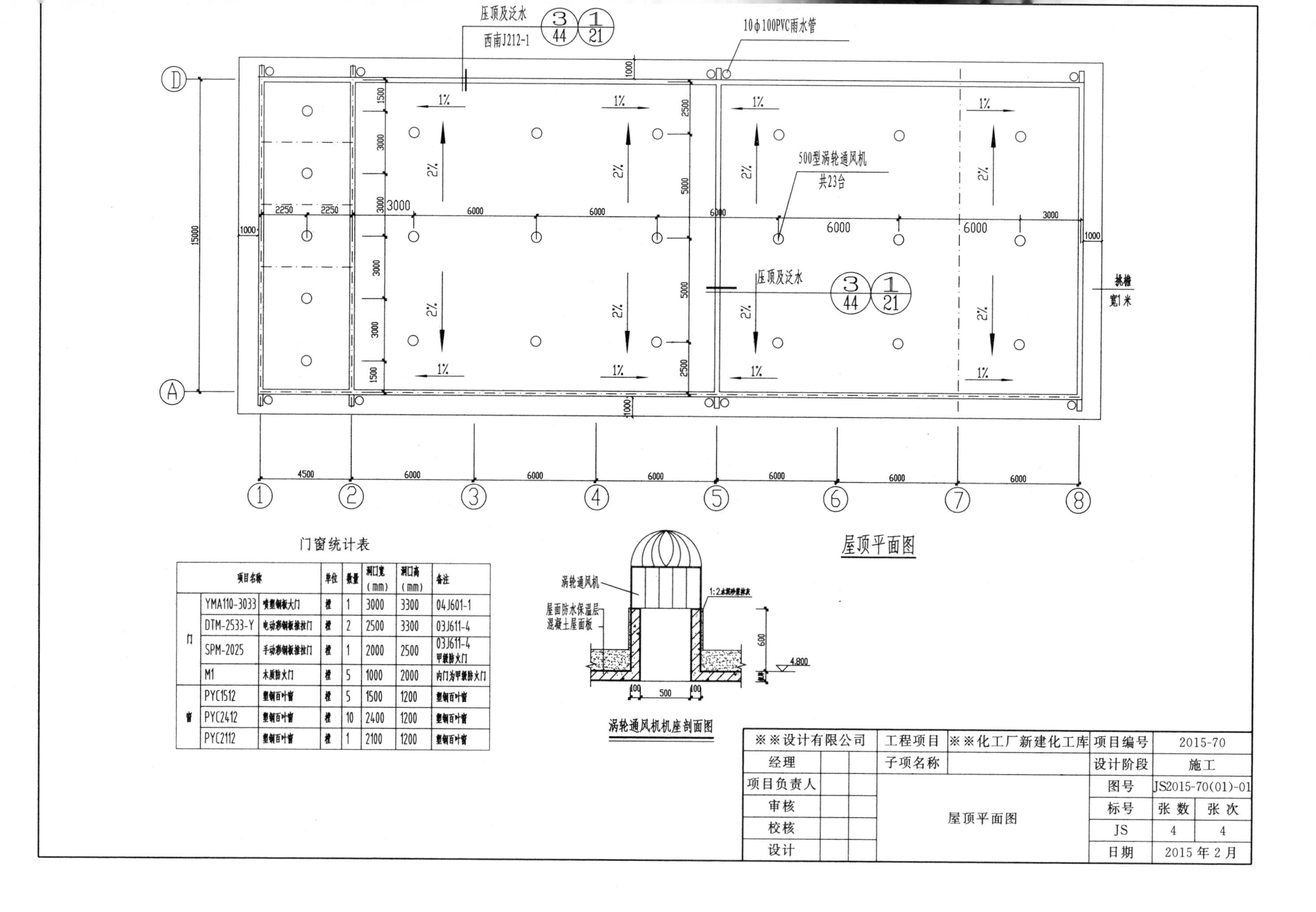

门窗统计表

	项目名称		单位	数量	洞口宽（mm）	洞口高（mm）	备注
门	YMA110-3033	喷塑钢板大门	樘	1	3000	3300	04J601-1
	DTM-2533-Y	电动彩钢板推拉门	樘	2	2500	3300	03J611-4
	SPM-2025	手动彩钢板推拉门	樘	1	2000	2500	03J611-4 甲级防火门
	M1	木质防火门	樘	5	1000	2000	内门为甲级防火门
窗	PYC1512	塑钢百叶窗	樘	5	1500	1200	塑钢百叶窗
	PYC2412	塑钢百叶窗	樘	10	2400	1200	塑钢百叶窗
	PYC2112	塑钢百叶窗	樘	1	2100	1200	塑钢百叶窗

※※设计有限公司			工程项目	※※化工厂新建化工库	项目编号	2015-70	
经理			子项名称		设计阶段	施工	
项目负责人			屋顶平面图		图号	JS2015-70(01)-01	
审核					标号	张数	张次
校核					JS	4	4
设计					日期	2015年2月	

新建化工库结构施工图

结构设计总说明

一、设计依据

1. 建筑结构可靠度设计统一标准 （GB 50068—2001）
2. 建筑结构荷载规范 （GB 50009—2001）
3. 建筑抗震设计规范 （GB 50011—2001）
4. 混凝土结构设计规范 （GB 50010—2002）
5. 建筑结构制图标准 （GB/T50105—2001）
6. 建筑结构地基基础规范 （GB 50007—2002）
7. 建筑地基处理技术规范 （JGJ 79—2002）

二、基本条件

1. 结构设计的±0.00绝对标高同建筑绝对标高。
2. 抗震设防烈度为7度，场地类别为II类.设计基本地震加速值为 0.10g，设计地震分组为第一组，特征周期为0.35S。
3. 基本风压值 0.300KN/m²，地面粗糙度为B类.
4. 基本雪压值 0.100KN/m²
5. 标高以m为单位，其余尺寸以mm为单位。
6. 结构体系为单层框架结构，抗震等级为三级.结构设计使用年限50年。
7. 建筑结构安全等级为二级.建筑抗震设防分类为丙类建筑。地基基础设计等级为丙级。
8. 混凝土结构的环境类别 ±0.000以上一类环境，±0.000以下，二(a)类环境

三、材料和保护层

1. 混凝土强度等级.主筋保护层厚度

序号	部位或构件	混凝土强度	保护层厚度	序号	部位或构件	保护层厚度	混凝土强度
1	独立基础垫层	C10	-	4	基础	C20	40
2	现浇板	C25	15	5	基础梁	C25	25
3	框架梁柱	C25	25				

2. 钢筋：Φ(HPB235)(热轧钢筋)，Φ(HRB335)(热轧钢筋)
3. 焊条HPB235钢筋采用E43型，HRB335采用E50型
4. 框架填充墙：墙体采用实心页岩砖，采用M5混合砂浆砌筑

四、地基基础

根据※※工程勘察公司提供的《《※※化工厂新建化工库》》岩土工程勘察报告，基础采用柱下独立基础地基采用干振冲碎石桩进行加固处理，处理后的地基承载力特征值大于等于200Kpa

五、基础

后砌隔墙基础见右图，位置详建设施一层顶平面图

后砌隔墙基础

图（一）

六、过梁挑耳

门窗过梁挑耳见下图：

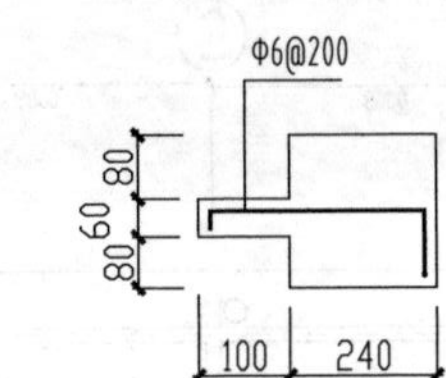

窗套过梁挑耳示意图

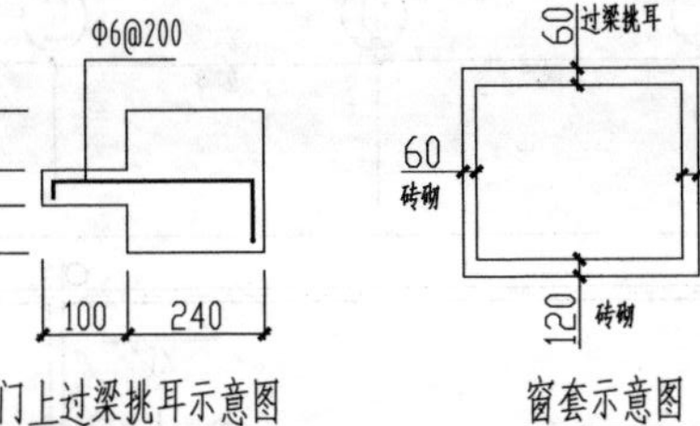

门上过梁挑耳示意图

(YAM110-3033. DTM-2533)

窗套示意图

七、施工

1. 混凝土结构施工图采用平面整体表示方法除本图注明者以外，施工应严格按标准图(11G101-1)执行，框架抗震等级三级。
2. 墙体构造做法参见西南05G701<四>拉结筋锚固方法(一/33)填充墙与框架梁连接节点(1,6/34)女儿墙构造节点(一/37)
3. 图中未标注的后砌隔墙基础做法见本页图（一），过梁见标准图03G322，过梁和柱相碰时采用现浇。
4. 图中现浇板板底钢筋的布置为短向筋在下，长向筋在上；板面钢筋布置为短在上，长向筋在下。
5. 图中未注明的现浇板分布筋为Φ6.5@250.
6. 跨度L>4m的梁、板，要求支模时按施工规范起拱

八、未详事项依照国家现行的规范和规程执行

※※设计有限公司	工程项目	※※化工厂新建化工库	项目编号	2015-70	
经理	子项名称		设计阶段	施工	
项目负责人			图号	GS2015-70(01)-02	
审核	结施设计说明		标号	张数	张次
校核			结构	4	1
设计			日期	2015年10月	

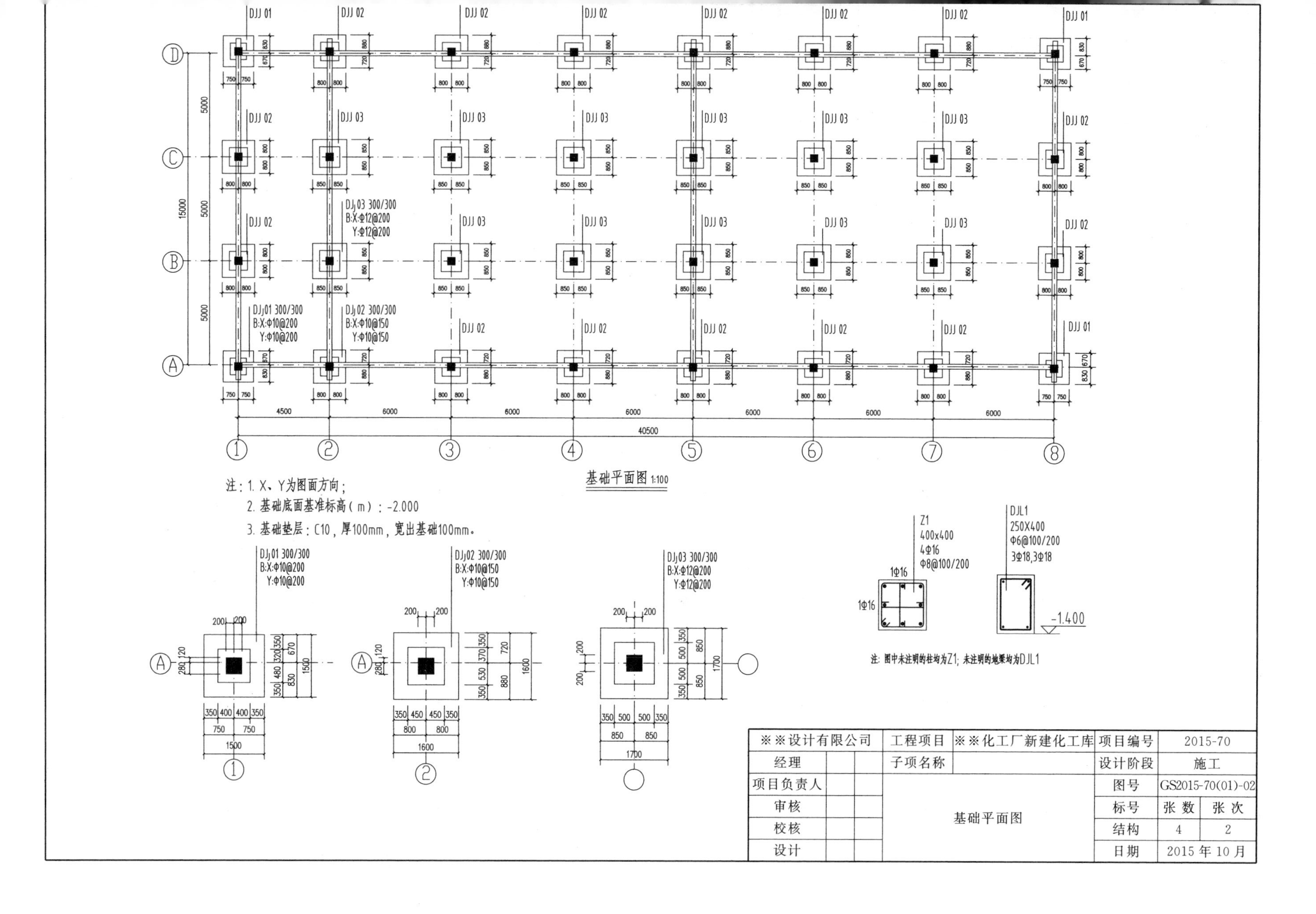
基础平面图 1:100
注：1. X、Y为图面方向；
2. 基础底面基准标高（m）：-2.000
3. 基础垫层：C10，厚100mm，宽出基础100mm。
DJj01 300/300
B:X:Φ10@200
Y:Φ10@200
DJj02 300/300
B:X:Φ10@150
Y:Φ10@150
DJj03 300/300
B:X:Φ12@200
Y:Φ12@200
Z1
400x400
4Φ16
Φ8@100/200
DJL1
250X400
Φ6@100/200
3Φ18,3Φ18
-1.400
注：图中未注明的柱均为Z1；未注明的地梁均为DJL1
※※设计有限公司
工程项目
※※化工厂新建化工库
项目编号
2015-70
经理
子项名称
设计阶段
施工
项目负责人
图号
GS2015-70(01)-02
审核
基础平面图
标号
张数
张次
校核
结构
4
2
设计
日期
2015年10月

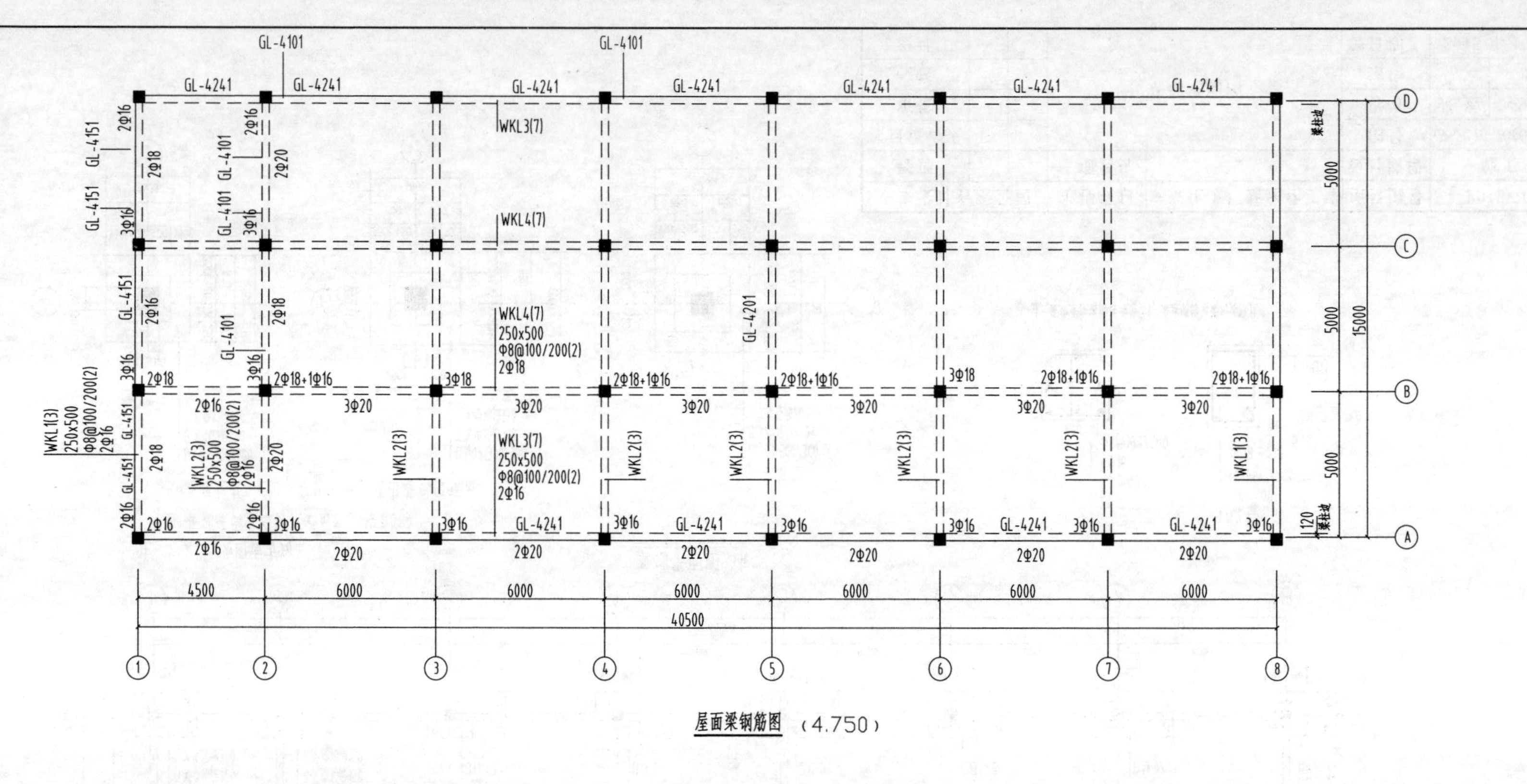

屋面梁钢筋图 （4.750）

说明：

1、梁柱纵筋接头宜采用机械连接或搭接接头,焊接. 搭接接头及质量应符合《混凝土结构工程施工及验收规范》《钢筋机械连接通用技术规程》（JGJ107-2003）《钢筋焊接及验收规程》的有关规定.

2、锚固及搭接长度见《11G101-1》,框架抗震等级三级.

3、过梁见标准图03G322.

4、YMA110-3033门框做法详04J610-1，DTM-2533-Y门框参照YMA110-3033的门框做法，断面及配筋不变.

※※设计有限公司		工程项目	※※化工厂新建化工库	项目编号	2015-70	
经理		子项名称		设计阶段	施工	
项目负责人		屋面层梁钢筋图		图号	GS2015-70(01)-02	
审核				标号	张数	张次
校核				结构	4	3
设计				日期	2015年02月	

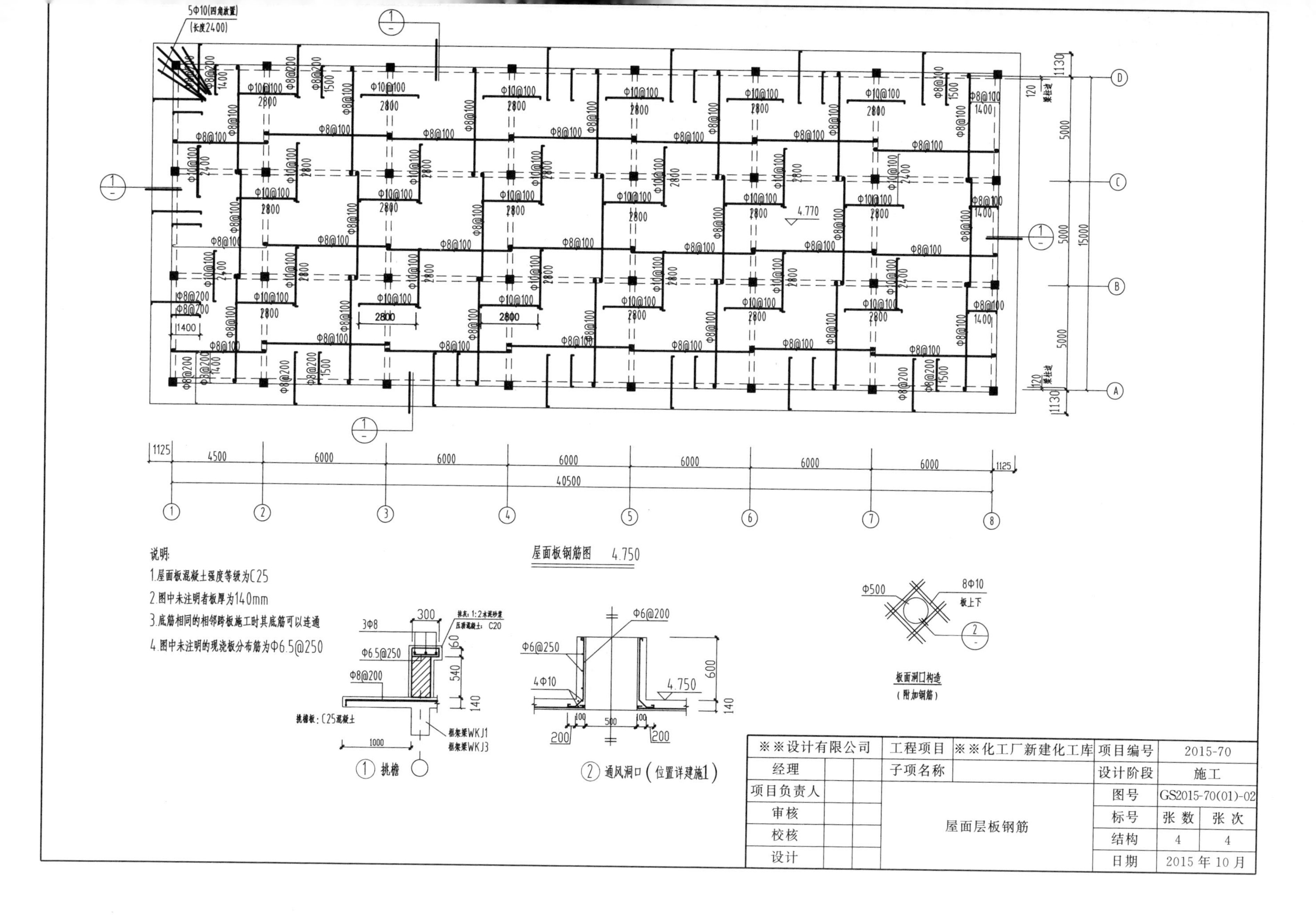

5Φ10(四角放置)
(长度2400)
屋面板钢筋图 4.750
说明:
1.屋面板混凝土强度等级为C25
2.图中未注明者板厚为140mm
3.底筋相同的相邻跨板施工时其底筋可以连通
4.图中未注明的现浇板分布筋为Φ6.5@250
① 挑檐
挑檐板:C25混凝土
框架梁WKJ1
框架梁WKJ3
② 通风洞口(位置详建施1)
板面洞口构造
(附加钢筋)
Φ500
8Φ10
板上下
※※设计有限公司
工程项目
※※化工厂新建化工库
项目编号
2015-70
经理
子项名称
设计阶段
施工
项目负责人
图号
GS2015-70(01)-02
审核
屋面层板钢筋
标号
张数
张次
校核
结构
4
4
设计
日期
2015年10月

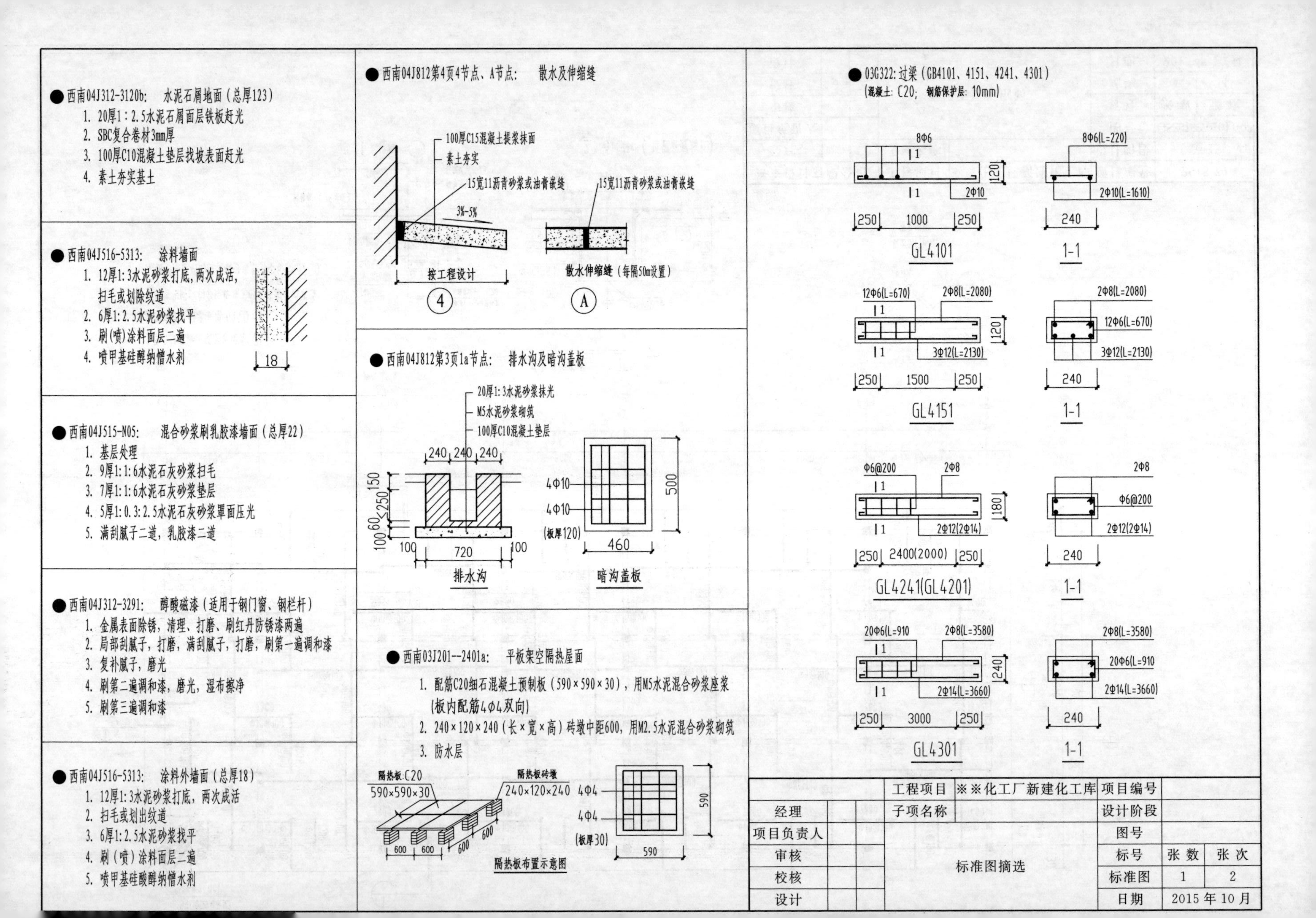
●西南04J312-3120b: 水泥石屑地面（总厚123）
1. 20厚1：2.5水泥石屑面层铁板赶光
2. SBC复合卷材3mm厚
3. 100厚C10混凝土垫层找坡表面赶光
4. 素土夯实基土
●西南04J516-5313: 涂料墙面
1. 12厚1:3水泥砂浆打底，两次成活，扫毛或划除纹道
2. 6厚1:2.5水泥砂浆找平
3. 刷(喷)涂料面层二遍
4. 喷甲基硅醇钠憎水剂
18
●西南04J515-N05: 混合砂浆刷乳胶漆墙面（总厚22）
1. 基层处理
2. 9厚1:1:6水泥石灰砂浆扫毛
3. 7厚1:1:6水泥石灰砂浆垫层
4. 5厚1:0.3:2.5水泥石灰砂浆罩面压光
5. 满刮腻子二道，乳胶漆二道
●西南04J312-3291: 醇酸磁漆（适用于钢门窗、钢栏杆）
1. 金属表面除锈，清理、打磨、刷红丹防锈漆两遍
2. 局部刮腻子，打磨，满刮腻子，打磨，刷第一遍调和漆
3. 复补腻子，磨光
4. 刷第二遍调和漆，磨光，湿布擦净
5. 刷第三遍调和漆
●西南04J516-5313: 涂料外墙面（总厚18）
1. 12厚1:3水泥砂浆打底，两次成活
2. 扫毛或划出纹道
3. 6厚1:2.5水泥砂浆找平
4. 刷（喷）涂料面层二遍
5. 喷甲基硅醇钠憎水剂
●西南04J812第4页4节点、A节点: 散水及伸缩缝
100厚C15混凝土提浆抹面
素土夯实
15宽11沥青砂浆或油膏嵌缝
3%~5%
按工程设计
4
15宽11沥青砂浆或油膏嵌缝
散水伸缩缝（每隔50m设置）
A
●西南04J812第3页1a节点: 排水沟及暗沟盖板
20厚1:3水泥砂浆抹光
M5水泥砂浆砌筑
100厚C10混凝土垫层
240 240 240
150
250
60
100
100 720 100
排水沟
4Φ10
4Φ10
(板厚120)
500
460
暗沟盖板
●西南03J201—2401a: 平板架空隔热屋面
1. 配筋C20细石混凝土预制板（590×590×30），用M5水泥混合砂浆座浆(板内配筋4ϕ4双向)
2. 240×120×240（长×宽×高）砖墩中距600，用M2.5水泥混合砂浆砌筑
3. 防水层
隔热板:C20
590×590×30
隔热板砖墩
240×120×240
600 600 600 600
隔热板布置示意图
4ϕ4
4ϕ4
(板厚30)
590
590
●03G322:过梁（GB4101、4151、4241、4301）
(混凝土: C20; 钢筋保护层: 10mm)
8Φ6
120
2Φ10
250 1000 250
GL4101
8Φ6(L=220)
2Φ10(L=1610)
240
1-1
12Φ6(L=670)
2Φ8(L=2080)
120
3Φ12(L=2130)
250 1500 250
GL4151
2Φ8(L=2080)
12Φ6(L=670)
3Φ12(L=2130)
240
1-1
Φ6@200
2Φ8
180
2Φ12(2Φ14)
250 2400(2000) 250
GL4241(GL4201)
2Φ8
Φ6@200
2Φ12(2Φ14)
240
1-1
20Φ6(L=910)
2Φ8(L=3580)
240
2Φ14(L=3660)
250 3000 250
GL4301
2Φ8(L=3580)
20Φ6(L=910
2Φ14(L=3660)
240
1-1
工程项目 ※※化工厂新建化工库 项目编号
经理 子项名称 设计阶段
项目负责人 图号
审核 标号 张数 张次
校核 标准图摘选 标准图 1 2
设计 日期 2015年10月

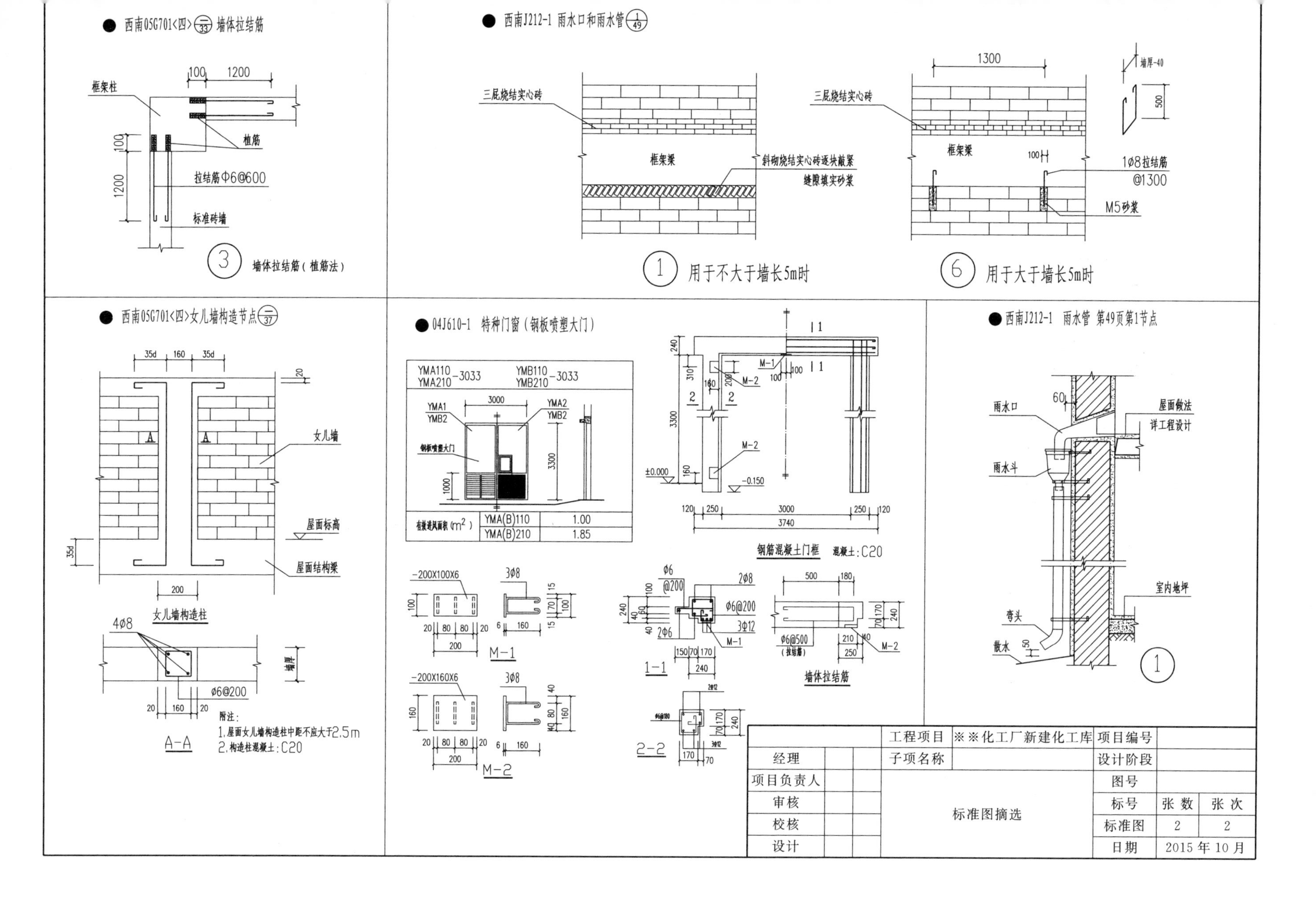

有效通风面积(m²)		
	YMA(B)110	1.00
	YMA(B)210	1.85

		工程项目	※※化工厂新建化工库	项目编号	
经理		子项名称		设计阶段	
项目负责人		标准图摘选		图号	
审核				标号	张数	张次
校核				标准图	2	2
设计				日期	2015年10月	

参 考 文 献

[1] 建设工程工程量清单计价规范（GB 50500—2013）. 北京：中国计划出版社，2013 年.

[2] 房屋建筑与装饰工程工程量清单计算规范（GB 50854—2013）. 北京：中国计划出版社，2013 年.

[3] 建筑工程建筑面积计算规范（GB/T 50353—2013）. 北京：中国建筑工业出版社，2013 年.

[4] 建筑安装工程费用项目组成（建标［2013］44 号文）. 住建部颁发.

[5] 王武齐. 建筑工程工程量清单计价适用手册. 北京. 中国电力出版社. 2005 年.

[6] 王武齐. 建筑装饰工程预算. 北京：中国建筑工业出版社，2004 年.